江苏"十四五"普通高等教育本科规划教材

电工学 Ⅱ
电子技术（第3版）

微课版

主　审：赵不贿
主　编：徐雷钧　李彦旭
副主编：景　亮　江　辉　白　雪　黄　丽

江苏大学出版社
JIANGSU UNIVERSITY PRESS
镇　江

内 容 简 介

根据电子技术的新发展和多年的教学改革经验，本书适当精简了内容，注重突出基本概念、基本原理和基本分析方法，增加了 Multisim 仿真和电子设计自动化等新技术，突出实践与工程应用的特点。全书分为10章，分别为：半导体器件、基本放大电路、集成运算放大器及其应用、直流电源、电力电子技术、门电路和组合逻辑电路、触发器和时序逻辑电路、模拟量与数字量的转换、存储器和可编程逻辑器件、电子设计自动化。每章均配有经典例题、练习与思考、小结和习题。本书可作为普通本科院校、高职高专、各类成人高等教育等理工科非电类专业学生的专业教材，也可供工程技术人员学习参考。

图书在版编目(CIP)数据

电工学. Ⅱ，电子技术 / 徐雷钧，李彦旭主编. 3版. -- 镇江 ：江苏大学出版社，2025. 8. -- ISBN 978-7-5684-2605-3

Ⅰ. TM;TN

中国国家版本馆 CIP 数据核字第 2025T3G180 号

电工学Ⅱ：电子技术(第3版)

主　　编/徐雷钧　李彦旭
责任编辑/李经晶
出版发行/江苏大学出版社
地　　址/江苏省镇江市京口区学府路301号(邮编：212013)
电　　话/0511-84446464(传真)
网　　址/http://press.ujs.edu.cn
排　　版/镇江文苑制版印刷有限责任公司
印　　刷/镇江文苑制版印刷有限责任公司
开　　本/787 mm×1 092mm　1/16
印　　张/19.5
字　　数/464千字
版　　次/2011年9月第1版　2016年8月第2版　2025年8月第3版
印　　次/2025年8月第3版第1次印刷 累计第13次印刷
书　　号/ISBN 978-7-5684-2605-3
定　　价/48.00元

前言 Preface

“电子技术”(电工学Ⅱ)是理工科非电类专业非常重要的一门技术基础课,与工程实际联系紧密,实用性强,应用广泛。本课程的作用与任务是使学生通过学习,获得电子技术必要的基本理论、基本知识和基本技能,了解电子技术的发展和应用概况,为今后学习和从事与本专业有关的工作打下一定的基础。

依据教育部高等学校电子信息科学与电气信息类基础课程教学指导分委员会制定的电工学课程教学基本要求,本着“精选内容、加强基础、培养能力、便于自学、紧密联系工程实际、反映科技发展形势”的编写思路,结合电子技术的发展和编写教师多年的教学改革经验,本书适当精简了电子技术的传统内容,加强基本概念、基本原理和基本分析方法的介绍,强调电子器件、组件外特性及其应用,增加了 Multisim 仿真和电子设计自动化新技术,突出实践与工程应用的特征,以适应社会对人才的新要求。本书每章均配有经典例题、练习与思考、小结和习题,配套材料丰富,教师可根据各专业需要,适当调整教学内容,适应不同学时的要求。

在前一版教材的基础之上,第三版修订强化了思政元素的融入,以帮助学生在学习专业知识的同时树立正确的世界观、人生观、价值观和道德观;新增了思维导图,以帮助学生对教材知识体系的理解和记忆。本版教材与江苏大学在线开放课程紧密融合,该在线开放课程内容包括视频教学、课内测试、课后练习、网络测验、在线辅导、课外答疑等模块,提供了便捷的学习环境,有效弥补了线下教学的不足。读者可以通过扫码观看微课视频,以便更好地掌握相关内容。本版教材还添加电工相关的科普知识动画,读者扫码即可观看,有效提升读者的阅读兴趣。

本教材由江苏大学“电工学”课程组多位教师共同编写完成。全书共分 10 章。黄丽编写第 1 章;李彦旭编写第 2、3、4 章;景亮编写第 5、6、7 章;白雪编写第 8 章;徐雷钧编写第 9、10 章。Multisim 仿真和附录由赵不贿、徐雷钧编写；微课视频由江辉、黄丽录制，科普知识素材由田祥娥、陈晨搜集整理。徐雷钧负责本版教材整体把握，李彦旭负责统稿。赵不贿负责教材的审稿工作。

本教材在编写过程中得到各位同仁们的大力协助，在此深表谢意。同时，感谢江苏大学出版社为本书的出版付出的辛勤劳动。编写过程中，作者参考了许多教材和资料，对这些教材和资料的作者表示诚挚的谢意。

真诚地期待并感谢同行教师和读者对书中不妥、不足乃至错误之处提出指正意见。

编 者

2025 年 7 月

本书配有丰富的数字资源，读者可以扫描二维码观看，也可以登录江苏大学出版社"云赏书"数字出版服务平台查看，学习中的任何疑问都可以寻求平台帮助。

本书配套资源下载网址和联系方式

网址：www.jsdxbook.com

电话：0511-84440892

本书参考答案

目录 Contents

第 1 章

半导体器件

用半导体材料制成的器件统称为半导体器件。半导体器件具有体积小、重量轻、耗电省、寿命长、功耗小、能量转换效率高等优点，是组成各种电子电路的基础元件，广泛应用于测量、控制和信号处理等领域。

本章主要介绍常用半导体器件的工作原理、符号、特性曲线和主要参数等，同时希望同学们能够认识到半导体器件的研发、应用与人类社会可持续发展息息相关，提高创新意识和社会责任感。

通过本章的学习，可了解到半导体器件的研发和制造需要进行大量的科学研究工作，希望同学们通过对半导体器件工作原理的深入了解和思考，激发创新思维，更加积极地投入半导体器件研发的学习中；同时，认识到半导体器件在现代社会中扮演着重要角色，是各种电子产品、通信设备等的核心元件，但是其制造过程和废弃物的不当处理会对环境产生一定影响，这要求同学们必须关注环境保护和循环利用、促进科技从业者积极推动绿色生产和可持续发展，树立和培养社会责任感。

总之，半导体器件与人类社会联系密切，一方面体现在半导体器件的研发和应用中需要人类的创新思维，另一方面体现在其可进一步促使人类承担相应的社会责任，推动资源有效利用、节约能源以及环境保护等。

思维导图

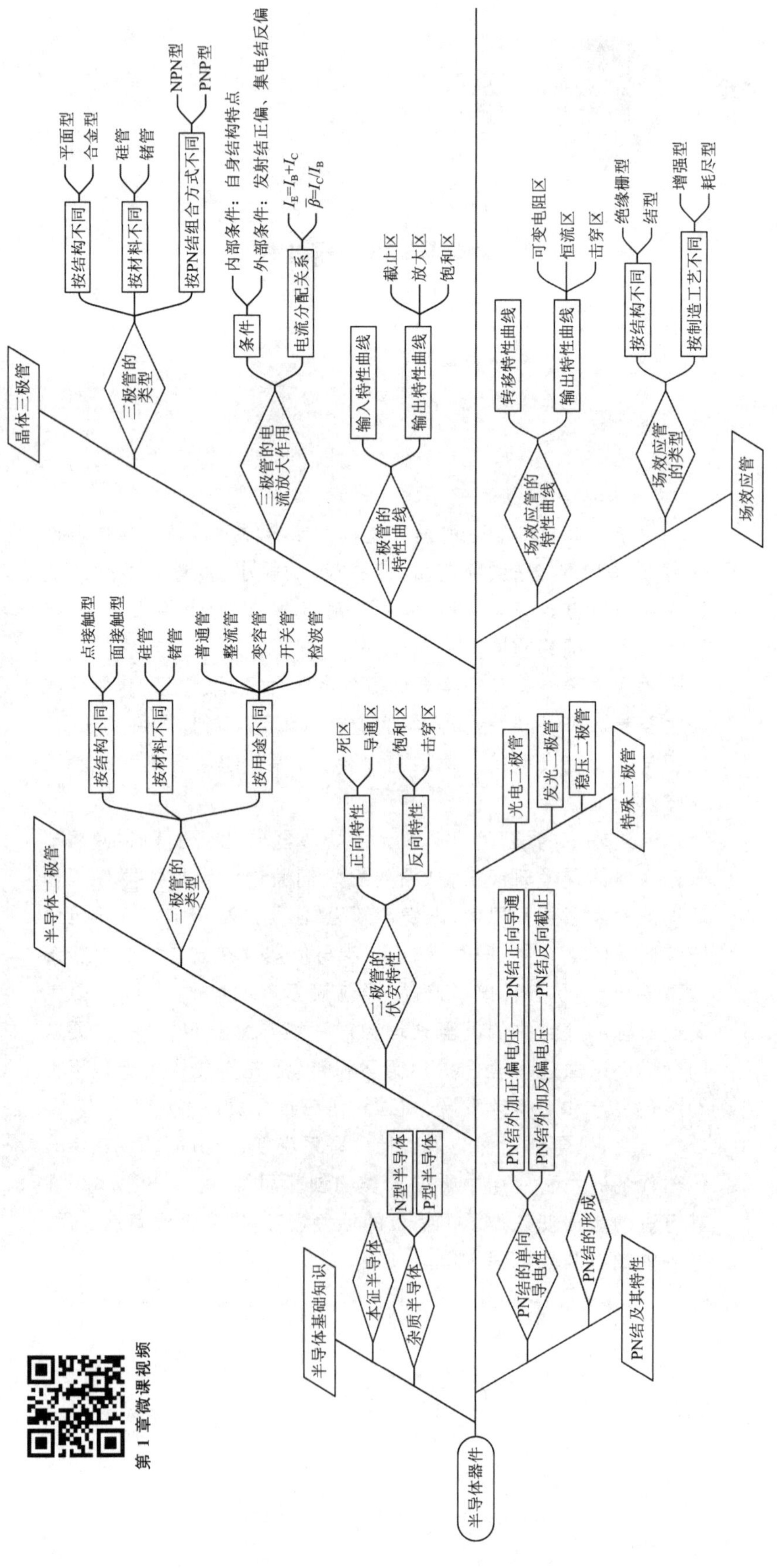

第1章微课视频

1.1　半导体基础

1.1.1　半导体基础知识

按导电能力的不同，自然界的物质分为导体、绝缘体和半导体。半导体的导电能力介于导体和绝缘体之间，在常态下接近于绝缘体。常用的半导体材料有硅(Si)、锗(Ge)以及部分化合物如砷化镓等。

半导体材料的导电性能独特，主要有以下特性：

(1) 热敏性。当环境温度升高时，半导体导电能力增强。利用这种特性可以制作热敏电阻等热敏元件。

(2) 光敏性。当半导体受到的光照强度增大时，半导体导电能力增强。利用这种特性可以制作光敏电阻、光电池等光敏元件。

(3) 掺杂性。在纯净半导体中掺入杂质，半导体导电能力大大增强。利用这种特性，可以制造出多种半导体器件，如半导体二极管、三极管、场效应管和晶闸管等。

1. 本征半导体

完全纯净、具有完整晶体结构的半导体称为本征半导体。最常用的本征半导体材料是高度纯净的硅和锗。它们的共同特点是，都是 4 价元素，原子结构最外层都是 4 个电子，即有 4 个价电子，图 1-1 为硅和锗的原子结构示意图。

以硅为例，每个硅原子最外层的 4 个价电子都与周围的 4 个硅原子的价电子形成共用电子对，即共价键。这种结构的晶体非常稳定。图 1-2 为其晶体结构的平面示意图。

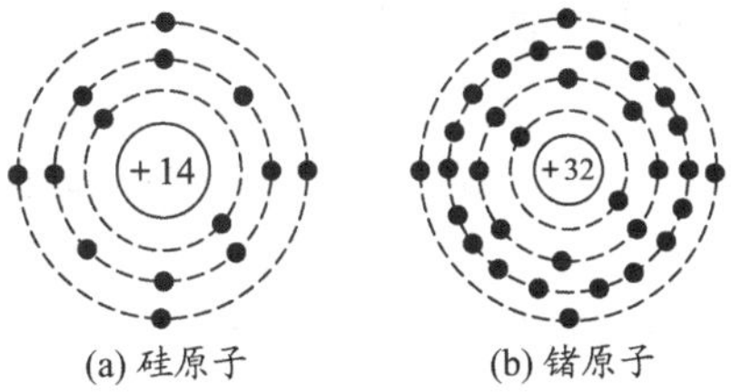

图 1-1　硅和锗的原子结构示意图

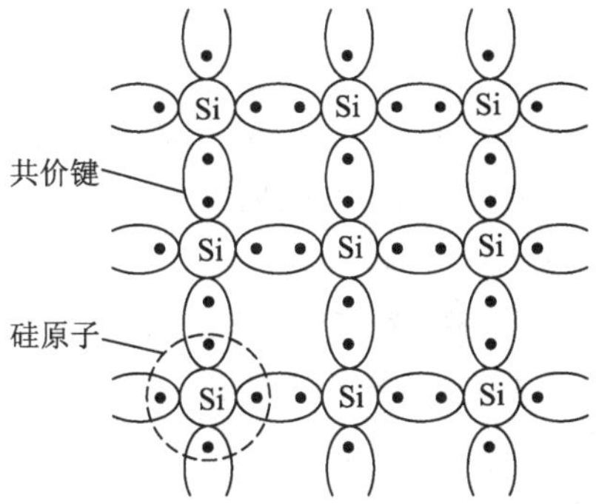

图 1-2　硅晶体共价键结构示意图

在绝对零度时，半导体共价键中的价电子被束缚，没有自由电子，特性接近于绝缘体。当温度升高或受热、受光照时，一些价电子获得足够的能量，挣脱共价键的束缚成为自由电子，这种现象称为激发。激发产生自由电子的同时，在相应共价键的位置上也出现了一个空位，称为“空穴”，如图 1-3(a)所示。空穴是共价键失去电子后而产生的，相当于一个正电荷。空穴吸引相邻共价键中的价电子进行填补，在原空穴消失的同时，另一个共价键中又出现了新的空穴，如图 1-3(b)所示，如此不断递补，表现为空穴在移动，相当于正电荷移动。

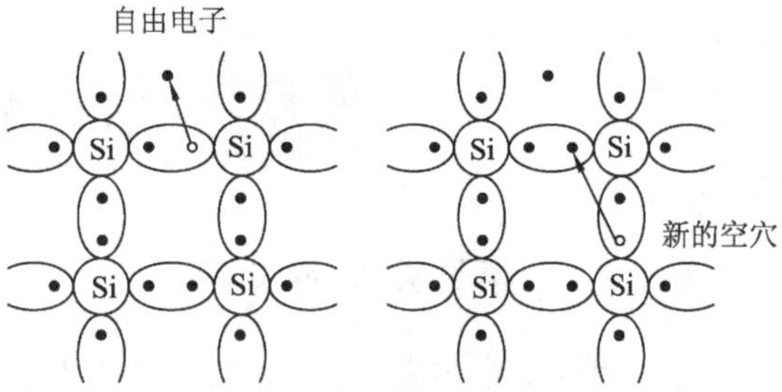

(a) 空穴和自由电子的产生　　(b) 空穴电流

图 1-3　空穴和自由电子的形成

半导体中存在着两种导电粒子，称为载流子，即自由电子和空穴。在电场作用下，自由电子形成电子电流，空穴形成空穴电流，两者之和即为半导体中的电流。

在本征半导体中，自由电子与空穴是成对产生或消失的。与激发过程相反，如果自由电子和空穴在运动过程中相遇，自由电子填补了空穴，则自由电子和空穴就会成对消失，这种现象称为复合。在一定的温度下，激发与复合处于一种动态平衡，半导体中载流子浓度保持稳定。温度升高时，激发过程加强，载流子数量愈多，半导体的导电性能愈好，所以温度对半导体的导电性能影响很大。

2. 杂质半导体

本征半导体由于载流子浓度很低，且相对稳定，所以导电能力很差。如果采用特殊的制造工艺，在本征半导体中掺入相关的微量元素，可使其导电能力显著增强，这种方式称为掺杂，掺入微量杂质元素的半导体称为杂质半导体。根据掺入杂质的不同，杂质半导体分为 N 型半导体和 P 型半导体。

1）N 型半导体

在硅（或锗）晶体中掺入微量 5 价元素，如磷（P），就形成了 N 型半导体。硅晶体掺入磷元素后，原晶体结构中的某些硅原子被磷原子取代。磷原子最外层有 5 个价电子，其中有 4 个与相邻的 4 个硅原子的价电子组成共价键，多余的 1 个价电子由于受原子核的束缚较弱，在常温下就可成为自由电子，同时 5 价磷原子变成带正电的离子，如图 1-4 所示。这种杂质半导体中，自由电子的浓度远远大于空穴的浓度，被称为 N 型半导体。

N 型半导体中，自由电子是多数载流子（简称多子），其浓度主要取决于掺杂浓度；激发产生的空穴是少数载流子（简称少子），其浓度主要取决于温度。

2）P 型半导体

在硅（或锗）晶体中掺入微量 3 价元素，如硼（B），就形成了 P 型半导体。硅晶体掺入硼元素后，原晶体结构中的某些硅原子被硼原子取代。硼原子最外层有 3 个价电子，这 3 个价电子在与相邻的 4 个硅原子组成共价键时，必然缺少 1 个价电子，即在共价键结构中产生 1 个空位，与其相邻的硅原子的价电子很容易填补这个空位，而在该价电子的位置上产生 1 个空穴，同时 3 价硼原子变成带负电的离子，如图 1-5 所示。在 P 型半导体中，空穴是多数载流子，其浓度主要取决于掺杂浓度；自由电子是少数载流子，其浓度主要取决于温度。

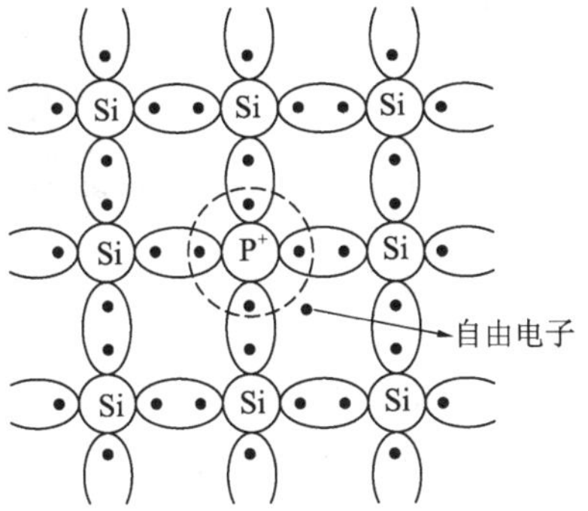

图 1-4 N 型半导体

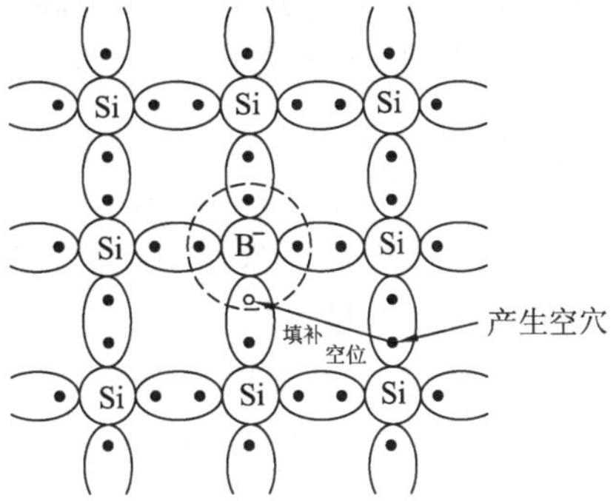

图 1-5 P 型半导体

在纯净半导体中，只要掺入极微量的特定杂质元素，其导电能力就将急剧增强。例如在纯净的半导体硅中掺入百万分之一的硼，硅的电阻率就可以从 $2\times10^{3}\ \Omega\cdot m$ 减小到 $4\times10^{-3}\ \Omega\cdot m$，其导电能力大大增强。

1.1.2 PN 结及其单向导电性

在一块半导体中，通过不同的掺杂工艺，使其一侧形成 P 型半导体，另一侧形成 N 型半导体，在这两种杂质半导体的交界面处便形成了 PN 结。

1. PN 结的形成

P 型半导体(简称 P 区)内的多子是空穴，其浓度大大高于 N 型半导体内的空穴浓度；N 型半导体(简称 N 区)内的多子是自由电子，其浓度大大高于 P 型半导体内的自由电子浓度。由此在 P 区和 N 区的交界面处就出现了自由电子和空穴的浓度差，P 区的空穴和 N 区的自由电子将越过交界面向对方区域扩散，如图 1-6(a)所示。多数载流子因浓度差而产生的运动称为扩散运动。

P 区的空穴与 N 区的自由电子在扩散过程中因相遇复合而消失，在 P 区一侧留下了不能移动的负离子电荷区，在 N 区一侧留下了不能移动的正离子电荷区。因此，在 P 区和 N 区的交界面处出现了一个空间电荷区(也称为耗尽层)，如图 1-6(b)所示。

在空间电荷区内，空间电荷建立了一个电场，称为内电场，电场方向由 N 区指向 P 区。根据静电场理论，内电场阻碍多子的扩散运动。而少数载流子则在内电场作用下会越过交界面向对方区域运动，这种少数载流子在内电场作用下的运动称为少子的漂移运动，如图 1-6(b)所示。

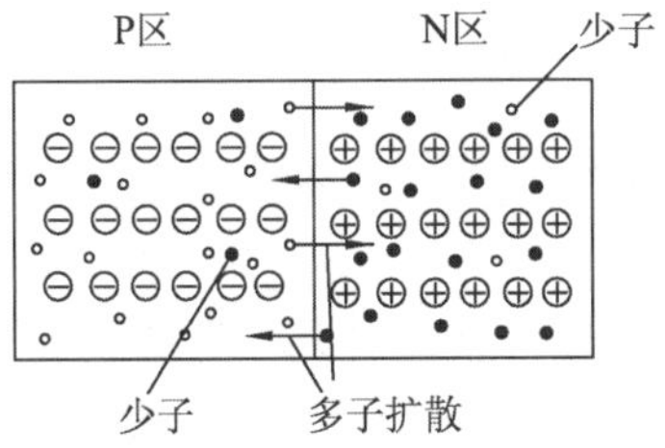

(a) 多数载流子的扩散运动

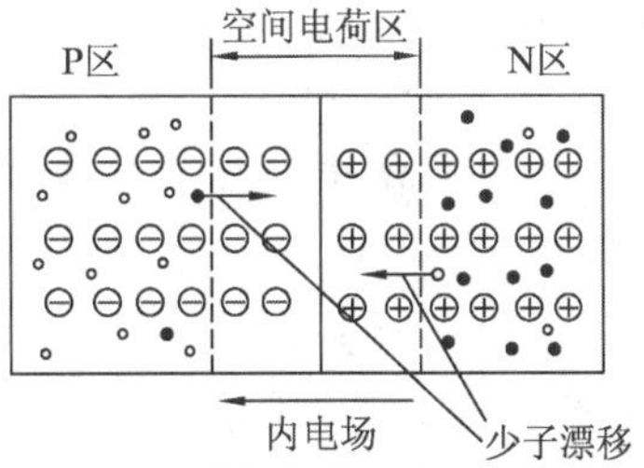

(b) 空间电荷区的示意图

图 1-6 PN 结的形成

当多子的扩散运动与少子的漂移运动达到动态平衡时,空间电荷区的宽度基本处于相对稳定状态,从而形成 PN 结。

2. PN 结的单向导电性

PN 结上外加电压的方式称为偏置方式,所加电压称为偏置电压。在 PN 结两端外加不同方向的偏置电压,PN 结就会呈现出不同的导电性能。

1) PN 结外加正偏电压

外加电压的实际方向从 P 区指向 N 区称为 PN 结正向偏置(简称正偏),如图 1-7(a)所示。正偏电压产生的外电场方向与 PN 结的内电场方向相反,削弱了内电场(PN 结变窄),破坏了 PN 结内的动态平衡,增强了多子的扩散运动,P 区中的大量空穴和 N 区中的大量自由电子越过 PN 结,形成很大的正向电流,这时称 PN 结正向导通。

2) PN 结外加反偏电压

外加电压的实际方向从 N 区指向 P 区称为 PN 结反向偏置(简称反偏),如图 1-7(b)所示。反偏电压产生的外电场方向与 PN 结的内电场方向相同,内电场被加强(PN 结变宽),阻碍了多子的扩散运动,少子在内电场的作用下形成漂移运动。由于半导体中少子的浓度非常低,故反向电流很微弱,其数量级一般在微安级,工程上可认为等于零,这时称 PN 结反向截止。

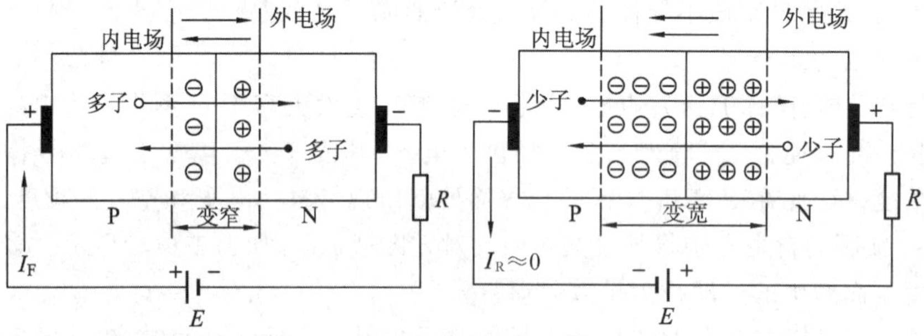

(a) PN结正向偏置　(b) PN结反向偏置

图 1-7　PN 结的单向导电性

综上所述,当 PN 结外加正偏电压时,正向电流较大,此时 PN 结正向导通,呈现低阻状态;当 PN 结外加反偏电压时,反向饱和电流很小,此时 PN 结反向截止,呈现高阻状态。PN 结的上述特性称为单向导电性。

练习与思考

1. 说明 P 型半导体和 N 型半导体中的多数载流子和少数载流子各是什么?它们是如何产生的?

2. N 型半导体中的多子为自由电子,是否 N 型半导体带负电?P 型半导体中的多子为空穴,是否 P 型半导体带正电?

3. 说明什么是 PN 结的单向导电性,其正向导通和反向截止的条件各是什么?

4. 说明环境温度变化对半导体导电性能的影响及其原因。

1.2 半导体二极管

1.2.1　二极管的基本结构和类型

从 PN 结的 P 区和 N 区各引出一根电极，外加管壳封装，就构成了半导体二极管（简称二极管）。P 区一侧的电极称为二极管的阳极或正极，N 区一侧的电极称为二极管的阴极或负极。

图 1-8(a)为二极管实物图。按结构不同，二极管分为点接触型和面接触型两种，其基本结构及图形符号如图 1-8(b)、(c)、(d)所示。点接触型二极管的特点是 PN 结面积小，因而结电容小，工作频率高，但允许通过的正向电流较小，主要应用于高频检波，以及在数字电路中用作开关器件。面接触型二极管的特点是 PN 结面积大，能通过较大电流，但结电容也大，工作频率较低，主要应用于低频整流。

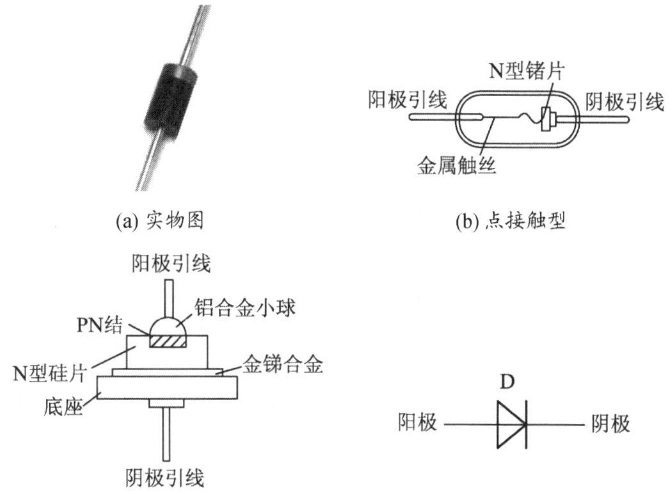

(a) 实物图　(b) 点接触型　(c) 面接触型　(d) 符号

图 1-8　二极管

根据所用材料的不同，二极管可分为锗管（一般多为点接触型）和硅管（一般多为面接触型）两种。

按照用途不同，二极管又可分为普通管、整流管、变容管、开关管、检波管等。

1.2.2　二极管的伏安特性

二极管的伏安特性如图 1-9 所示。二极管的核心就是 PN 结，因此，二极管也具有单向导电性。二极管的伏安特性分为正向特性和反向特性两部分，通常划分为 4 个区域：门坎区（死区）、线性工作区（导通区）、反向饱和区和反向击穿区。

1. 正向特性

当正偏电压小于死区电压时，外电场不足以克服 PN 结内电场的影响，正向电流几乎为零。死区电压的大小与二极管的材料和温度有关,通常硅管的死区电压约为0.5 V,锗管约为0.1 V。

正偏电压大于死区电压后,PN结内电场被大大削弱,正向电流迅速增大,二极管导通。这一段特性曲线很陡,在正常工作范围内,硅管压降约为0.6～0.7 V,锗管压降约为0.2～0.3 V。

2. 反向特性

当反偏电压在一定范围内时,少子的漂移运动形成很小的反向饱和电流。但当二极管反向电压加大到一定值后,反向电流突然急剧增大,二极管即失去单向导电性,这种现象称为击穿,对应的电压称为反向击穿电压。普通二极管击穿不可逆,击穿即损坏。

二极管的伏安特性受温度变化影响很大。温度升高时,二极管的正向特性曲线向左移,反向特性曲线向右下移,如图1-10中虚线所示。相对于硅管,锗管受温度影响更大。

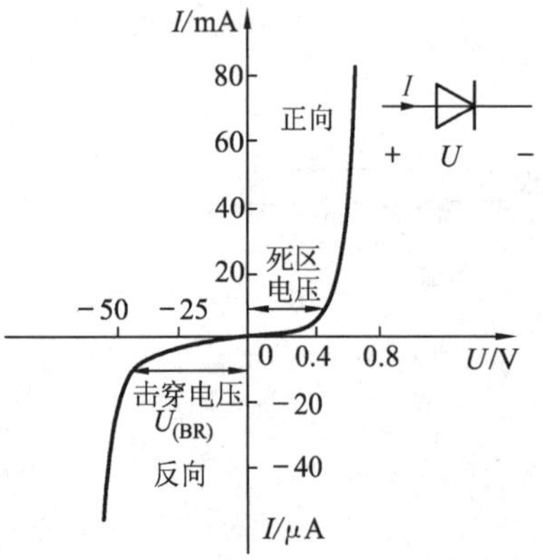

图1-9 二极管的伏安特性

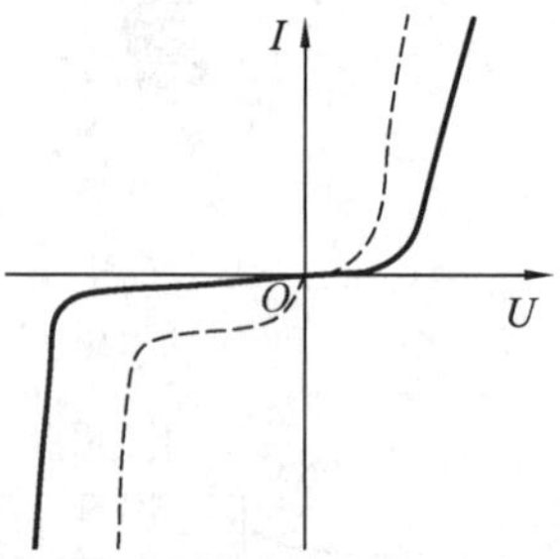

图1-10 温度对二极管伏安特性的影响

1.2.3 二极管的主要参数

二极管的参数反映了二极管性能的优劣和使用条件,是正确选择和合理使用二极管的依据,其主要参数有:

1) 最大整流电流(额定正向平均电流)I_{OM}

I_{OM}是二极管连续工作时,允许通过的最大正向电流的平均值。

2) 最高反向工作电压U_{RM}

U_{RM}是二极管正常工作时,允许施加的最高反向电压,一般取其反向击穿电压值的$\frac{1}{2}$～$\frac{2}{3}$。

3) 最大反向电流I_{RM}

I_{RM}是二极管外加最高反向工作电压时的反向电流值。二极管反向电流越小,说明其单向导电性越好。反向电流受温度影响较大,温度越高,反向电流越大。硅管的反向电流较小,约为一微安到几十微安,锗管的反向电流可达数百微安。

4）最高工作频率 f_M

二极管具有一定的电容效应，限制了二极管的工作频率。当信号频率超过 f_M 时，将影响二极管的单向导电性。

值得注意的是，由于制造工艺的限制，二极管参数的分散性很大。相关电子器件的手册和产品资料给出的往往是参数的范围，而这些参数都是在一定条件（温度、电压、频率、负载等）下测得的，实际使用中要注意这些条件，若条件改变，相应的参数也会发生变化。

二极管的单向导电性在电子电路中应用很广，通常可用作整流、限幅、钳位、检波、隔离和进行元件保护，此外还可作为数字电路中的开关元件等。

理想二极管的伏安特性如图 1-11 所示。外加正偏电压时，理想二极管正向导通，死区电压、正向管压降等于零，正向电阻为零，二极管相当于短路；外加反向电压时，反向电流为零，反向电阻为无穷大，二极管完全截止，相当于开路。

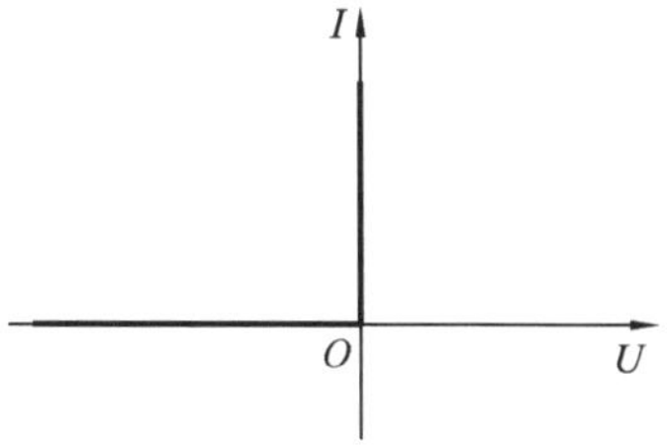

图 1-11　理想二极管伏安特性

【例 1-1】 在例 1-1(a)图所示电路中，$E=3$ V，$u_i=6\sin\omega t$ V，D 为理想二极管，试画出其输出电压 u_o 的波形。

解： 当 $u_i\leqslant 3$ V 时，二极管 D 导通，D 相当于短路，$u_o=u_i$；

当 $u_i>3$ V 时，二极管 D 截止，D 相当于开路，$u_o=E=3$ V。

所以 u_o 的波形如例 1-1(b)图所示。

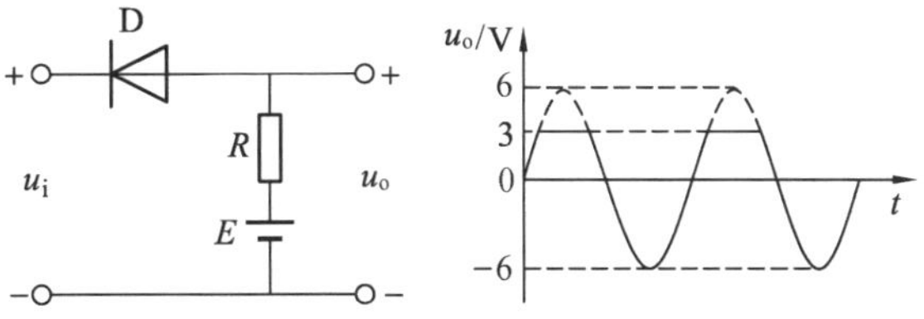

(a) 电路图　　(b) 波形图

例 1-1 图

【例 1-2】 电路如例 1-2 图所示，D_A 和 D_B 均为理想二极管，分别计算以下 3 种情况下 F 点的电位 V_F 及流过 D_A、D_B 和 R 的电流 I_A、I_B 和 I_R。

(1) $V_A=V_B=0$ V；

(2) $V_A=4$ V，$V_B=0$ V；

(3) $V_A=V_B=4$ V。

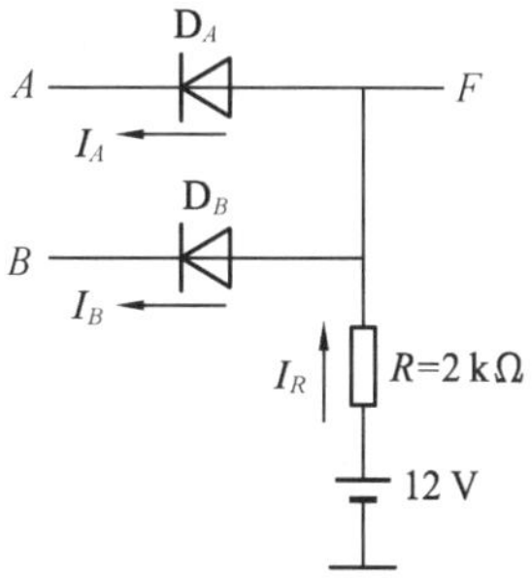

例 1-2 图

解： (1) $V_A=V_B=0$ V 时，12 V 直流电源使 D_A 和 D_B 均承受正偏电压而导通，二极管相当于短路。F 点的电位 $V_F=0$ V。流过电阻 R 的电流为

$$I_R=\frac{12}{2\times10^3}\ \text{A}=6\ \text{mA}$$

D_A、D_B 所在的支路是两条完全相同的支路，对 I_R 分流，则

$$I_A=I_B=\frac{1}{2}\times 6\ \text{mA}=3\ \text{mA}$$

(2) $V_A=4$ V，$V_B=0$ V 时，D_B 承受正偏电压高，故优先导通，D_B 相当于短路，F 点的电位 $V_F=0$ V，使 D_A 在反偏电压作用下截止，D_A 相当于开路。故

$$I_A=0$$

$$I_B=I_R=\frac{12}{2\times 10^3}\ \text{A}=6\ \text{mA}$$

(3) $V_A=V_B=4$ V 时，D_A、D_B 均承受正偏电压而导通，二极管相当于短路。F 点的电位 $V_F=4$ V。故

$$I_R=\frac{12-4}{2\times 10^3}\ \text{A}=4\ \text{mA}$$

$$I_A=I_B=\frac{1}{2}\times 4\ \text{mA}=2\ \text{mA}$$

练习与思考

1. 二极管具有单向导电性，是否只要给二极管外加正偏电压，二极管就会导通？
2. 怎样用万用表判断二极管的好坏及其正、负极？
3. 何谓二极管的优先导通现象？
4. 什么是死区电压？锗管和硅管的死区电压各是多少？
5. 用万用表测量二极管的正向电阻时，用 Ω×1 挡测出的电阻值小，而用 Ω×100 挡测出的电阻值大，为什么？

1.3 特殊二极管

1.3.1 稳压二极管

1. 伏安特性与符号

稳压二极管简称稳压管，是用特殊工艺制造的面接触型半导体硅二极管，其实物图、符号与伏安特性如图 1-12 所示。

稳压管的伏安特性与普通二极管相似，但反向击穿区曲线比较陡直。当反偏电压小于击穿电压时，反向电流很小；当反偏电压增大到击穿电压后，反向电流变化很大，而反向电压基本不变，该电压称为稳定电压 U_Z。稳压管正是利用这个特点来实现稳压的。

一般情况下，稳压管的击穿是可逆的，但是，如果反向电流 I_Z 太大（大于 I_{Zmax}），或者稳压管的功率损耗过大，超过了允许值，就会造成不可逆的热击穿而使稳压管损坏。反之，如果电流 I_Z 过小（小于 I_{Zmin}）也不能起到稳压作用。

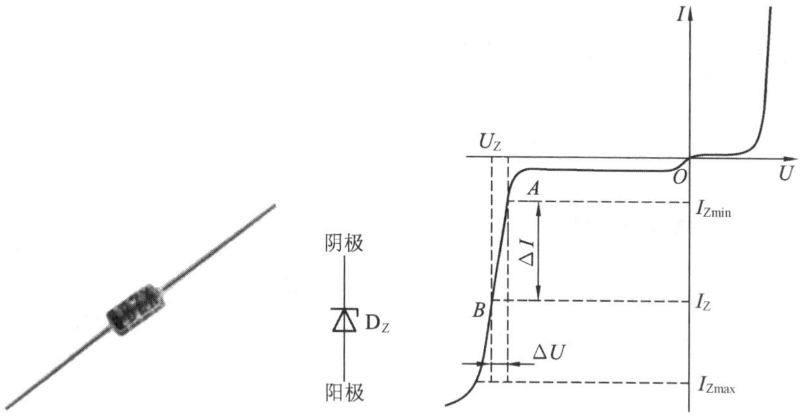

(a) 实物图　(b) 符号　(c) 伏安特性

图 1-12　稳压二极管

2. 并联型稳压电路

典型的并联型稳压电路由限流电阻 R 和稳压管 D_Z 组成，如图 1-13 所示，负载电阻与稳压管并联。当输入电压 U_i 增大，引起输出电压 U_o 增大时，其稳压过程是

$$U_o\uparrow \rightarrow U_Z\uparrow \rightarrow I_Z\uparrow\uparrow \rightarrow I_R\uparrow\uparrow \rightarrow U_R\uparrow\uparrow \rightarrow U_o\downarrow$$

使 U_o 基本保持不变。稳压过程中，稳压管起到电流调节作用，电阻 R 起电压调节作用。

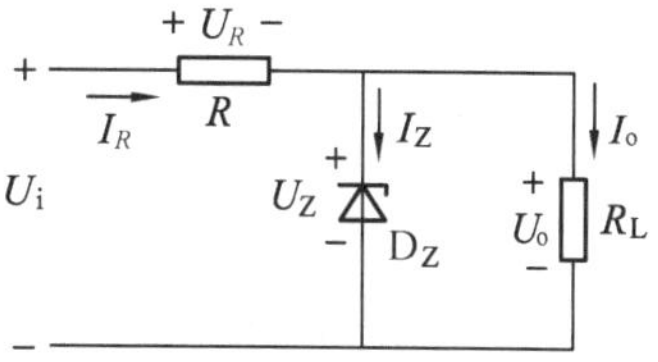

图 1-13　并联型稳压电路

当由于负载变化引起电压 U_o 波动时，稳压管通过电流调节作用也能稳定输出电压 U_o。读者可自行分析。

并联型稳压电路结构简单，输出电压固定，输出电流较小，适用于负载变动不大，输出电压不需要调节，输出电流较小，稳压精度要求不高的场合。

3. 稳压管主要参数

1）稳定电流 I_Z

I_Z 指稳压管正常稳压工作时的电流值。电流低于此值则稳压效果变差。因此在不超过额定功耗的前提下，该工作电流越大，稳压效果越好。

2）稳定电压 U_Z

U_Z 指稳压管中的电流为稳定电流时，稳压管两端的稳定电压值。

3）最大耗散功率 P_{Zmax}

P_{Zmax} 指稳压管不会因为过热而损坏的最大功率损耗值。

$$P_{Zmax}=U_Z I_{Zmax}$$

【例 1-3】 例 1-3 图所示电路中，稳压管为 2CW57 型，其参数见图中标注，试计算流过稳压管的电流 I_Z，并判断限流电阻 R 的阻值是否合适？

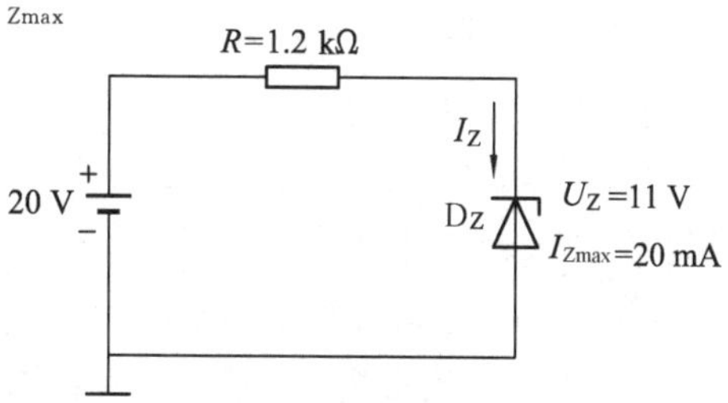

例 1-3 图

解： $I_Z=\dfrac{20-11}{1.2\times10^3}=7.5\times10^{-3}\text{ A}$

$=7.5\text{ mA}$

$I_Z<I_{Zmax}$，所选电阻阻值合适。

1.3.2 发光二极管

发光二极管(light emitting diode，LED)，是一种将电能转换为光能的特殊二极管。图1-14是发光二极管的实物图及符号。发光二极管工作在正偏状态时，电子与空穴直接复合，释放出能量并发光。发光二极管常用作显示器件，也可与光电二极管配合用于光纤通信系统。发光二极管工作电压一般不超过3 V，工作电流常在几毫安到十几毫安之间。

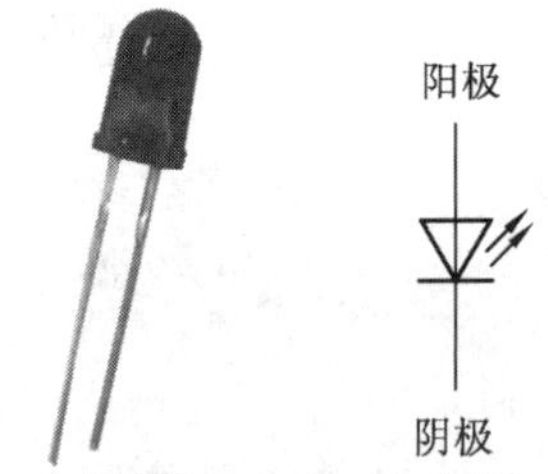

(a) 实物图　(b) 符号

图1-14　发光二极管

1.3.3 光电二极管

光电二极管是一种将光信号转换成电信号的特殊二极管。其基本结构与二极管相似，在管壳上装有玻璃窗口，以便接受光照。图1-15是光电二极管的实物图、符号和伏安特性曲线。光电二极管反向电流随光照强度的增加而增大，这是由于光线照射PN结时，会像热激发一样，成对产生自由电子和空穴，使半导体中少子浓度增大，在反向偏置电压下形成漂移电流；光照越强，漂移电流越大。光电二极管常用在光控电路中。

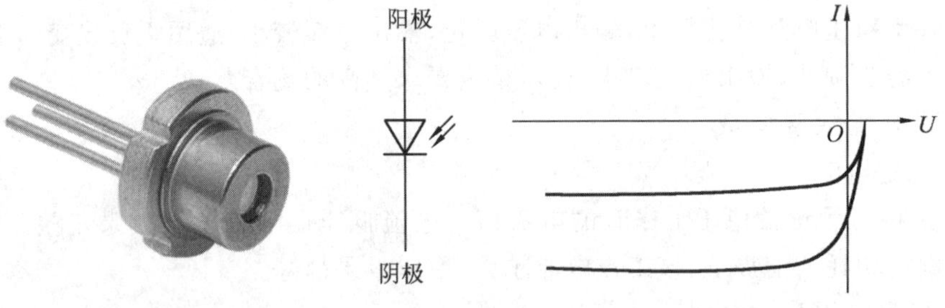

(a) 实物图　(b) 符号　(c) 伏安特性

图1-15　光电二极管

练习与思考

1. 稳压管外加正向电压时是否也能起稳压作用？

2. 图1-13所示并联型稳压电路中，(1) 若限流电阻$R=0$，是否可以？有何后果？(2) 若将限流电阻R改接到D_Z之后(即D_Z和R_L之间)，可否起稳压作用？会产生什么后果？(3) 当负载电阻减小时，是否能保证输出电压U_o基本稳定？为什么？

3. 已知两只硅稳压管D_{Z1}与D_{Z2}，其稳定电压分别为7 V和12 V，若将它们串联使用，能获得几种不同的稳定电压值？试画出电路。

4. 发光二极管和光电二极管各有什么应用？

1.4 晶体三极管

1.4.1 三极管的结构和类型

晶体三极管简称三极管，是在一块半导体上制成两个 PN 结，再引出三个电极而构成的，如图 1-16(a)所示。

最常见的三极管的结构有平面型和合金型两类，如图 1-16(b)、(c)所示。按半导体材料的不同，三极管分为硅管和锗管。通常，硅管主要是平面型，锗管采用合金型。

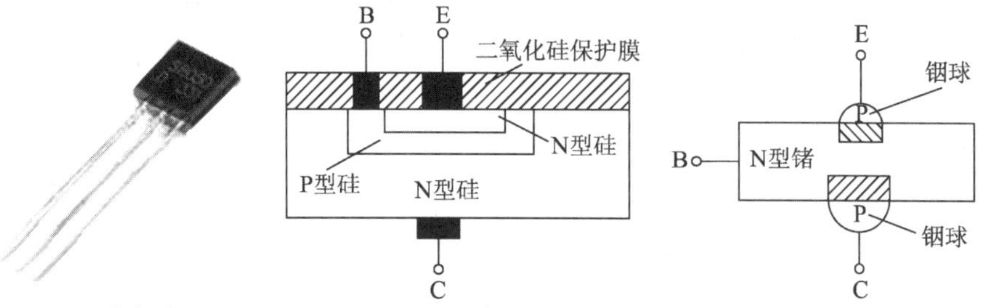

(a) 实物图 (b) 平面型 (c) 合金型

图 1-16 三极管实物图和结构图

按 PN 结组合方式不同，三极管又可分为 NPN 型和 PNP 型两种类型。图 1-17 分别是三极管结构示意图和符号。NPN 型三极管大多是硅管，PNP 型三极管大多是锗管。

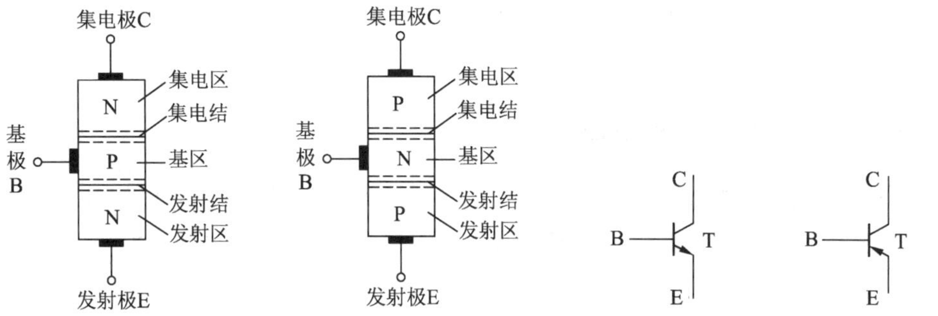

(a) NPN型三极管 (b) PNP型三极管 (c) NPN管符号 (d) PNP管符号

图 1-17 三极管的结构示意图及符号

三极管有 3 个区：基区、发射区和集电区，对应的电极为：基极 B、发射极 E 和集电极 C，在 3 个区之间形成两个 PN 结，其中，发射区和基区之间的 PN 结称为发射结，集电区和基区之间的 PN 结称为集电结。

三极管的内部结构特点是：发射区掺杂浓度高；集电区掺杂浓度较低，但体积大；基区掺杂浓度很低，且非常薄。

▶1.4.2 三极管的电流放大作用

三极管具有电流放大作用的外部条件是发射结正向偏置，集电结反向偏置；内部条件是三极管的结构特点。为说明三极管的电流分配关系和电流放大作用，现忽略一些次要因素，以 NPN 管为例简述如下。

如图 1-18 所示，由于 NPN 管的发射区掺杂浓度高，并且发射结正向偏置，所以发射区的多子（自由电子）源源不断地从发射区越过发射结扩散到基区，形成发射极电流 I_E。在扩散过程中有少部分自由电子与基区的空穴复合，电源 E_B 给基区补充空穴，形成基极电流 I_B。由于基区空穴浓度很低，所以 I_B 很小。也因为基区很薄，大部分由发射区发射的自由电子能够到达集电结的边缘，在集电结反偏外电场的作用下，被集电区收集，流向电源 E_C 的正极，形成很大的集电极电流 I_C。

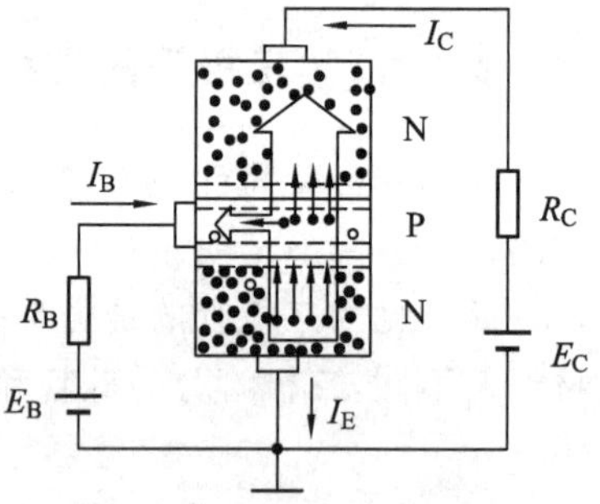

图 1-18 NPN 型三极管内部载流子的运动及电流分配关系

由以上分析可以看出：$I_E=I_C+I_B$，且 $I_C \gg I_B$，这就是三极管的电流分配关系。三极管的结构决定了集电极电流 I_C 和基极电流 I_B 的分配比例。

一般地，当三极管工作在静态时，集电极电流 I_C 和基极电流 I_B 之比称为直流电流放大系数，用$\bar{\beta}$表示，即$\bar{\beta}=\dfrac{I_C}{I_B}$。

当三极管工作在动态时，基极电流变化量 ΔI_B 引起集电极电流变化量 ΔI_C，且 $\Delta I_C \gg \Delta I_B$，两者的比值称为交流电流放大系数，用 β 表示，即 $\beta=\dfrac{\Delta I_C}{\Delta I_B}$。

虽然三极管的直流电流放大系数$\bar{\beta}$和交流电流放大系数β两者的物理定义不同，但两者数值近似相等，通常统一用 β 表示。

▶1.4.3 三极管的特性曲线

三极管的特性曲线是指各极间电压和电流之间的关系，分输入特性曲线和输出特性曲线两组。特性曲线可以用三极管特性图示仪测出，也可通过如图 1-19 所示实验电路测绘。

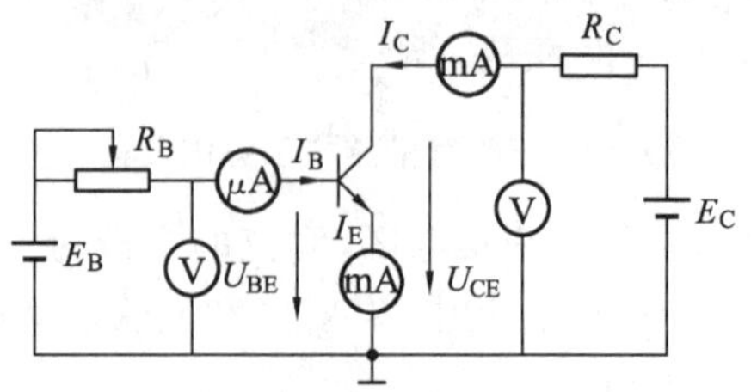

图 1-19 三极管特性曲线实验电路

图 1-20 是 NPN 型硅三极管的输入、输出特性曲线。

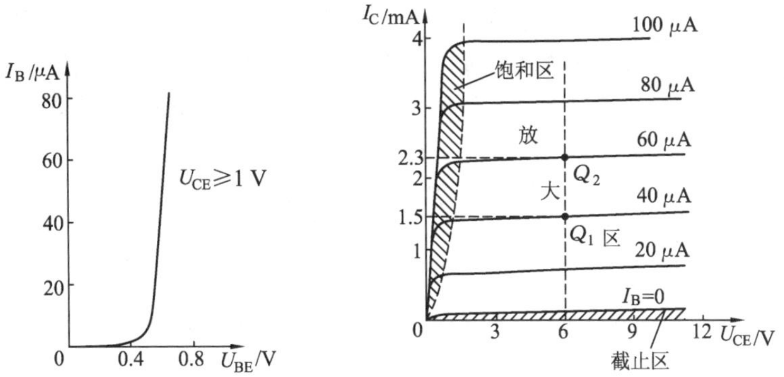

(a) 输入特性　　　　(b) 输出特性

图 1-20　NPN 型硅三极管的输入、输出特性曲线

1. 输入特性曲线：$I_B=f(U_{BE})\big|_{U_{CE}=常数}$

图 1-20(a)表明，三极管的输入特性曲线就是发射结的特性曲线。只有当发射结外加的正偏电压 U_{BE} 大于死区电压时，才会形成基极电流 I_B。一般小功率三极管，硅管的死区电压约为 0.5 V，锗管的死区电压约为 0.1 V。三极管导通后，正常情况下，NPN 型硅管的发射结电压 U_{BE} 为 0.6～0.7 V，PNP 型锗管的发射结电压 U_{BE} 为 −0.2～−0.3 V。

如图 1-20(a)所示，对于硅管而言，当 $U_{CE}=1$ V 时，集电结已经反偏；如果继续增大 U_{CE}，但只要 U_{BE} 保持不变，基极电流 I_B 就不会有明显变化。所以 $U_{CE}>1$ V 后的输入特性曲线几乎都重合在一起。通常用一条输入特性曲线代表一簇曲线。

2. 输出特性曲线：$I_C=f(U_{CE})\big|_{I_B=常数}$

三极管的输出特性曲线如图 1-20(b)所示，分为 3 个区，对应 3 种工作状态。

1) 放大区

放大区也称为线性区，在输出特性曲线上为近似水平部分的区域。此时 I_C 的大小受 I_B 的控制，两者成正比例关系，$I_C=\beta I_B$，且与 U_{CE} 几乎无关。这是由于当 I_B 一定时，从发射区扩散到基区的自由电子数大致是一定的。这些电子的绝大部分被拉入集电区形成 I_C，以致当 U_{CE} 继续增大时，I_C 也不再有明显增加，三极管呈现恒流特性。此时，三极管发射结正向偏置，集电结反向偏置。对 NPN 型三极管而言，$U_{BE}>0$，$U_{BC}<0$。

2) 截止区

输出特性曲线中 $I_B=0$ 曲线以下的区域称为截止区。三极管工作在截止区时，集电极 C 和发射极 E 之间呈现高阻状态，相当于开关断开。

当 U_{BE} 小于输入特性曲线的死区电压时，$I_B\approx 0$，相应的 $I_C=I_{CEO}$（称为穿透电流），集电极仍有一个微小的电流。如果使发射结反向偏置，则可使 $I_C\approx 0$，三极管相当于开关断开。对 NPN 型硅管而言，当 $U_{BE}<0.5$ V 时，已经开始截止，但一般为了可靠截止，常常使 $U_{BE}\leqslant 0$。此时，三极管发射结反向偏置，集电结也反向偏置。

3) 饱和区

输出特性曲线中靠近纵轴的部分称为饱和区。三极管工作在饱和区时，集电极 C 和发射极 E 之间呈现低阻状态，相当于开关闭合。此时，三极管发射结正向偏置，集电结也正向偏置。

在饱和区内，$U_{CE}<U_{BE}$，集电结处于正向偏置，不利于集电区收集从发射区扩散到基区的自由电子，使得在相同的 I_B 时，I_C 的数值比放大状态时小，$I_{CS}<\beta I_B$（I_{CS}称为集电极临界饱和电流）。这时 I_C 不再受 I_B 的控制，说明三极管失去了电流放大作用，I_C 的大小取决于 E_C 和 R_C，这种现象称为饱和。

$$I_{CS}=\frac{E_C-U_{CES}}{R_C}\approx\frac{E_C}{R_C}$$

式中，U_{CES}为饱和时 C、E 间的电压降，称为三极管的饱和压降。

工作在饱和区和截止区的三极管没有电流放大作用，而是具有开关特性，因此也称为开关区，常用于数字电路中。

【例 1-4】 如例 1-4 图所示电路是由 NPN 型三极管组成的 3 个电路，各参数已标注在图中，试分析这 3 种电路中三极管 T 分别处于何种工作状态。（设 $U_{BE}=0.7$ V）

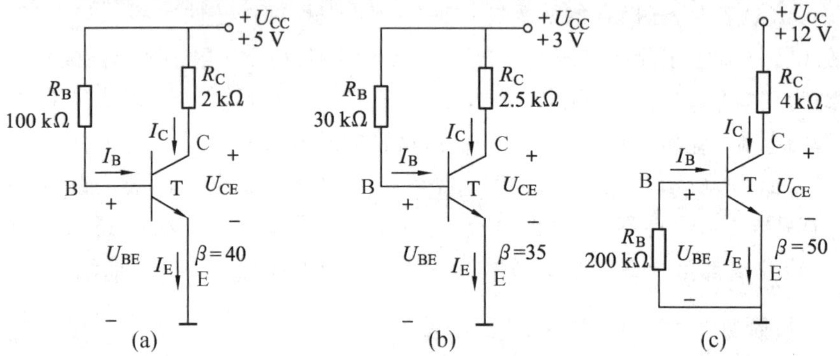

例 1-4 图

解： 例 1-4(a)图中，三极管的发射结正偏，管子可能工作在放大状态或饱和状态。若工作在放大状态，则有

$$I_B=\frac{U_{CC}-U_{BE}}{R_B}=\frac{5-0.7}{100\times10^3}=0.043\ \text{mA}=43\ \mu\text{A}$$

$$I_C=\beta I_B=40\times0.043=1.72\ \text{mA}$$

$$U_{CE}=U_{CC}-R_CI_C=5-2\times1.72=1.56\ \text{V}>U_{BE}=0.7\ \text{V}$$

发射结正偏、集电结反偏，三极管工作在放大状态。

例 1-4(b)图中

$$I_B=\frac{U_{CC}-U_{BE}}{R_B}=\frac{3-0.7}{30\times10^3}\approx0.077\ \text{mA}$$

$$\beta I_B=35\times0.077=2.695\ \text{mA}$$

三极管的集电极临界饱和电流

$$I_{CS}\approx\frac{U_{CC}}{R_C}=\frac{3}{2.5}=1.2\ \text{mA}<\beta I_B=2.695\ \text{mA}$$

故三极管处于饱和状态。

例 1-4(c)图中，基极经 R_B 接地，与发射极等电位，即 $V_B=V_E$ 发射结零偏，由图中还可以看出 $V_B<V_C$ 集电结反偏，所以三极管工作在截止状态。

【例 1-5】 测得某放大电路中两个三极管各极电位分别如例 1-5(a)、(b)图所示，试判断它们各是 NPN 型管还是 PNP 型管？是硅管还是锗管？并确定每个管的基极 B、集电极 C 和发射极 E。

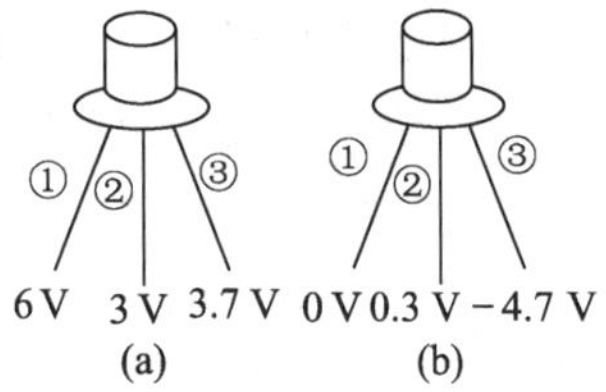

例 1-5 图

解：晶体管处于放大状态，发射结正偏、集电结反偏。3 个电极的电位关系为：NPN 型管，$V_C > V_B > V_E$；PNP 型管，$V_C < V_B < V_E$。

例 1-5(a)图中：③ 管脚即基极 B，由于②、③ 管脚间电位差为 0.7 V，所以②管脚是 E 极，①管脚是 C 极，该管为硅管，且为 NPN 型管。

例 1-5(b)图中：① 管脚即基极 B，由于①、② 管脚间电位差为 −0.3 V，所以，②管脚是 E 极，③管脚是 C 极。该管为锗管，且为 PNP 型管。

1.4.4　三极管的主要参数

1）电流放大系数 $\bar{\beta}$、β

$\bar{\beta}$ 和 β 是表示三极管放大能力的参数，其定义前文已阐述。需要注意的是：三极管只有工作在放大状态时，β 才基本恒定，I_C 随 I_B 成正比例变化。常用三极管的 β 值一般在 20～100 之间。

2）集-基极反向饱和电流 I_{CBO}

I_{CBO} 是指三极管发射极开路时，从集电极流向基极的电流，即集电结反偏时，流过集电结的反向饱和电流，如图 1-21 所示。

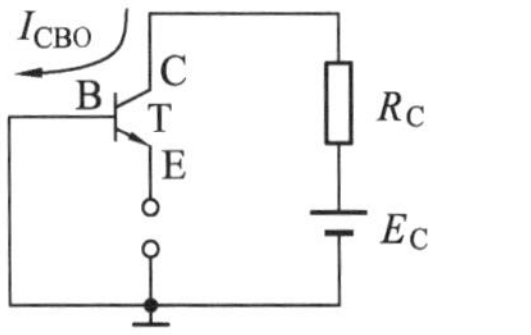

图 1-21　集-基极反向饱和电流

3）集-射极穿透电流 I_{CEO}（集-射极反向电流）

I_{CEO} 是当三极管基极开路（$I_B=0$）时，流过集电极的电流，也称为穿透电流，如图 1-22 所示。通常有

$$I_{CEO}=(1+\beta)I_{CBO}$$

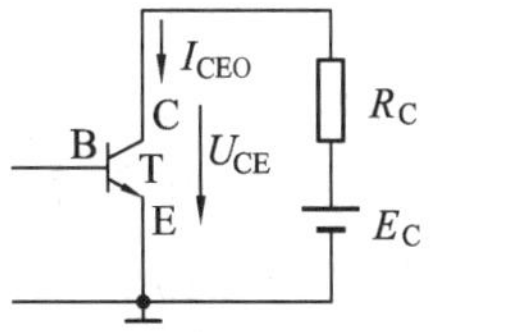

图 1-22　集-射极穿透电流 I_{CEO}

由于 I_{CBO} 受温度的影响很大，当环境温度升高时，I_{CBO} 增大很快，使 I_{CEO} 增大也很快，因而三极管的温度稳定性很差。I_{CBO} 值越大、β 值越高的三极管，稳定性越差。因此在选用三极管时，I_{CBO} 应尽可能小些，而 β 值以不超过 100 为宜。

4）集电极最大允许电流 I_{CM}

当集电极电流 I_C 超过一定值时，三极管的参数开始变化，特别是三极管的电流放大系数 β 值会降低，三极管的性能明显下降。当 β 值下降到正常数值的 2/3 时，其所对应的集电极电流称为集电极最大允许电流 I_{CM}。在使用三极管时，如果 I_C 超过 I_{CM} 并不一定会损坏三极管，但却降低了 β 值。一般小功率管 I_{CM} 为几十毫安，大功率管 I_{CM} 则在几安以上。

5）集-射极反向击穿电压 $U_{(BR)CEO}$

$U_{(BR)CEO}$ 是指基极开路时，集电极与发射极之间所能承受的最高电压。实际使用中的电压值 U_{CE} 超过 $U_{(BR)CEO}$ 时，集电结会被反向击穿，使集电极电流急剧加大，损坏三极管。温度升高时，$U_{(BR)CEO}$值将降低，使用时应注意。

6）集电极最大允许耗散功率 P_{CM}

P_{CM}是指三极管工作时集电结上允许损耗功率的最大值。

由于集电极电流在流过集电结时所产生的功率损耗将转变成热能，从而使集电结的结温上升，当温度过高时，管子性能会变差，甚至有可能被烧毁。P_{CM}主要受结温的限制，一般而言，锗管的允许结温为 70～90 ℃，硅管的允许结温可达 150 ℃左右。如能合理改善管子的散热条件，则可大大提高 P_{CM}值。通常有

$$P_{CM}=I_C U_{CE}$$

由此可得到如图 1-23 所示的功耗曲线，曲线的下方为三极管的安全工作区，右上方则为过损耗区。

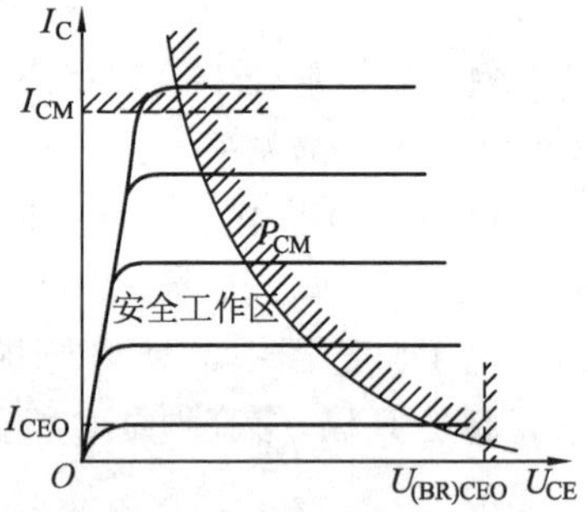

图 1-23　三极管的功耗曲线

▶1.4.5　温度对三极管参数的影响

三极管是一种半导体器件，它的特性受温度影响较大，主要体现在以下 3 个方面：

(1) 三极管的集-基极反向饱和电流 I_{CBO}、集-射极穿透电流 I_{CEO}随温度升高而增大。

I_{CBO}是集-基极的反向饱和电流，与二极管反向饱和电流相似，温度每升高 10 ℃，I_{CBO}约增大一倍。由于 $I_{CEO}=(1+\beta)I_{CBO}$，故 I_{CEO}也随温度的升高而增大。对于锗管而言，温度引起的 I_{CBO}、I_{CEO}的变化要比硅管更为严重。

(2) 三极管的 β 值随温度升高而增大。

实验结果表明，温度每升高 1 ℃，三极管的 β 值一般会增大 0.5%～1%。

(3) 温度升高，I_B 将增大。

温度升高时，三极管的输入特性曲线向左移动，如图 1-24 中虚线所示，即当温度升高后，对于相同的 U_{BE}，I_B 将增大；而对于相同的 I_B，U_{BE}将减小。对大多数小功率三极管而言，温度每升高 1 ℃，U_{BE}约下降 2～2.5 mV。

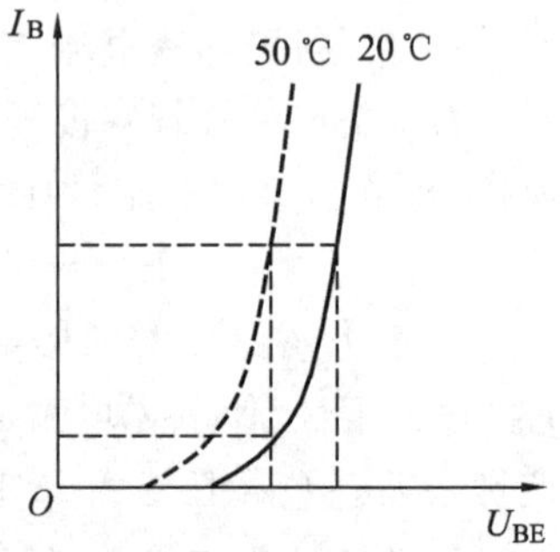

图 1-24　温度对三极管输入特性的影响

因此，温度对三极管参数的影响可概括为：三极管集电极电流 I_C 随温度升高而增大。

练习与思考

1. 三极管的集电极和发射极是否可以调换使用？为什么？

2. 为什么要把三极管的基区做得很薄，并且掺杂浓度很低？

3. 三极管的电流放大系数 $i_C=\beta i_B$ 是否总是成立？如何判断该关系式成立的条件？

4. 实际电路中如何判断三极管工作在放大区、饱和区还是截止区？

5. 如何理解三极管工作在饱和区和截止区时的开关特性？

6. 两个三极管，一个三极管 $\beta=50, I_{CBO}=0.5\ \mu A$；另一个三极管 $\beta=150, I_{CBO}=2\ \mu A$，其他参数大致相同，哪个三极管工作更可靠？

1.5 场效应管

1.5.1 场效应管的基本结构

场效应晶体管简称场效应管，其实物如图 1-25 所示，它除了具有三极管体积小、质量小、耗电省、寿命长等优点外，还具有噪声低、热稳定性好、抗辐射能力强等特点，因此场效应管广泛应用于各种电子线路中。它与三极管的主要区别是：(1) 场效应管只有一种载流子(自由电子或者空穴)参与导电，所以场效应管又称为单极型晶体管，而三极管既有多子也有少子导电，称之为双极型晶体管；(2) 场效应管是电压控制器件，它的输入阻抗高达 $10^7 \sim 10^{14}\ \Omega$，基本不需要信号源提供电流；(3) 场效应管是电压控制元件，而三极管是电流控制元件。场效应管的主要缺点是放大能力较低，开关速度较三极管略低。

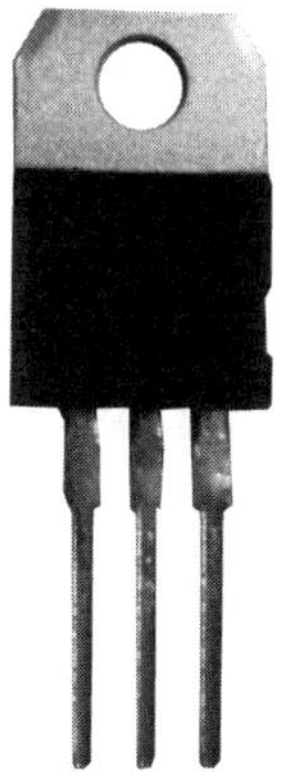

图 1-25　场效应管实物图

按结构不同，场效应管可分为绝缘栅型和结型两大类。绝缘栅型场效应管(metal-oxide-semiconductor，简称 MOS 管)，其制造工艺简单，便于集成化，现广泛应用于各种集成电路中。本节主要介绍绝缘栅型场效应管。

绝缘栅型场效应管按制造工艺不同分为增强型和耗尽型两类，每一类又有 N 沟道和 P 沟道之分。场效应管的符号如图 2-26 所示。

(a) N沟道增强型　(b) P沟道增强型　(c) N沟道耗尽型　(d) P沟道耗尽型

图 1-26　场效应管的符号

图 1-27(a)为 N 沟道增强型绝缘栅型场效应管(NMOS 管)的结构示意图。它以一块掺质浓度较低的 P 型硅片为衬底，在衬底上利用扩散方法制成两个高掺杂浓度的 N 区(用 N^+ 表示)，再分别引出两个电极：源极 S 和漏极 D，然后在硅片表面生成一层很薄的二氧化硅绝缘层，并在源极和漏极之间的二氧化硅绝缘层表面覆盖一层金属铝膜，引出栅极 G。由于栅极与其他电极之间是绝缘的，所以称为绝缘栅型场效应管。

P 沟道增强型绝缘栅场效应管(PMOS 管)的基本结构与 NMOS 管类似，如图 1-27(b)所示。

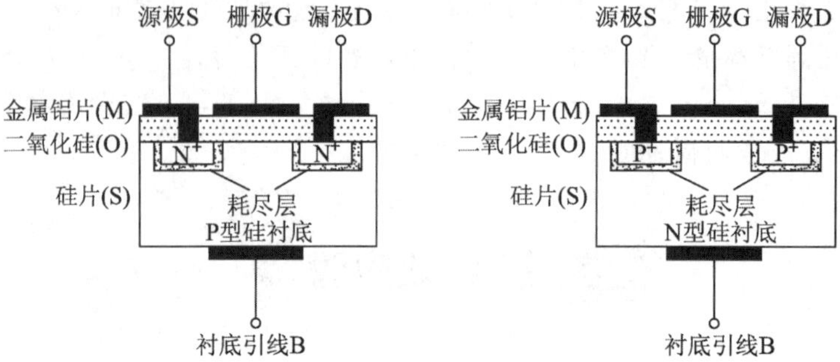

(a) N沟道　　(b) P沟道

图 1-27　增强型场效应管基本结构

▶1.5.2　场效应管的工作原理

场效应管的基本工作原理是：通过外加电压形成电场，控制导电沟道的厚度和形状，从而改变电流的大小，场效应管因此而得名。现以 NMOS 管为例介绍其工作原理。

如图 1-28(a)所示，如果仅在漏极和源极之间加上电压 U_{DS}，由于 N^+ 漏区和 N^+ 源区与 P 型衬底之间形成两个 PN 结，因此无论 U_{DS} 极性如何，两个 PN 结中总有一个因反向偏置而处于截止状态，且漏极和源极没有导电通道，漏极电流 I_D 为零。

如图 1-28(b)所示，如果在栅极和源极之间加上正向电压 U_{GS}，由于栅极铝片与 P 型衬底之间为二氧化硅绝缘层，它们构成一个平板电容器，U_{GS} 在二氧化硅绝缘体中产生一个垂直于衬底表面的电场，电场方向向下，把 P 型硅衬底中的自由电子吸引到表面层。当 U_{GS} 较小时，吸引到表面层的自由电子很少，而且立即与空穴复合，形成负离子的电荷区。当 U_{GS} 增大到一定值时，吸引到表面层的自由电子，除填满空穴外，多余的自由电子在原为 P 型半导体的衬底表面形成自由电子占多数的 N 型层，称为反型层。反型层沟通了漏区和源区，成为它们之间的导电沟道，如图 1-28(b)所示。使增强型场效应管刚开始形成导电沟道的临界电压称为开启电压 $U_{GS(th)}$。

$U_{GS}>U_{GS(th)}$ 导电沟道形成后，在漏极、源极之间再加一个正向电压 U_{DS}，就会产生漏极电流 I_D，如图 1-28(c)所示。U_{GS} 越大，导电沟道越宽，沟道电阻越小，I_D 越大。由于这种 MOS 管必须依靠外加电压 U_{GS} 来形成导电沟道，故称为增强型。该导电沟道实际为楔形，这是因为 U_{DS} 使栅极与沟道不同位置间的电位差变得不同，靠近源极一端的电位差最大，为 U_{GS}；靠近漏极一端的电位差最小，为 $U_{GD}=U_{GS}-U_{DS}$，所以反型层呈楔形不均匀分布。

改变栅极电压 U_{GS}，就能改变导电沟道的薄厚和形状，即改变导电沟道的电阻值，实现对漏极电流 I_D 的控制。所以，场效应管是由 U_{GS} 来控制 I_D 的，故称为电压控制电流元件，U_{GS} 对 I_D 的控制能力可通过跨导 g_m 来表示，即

$$g_m=\left.\frac{\partial I_D}{\partial U_{GS}}\right|_{U_{DS}=\text{常数}}\approx\left.\frac{\Delta I_D}{\Delta U_{GS}}\right|_{U_{DS}=\text{常数}}$$

式中，g_m 的单位是西门子(S)。

随着 U_{DS} 继续增大，因 $U_{GD}=U_{GS}-U_{DS}$，U_{GD} 减小，沟道在接近漏极处消失，此时楔

形导电沟道如图 1-28(d)所示，这种状态称为预夹断。预夹断不是完全将导电沟道夹断，而是允许电子在导电沟道的窄缝中高速流过，保证沟道电流的连续性。场效应管预夹断后，U_{DS}在较大范围内变化时，I_D 基本不变，进入恒流区。

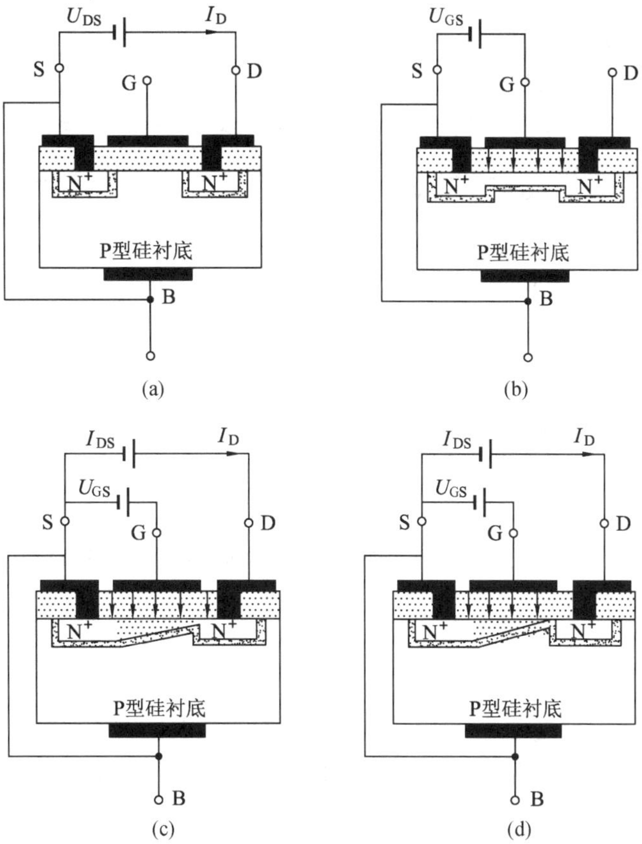

图 1-28　N 沟道增强型绝缘栅场效应管工作原理

耗尽型场效应管的结构与增强型场效应管基本相同，区别在于：耗尽型场效应管在制造过程中就预设了反型层导电沟通，当 $U_{GS}>0$ 时，导电沟道变厚；当 $U_{GS}<0$ 时，导电沟道变薄，当负的 U_{GS}达到某一数值时，反型层导电沟道消失，漏极电流为零。

1.5.3　场效应管的特性曲线

1. 转移特性

U_{DS}一定时，漏极电流 I_D 与栅源电压 U_{GS}之间的关系为 $I_D=f(U_{GS})$，称为场效应管的转移特性。N 沟道增强型绝缘栅场效应管转移特性如图 1-29(a)所示。当 $0<U_{GS}<U_{GS(th)}$ 时，漏极、源极之间没有导电沟道，$I_D\approx 0$；当 $U_{GS}>U_{GS(th)}$ 时，漏极、源极之间形成导电沟道，有 I_D 流过。随着 U_{GS}增大，导电沟道加宽，沟道电阻减小，I_D 随 U_{GS}增大而增大，即体现出 U_{GS}对 I_D 的控制作用。

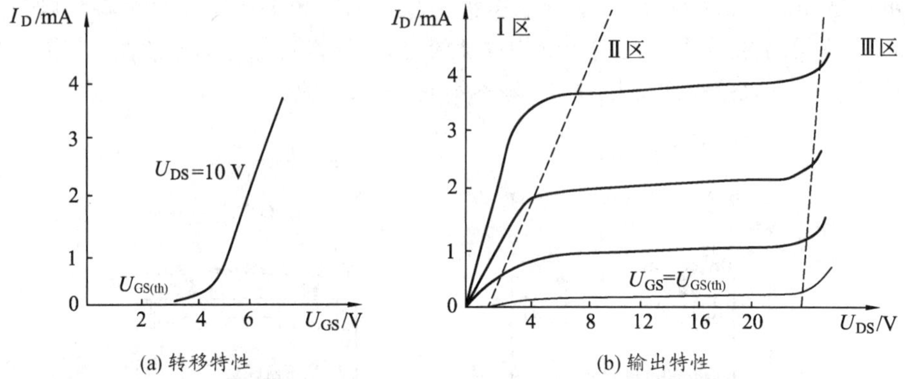

(a) 转移特性　　(b) 输出特性

图 1-29　N 沟道增强型绝缘栅场效应管特性曲线

2. 输出特性（漏极特性）

N 沟道增强型绝缘栅场效应管输出特性如图 1-28(b)所示，U_{GS}一定时，漏极电流 I_D 与漏源电压 U_{DS}之间的关系为 $I_D=f(U_{DS})$，称为场效应管的漏极特性。漏极特性分 3 个区域：

1）可变电阻区（Ⅰ区）

可变电阻区是在 U_{DS}较小时，输出特性靠近纵轴的部分。其特点是：U_{GS}控制场效应管的沟道宽度，当 U_{GS}一定时，沟道电阻基本不变。随着 U_{DS}的增大，I_D 近似线性地增大。

2）恒流区（Ⅱ区）

恒流区是在 U_{DS}较大时，输出特性的水平部分。其特点是：场效应管进入预夹断状态，U_{DS}增大，I_D 只略有增大，I_D 的大小主要受 U_{GS}的控制，I_D 随 U_{GS}线性增大，场效应管相当于电压控制电流源，该区域也称为线性放大区。

3）击穿区（Ⅲ区）

当 U_{DS}增大到一定数值时，漏极与衬底的反向 PN 结被击穿，I_D 突然增大，功耗急剧增大，场效应管工作在该区域易被烧毁。

1.5.4　场效应管的主要参数

1）开启电压 $U_{GS(th)}$

$U_{GS(th)}$是指增强型 MOS 管的 U_{DS}为一定值时，产生 I_D 所需要的最小$|U_{GS}|$值。

2）夹断电压 $U_{GS(off)}$

$U_{GS(off)}$是指耗尽型 MOS 管的 U_{DS}为一定值时，使 I_D 小于某一微小电流所对应的$|U_{GS}|$值。

3）饱和漏极电流 I_{DSS}

I_{DSS}是指耗尽型 MOS 管在 $U_{GS}=0$、U_{DS}为某一给定电压时，发生预夹断时的漏极电流 I_D 值。

4）直流输入电阻 R_{GS}

R_{GS}是指栅极、源极之间的直流电阻。由于 MOS 管的栅极、源极间隔着一层二氧化硅绝缘层，故该值可高达 $10^9 \sim 10^{15}\ \Omega$。

5）跨导 g_m

g_m 表示 U_{GS} 对 I_D 的控制能力，有

$$g_m \approx \left.\frac{\Delta I_D}{\Delta U_{GS}}\right|_{U_{DS}=\text{常数}}$$

练习与思考

1. 场效应管和三极管有什么不同之处？
2. 增强型 NMOS 管的导电沟道是怎样形成的？为什么靠近漏极的导电沟道较窄，而靠近源极的沟道较宽？
3. 试说明 NMOS 管和 PMOS 管的主要区别。
4. 如何区分增强型 MOS 管和耗尽型 MOS 管？它们各有什么特点？

1.6 半导体器件特性的 Multisim 仿真

1.6.1　二极管的单向导电性

二极管具有单向导电性，加正向电压时导通，加反向电压时截止。图 1-30 是用 Multisim 仿真的二极管单向导电特性电路。图中的二极管是虚拟二极管，即理想的二极管，通过 View—Toolbars—Diodes 调出。图 1-31 是仿真波形，波形的最大值为 7.717 V，可见二极管的正向压降为 0.767 V。当二极管截止时，电压为 3 V，说明二极管的反向电流为 0。

当二极管换成实际器件 1N1200C，电阻容差为 5%时，如图 1-32 所示，仿真波形如图 1-33 所示，从图中可知，游标尺所测量的数值发生了变化。这是因为 Multisim 软件建立的实际元件库，能够精确仿真出实际电路的结果。建立这些实际元件库需要较大的成本，因此企业版软件比教育版软件昂贵得多。

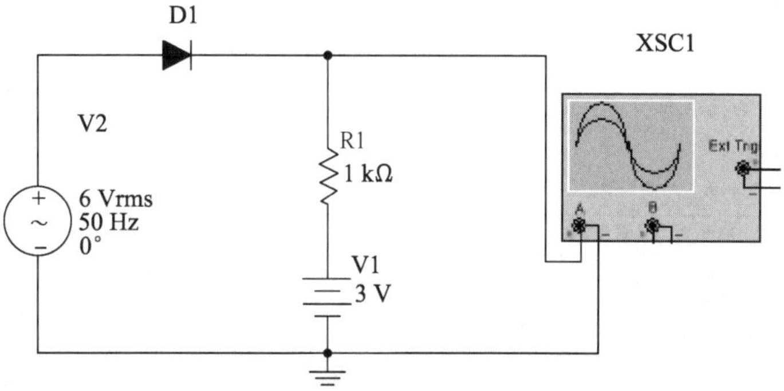

图 1-30　二极管单向导电特性仿真电路

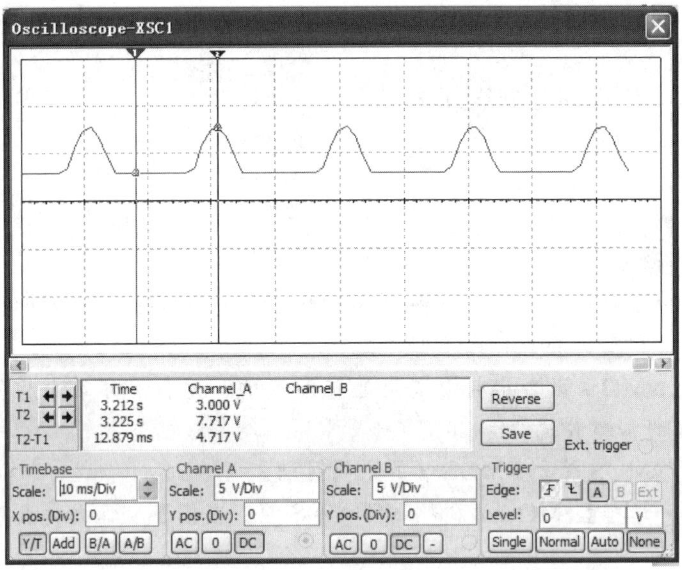

图 1-31 二极管单向导电性仿真波形

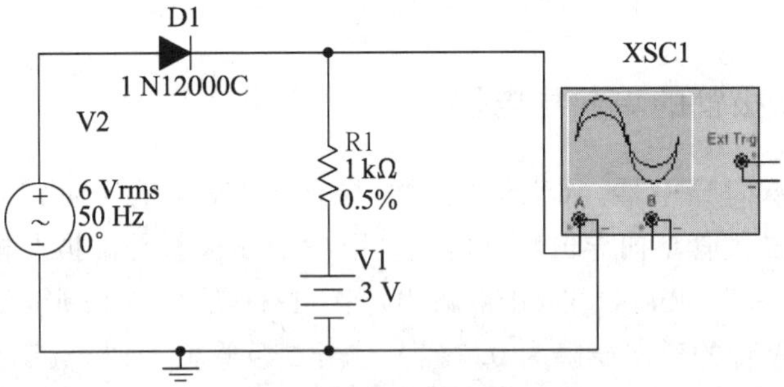

图 1-32 实际元件组成的电路

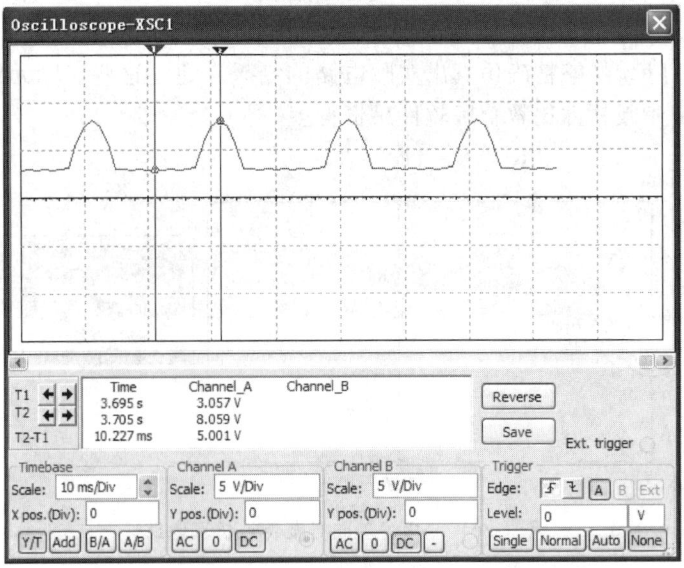

图 1-33 实际元件电路的仿真波形

▶1.6.2　发光二极管

Multisim 中有三维立体器件，可将我们带入到真实的实验环境中。图 1-34 中，是在基本元件库 Basic 中选择三维虚拟器件 3D_VIRTUAL，并从中挑选出 Switch1，Resistor1_1.0k 和 Led1_Red，Led1_Red 设置电流为 4 mA，调整安捷伦的函数信号发生器，使其输出适当大小的电压信号，发光二极管闪烁。

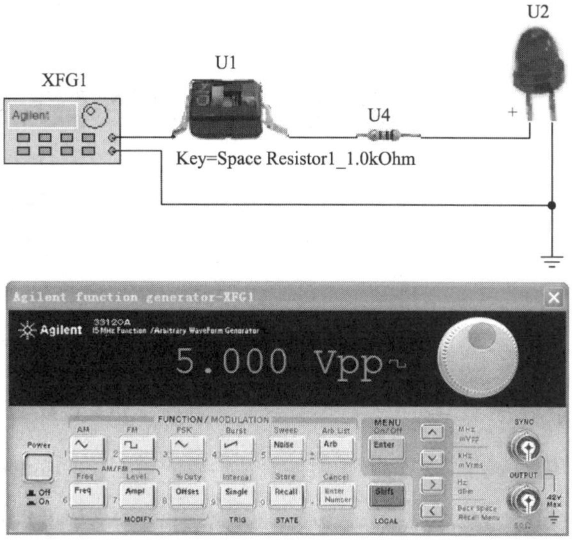

图 1-34　三维虚拟器件电路

在图 1-34 的基础上，点击观察面包板(View Breadboard)图标，出现面包板，并且边上放置了电路中所使用到的元器件，如图 1-35 所示。将这些元器件插入到面包板，并用导线连接起来，与在真的面包板上搭建电路具有同样的效果。这时在设计栏中出现了 Design2-2-Breadboard 的文件。

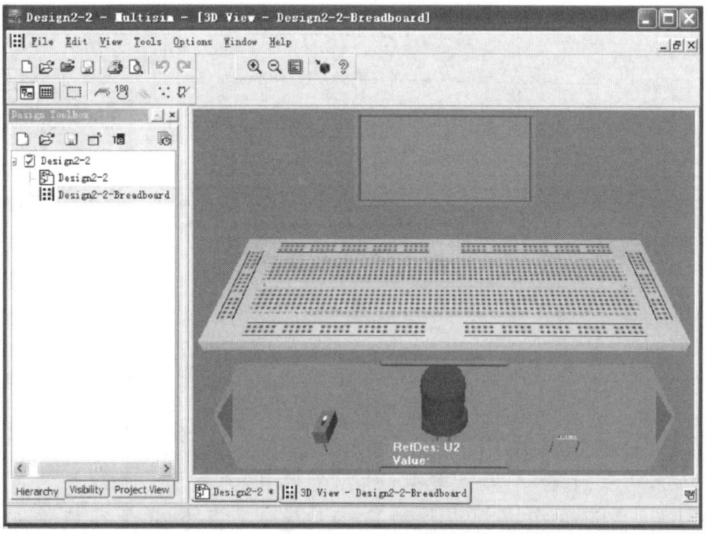

图 1-35　面包板电路

1.6.3 三极管输出特性测试

二极管、三极管和场效应管的伏安特性曲线都可以通过虚拟伏安分析仪获得。下面以三极管为例，介绍三极管输出特性的测量方法。在仪表栏中调出 IV analyzer，在 Transistor 库中调出三极管 2N2222A，按图 1-36 接线。

双击【XIV1】，弹出对话框，点击仿真参数设置键【Simulate param】，弹出对话框，设置参数如图 1-37 所示，点击【OK】。

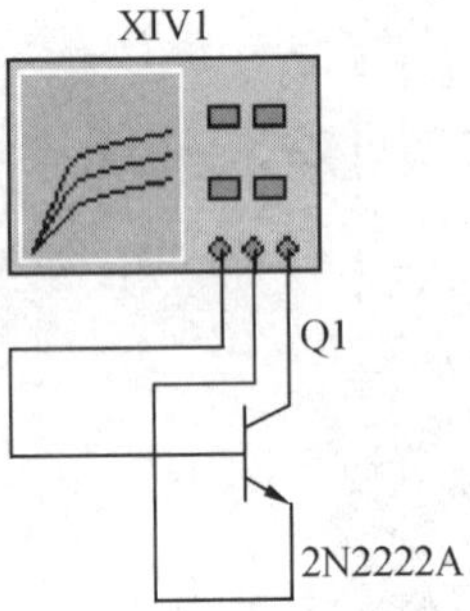

图 1-36 三极管输出特性测量

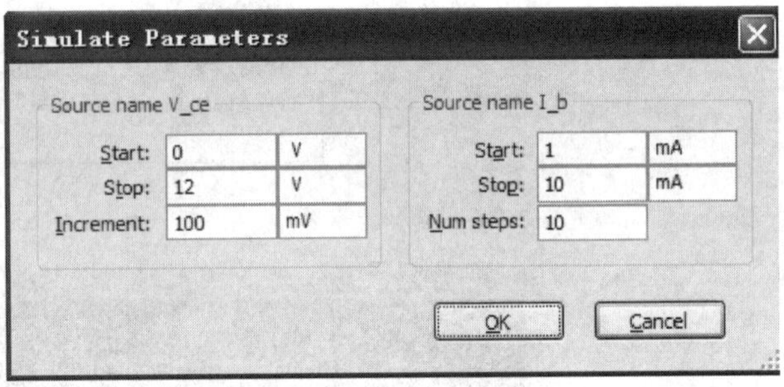

图 1-37 仿真参数设置

点击仿真开关，仿真波形如图 1-38 所示。

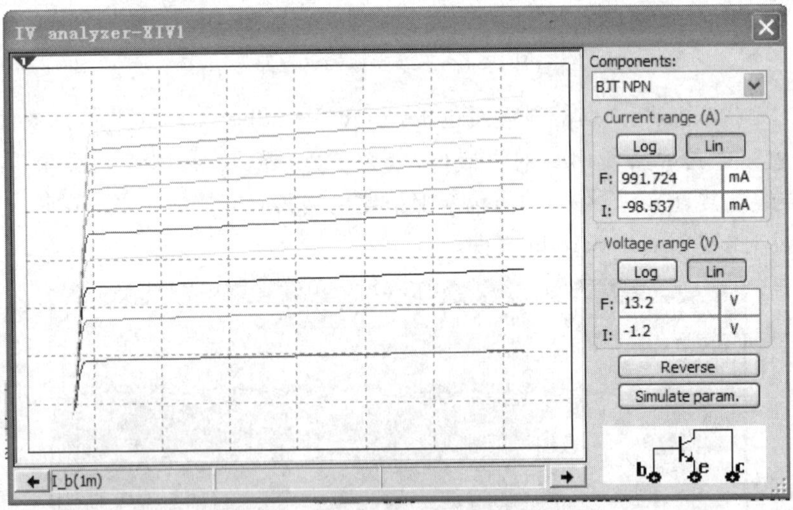

图 1-38 仿真波形

小 结

本章主要介绍了常用半导体器件：二极管、稳压管、三极管和场效应管。

1. PN 结是制造半导体器件的基础，具有单向导电性。

2. PN 结封装，引出两个电极得到半导体二极管。二极管是非线性元件，其特性用伏安特性曲线表示。二极管可用于整流、检波、限幅等。稳压二极管可用作稳压。

3. 晶体三极管是一种电流控制器件，在发射结正偏、集电结反偏时，基极电流控制集电极电流，即三极管具有电流放大作用。三极管的特性用输入、输出特性曲线表示。输出特性通常分 3 个工作区域，对应 3 种工作状态。在模拟电路中三极管常工作在放大状态，而在数字电路中则工作在饱和或截止状态，它也是非线性元件。

4. 场效应管是电压控制的单极型半导体器件，具有输入电阻高、噪声低等一系列优点，常用来制作集成电路。

第 1 章　习　题

1-1　杂质半导体有哪两种基本类型？多数载流子分别是什么？

1-2　什么是 PN 结？PN 结最重要的特性是什么？

1-3　习题 1-3 图所示电路中，D_1、D_2 均为硅二极管时，试分析当输入 A、B 的电位分别为：(1) $V_A=V_B=0$ V；(2) $V_A=3$ V，$V_B=0$ 时，输出端 F 的电位 V_F 各为多少？

1-4　在习题 1-4 图所示电路中，二极管为理想元件，$u_A=4.3$ V，$u_B=1.5\sin\omega t$ V，$R=3$ kΩ，试求 F 点的电位 V_F。

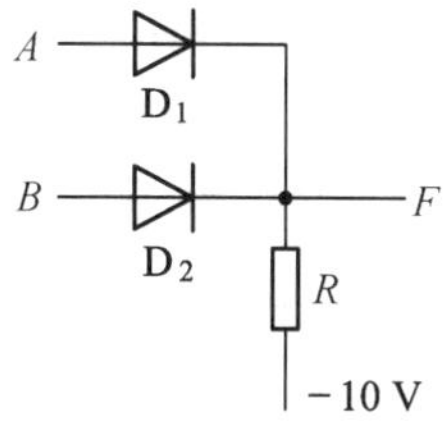

习题 1-3 图

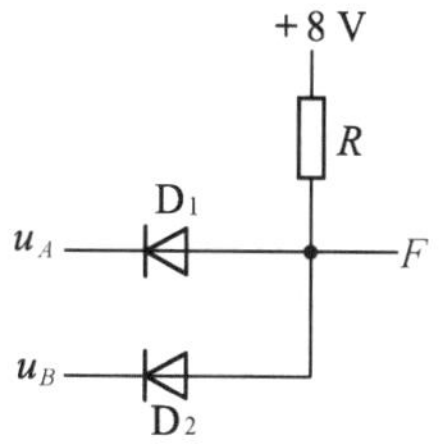

习题 1-4 图

1-5　在习题 1-5 图所示电路中，已知 $u_i=20\sin\omega t$ V，二极管 D 的正向压降可忽略不计，试画出输出电压 u_o 的波形。

1-6　在习题 1-6 图所示各电路中，$E=3$ V，$u_i=6\sin\omega t$ V，二极管为理想二极管，试画出各电路输出电压 u_o 的波形。

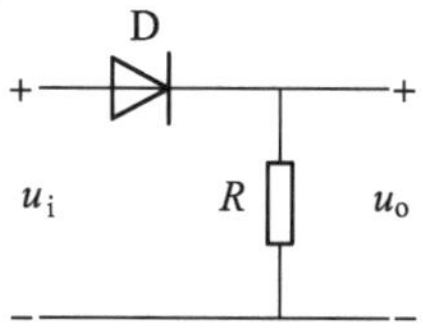

习题 1-5 图

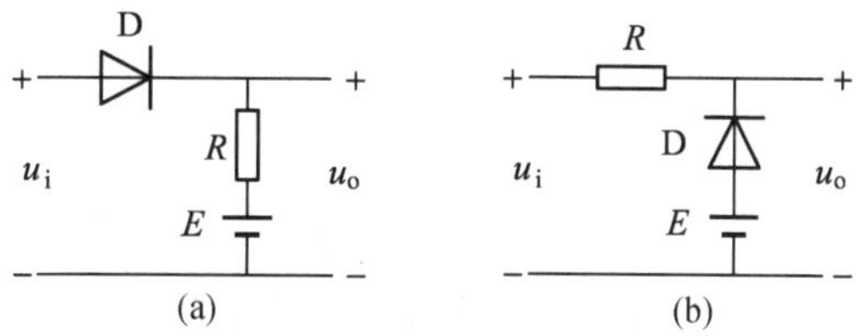

习题 1-6 图

1-7　在习题 1-7 图所示电路中，已知输入 $u_i=10\sin\omega t$ V，二极管均为理想二极管。试求输出电压 u_0，并画出其波形。

1-8　在习题 1-8 图所示电路中，$E=18$ V，$R_1=375$ Ω，$R_2=1$ kΩ。稳压二极管型号为 2CW73 型，其稳定电压 $U_Z=9$ V，最大稳定电流 $I_{Zmax}=25$ mA。试问该稳压二极管选择得是否合适？如果流经稳压二极管的电流 I_Z 超过其最大稳定电流 I_{Zmax} 怎么办？

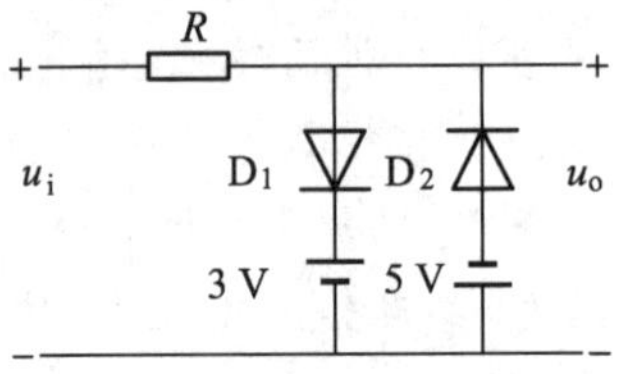

习题 1-7 图

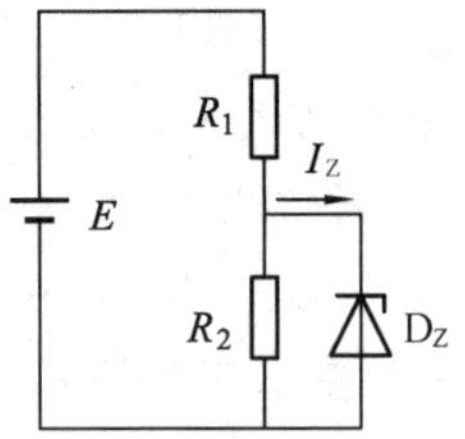

习题 1-8 图

1-9 已知两只硅稳压管的稳定电压分别为 4 V 和 9 V，若将它们并联使用，最多能获得几种不同的稳定电压值？

1-10 电路如习题 1-10 图所示，稳压管 D_{Z1} 和 D_{Z2} 的稳定电压分别为 9 V 和 16 V，它们的正向导通压降都是 0.7 V，则各电路的输出电压 U_o 分别是多少？

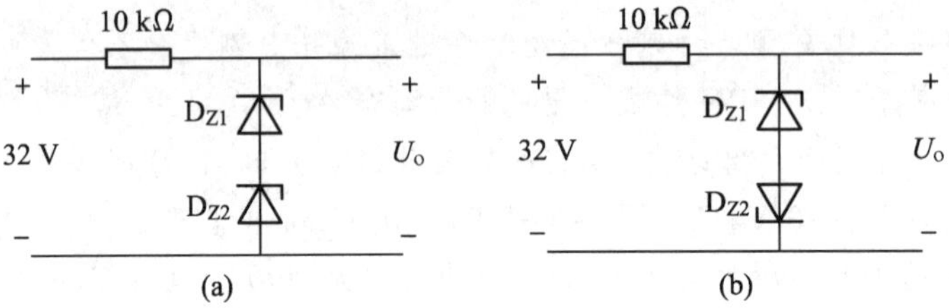

习题 1-10 图

1-11 两个三极管在电路中处于放大状态，测得 3 个管脚的直流电位分别如习题 1-11 图(a)、(b)所示，试判别 3 个管脚的名称，三极管是硅管还是锗管、是 NPN 型还是 PNP 型管。

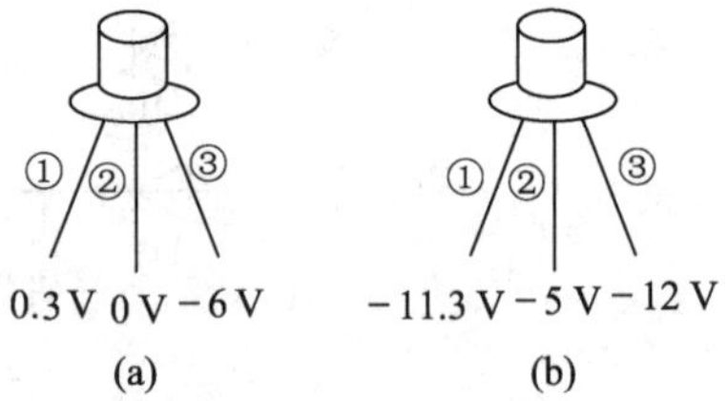

习题 1-11 图

1-12 在图 1-19 所示电路中，已知 $E_C=12$ V，$E_B=6$ V，$R_C=2.5$ kΩ，$R_B=200$ kΩ，$\beta=100$，试计算：(1) I_B 和 I_C，并验证三极管是否处于放大状态？(2) 若将 R_B 减小到 95 kΩ，三极管是否还处于放大状态？（设 $U_{BE}=0.7$ V）

1-13 某三极管的输出特性曲线如习题 1-13 图所示，试估算该三极管的 β、I_{CEO}、$U_{(BR)CEO}$、P_{CM} 之值（在 $U_{CE}=25$ V，$I_C=2$ mA 附近）。

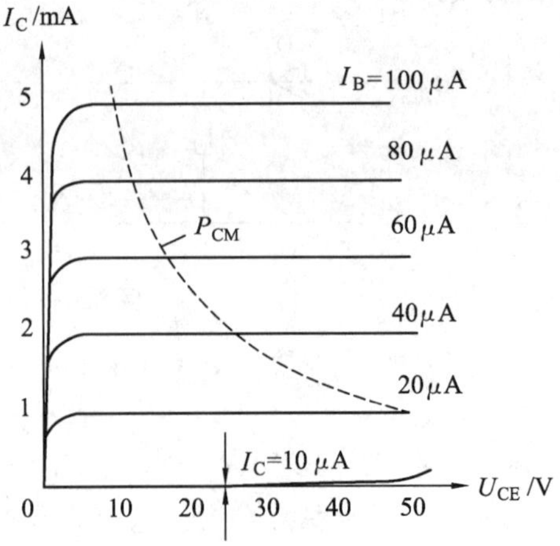

习题 1-13 图

1-14　增强型 NMOS 管的漏源电压和栅源电压极性应如何设置，才具有放大作用？

1-15　有一个场效应管，在漏源电压保持不变的情况下，栅源电压 U_{GS} 变化 3 V 时，相应的漏极电流变化 2 mA，试问该管的跨导为多少？

1-16　两个场效应管的转移特性曲线如习题 1-16 图所示，问它们是 N 沟道增强型、N 沟道耗尽型、P 沟道增强型和 P 沟道耗尽型场效应管中的哪一种？

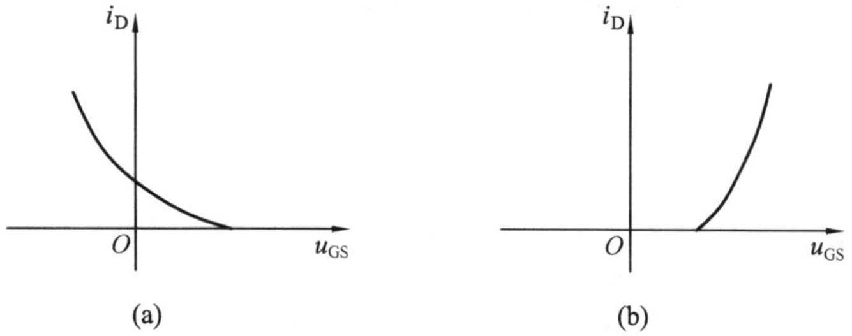

习题 1-16 图

第 2 章

基本放大电路

放大电路，特别是高性能模拟放大芯片，是现代信息系统的“感官神经”和“信号咽喉”，广泛应用于通信、医疗、工业控制、国防等关键领域。我国在高端模拟芯片，尤其是超低噪声、超高精度、超高速放大器方面仍需持续攻坚。深入学习这一章，掌握放大电路核心原理与设计精髓，不仅仅是为了掌握知识，更是为了未来能参与到突破核心技术瓶颈、设计自主可控的“中国芯”的伟大事业中。

本章主要介绍两种基本放大电路的组成、工作原理、性能指标及其应用。共射极放大电路具有输入输出信号反相，能同时提供较大的电压增益和一定的电流增益的特点，设计时需首先设置合适的静态工作点 Q，掌握固定偏置和分压偏置电路的不同静态工作点的计算方法。共射极放大电路主要应用于音频前置放大、传感器信号放大、中间级电压放大等需要高增益的场合。静态工作点 Q 的设置及稳定，启发我们在学习和工作中必须打好坚实的基础（静态工作点），并在动态变化（信号输入）的环境中保持核心目标不偏移（不失真放大）。我国在高端模拟芯片设计上的突破，离不开对这类基础电路原理的深刻理解和精益求精的实践。

共集电极放大电路也叫射极跟随器，具有输出电压几乎完全跟随输入电压、输入电阻高和输出电阻低的特点，因此广泛应用于缓冲级/隔离级（利用其高输入电阻、低输出电阻特性，隔离前后级相互影响的特性）、功率输出级（驱动喇叭、继电器等需要大电流的负载）。射极跟随器“跟随”与“驱动”的特性，深刻体现了服务与担当的精神。它不追求自身“出风头”（电压放大），而是专注于完美传递信号（跟随）并提供强大的“后援”力量（驱动负载）。这启发我们在团队协作中，要甘做支撑他人的坚实后盾，这种“功成不必在我，功成必定有我”的境界，正是集体主义精神的写照。

放大电路是本书的核心内容，后续集成运算放大器、振荡器、电源稳压等复杂电路，其内部核心单元都离不开基本放大电路。掌握不同组态放大电路基本原理，根据原理图动手设计电路、调试参数、用示波器观察波形、测量指标等过程能极大提升我们的工程思维和动手能力。

思维导图

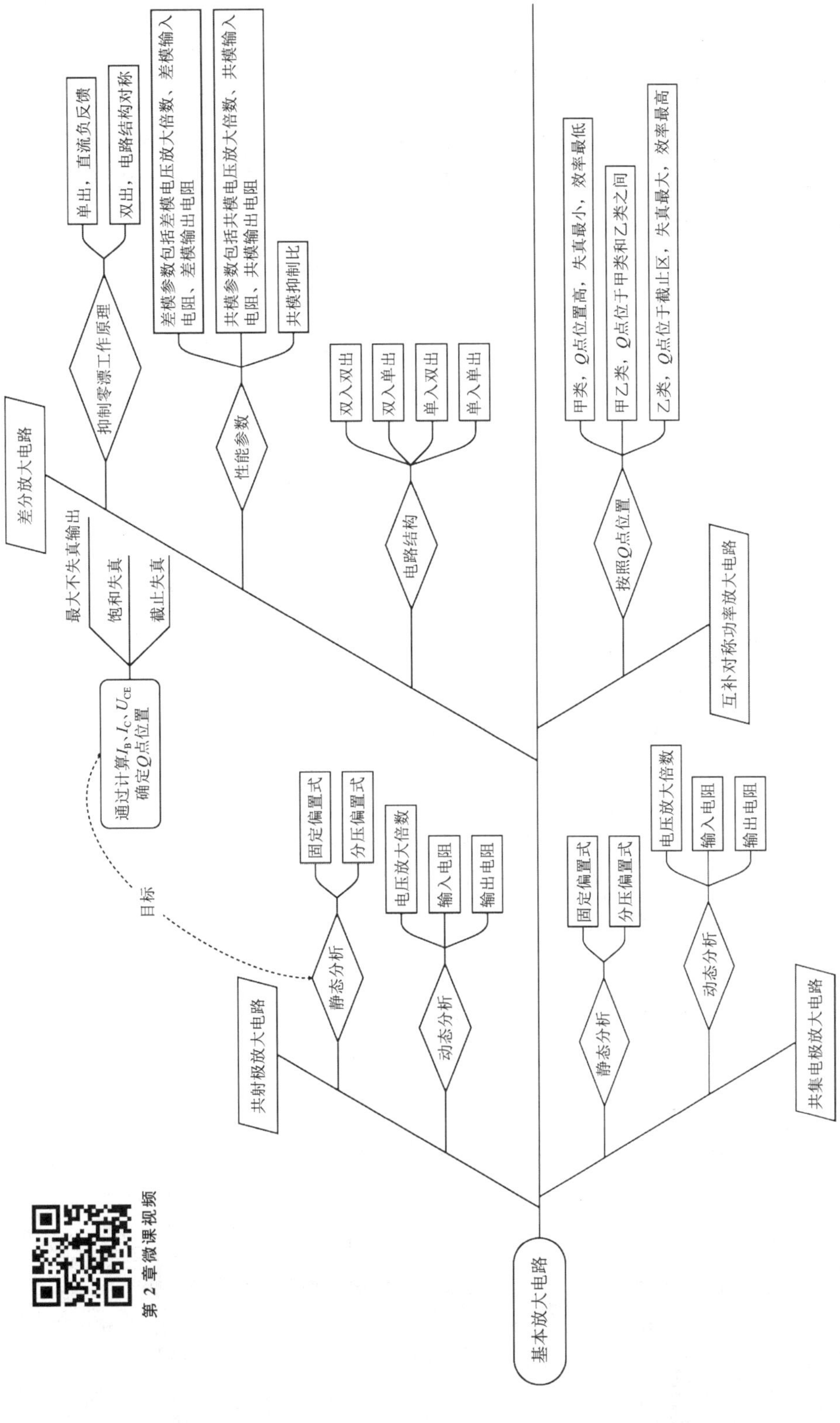

第 2 章微课视频

2.1 放大电路概述

2.1.1 放大电路的等效模型

在分析放大电路的性能指标时，可将其视为一个二端口网络，如图 2-1 所示，从输入端看进去放大电路可等效为一个电阻 r_i；从输出端看进去放大电路可等效为一个内阻为 r_o 的受控电压源$\dot{U}_o'$。

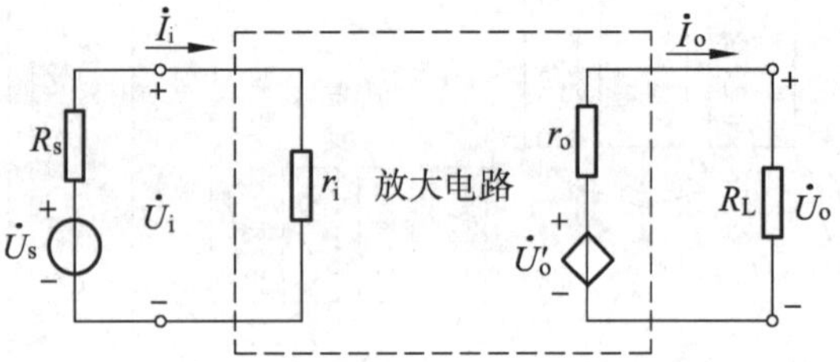

图 2-1 放大电路的等效模型

图 2-1 中，$\dot{U}_S$ 为正弦波信号源（用相量表示），R_S 为信号源内阻；$\dot{U}_i$ 为在$\dot{U}_S$ 作用下放大电路输入端获得的输入电压；$\dot{I}_i$ 是从信号源流进放大电路的电流，称为输入电流；R_L 为放大电路的负载电阻；$\dot{U}_o$ 为放大电路的输出电压；$\dot{I}_o$ 表示从放大电路输出端流出的电流，称为输出电流。

2.1.2 放大电路的性能指标

1. 放大倍数

放大倍数是衡量放大电路放大能力的重要指标，不同的放大倍数定义如下：

电压放大倍数　定义为输出电压 $\dot{U}_o$ 与输入电压 $\dot{U}_i$ 之比，即

$$\dot{A}_u=\frac{\dot{U}_o}{\dot{U}_i} \tag{2-1}$$

电流放大倍数　定义为输出电流 $\dot{I}_o$ 与输入电流 $\dot{I}_i$ 之比，即

$$\dot{A}_i=\frac{\dot{I}_o}{\dot{I}_i} \tag{2-2}$$

互阻放大倍数　定义为输出电压 $\dot{U}_o$ 与输入电流 $\dot{I}_i$ 之比，即

$$\dot{A}_{ui}=\frac{\dot{U}_o}{\dot{I}_i} \tag{2-3}$$

互导放大倍数　定义为输出电流 $\dot{I}_o$ 与输入电压 $\dot{U}_i$ 之比，即

$$\dot{A}_{iu}=\frac{\dot{I}_o}{\dot{U}_i} \tag{2-4}$$

本章重点研究电压放大倍数 $\dot{A}_u$。此外，为了衡量放大电路对输入信号源的放大能力，定义输出电压 $\dot{U}_o$ 和信号源电压 $\dot{U}_S$ 的比值为源电压放大倍数 $\dot{A}_{us}$。

由图 2-1 可知

$$\dot{U}_i=\dot{U}_S\frac{r_i}{R_S+r_i}\tag{2-5}$$

所以有

$$\dot{A}_{us}=\frac{\dot{U}_o}{\dot{U}_S}=\frac{\dot{U}_o}{\dot{U}_i}\cdot\frac{\dot{U}_i}{\dot{U}_S}=\dot{A}_u\frac{r_i}{r_i+R_S}\tag{2-6}$$

2. 输入电阻

放大电路为信号源的负载，输入电阻 r_i 是从放大电路输入端看进去的等效电阻，定义为输入电压有效值 U_i 与输入电流有效值 I_i 之比，即

$$r_i=\frac{U_i}{I_i}\tag{2-7}$$

当信号源确定时，r_i 越大，放大电路从信号源取用的电流越小，信号源内阻的压降越小，放大电路的输入电压 U_i 越大。由式(2-5)也可以看出，r_i 越大，放大电路的输入电压 $\dot{U}_i$ 越接近信号源电压$\dot{U}_S$。反之，若要从信号源获得更大的输入电流，则要求放大电路的 r_i 减小。

3. 输出电阻

对负载 R_L 而言，放大电路及信号源组成一个有源二端网络。在一定的条件下，该有源二端网络可近似为线性网络。由戴维南定理可知，该有源二端网络可等效为一个电压源，该电压源的内阻即为放大电路的输出电阻 r_o，如图 2-1 所示。

若放大电路的输出电阻趋于 0，则其近似为恒压源；若放大电路的输出电阻趋于无穷大，则其近似为恒流源。因此在设计电路时，输出电阻的大小应视需求而定。

需要特别说明的是：放大电路的输入电阻 r_i 中不含信号源内阻 R_S，但可能含有负载 R_L；而放大电路的输出电阻 r_o 中不含 R_L，但可能含有 R_S。

当两个放大电路相连时，如图 2-2 所示，放大电路Ⅱ的输入电阻 r_{i2} 就是放大电路Ⅰ的负载电阻；而放大电路Ⅰ就是放大电路Ⅱ的信号源，该信号源的内阻就是放大电路Ⅰ的输出电阻 r_{o1}。

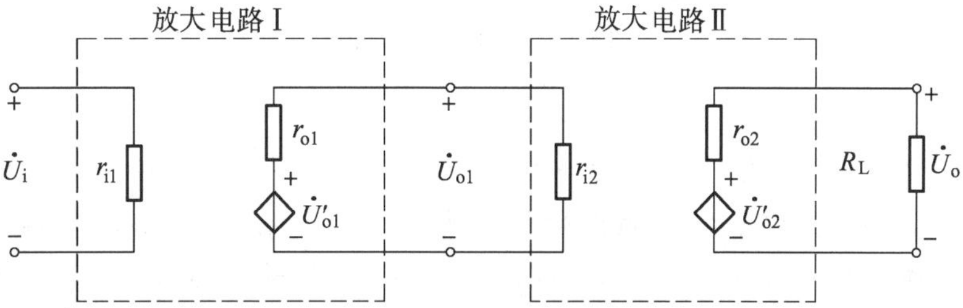

图 2-2　两级放大电路示意图

多级放大电路中，相邻两级放大电路的信号传输方式称为耦合方式。常用的耦合方式有阻容耦合、变压器耦合和直接耦合等。一般而言，多级放大电路中的前置级多采用阻容耦合方式；功率输出级多采用变压器耦合方式；直流(或甚低频)放大电路常采用直接耦合方式。

阻容耦合方式：是将前级放大电路的输出端通过耦合电容 C 与后级放大电路的输入端连接的耦合方式，电路如图 2-3 所示。由于耦合电容的“隔直”作用，各级放大电路的静态工作点 Q 各自独立，互不影响，可以分别计算。但是阻容耦合电路不适宜放大缓慢变化的信号，因为这一类信号在通过耦合电容加到下一级时将受到很大的衰减，而其直流成分根本不能通过电容。更重要的是，在集成电路中制作大容量的电容器很困难，因而这种耦合方式几乎无法用在集成电路中。

变压器耦合方式：变压器耦合电路如图 2-4 所示。变压器也有“隔直通交”的作用，可以顺利地传送交流信号，可靠地隔断直流成分。通过改变变压器的变比，变压器耦合电路能够起到阻抗匹配作用。但变压器体积大、笨重，本身又消耗能量，不能适应电子电路小型化的要求，因此变压器耦合放大电路目前已较少采用。

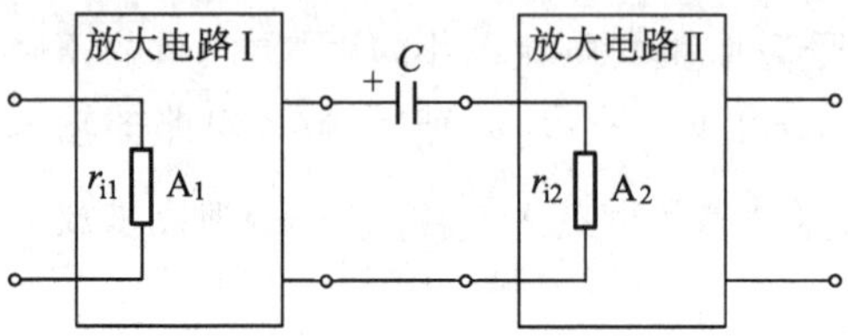

图 2-3 阻容耦合方式

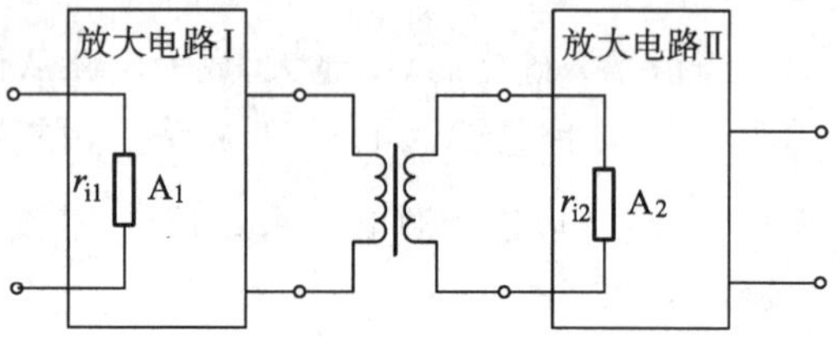

图 2-4 变压器耦合方式

直接耦合方式：是将前级的输出端直接与后级的输入端相连，以避免耦合电容、变压器对缓慢变化信号带来的不良影响，如图 2-5 所示。直接耦合放大电路既能放大交流信号，也能放大直流信号。更重要的是，直接耦合方式便于集成化，集成运算放大电路一般都是直接耦合多级放大电路。但直接耦合电路会产生前、后级静态工作点相互影响和严重的零点漂移问题。

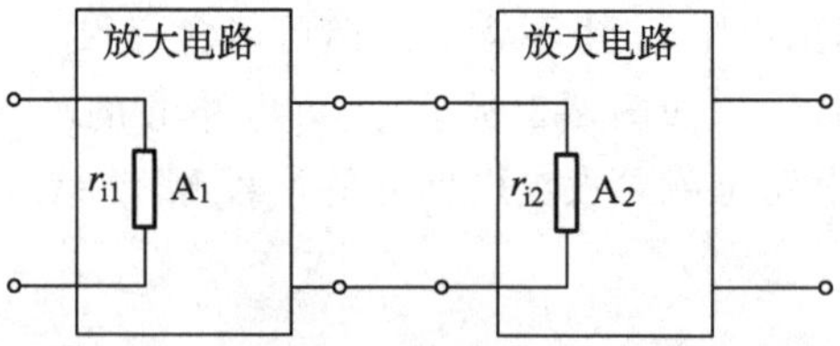

图 2-5 直接耦合方式

4. 通频带

图 2-6 为某放大电路的频率特性，其中图 2-6(a)为幅频特性，图 2-6(b)为相频特征。信号频率下降使放大倍数的数值约为 $0.707|\dot{A}_{um}|$（$\dot{A}_{um}$表示中频放大倍数）时的频率称为下限截止频率 f_L；信号频率升高使放大倍数的数值约为 $0.707|\dot{A}_{um}|$时的频率称为上限截止频率 f_H。放大电路的中频段，也称为放大电路的通频带 f_{BW}，即

$$f_{BW}=f_H-f_L \tag{2-8}$$

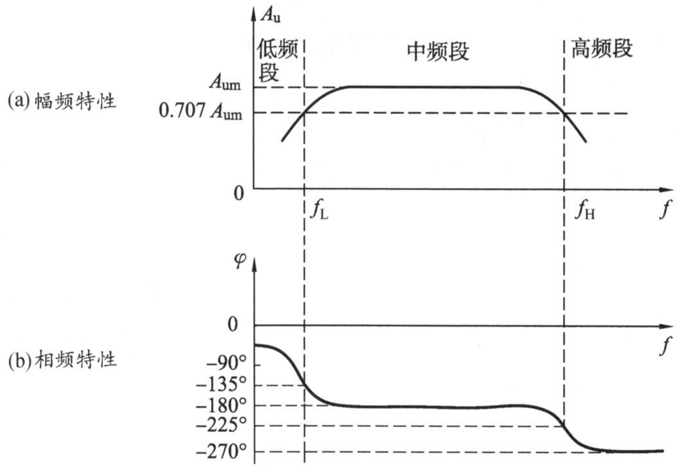

图 2-6　放大电路的频率特性

通频带用于衡量放大电路对不同频率信号的放大能力。阻容耦合的放大电路中存在耦合电容、结电容和分布电容的影响，因此在输入信号频率较低或较高时，放大倍数会下降并产生相移而出现频率失真。

5. 最大输出功率与效率

在输出信号不失真时，负载上能够获得的最大功率称为最大输出功率 p_{om}。放大电路中供电的直流电源能量的利用率称为效率 η。设电源提供的功率为 p_V，则效率

$$\eta=\frac{p_{om}}{p_V}\times 100\% \tag{2-9}$$

练习与思考

1. 比较多级放大路 3 种耦合方式的特点。
2. 放大电路在低频段、高频段放大倍数下降的原因分别是什么？

2.2　共射极放大电路

2.2.1　放大电路的组成

三极管工作在线性放大区时，具有电流放大作用，以三极管为核心元件，加上适当的外围元件，就可以组成放大电路。放大电路应满足以下基本条件：

(1) 放大电路必须有完整的直流通路，使三极管发射结正向偏置，集电结反向偏置，即三极管处于放大状态，且具有合适的静态工作点；

(2) 放大电路有完整的交流通路，交流信号的输入、放大、输出有畅通的传输路径。

基本放大电路根据输入回路和输出回路共用电极的不同，可分为共发射极放大电路、共基极放大电路和共集电极放大电路，简称共射放大电路、共基放大电路和共集放

大电路。

基本共射放大电路有固定偏置和分压偏置两种类型。固定偏置共射放大电路如图 2-7 所示。输入信号经 C_1 加在三极管的基极、发射极上，输出信号由三极管的集电极经 C_2 与发射极之间输出，公共端是三极管的发射极，因此称为共射放大电路。

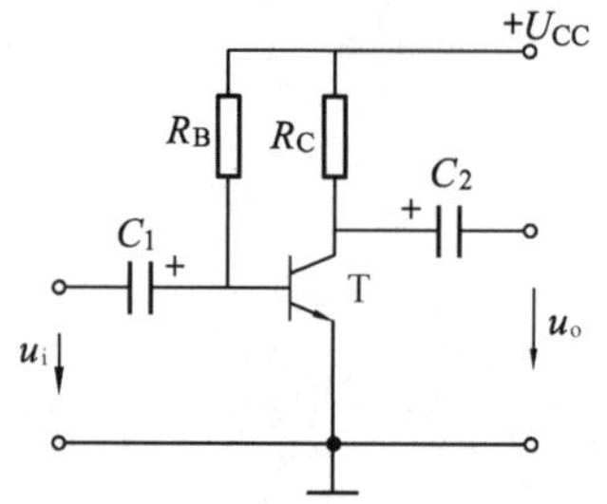

图 2-7 固定偏置共射放大电路

放大电路中各元件的作用如下：

1. 三极管 T

三极管 T 是放大电路的核心元件，利用它的电流放大作用，在集电极获得放大了的电流，该电流受输入信号的控制。

2. 基极电阻 R_B

U_{CC}通过 R_B 向三极管基极提供偏置电流 I_B，使三极管的发射结正向偏置，R_B 也称为基极偏置电阻，一般为几十千欧到几百千欧。

3. 集电极电阻 R_C

R_C 是三极管 T 的集电极负载电阻，其作用为：(1) U_{CC}通过 R_C 使三极管的集电结反向偏置；(2) 三极管集电极电流的变化通过 R_C 转换为输出电压的变化。R_C 一般为几千欧。

4. 耦合电容 C_1 和 C_2

耦合电容一方面起到隔直的作用，C_1 隔断放大电路与信号源之间的直流通路，C_2 隔断放大电路与负载之间的直流通路；另一方面又起到耦合交流的作用，保证交流信号顺利通过。耦合电容上的交流压降通常要求小到可以忽略不计，即对交流信号可视作短路。因此耦合电容 C_1 和 C_2 的值取得较大，通常在几微法到几十微法之间，用的是极性电容器，连接时要注意其极性。

5. 电源 U_{CC}

直流电源为放大电路和负载提供能量。电源还提供三极管偏置，U_{CC}通过基极电阻 R_B 使三极管的发射结正向偏置，通过集电极负载电阻 R_C 使三极管的集电结反向偏置，以满足三极管工作在放大状态的外部条件。电源 U_{CC}的数值一般在几伏到几十伏之间。

需要说明的是，不管放大电路把信号放大多少倍，放大器输出信号的能量都是由电源供给的。放大电路的作用只是把电源的电能转换成随输入信号变化的输出量，所以放大作用实质上是一种能量控制作用。

2.2.2 放大电路的静态分析

放大电路的分析分为静态分析和动态分析。静态是指放大电路没有交流输入信号时的工作状态；动态则是指有交流输入信号时的工作状态。静态分析就是确定三极管的静态工作点 $Q(I_B、I_C、U_{CE})$，Q 点的位置与放大电路的性能关系很大。动态分析就是确定放大电路的电压放大倍数$\dot{A}_u$、输入电阻 r_i 和输出电阻 r_o。

静态分析在放大电路的直流通路中进行，图 2-8 是图 2-7 所示固定偏置共射放大电路的直流通路。画直流通路时，电容 C_1 和 C_2 视为开路。

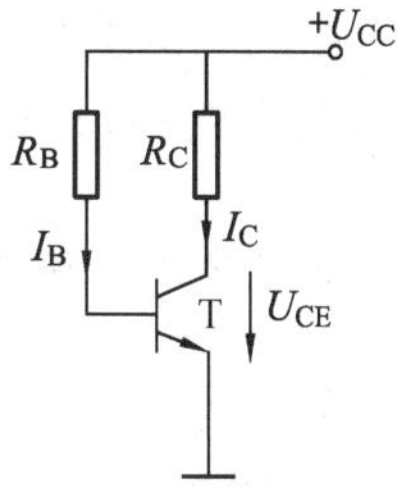

图 2-8 放大电路的直流通路

1. 估算法确定静态工作点

运用基尔霍夫定律和欧姆定律分析即可直接得到结果。

根据图 2-8，基极电流

$$I_B=\frac{U_{CC}-U_{BE}}{R_B}\approx\frac{U_{CC}}{R_B} \tag{2-10}$$

由于 U_{BE}（硅管约为 0.7 V）比 U_{CC} 小得多，故可忽略不计。

集电极电流

$$I_C=\beta I_B \tag{2-11}$$

集-射极电压

$$U_{CE}=U_{CC}-I_CR_C \tag{2-12}$$

【例 2-1】 电路如图 2-4 所示，已知 $U_{CC}=12$ V，$R_B=300$ kΩ，$R_C=3$ kΩ，$\beta=40$，用估算法求其静态工作点 Q。

解：

$$I_B\approx\frac{U_{CC}}{R_B}=\frac{12}{300}=0.04\ \text{mA}=40\ \mu\text{A}$$

$$I_C=\beta I_B=40\times0.04=1.6\ \text{mA}$$

$$U_{CE}=U_{CC}-I_CR_C=12-1.6\times3=7.2\ \text{V}$$

2. 图解法确定静态工作点

用图解法不仅可以确定静态工作点，还能够直观地分析静态工作点的变化对放大电路性能的影响。

对图 2-8 的直流通路，在三极管输出特性所在的坐标系中，方程 $U_{CE}=U_{CC}-I_CR_C$ 所决定的直线，称为直流负载线。

三极管的输出特性曲线簇表明了三极管 I_C 与 U_{CE} 的关系，由估算法求出三极管基极电流 I_B 的数值，就可确定曲线簇中的某一条曲线，I_C 与 U_{CE} 必然在该曲线上。

实际的 I_C 和 U_{CE} 既要满足三极管的输出特性曲线，又要满足直流负载线，所以静态工作点 Q 就是两条线的交点。从图中读出交点的坐标，就可得到 I_C 和 U_{CE}。

【例 2-2】 电路如图 2-4 所示，已知 $U_{CC}=12$ V，$R_B=300$ kΩ，$R_C=3$ kΩ。图中三极管 3DG201 的输出特性如例 2-2 图所示。用图解法求静态工作点 Q。

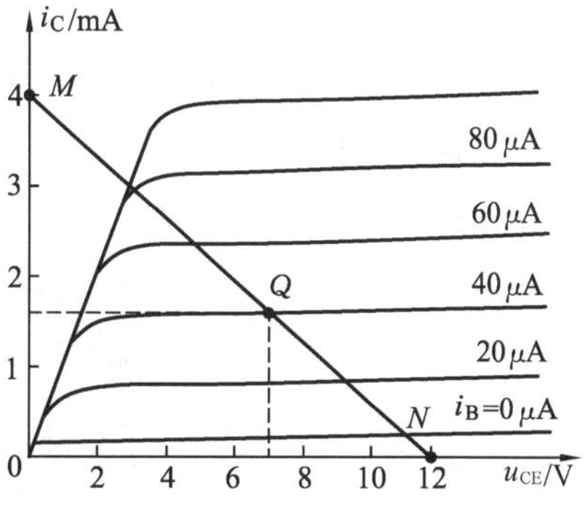

例 2-2 3DG201 的输出特性曲线图

解： $I_B\approx\dfrac{U_{CC}}{R_B}=\dfrac{12}{300}=0.04\ \text{mA}=40\ \mu\text{A}$

$$U_{CE}=U_{CC}-I_CR_C=12-3I_C$$

令 $U_{CE}=0$，$I_C=\dfrac{U_{CC}}{R_C}=4$ mA，取点 $M(0,4)$；

令 $I_C=0$，得 $U_{CE}=12$ V，取点 $N(12,0)$。

在例 2-2 图的三极管输出特性曲线簇上连接 M 和 N 得到直流负载线，从图中确定静态工作点 Q，并量出 $U_{CE}\approx 7$ V，$I_C\approx 1.6$ mA。

2.2.3 放大电路的动态分析

放大电路在放大电信号的过程中，电路中各部分的电压和电流都是由两部分组成的：一部分是由直流电源 U_{CC} 建立的直流量，如 I_B、I_C 和 U_{CE} 等；另一部分是随输入信号电压变化的交流量。放大电路是交流量和直流量共存的电路，交流量叠加在直流量之上。为避免引起混淆，方便分析，规定放大电路中电压和电流名称、符号如表 2-1 所示。

表 2-1 放大电路中电压和电流的符号

	直流分量（静态值）	交流分量			实际量（总瞬时值）
		瞬时值	有效值	相量表示	
基极电流	I_B	i_b	I_b	$\dot{I}_b$	i_B
集电极电流	I_C	i_c	I_c	$\dot{I}_c$	i_C
发射极电流	I_E	i_e	I_e	$\dot{I}_e$	i_E
基-射极电压	U_{BE}	u_{be}	U_{be}	$\dot{U}_{be}$	u_{BE}
集-射极电压	U_{CE}	u_{ce}	U_{ce}	$\dot{U}_{ce}$	u_{CE}

放大电路的动态分析就是分析交流分量，可采用图解法和微变等效电路法。

1. 图解法

在已知三极管输入特性、输出特性的情况下，可以通过作图的方法得到输出与输入电压之间的大小、相位和非线性失真等关系。

1) 输出电压与输入电压之间的大小、相位关系

设图 2-7 固定偏置共射放大电路的输入信号 $u_i=0.1\sin\omega t$ V，相当于在三极管发射结的直流电压的基础上，叠加一个正弦输入交流信号，如图 2-9(a)所示。在 u_{BE} 的一个周期内等间距选取若干点，根据三极管的输入特性曲线与此对应的若干个点，即可绘出 i_B 的波形，由于发射结电压 u_{BE} 的变化，导致基极电流 i_B 发生相应的变化，变化范围是 10～70 μA。

从输入特性曲线求出输入信号 i_B 的波形和变化范围后，根据输出特性曲线和直流负载线逐点作图便可绘出 i_C、u_{CE} 和 u_o 的波形，如图 2-9(b)所示。由于耦合电容 C_2 的隔直作用，输出信号 u_o 仅是 u_{CE} 的交流分量 u_{ce}。

综上所述，u_{BE}、i_B、i_C、u_{CE} 是以静态值为中心按交流输入信号 u_i 规律变化，即

$$u_{BE}=U_{BE}+u_{be}=(0.7+0.1\sin\omega t)\text{V}$$

$$i_B=I_B+i_b=(40+20\sin\omega t)\ \mu\text{A}$$

$$i_C=I_C+i_c=(2+\sin\omega t)\ \text{mA}$$

$$u_{CE}=U_{CE}+u_{ce}=(5.9-3\sin\omega t)\ \text{V}$$

$$u_o=u_{ce}=-3\sin\omega t\ \text{V}$$

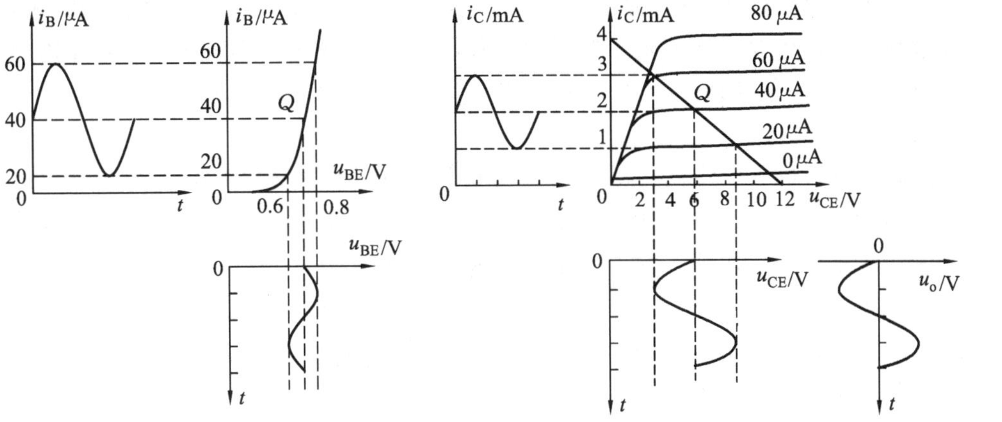

(a) 输入回路的动态图解　　　　(b) 输出回路的动态图解

图 2-9　共发射极放大电路的动态图解

从图 2-9 中可以看出，固定偏置共射放大电路的输入信号和输出信号相位差 180°，即输出和输入反相，且输入信号得到了放大，放大倍数约为 30。

2）输出电压的非线性失真分析

在使用放大电路时，一般要求输出信号尽可能大，但是受三极管非线性的限制。在输入信号过大、静态工作点 Q 选择不恰当时，输出信号会产生失真。这种失真是由于三极管的工作点进入非线性区引起的，因此称为非线性失真。

当静态工作点 Q 过低时，即使输入的是正弦电压，在它的负半周，由于三极管进入了截止区，也会使得 i_B、i_C 的负半周和 u_{CE} 的正半周被削平，如图 2-10(a)所示。这种失真称为截止失真。放大电路出现截止失真时，可通过减小基极电阻 R_B，从而增大基极电流来消除。

当静态工作点 Q 过高时，在输入电压的正半周，三极管进入了饱和区，从而使 i_B、i_C 的正半周和 u_{CE} 的负半周被削平，如图 2-10(b)所示。这种失真称为饱和失真。放大电路出现饱和失真时，可通过增大基极电阻 R_B，从而减小基极电流来消除。

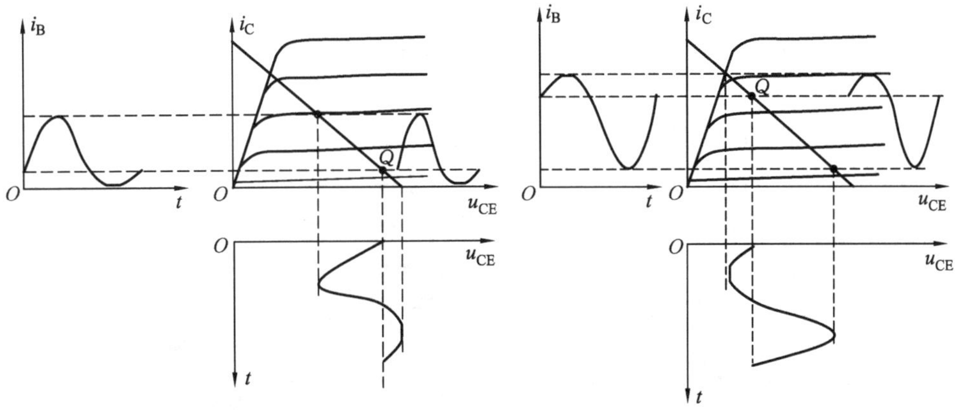

(a) 截止失真　　　　(b) 饱和失真

图 2-10　工作点不合适引起的输出电压波形失真

由此可见,静态工作点 Q 的位置对放大信号的失真与否及失真程度影响很大,一般要求静态工作点 Q 位于直流负载线的中心,以得到最大不失真输出。而当输入信号较小时,静态工作点 Q 应尽可能低,减小电流带来的噪声影响。

2. 微变等效电路法

图解法分析过程误差较大,主要用于分析放大电路的大信号工作状态(如功率放大电路)。微变等效电路法主要用于分析放大电路的小信号工作状态,可以方便地计算放大电路的电压放大倍数 $\dot{A}_u$、输入电阻 r_i 和输出电阻 r_o。

微变等效电路法就是用三极管的微变等效模型代替三极管,将三极管组成的非线性电路等效为一个线性电路再进行分析计算。线性化的条件就是三极管必须工作在小信号情况下,即三极管只工作在静态工作点 Q 附近小范围内的放大区。

1) 三极管的微变等效电路模型

图 2-11(a)是三极管的输入特性曲线,当输入信号很小且静态工作点 Q 位置合适时,在 Q 点附近的曲线可视作一条直线,即 Δi_B 与 Δu_{BE} 成正比,因而可以用一个等效电阻 r_{be} 来代表三极管的输入电阻

$$r_{be}=\frac{\Delta u_{BE}}{\Delta i_B}$$

r_{be} 是三极管的等效交流电阻,它的大小随静态工作点 Q 的变化而变化。对于低频小功率三极管,输入电阻 r_{be} 可用下式近似计算。

$$r_{be}=200\ \Omega+\beta\frac{26(\text{mV})}{I_C(\text{mA})}\ \Omega \tag{2-13}$$

式中,I_C 为三极管静态时的集电极电流,单位为 mA。r_{be} 一般在几百欧到几千欧。

图 2-11(b)是三极管的输出特性曲线,在 Q 点附近的伏安关系是一组与横轴平行的直线。U_{CE} 为常数时,Δi_C 与 Δi_B 之比即为三极管的交流电流放大倍数 β,即

$$\beta=\frac{\Delta i_C}{\Delta i_B}$$

在输入小信号的条件下,β 是一常数,由它确定 i_c 受 i_b 控制的关系。因此,三极管的输出回路可用一个等效的电流控制电流源 $i_c=\beta i_b$ 代表,以表示三极管的电流控制作用。对于正弦交流小信号,可用相量 $\dot{I}_c=\beta\dot{I}_b$ 来表示。

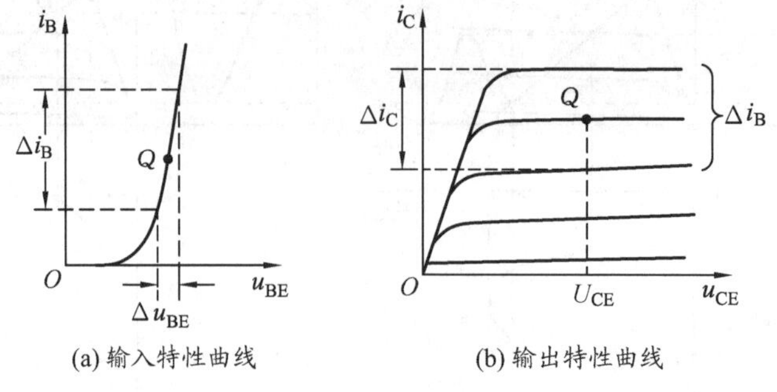

图 2-11 三极管特性曲线的局部线性化

综合以上分析,三极管的微变等效模型如图 2-12 所示。运用三极管微变等效模型

时应注意以下两点：

(1) 三极管的微变等效模型只能用来分析计算交流分量，不能用来计算放大电路的静态工作点 Q；

(2) 图中的电流方向是参考方向，受控电流源 $\beta\dot{I}_b$ 的方向受 $\dot{I}_b$ 控制，不能随意假定，否则会得出错误的结果。

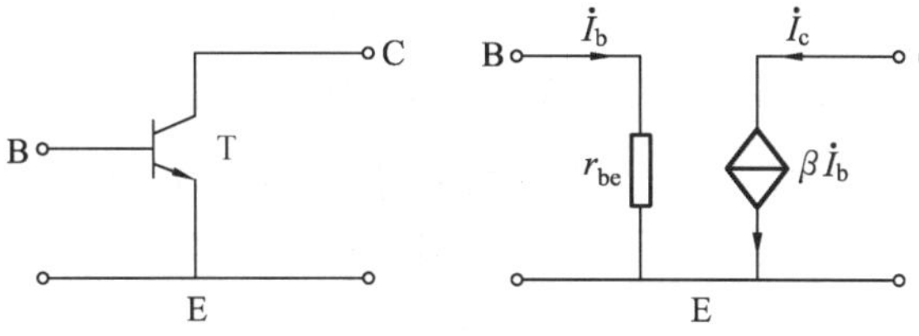

图 2-12　三极管及其微变等效模型

2) 固定偏置共射放大电路的微变等效电路

放大电路的动态分析在交流通路中进行，图 2-13(a)是图 2-7 所示固定偏置共射放大电路的交流通路。对于交流分量，电容 C_1 和 C_2 可视作短路；一般直流电压源的内阻很小，交流分量在直流电源上产生的压降可忽略不计，所以对于交流信号，直流电压源也可视作短路。用三极管的微变等效电路模型代替交流通路中的三极管，就得到放大电路的微变等效电路，如图 2-13(b)所示。

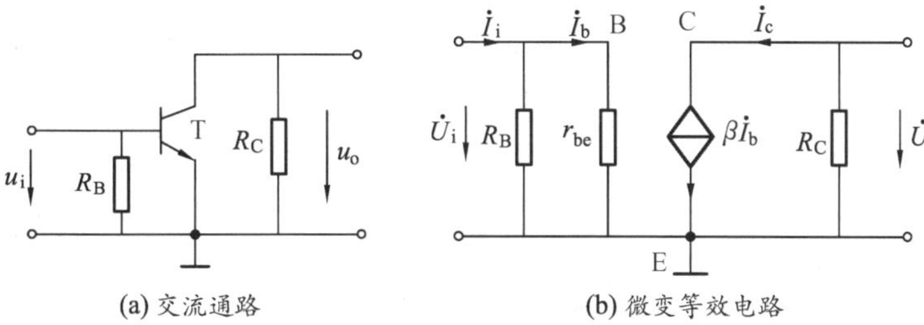

图 2-13　固定偏置共射放大电路的交流通路和微变等效电路

【例 2-3】 求图 2-7 固定偏置共射放大电路的带负载的电压放大倍数 $\dot{A}_u$、空载电压放大倍数 $\dot{A}_{uo}$、输入电阻 r_i、输出电阻 r_o，以及带载时的源电压放大倍数 $\dot{A}_{us}$。

解： 由固定偏置共射放大电路的微变等效电路图 2-13(b)，得

(1) 带负载时，电压放大倍数

$$\dot{U}_o=-\beta\dot{I}_b(R_C /\!/ R_L)$$

$$\dot{U}_i=\dot{I}_b r_{be}$$

$$\dot{A}_u=\frac{\dot{U}_o}{\dot{U}_i}=\frac{-\beta\cdot R_L'}{r_{be}} \tag{2-14}$$

式中，$R_L'=R_C /\!/ R_L$，“$/\!/$”表示并联；负号表示输出电压与输入电压反相。

(2) 空载时，相当于 $R_L=\infty$，空载电压放大倍数 $\dot{A}_{uo}$ 为

$$\dot{A}_{uo}=\frac{\dot{U}_o}{\dot{U}_i}=\frac{-\beta\dot{I}_bR_C}{\dot{I}_br_{be}}=\frac{-\beta R_C}{r_{be}} \tag{2-15}$$

比较式(2-14)和式(2-15)可见，带负载的电压放大倍数与空载电压放大倍数相比有所下降。

(3) 根据式(2-7)的定义，由微变等效电路图 2-13(b)可求得输入电阻

$$r_i=R_B/\!/r_{be}\approx r_{be} \tag{2-16}$$

(4) 根据输出电阻的定义，运用戴维南定理计算等效电源的内阻。将独立电源信号源$\dot{U}_s$ 短路，将有源二端网络变为无源二端网络。这时 $\dot{I}_b=0$，受控电流源 $\beta\dot{I}_b$ 也等于零。输出端的等效电阻即为输出电阻。从图 2-13(b)可知，输出电阻

$$r_o=R_C \tag{2-17}$$

一般地，对 R_L 而言，放大电路被看作电压源，其输出电阻 r_o 越小，R_L 变化时 U_o 变化越小，放大电路负载能力越强。

(5) 带负载时的源电压放大倍数

同样由式(2-6)和式(2-14)即可得到

$$\dot{A}_{us}=\dot{A}_u\cdot\frac{r_i}{R_s+r_i}\approx\frac{-\beta\cdot R'_L}{r_{be}}\cdot\frac{r_{be}}{R_s+r_{be}}$$

2.2.4 静态工作点的稳定

你知道吗?

放大电路的静态工作点稳定

从前面的分析可以看出，静态工作点 Q 不仅决定了放大电路的输出信号是否会产生失真，而且还影响着放大电路的动态性能指标。

对于图 2-7 所示的固定偏置共射放大电路，基极电流 I_B 是由电源 U_{CC} 通过偏置电阻 R_B 提供的。当 R_B 选定后，I_B 也就固定不变，因而称为固定偏置共射放大电路。当温度升高时，静态集电极电流 I_C 将增大，因此这种放大电路的静态工作点不稳定。

为使静态工作点稳定，常采用如图 2-14(a)所示的分压偏置共射放大电路。它是在固定偏置电路的基础上增加了两个电阻 R_{B2}、R_E 和一个电容 C_E，其中 R_E 串接在发射极回路中，旁路电容 C_E 和 R_E 并联，R_{B2} 和 R_{B1} 组成分压式偏置电路。

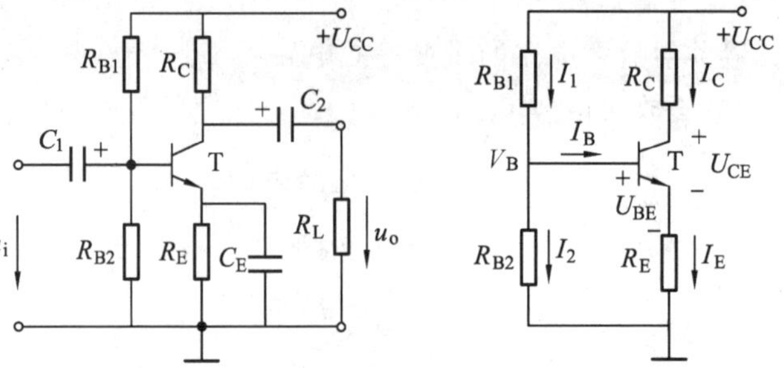

(a) 放大电路　　(b) 直流通路

图 2-14　分压偏置共射放大电路

从图 2-14(b)所示的直流通路可以看出：$I_1=I_B+I_2$。

一般地，在分压偏置共射放大电路中，$I_1\approx I_2\gg I_B$，所以有

$$V_B\approx\frac{R_{B2}}{R_{B1}+R_{B2}}\cdot U_{CC}$$

可见三极管的基极电位 V_B 与三极管的参数无关，仅由 R_{B1}、R_{B2} 和 U_{CC} 决定，几乎不受温度变化的影响。

通常，选取

$$I_1=(5\sim10)I_B,\qquad（硅三极管）$$
$$I_1=(10\sim20)I_B,\qquad（锗三极管）$$
$$V_B=(3\sim5)\ \text{V},\qquad（硅三极管）$$
$$V_B=(2\sim3)\ \text{V}。\qquad（锗三极管）$$

分压偏置共射放大电路稳定静态工作点的原理是：温度 T 上升使 I_C 相应增大，因为 $I_C\approx I_E$，所以 I_E 也增大，这时发射极电位 $V_E=U_E=I_ER_E$ 随之增加。由于三极管基极电位 V_B 是固定不变的，三极管基-射极间电压($U_{BE}=V_B-V_E$)必然减小，由三极管输入特性曲线可知，I_B 将减小，I_B 减小就限制了 I_C、I_E 增大。上述稳定静态工作点的过程如下：

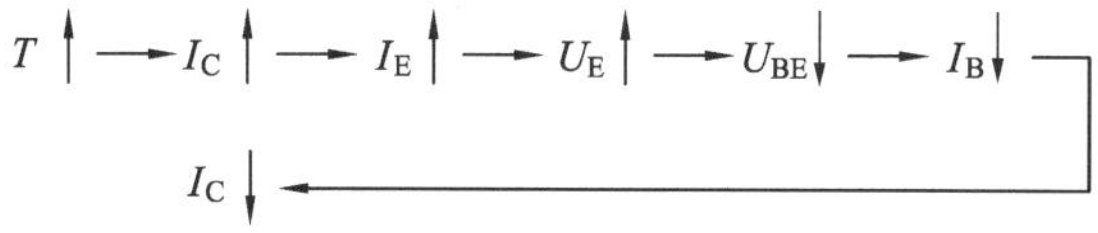

分压偏置共射放大电路能够稳定静态工作点的实质是：通过发射极电阻 R_E 的直流负反馈作用实现稳定静态工作点。当温度升高而引起 I_C 增大时，发射极电阻 R_E 上的压降使得 U_{BE}减小，从而使 I_B 自动减少以限制 I_C 的增大。

旁路电容 C_E 对交流分量可视作短路，而对直流分量并无影响。如果没有旁路电容 C_E，发射极电流的交流分量也流过 R_E，将会产生交流压降，形成交流负反馈从而降低电压放大倍数。

【例 2-4】 分压偏置共射放大电路如例 2-4A 电路图所示，已知 $R_{B1}=39\ \text{k}\Omega$，$R_{B2}=9.3\ \text{k}\Omega$，$U_{CC}=12\ \text{V}$，$\beta=40$，$R_C=3\ \text{k}\Omega$，$R_{E1}=0.1\ \text{k}\Omega$，$R_{E2}=0.9\ \text{k}\Omega$，$R_L=6\ \text{k}\Omega$。设 $U_{BE}=0.7\ \text{V}$。求：

(1) 放大电路的静态工作点；

(2) 画出放大电路的微变等效电路图；

(3) 空载电压放大倍数 $\dot{A}_{uo}$和带载电压放大倍数 $\dot{A}_u$、输入电阻 r_i、输出电阻 r_o；

(4) 若信号源内阻 $R_s=500\ \Omega$，求带载时的源电压放大倍数 $\dot{A}_{us}$；

(5) 画出放大电路的等效模型；

(6) 若 C_E 开路，计算此时的 $\dot{A}_{uo}$、$\dot{A}_u$、r_i、r_o。

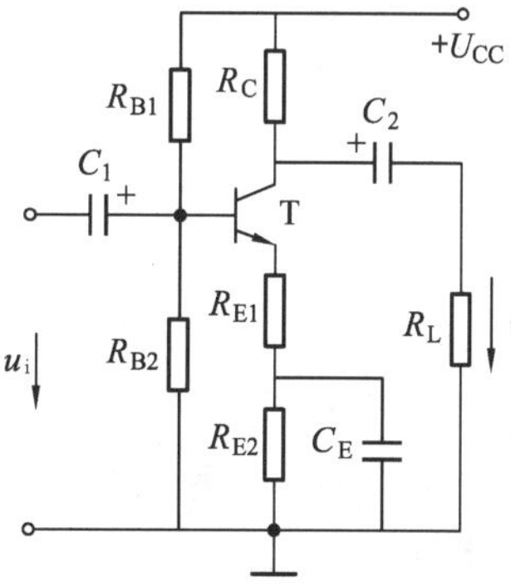

例 2-4A　电路图

解：(1) 画出例 2-4A 电路图的直流通路，如例 2-4B 图所示，估算放大电路的静态工作点。

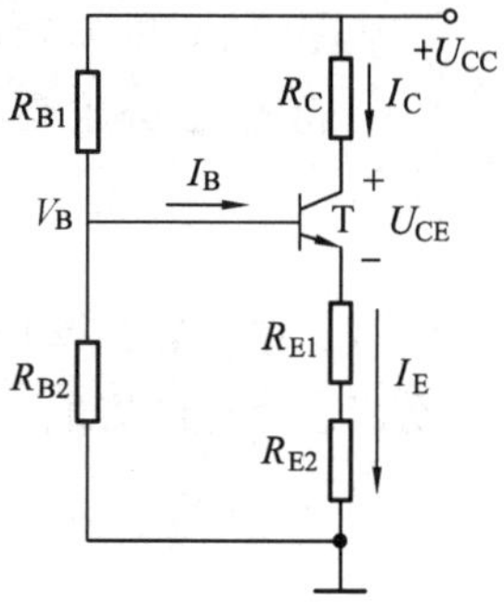

例 2-4B　电路直流通路图

$$V_B=\frac{R_{B2}}{R_{B1}+R_{B2}}\cdot U_{CC}=\frac{9.3}{9.3+39}\times 12=2.31\ \text{V}$$

$$I_C\approx I_E=\frac{V_B-U_{BE}}{R_{E1}+R_{E2}}=\frac{2.31-0.7}{0.1+0.9}=1.61\ \text{mA}$$

$$I_B=\frac{I_C}{\beta}=\frac{1.61}{40}=40\ \mu\text{A}$$

$$\begin{aligned}U_{CE}&=U_{CC}-I_CR_C-I_E(R_{E1}+R_{E2})\approx U_{CC}-I_C(R_C+R_{E1}+R_{E2})\\&=12-1.61(3+0.1+0.9)=5.56\ \text{V}\end{aligned}$$

$$r_{be}=200+\beta\frac{26}{I_C}\approx 200+40\frac{26}{1.61}=846\ \Omega=0.846\ \text{k}\Omega$$

(2) 画出微变等效电路如例 2-4C 图所示。

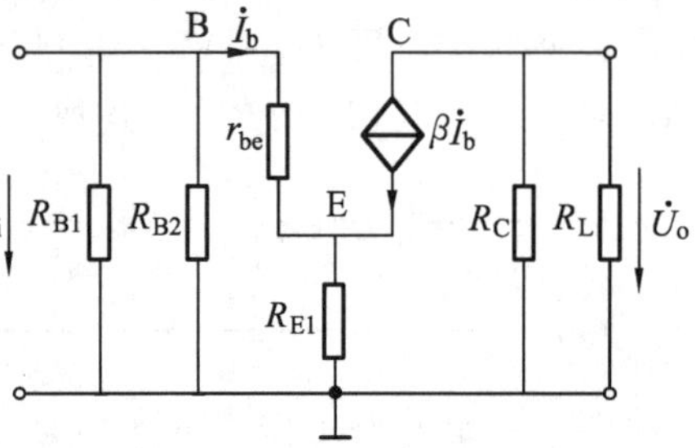

例 2-4C　微变等效电路图

(3) 空载电压放大倍数 $\dot A_{uo}$

$$\begin{aligned}\dot A_{uo}&=\frac{\dot U_o}{\dot U_i}=\frac{-\beta\dot I_bR_C}{\dot I_br_{be}+\dot I_eR_{E1}}=\frac{-\beta\dot I_bR_C}{\dot I_br_{be}+(1+\beta)\dot I_bR_{E1}}=\frac{-\beta\dot I_bR_C}{\dot I_b[r_{be}+(1+\beta)R_{E1}]}\\&=\frac{-\beta R_C}{r_{be}+(1+\beta)R_{E1}}\\&=\frac{-40\times 3}{0.846+(1+40)\times 0.1}\approx -24.3\end{aligned}$$

带载电压放大倍数 $\dot A_u$

$$\begin{aligned}\dot A_u&=\frac{\dot U_o}{\dot U_i}=\frac{-\beta\dot I_b(R_C/\!/R_L)}{\dot I_b[r_{be}+(1+\beta)R_{E1}]}=\frac{-\beta(R_C/\!/R_L)}{r_{be}+(1+\beta)R_{E1}}\\&=\frac{-40\times(3/\!/6)}{0.846+(1+40)\times 0.1}\approx -16.2\end{aligned}$$

输入电阻 r_i

$$r_i=R_{B1}/\!/R_{B2}/\!/[r_{be}+(1+\beta)R_{E1}]=39/\!/9.3/\!/(0.846+41\times 0.1)\approx 3\ \text{k}\Omega$$

输出电阻 r_o

$$r_o=R_C=3\ \text{k}\Omega$$

(4) 带载时的源电压放大倍数 $\dot{A}_{us}$

$$\dot{A}_{us}=\dot{A}_{u}\cdot\frac{r_i}{R_s+r_i}=-16.2\times\frac{3}{3+0.5}\approx-13.9$$

(5) 代入以上计算结果，得出该放大电路的等效模型如例 2-4D 图所示。

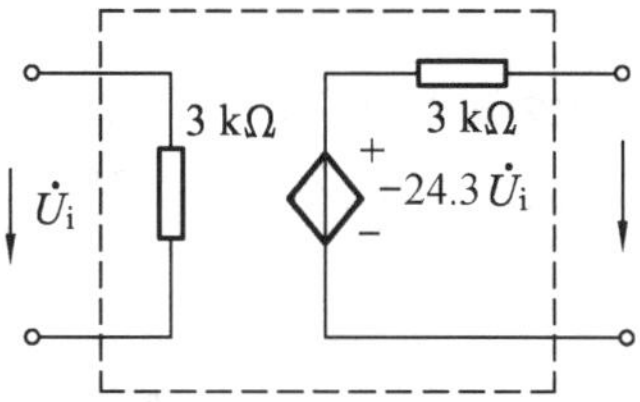

例 2-4D　放大电路的等效模型图

(6) 当 C_E 开路时，微变等效电路如例 2-4E 图所示。

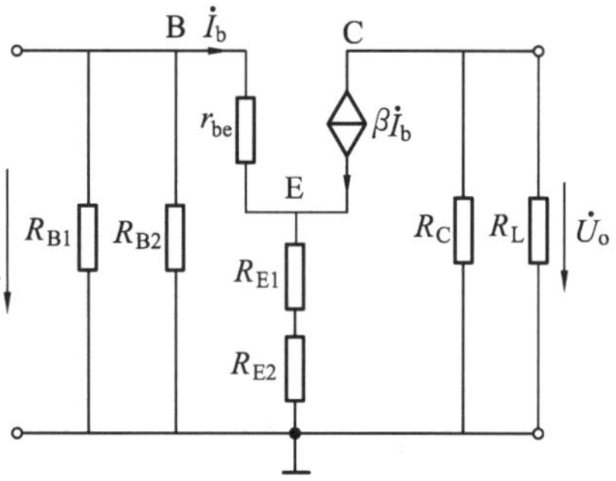

例 2-4E　C_E 开路时例 2-5A 的微变等效电路图

$$\dot{A}_{uo}=\frac{\dot{U}_o}{\dot{U}_i}=\frac{-\beta R_C}{r_{be}+(1+\beta)(R_{E1}+R_{E2})}=\frac{-40\times3}{0.846+(1+40)\times(0.1+0.9)}\approx-2.86$$

$$\dot{A}_{u}=\frac{\dot{U}_o}{\dot{U}_i}=\frac{-\beta(R_C/\!/R_L)}{r_{be}+(1+\beta)(R_{E1}+R_{E2})}=\frac{-40\times(3/\!/6)}{0.846+(1+40)\times(0.1+0.9)}\approx-1.91$$

$$r_i=R_{B1}/\!/R_{B2}/\!/[r_{be}+(1+\beta)(R_{E1}+R_{E2})]$$
$$=39/\!/9.3/\!/[0.846+41\times(0.1+0.9)]\approx6.37\ \text{k}\Omega$$

$$r_o=R_C=3\ \text{k}\Omega$$

练习与思考

1. 放大电路能够放大信号的基本条件是什么？如何判断？

2. 饱和失真和截止失真各具有什么特点？当放大电路出现饱和失真、截止失真时，如何消除？

3. 区别：(1) 静态分析和动态分析；(2) 直流通路和交流通路；(3) 电压和电流的直流分量和交流分量。

4. 放大电路为何要分成静态分析和动态分析？

5. 分析基本放大电路的性能时，图解法和微变等效电路分析方法有何区别？

6. 通常,对放大电路的输入电阻和输出电阻有何要求?

7. 在分压偏置共射放大电路中,去掉旁路电容 C_E 对放大电路的性能有何影响?

2.3 共集电极放大电路

图 2-15(a)、(b)分别为共集电极放大电路图及其直流通路。由于输出信号是从三极管的发射极输出的,因此共集电极放大电路又称为射极输出器。

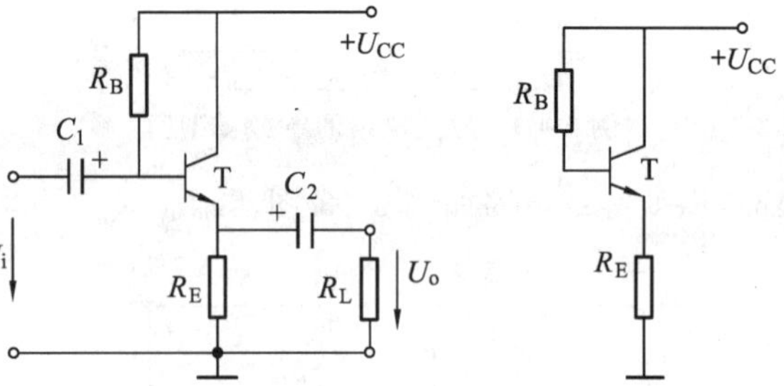

图 2-15 共集电极放大电路及其直流通路

2.3.1 静态分析

对基极回路列出基尔霍夫(KVL)方程

$$U_{CC}=I_BR_B+U_{BE}+(1+\beta)I_BR_E$$

故有

$$I_B=\frac{U_{CC}-U_{BE}}{R_B+(1+\beta)R_E} \tag{2-18}$$

$$I_C=\beta I_B \tag{2-19}$$

$$U_{CE}=U_{CC}-I_ER_E\approx U_{CC}-I_CR_E \tag{2-20}$$

2.3.2 动态分析

微变等效电路如图 2-16 所示,输入信号从三极管的基极和集电极之间加入,输出信号从三极管的发射极和集电极之间输出,输入、输出信号共用集电极,因此称为共集电极放大电路。

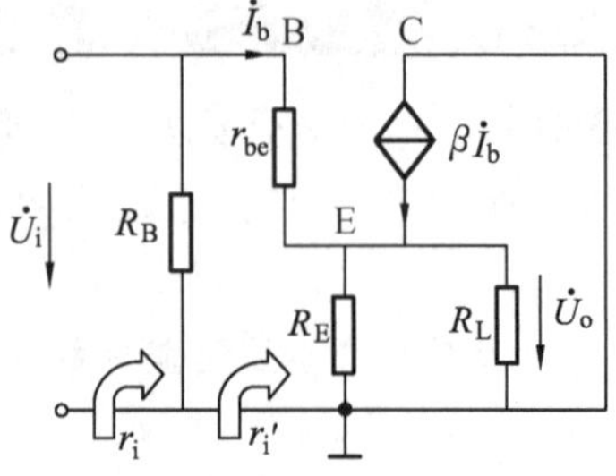

图 2-16 射极输出器微变等效电路

1. 电压放大倍数

$$\dot{U}_o=\dot{I}_e(R_E/\!/R_L)=(1+\beta)\dot{I}_b(R_E/\!/R_L)$$

$$\dot{U}_i=\dot{I}_b r_{be}+\dot{I}_e(R_E/\!/R_L)=\dot{I}_b r_{be}+\dot{I}_b(1+\beta)(R_E/\!/R_L)$$

所以

$$\dot{A}_u=\frac{\dot{U}_o}{\dot{U}_i}=\frac{(1+\beta)\cdot(R_E/\!/R_L)}{r_{be}+(1+\beta)\cdot(R_E/\!/R_L)} \tag{2-21}$$

通常$(1+\beta)\cdot(R_E/\!/R_L)\gg r_{be}$,故$\dot{A}_u\approx 1$,说明输出电压和输入电压相位相同、大小近似相等，所以共集电极放大电路又被称为电压跟随器。

需要说明的是,射极输出器虽然没有电压放大作用,但是输出电流远大于输入电流,仍具有电流放大和功率放大作用。

2. 输入电阻

$$r_i=\frac{\dot{U}_i}{\dot{I}_i}=R_B/\!/r_i'$$

式中,$r_i'=\dfrac{\dot{U}_i}{\dot{I}_b}=\dfrac{\dot{I}_b r_{be}+\dot{I}_b(1+\beta)(R_E/\!/R_L)}{\dot{I}_b}=r_{be}+(1+\beta)(R_E/\!/R_L)$。

因此,输入电阻

$$r_i=R_B/\!/[r_{be}+(1+\beta)(R_E/\!/R_L)] \tag{2-22}$$

与共射放大电路的输入电阻相比,射极输出器的输入电阻要高得多,可达几十千欧到几百千欧。

3. 输出电阻

如图 2-17 所示,根据戴维南定理,求射极输出器的输出电阻时将信号源短路,保留其内阻 R_s,在输出端将 R_L 去掉,加交流电压 $\dot{U}_o$,产生电流 $\dot{I}_o$,则输出电阻

$$r_o=\frac{\dot{U}_o}{\dot{I}_o}$$

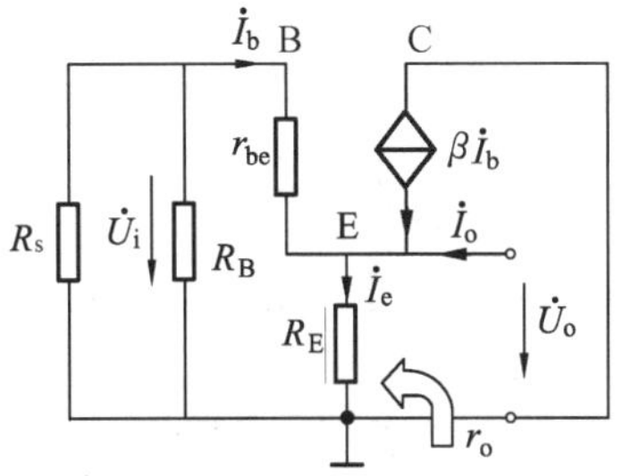

图 2-17 求射极输出器输出电阻的等效电路

在三极管的发射极 E 点运用 KCL 得

$$\dot{I}_e=\dot{I}_b+\beta\dot{I}_b+\dot{I}_o$$

式中,$\dot{I}_e=\dfrac{\dot{U}_o}{R_E}$;$\dot{I}_b=\dfrac{-\dot{U}_o}{(R_s/\!/R_B)+r_{be}}$。因而,有

$$\frac{\dot{U}_o}{R_E}=\frac{-\dot{U}_o}{(R_s /\!/ R_B)+r_{be}}+\beta\frac{-\dot{U}_o}{(R_s /\!/ R_B)+r_{be}}+\dot{I}_o$$

所以输出电阻

$$r_o=R_E /\!/ \frac{(R_s /\!/ R_B)+r_{be}}{1+\beta} \tag{2-23}$$

通常，$R_E \gg \frac{r_{be}+(R_s /\!/ R_B)}{1+\beta}$，因此 $r_o \approx \frac{r_{be}+(R_s /\!/ R_B)}{1+\beta}$。 (2-24)

射极输出器的输出电阻比共射放大电路的输出电阻小得多，一般为几十欧左右，所以射极输出器带负载能力很强。

综上所述，射极输出器的主要特点是：电压放大倍数小于 1 而接近于 1；输出电压与输入电压同相；没有电压放大作用，但有电流和功率放大作用；输入电阻大；输出电阻小。

射极输出器应用十分广泛。例如，射极输出器可作多级放大电路的输入级，以减轻信号源的负担。尤其在需要高输入阻抗的测量仪器中，采用射极输出器作输入级，可减小仪器接入时对被测电路产生的影响，从而提高测量精度；射极输出器也可用作多级放大电路的输出级，以提高放大电路的带负载能力；射极输出器还可作为多级放大电路的中间级，利用其输入电阻大、输出电阻小的特点作阻抗变换，用来隔离前、后级电路间的相互影响，这时称为缓冲级。

【例 2-5】 例 2-5A 射极输出电路图中，已知 $U_{CC}=12$ V，$\beta=100$，信号源内阻 $R_s=10\ \Omega$，$R_{B1}=R_{B2}=20$ kΩ，$R_E=3$ kΩ，$R_L=3$ kΩ。设 $U_{BE}=0.7$ V，试求：

(1) 静态工作点 Q；

(2) 画出放大电路的微变等效电路；

(3) 电压放大倍数 $\dot{A}_u$、输入电阻 r_i、输出电阻 r_o；

(4) 负载开路时的电压放大倍数 $\dot{A}_{uo}$、输入电阻 r_i、输出电阻 r_o。

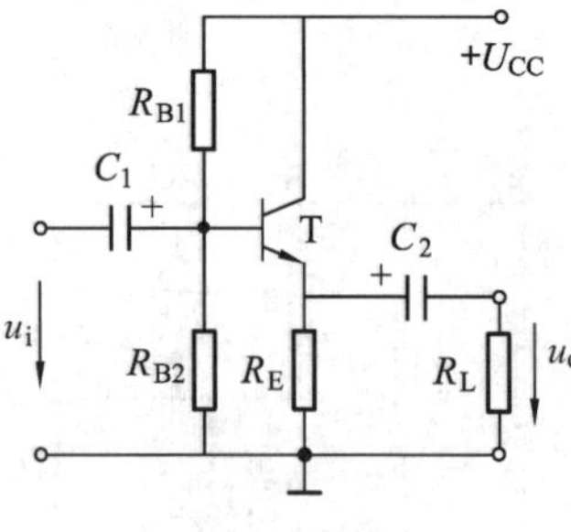

例 2-5A　电路图

解：(1) 静态工作点

$$V_B=\frac{R_{B2}}{R_{B1}+R_{B2}}\times U_{CC}=\frac{20}{20+20}\times 12=6\ \text{V}$$

$$I_C \approx I_E=\frac{V_B-U_{BE}}{R_E}=\frac{6-0.7}{3}\approx 1.77\ \text{mA}$$

$$I_B=\frac{I_C}{\beta}=17.7\ \mu\text{A}$$

$$U_{CE}=U_{CC}-I_ER_E=12-1.77\times3=6.69\ \text{V}$$

（2）微变等效电路如例 2-5B 图所示。

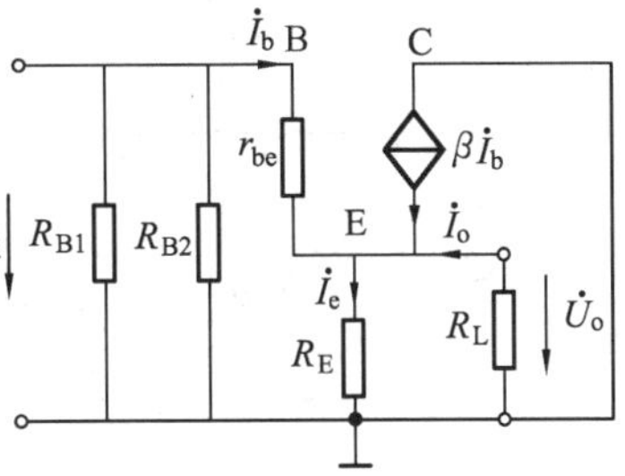

例 2-5B　微变等效电路图

（3）
$$r_{be}=200+\beta\frac{26}{I_C}=200+100\times\frac{26}{1.77}=1.67\ \text{k}\Omega$$

$$\dot{A}_u=\frac{(1+\beta)\cdot(R_E/\!/R_L)}{r_{be}+(1+\beta)\cdot(R_E/\!/R_L)}=\frac{101\times(3/\!/3)}{1.67+101\times(3/\!/3)}\approx0.988$$

$$r_i=R_{B1}/\!/R_{B2}/\!/[r_{be}+(1+\beta)(R_E/\!/R_L)]=20/\!/20/\!/[1.67+101\times(3/\!/3)]\approx9.39\ \text{k}\Omega$$

$$r_o=R_E/\!/\frac{(R_s/\!/R_{B1}/\!/R_{B2})+r_{be}}{1+\beta}=3/\!/\frac{0.01/\!/20/\!/20+1.67}{101}=3/\!/\frac{1.68}{101}\approx16.5\ \Omega$$

（4）开路时，$R_L=\infty$，

$$\dot{A}_{uo}=\frac{(1+\beta)\cdot R_E}{r_{be}+(1+\beta)\cdot R_E}=\frac{101\times3}{1.67+101\times3}\approx0.994$$

$$r_i=R_{B1}/\!/R_{B2}/\!/[r_{be}+(1+\beta)R_E]=20/\!/20/\!/[1.67+(1+100)\times3]\approx9.7\ \text{k}\Omega$$

因为输出电阻 r_o 和负载 R_L 无关，所以 r_o 不变。

2.3.3　阻容耦合多级放大电路的动态性能分析

对于 n 级放大电路，由于各级是互相串联起来的，前一级的输出就是后一级的输入，所以多级放大电路总的电压放大倍数等于各级电压放大倍数的乘积，即总电压放大倍数

$$\dot{A}_u=\dot{A}_{u1}\cdot\dot{A}_{u2}\cdot\cdots\cdot\dot{A}_{un}$$

式中，n 为多级放大电路的级数。

但是在计算每一级放大电路的电压放大倍数时，必须考虑前、后级之间的相互影响，即需把后级放大电路的输入电阻作为前一级放大电路的负载。

一般地，多级放大电路的输入电阻就是首级放大电路的输入电阻，而多级放大电路的输出电阻就是末级放大电路的输出电阻。

【例 2-6】　两极放大电路如例 2-6 图所示，已知 $U_{CC}=-12\ \text{V}$，$R_B=300\ \text{k}\Omega$，$R_{B1}=30\ \text{k}\Omega$，$R_{B2}=15\ \text{k}\Omega$，$R_{E1}=R_{E2}=1\ \text{k}\Omega$，$R_C=2\ \text{k}\Omega$，$R_L=2\ \text{k}\Omega$，两晶体管的 $\beta=60$，$r_{be1}=r_{be2}=1\ \text{k}\Omega$。求：该放大电路的电压放大倍数、输入电阻 r_1 和输出电阻 r_0。

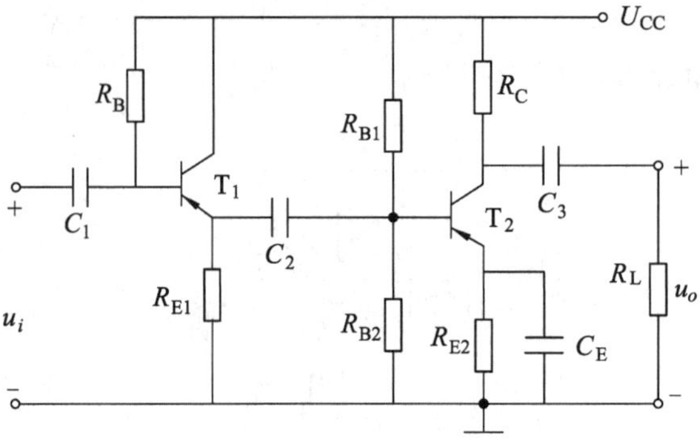

例 2-6 电路图

解：该两级放大电路的前级是共集电极放大电路，后级是分压偏置共发射极放大电路。除了采用 PNP 晶体管、负电源供电外，电路结构和用 NPN 管组成的对应放大电路相同。

电压放大倍数

$$\dot{A}_{u1}=\frac{(1+\beta)\cdot(R_{E1}/\!/R_{L1})}{r_{be1}+(1+\beta)\cdot(R_{E1}/\!/R_{L1})}=0.97$$

其中，$R_{L1}=r_{i2}=R_{B1}/\!/R_{B2}/\!/r_{be2}=0.91\ \text{k}\Omega$

$$\dot{A}_{u2}=\frac{-\beta(R_C/\!/R_L)}{r_{be2}}=-60$$

$$\dot{A}_u=\dot{A}_{u1}\cdot\dot{A}_{u2}=-58.2$$

输入电阻 $r_i=r_{i1}=R_B/\!/[r_{be1}+(1+\beta)(R_{E1}/\!/R_{L1})]=27.27\ \text{k}\Omega$

输出电阻 $r_0=r_{02}=R_C=2\ \text{k}\Omega$

练习与思考

1. 射极输出器有何特点？常用于什么场合？
2. 射极输出器与共射放大电路相比，不同之处主要有哪些？

2.4 差分放大电路

2.4.1 直接耦合多级放大电路的零点漂移

将直接耦合放大电路的输入端对地短路，理论上输出电压的变化量也等于零，但实际上，输出电压将离开零点，缓慢地发生不规则变化，如图 2-18 所示。该现象称为零点漂移，简称零漂。

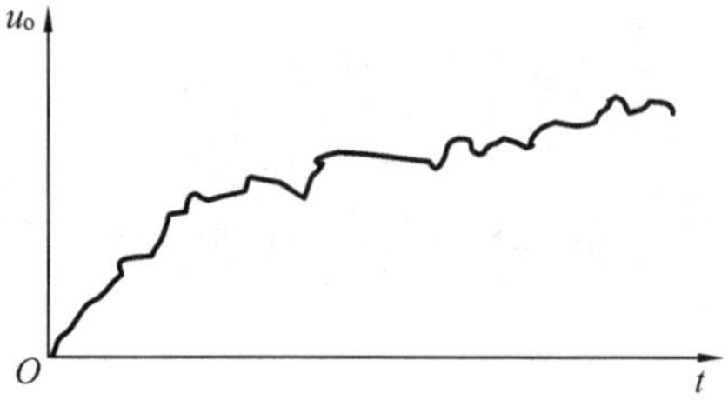

图 2-18 零点漂移

引起零点漂移的原因很多，如晶体管参数

(β、I_{CBO}、I_{CEO}、U_{BE})随温度的变化、电路元件参数的老化、电源电压的波动等都会引起放大电路静态工作点的缓慢变化。其中,温度的影响是产生零点漂移的主要原因。零漂引起的输出端电压变化是一种噪声信号,如果输出噪声信号接近或大于输出有效信号,有效信号将被噪声所淹没,放大电路将不能正常工作。

零漂现象的严重程度不能只看零漂输出电压的大小,它还与放大电路的放大倍数有关。通常将放大电路输出端的漂移电压折算到输入端与信号比较后进行评判。

【例 2-7】 设有两个直接耦合放大电路 A 和 B,它们的放大倍数分别是 10^3 和 10^5,两者的零漂输出电压的绝对值 $U_{os}=500$ mV。欲放大 0.1 mV 的信号,试问两个放大电路都可以采用吗?

解: 放大电路 A 的零漂输出电压折算到输入端

$$U_{isA}=\frac{U_{os}}{A_{uA}}=\frac{500}{10^3}=0.5\ \text{mV}$$

放大电路 B 的零漂输出电压折算到输入端

$$U_{isB}=\frac{U_{os}}{A_{uB}}=\frac{500}{10^5}=0.005\ \text{mV}$$

放大电路的零漂输入电压必须远小于输入信号幅值,才能够正常放大。因此,对于 0.1 mV 的输入信号,放大电路 A 不能正常工作,而放大电路 B 可以正常工作。

阻容耦合和变压器耦合放大电路,由于电容和变压器具有隔直作用,使得缓慢变化、近似为直流的零点漂移电压不能在多级放大电路的各级之间传递和放大,因此多级放大电路的零点漂移问题并不太严重。但是对于直接耦合多级放大电路,前级产生的漂移电压信号能够传输到下一级,漂移电压经逐级放大后,在输出端将产生一个很大的零点漂移输出电压。级数越多,放大倍数越大,零漂也就越严重。抑制零漂最有效的措施是第一级放大电路采用差分放大电路。

2.4.2　典型差分放大电路的工作原理

图 2-19 为典型差分放大电路,由两个对称的单管共射放大电路组成。这两个三极管的特性、对应电阻元件的参数分别对应相同。信号 u_{i1} 和 u_{i2} 分别由 T_1 和 T_2 的基极

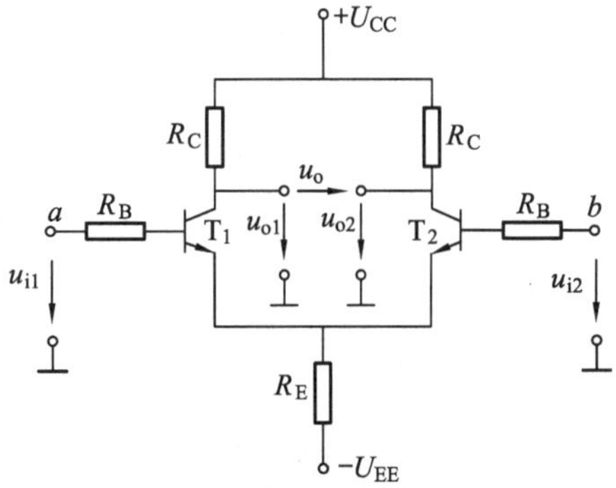

图 2-19　典型差分放大电路

输入，电路有两个输入端。电路的输出端也有两个，分别由两只三极管集电极引出，输出电压为 u_{o1} 和 u_{o2}。

1. 输入与输出方式

差分放大电路有双端输入和单端输入两种输入方式，也有双端输出和单端输出两种输出方式。单端输入是指信号 u_i 从一个输入端输入，另一个输入端接地。双端输入是指输入信号接在两个输入端 a、b 上，此时 $u_i=u_{i1}-u_{i2}$。双端输出是指输出信号 u_o 从两管集电极间输出，$u_o=u_{o1}-u_{o2}$。单端输出是指从某一管的集电极对地输出，输出信号为 u_{o1} 或 u_{o2}。

因此，根据输入输出方式的不同，差分放大电路共有 4 种形式：双端输入-双端输出、双端输入-单端输出、单端输入-双端输出、单端输入-单端输出。

2. 差模信号和共模信号

1）差模信号

若两个输入电压大小相等、极性相反，即 $u_{i1}=u_i$，$u_{i2}=-u_i$，则称 u_{i1} 和 u_{i2} 为一对差模输入信号。

差分放大电路输入差模信号时，输出信号也大小相等、极性相反，即

$$u_{o1}=A_d u_{i1}=A_d u_i$$

$$u_{o2}=A_d u_{i2}=-A_d u_i$$

输出电压

$$u_o=u_{o1}-u_{o2}=2A_d u_i$$

式中，A_d 为单边电路的差模电压放大倍数。

可见，对于输入差模信号，差分放大电路双端输出电压为单端输出电压的 2 倍。

2）共模信号

若两个输入电压大小相等、极性相同，即 $u_{i1}=u_{i2}=u_i$，则称 u_{i1} 和 u_{i2} 为一对共模输入信号。

差分放大电路输入共模信号时，输出信号也大小相等、极性相同，即

$$u_{o1}=A_c u_{i1}=A_c u_i$$

$$u_{o2}=A_c u_{i2}=A_c u_i$$

输出电压

$$u_o=u_{o1}-u_{o2}=0$$

式中，A_c 为单边电路的共模电压放大倍数。

可见，对于输入共模信号，差分放大电路双端输出电压为零，因此它对共模信号没有放大作用，即共模信号放大倍数为零。

3）任意输入信号

对于任意输入信号 u_{i1} 和 u_{i2}，可分解为差模信号分量 u_{id} 和共模信号分量 u_{ic} 的组合，令

$$u_{ic}=\frac{u_{i1}+u_{i2}}{2} \tag{2-25}$$

$$u_{id}=\frac{u_{i1}-u_{i2}}{2} \tag{2-26}$$

联立式(2-25)和式(2-26)可求得

$$u_{i1}=u_{ic}+u_{id} \tag{2-27}$$

$$u_{i2}=u_{ic}-u_{id} \tag{2-28}$$

在分析任意输入信号的差分放大电路时，可以先求出差模信号分量的输出、共模信号分量的输出，再运用叠加定理，求出任意输入信号的输出。

由式(2-27)和式(2-28)可得

$$u_{o1}=A_c u_{ic}+A_d u_{id}$$

$$u_{o2}=A_c u_{ic}-A_d u_{id}$$

输出电压

$$u_o=u_{o1}-u_{o2}=2A_d u_{id}=A_d(u_{i1}-u_{i2}) \tag{2-29}$$

式(2-29)为差分放大电路输出电压与输入电压的一般关系式，它表明差分放大电路放大的是两个输入信号的差值部分，这一差值实质上就是输入信号的差模成分，而夹杂在信号中的零漂或一些干扰所构成的共模成分则被抑制掉。

【例 2-8】 已知输入信号 $u_{i1}=10\ \text{mV}$，$u_{i2}=6\ \text{mV}$，试求差模信号分量 u_{id} 和共模信号分量 u_{ic}。

解： 根据式(2-25)和式(2-26)可得

$$u_{ic}=\frac{u_{i1}+u_{i2}}{2}=\frac{10+6}{2}=8\ \text{mV}$$

$$u_{id}=\frac{u_{i1}-u_{i2}}{2}=\frac{10-6}{2}=2\ \text{mV}$$

3. 零点漂移的抑制

1）利用电路的对称性抑制零漂

当如图 2-19 所示的差分放大电路输入信号为零时，由于电路对称，两个三极管的集电极电位 u_{o1} 和 u_{o2} 相等，双端输出时，输出电压 $u_o=u_{o1}-u_{o2}=0$。

当温度变化时，两个三极管的集电极电位也相应地随之变化，但由于电路对称，温度的变化对两个三极管放大电路的影响相同，两个集电极电位的变化量也相同，则

$$u_o=(u_{o1}+\Delta u_{o1})-(u_{o2}+\Delta u_{o2})=0$$

因此，双端输出时，利用电路的对称性，差分电路能够很好地抑制零点漂移。

2）利用电阻 R_E 抑制零漂

单端输出时，差分放大电路主要利用电阻 R_E 的负反馈作用抑制零漂。

当温度 T 升高，使 I_{C1} 和 I_{C2} 增大时，抑制零漂的过程如下：

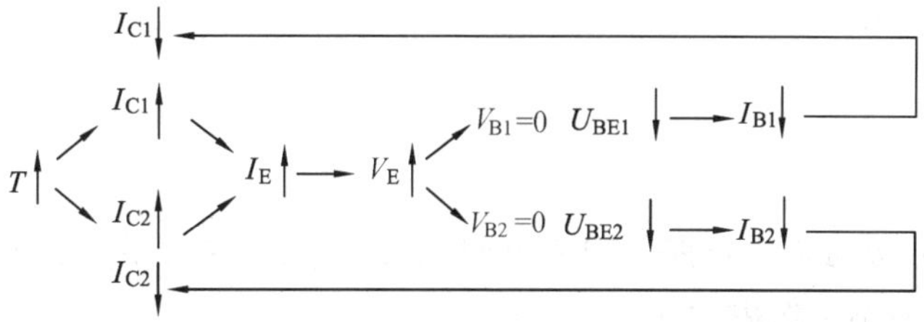

R_E 通过对电流的负反馈作用抑制零漂。R_E 越大，抑制零漂的效果越好。但由于 R_E 的大小影响静态工作点的设置，因此 R_E 不能取太大，否则要求 U_{EE} 会很大。R_E 通

常用三极管恒流源电路代替，读者可参考有关资料。

需要注意的是 R_E 对差模信号不起作用，这是由于差模信号使两管的集电极电流产生反向变化，当差分放大电路左右完全对称时，两管电流一增一减，变化量相等，通过 R_E 的电流不变，因此它对差模信号不起抑制作用。

2.4.3 典型差分放大电路的性能分析

1. 静态分析

对于图 2-19 所示典型差分放大电路。由于电路完全对称，因此只需求出单边静态值即可。

图 2-20 为图 2-19 所示电路的单边直流通路，注意流过 R_E 的电流是 $2I_E$。对输入回路列 KVL 方程

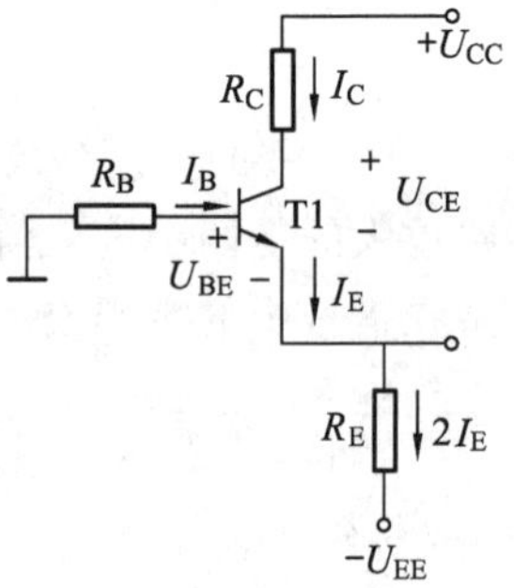

图 2-20 单边直流通路

$$I_BR_B+U_{BE}+2(1+\beta)I_BR_E=U_{EE}$$

解得

$$I_B=\frac{U_{EE}-U_{BE}}{R_B+2(1+\beta)R_E}$$

$$I_C=\beta I_B$$

由 U_{CC}、R_C、U_{CE}、R_E、$-U_{EE}$ 回路列出 KVL 方程

$$U_{CE}=U_{CC}+U_{EE}-I_CR_C-2(1+\beta)I_BR_E$$

2. 动态分析

1）双端输入-双端输出

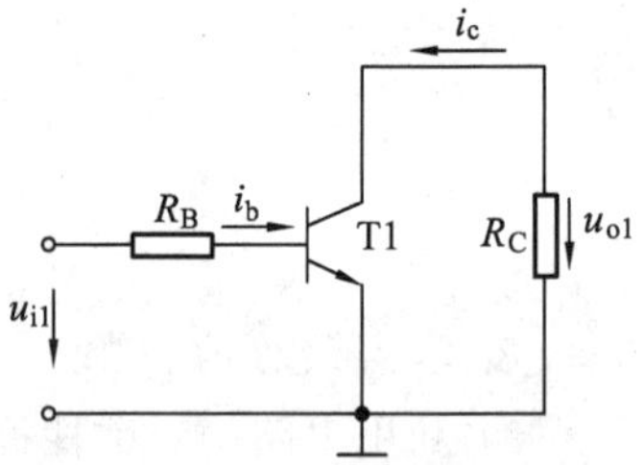

图 2-21 单边差模信号通路

图 2-21 为单边差模信号通路，应用前面介绍的分析三极管放大电路的方法可以直接写出此电路空载时的差模电压放大倍数

$$A_{d1}=\frac{u_{o1}}{u_{i1}}=A_{d2}=\frac{u_{o2}}{u_{i2}}=-\frac{\beta R_C}{R_B+r_{be}}$$

双端输出时，空载差模电压放大倍数

$$A_{do}=\frac{u_o}{u_i}=\frac{u_{o1}-u_{o2}}{u_{i1}-u_{i2}}=\frac{A_{d1}(u_{i1}-u_{i2})}{u_{i1}-u_{i2}}=A_{d1}$$

与单边放大电路的电压放大倍数相同。

当输出端接有负载电阻 R_L 时，由于电路完全对称，在 $\frac{R_L}{2}$ 处相当于交流接“地”，所以，带载差模电压放大倍数

$$A_d=-\frac{\beta\left(R_C/\!/\frac{R_L}{2}\right)}{R_B+r_{be}}$$

双端输入时，差分放大电路的输入电阻 r_i 是从两个输入端看进去的等效电阻，由于 R_E 对差模信号不起作用，所以

$$r_i=2(R_B+r_{be})$$

双端输出时，差分放大电路的输出电阻

$$r_o = 2R_C$$

2）双端输入-单端输出

单端输出的信号为双端输出的一半，故单端输出的空载差模电压放大倍数

$$A_{do} = \frac{u_o}{u_i} = \frac{u_{o1}}{u_{i1} - u_{i2}} = \frac{u_{o1}}{2u_{i1}} = \frac{A_{d1}}{2} = -\frac{\beta R_C}{2(R_B + r_{be})}$$

带载差模电压放大倍数

$$A_d = -\frac{\beta(R_C /\!/ R_L)}{2(R_B + r_{be})}$$

双端输入时，输入电阻

$$r_i = 2(R_B + r_{be})$$

单端输出时，输出电阻

$$r_o = R_C$$

3）单端输入-双端输出或单端输出

图 2-22(a)为单端输入方式，一个输入端接地，输入信号加在另一输入端与地之间。将输入信号进行如下等效变换：在输入信号的输入端，可将输入信号等效为极性相同、数值均为$\frac{u_{i1}}{2}$的两个串联的信号源；在接地输入端，也可将输入信号等效为两个串联的信号源，它们的数值也均为$\frac{u_{i1}}{2}$，但极性相反，如图 2-22(b)所示。因此，单端输入同双端输入时的结论相同。

单端输入在输入差模信号的同时，也伴随着共模信号的输入。因此，在单端输入-单端输出时，共模放大倍数 A_c 不为零，输出端不仅有差模输出电压，还有共模输出电压。当然，在单端输入-双端输出时，由于共模放大倍数 A_c 等于零，因此输出端仅有差模输出电压。

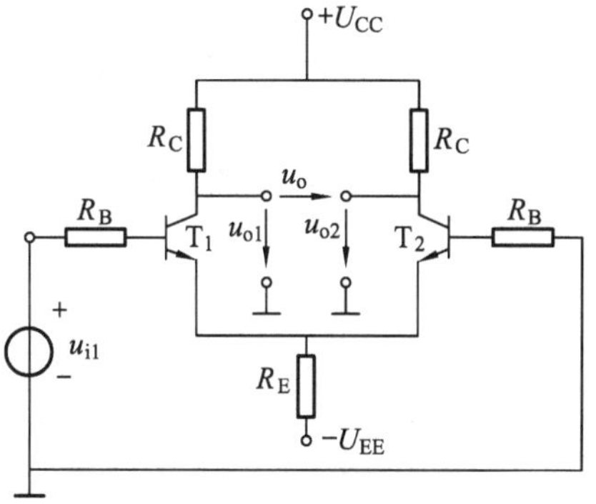

(a) 输入差模信号

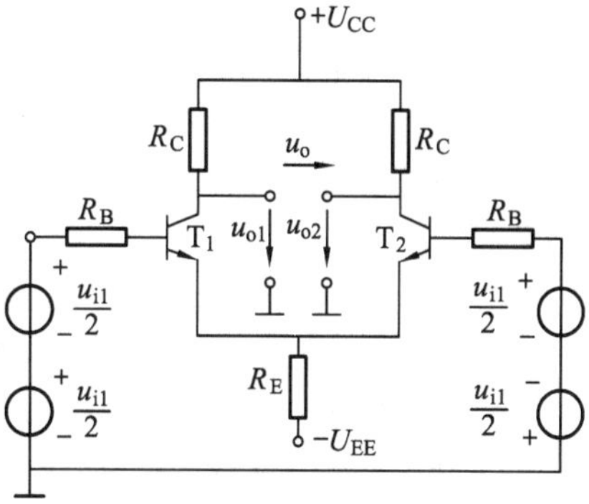

(b) 输入差模信号的等效电路

图 2-22　单端输入、双端输出差分放大电路

差分放大电路的 4 种输入输出方式的动态分析见表 2-2。

表 2-2 差分放大电路的 4 种输入输出方式的动态分析

输入方式	双端		单端	
输出方式	双端	单端	双端	单端
差模放大倍数 A_d	$-\dfrac{\beta\cdot\left(R_C/\!/\dfrac{1}{2}R_L\right)}{R_B+r_{be}}$	$\pm\dfrac{\beta\cdot(R_C/\!/R_L)}{2(R_B+r_{be})}$	$-\dfrac{\beta\cdot\left(R_C/\!/\dfrac{1}{2}R_L\right)}{R_B+r_{be}}$	$\pm\dfrac{\beta\cdot(R_C/\!/R_L)}{2(R_B+r_{be})}$
差模输入电阻 r_i	$2(R_B+r_{be})$	$2(R_B+r_{be})$	$2(R_B+r_{be})$	$2(R_B+r_{be})$
差模输出电阻 r_o	$2R_C$	R_C	$2R_C$	R_C

2.4.4 共模抑制比

一个实际差分放大电路，对差模信号和共模信号都会有放大作用，但总是希望差模放大倍数尽可能大，共模放大倍数尽可能小。为了全面衡量差分放大电路放大差模信号和抑制共模信号的能力，引入性能指标共模抑制比 K_{CMRR}，定义为放大电路的差模放大倍数 A_d 与共模放大倍数 A_c 之比，即

$$K_{CMRR}=\left|\frac{A_d}{A_c}\right|$$

或用对数形式表示

$$K_{CMRR}=20\lg\left|\frac{A_d}{A_c}\right|\ \text{dB}$$

在电路完全对称的理想差分放大电路中，双端输出时，$A_c=0$，则 $K_{CMRR}\to\infty$。但实际上，差分放大电路不可能完全对称，共模抑制比也不可能趋于无穷大。

练习与思考

1. 零漂是指当输入信号为零时，输出信号也为零，还是输出信号的变化量为零？
2. 为什么直接耦合多级放大电路特别要强调抑制零源？
3. 什么是差模信号、共模信号？分析差分放大电路时，为何要将输入信号分解成这两种信号？
4. 差分放大电路在结构上有什么特点？
5. 双端输入、双端输出差分放大电路为什么能抑制零点漂移？为什么增大电阻 R_E 能提高单端输出时差动放大电路抑制零点漂移的效果？R_E 影响差模信号的放大效果吗？
6. 差分放大电路为何要提高共模抑制比 K_{CMRR}？怎样提高？

2.5 互补对称功率放大电路

2.5.1 功率放大电路概述

在电子电路中，一般最后一级的放大电路必须输出一定的功率去推动执行机构，如

扬声器、继电器等。这种以输出功率为主要目的的放大电路称为功率放大电路。

电压放大电路和功率放大电路都是利用晶体管的放大作用将信号放大，但不同的是，对电压放大电路而言，其主要目的是将微弱的电信号不失真地放大，主要指标是电压放大倍数；而功率放大电路主要目的是输出最大的功率，主要指标是输出功率、效率。

1. 功率放大电路的主要特点

(1) 大信号工作状态。电信号经前级放大后，交流信号的电压和电流都已有足够大的幅度，不可以再运用微变等效电路分析方法。大信号状态需要运用图解法进行分析。必须注意，功率放大电路的动态范围较大，信号容易失真。

(2) 提高效率。功率放大电路输出功率大，电路消耗的能量也大，因此功率放大电路的效率要高。所谓效率，就是负载得到的交流信号功率与电源提供给的直流功率之比值。

(3) 三极管的保护。为使输出功率尽可能大，三极管往往工作在极限状态，应注意不能超过三极管的极限参数 P_{CM}、I_{CM} 和 $U_{(BR)CEO}$。大功率三极管必须加装符合要求的散热片。

效率、失真和输出功率是功率放大电路要考虑的主要问题。

2. 功率放大电路的工作状态

按静态工作点所处位置的高低，功率放大电路分为甲类、甲乙类和乙类工作状态。

(1) 甲类工作状态。如图 2-23(a)所示，静态工作点 Q 大致在交流负载线的中点，功率放大电路动态信号全部工作在三极管的线性放大区，信号基本没有失真。

在甲类工作状态时，当无信号输入，电源供给的静态功率 $P_E=U_{CC}\cdot I_C$ 全部消耗在三极管和电阻上。而当有信号输入时，电源又提供交流输出功率，信号越大，输出功率也越大。在理想情况下，甲类工作状态的效率最高也只能达到 50%。

(2) 甲乙类工作状态。为提高效率，降低静态 I_C，静态工作点 Q 设置在中心位置与截止区之间，如图 2-23(b)所示。这时输入信号为正弦波，输出信号为正弦波的一半多一点。

(3) 乙类工作状态。为了进一步提高效率，使静态 I_C 等于零，如图 2-23(c)所示。此时静态工作点 Q 在截止区的边缘。在理想情况下，乙类功率放大电路的效率可达到 78.5%，但是波形失真最严重，输出信号仅为正弦波的一半。

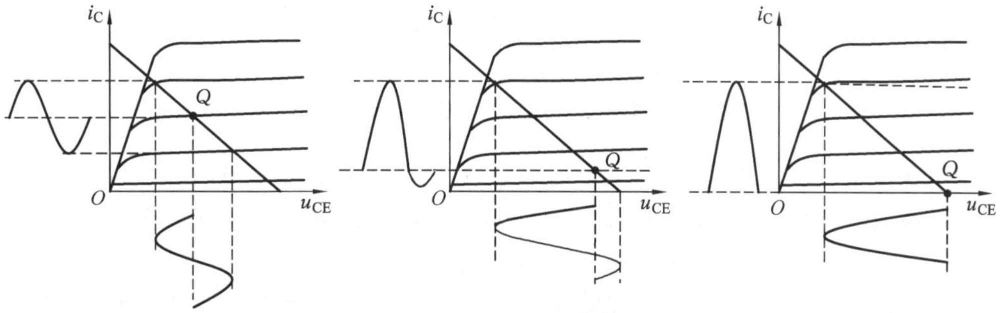

(a) 甲类工作状态　　(b) 甲乙类工作状态　　(c) 乙类工作状态

图 2-23　功率放大电路的工作状态

由图 2-23 可见，功率放大电路工作在甲乙类和乙类工作状态时，虽然提高了效率，但信号严重失真。为兼顾效率和失真，可采用互补对称功率放大电路。

2.5.2 互补对称功率放大电路

1. 双电源互补对称功率放大电路

图 2-24 为双电源互补对称功率放大电路，T_1 和 T_2 分别为 NPN 型和 PNP 型三极管，两管特性基本相同。两管的基极和发射极分别连在一起，信号从基极输入，从发射极输出，R_L 为负载。该电路可以看作是由图 2-25(a)和(b)两个射极输出器组合而成。静态时，每个三极管均无基极偏置电流 I_B，放大电路工作在乙类状态。当有交流信号 u_i 输入时，在 u_i 的正半周，T_1 导通，T_2 截止，电流 i_{c1} 从 $+U_{CC}$ 经 T_1 流过负载 R_L 到地。在 u_i 的负半周，T_1 截止，T_2 导通，电流 i_{c2} 自地经 R_L，T_2 流到 $-U_{CC}$。

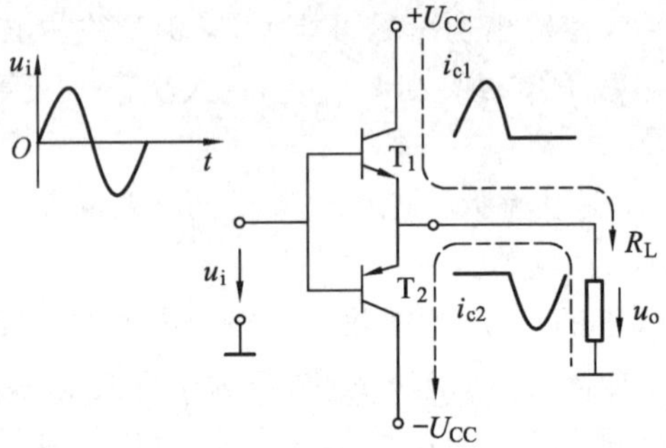

图 2-24 双电源互补对称功率放大电路

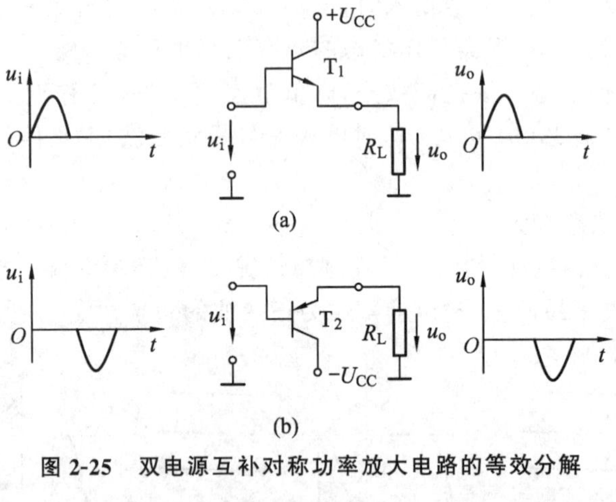

图 2-25 双电源互补对称功率放大电路的等效分解

由此可见，在输入信号 u_i 的一个周期内，电流 i_{c1} 和 i_{c2} 以正反方向交替流过负载电阻 R_L，在 R_L 上合成一个交流输出电压信号 u_o。这也是对称互补电路名称的由来。

2. 单电源互补对称功率放大电路

单电源互补对称功率放大电路如图 2-26 所示。由于两管特性基本相同，在静态时，A 点电位近似为$\frac{U_{CC}}{2}$，输出端电容 C 上的电压也等于$\frac{U_{CC}}{2}$。当信号 u_i 输入时，在它的正半周，T_1 导通，T_2 截止，电流 i_{c1} 的通路为：$+U_{CC}\to T_1\to C\to R_L\to$地，电容 C 被充电。在 u_i 的负半周，T_1 截止，T_2 导通，电容 C 放电，电流 i_{c2} 的通路为：地$\to R_L\to C\to$

T_2→地。从以上分析可以看出，要使输出波形对称，则必须使电容 C 上的电压为 $\frac{U_{CC}}{2}$，即在电容 C 充电、放电过程中，保持其端电压基本不变，因此 C 的容量必须足够大。需要注意的是，输入信号必须加直流偏置，偏置电压为 $\frac{U_{CC}}{2}$。

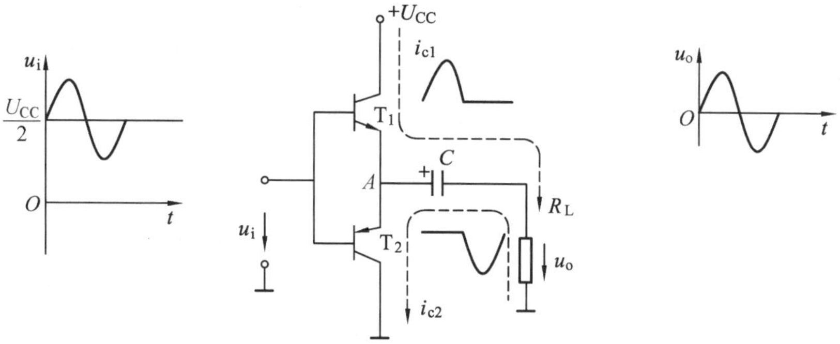

图 2-26　单电源互补对称功率放大电路

3. 采用复合管的互补对称功率放大电路

在输出功率较大时，输出管需要采用大功率管。但是，不同类型的大功率管要做到特性一致，制造工艺上比较困难，而同类型的大功率管特性较易一致，选择特性相同的小功率 PNP 型管或 NPN 型管也比较容易。功率放大电路中，通常采用复合三极管来解决大功率三极管特性不易一致的问题。

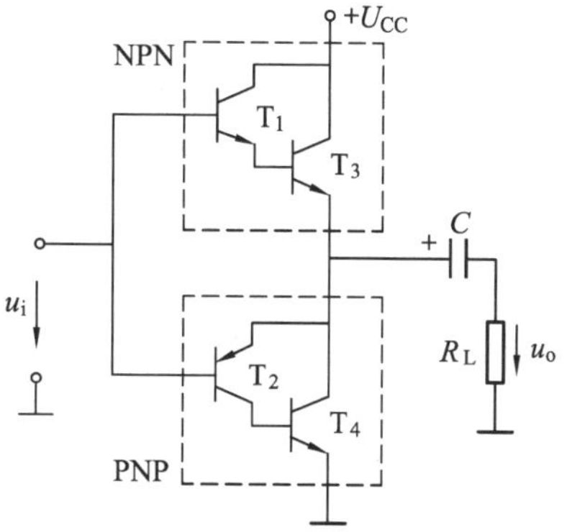

图 2-27　采用复合管的互补对称功率放大电路

所谓复合管是将两个三极管组合起来等效成一个三极管使用，复合管的电流放大系数近似为两管电流放大系数的乘积。复合管中前面的是小功率管，称为推动管，后面的是大功率管。复合管的类型由推动管决定。图 2-27 中两个 NPN 管 T_1 和 T_3 的复合可等效为一个 NPN 型管，一个 PNP 型管 T_2 和一个 NPN 型管 T_4 的复合可等效为一个 PNP 型管。

4. 克服交越失真的互补对称功率放大电路

乙类工作状态在静态时直流偏置为零。工作时，利用大信号输入使三极管发射结正偏进入放大区。由于三极管输入回路死区电压的影响，只有信号幅值高于死区电压，三极管发射极才有电流通过，在信号正半周和负半周交替点附近，输入信号低于三极管的死区电压，因此在两管交替导通的过程中，合成波形的衔接处会产生失真，这种失真称为交越失真，如图 2-28 所示。

为了减小交越失真，改善输出波形，增加由 3 个电阻和 2 只二极管 D_1、D_2 组成的偏置电路，如图 2-29 所示。二极管 D_1、D_2 的死区电压分别与三极管 T_1、T_2 的死区电压相等，且温度特性相同，以补偿温度变化的影响。调整 R_2，给三极管 T_1、T_2 设置一个很小的静态基极电流，使 T_1、T_2 处于微导通状态。

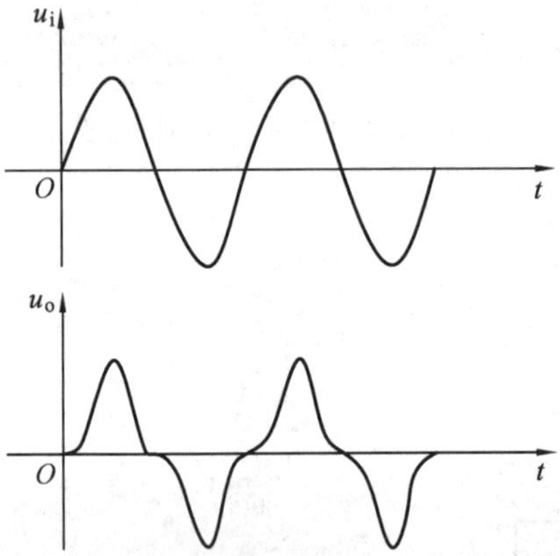

图 2-28　交越失真

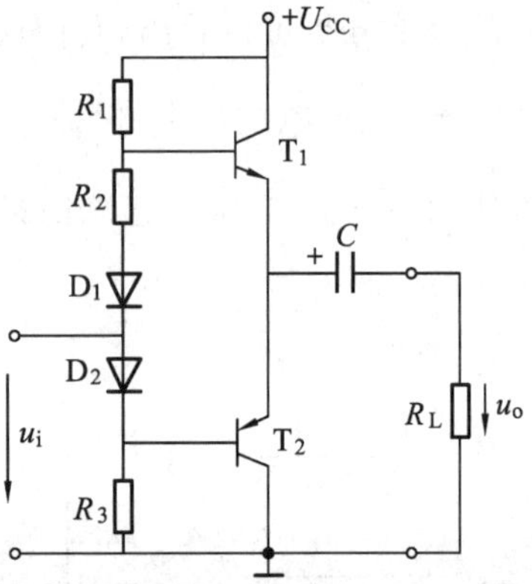

图 2-29　克服交越失真的互补对称功率放大电路

在 $u_i=0$ 时，因为 T_1、T_2 已处于微导通状态，各自存在一个很小的基极电流 I_{B1} 和 I_{B2}，因而在两只三极管的集电极回路也各有一个较小的集电极电流 I_{C1} 和 I_{C2}，$i_L=i_{C1}-i_{C2}=0$。当加上正弦输入电压 u_i 时，在正半周，i_{C1} 逐渐增大，i_{C2} 逐渐减小使 T_2 截止。在负半周则相反，i_{C2} 逐渐增大，而 i_{C1} 逐渐减小使 T_1 截止。由于两只三极管轮流导通的交替过程比较平滑，最终得到的 i_L 波形更接近于理想的正弦波，减小了交越失真。由于 R_2 的阻值和 D_1、D_2 的动态交流电阻很小，三极管 T_1、T_2 的基极交流电位基本相等，不会使输出信号的正负半周不对称。

2.5.3　集成功率放大器

集成电路是将半导体器件、电阻、电容及导线等制造在一块半导体基片（通常是硅片）上，构成一个功能完整的电路，然后封装起来。与分立元件电路相比，集成电路具有体积小、质量小、可靠性高、功耗低和工作速度高等优点，自 20 世纪 60 年代初问世以来，得到了广泛应用。随着半导体技术和集成电路制造工艺的迅速发展，在单块硅片上集成器件的规模越来越大，集成电路的功能也日趋复杂和完善。通常把单块硅片上集成的三极管的个数称为集成度。按集成度，集成电路划分为小规模、中规模、大规模和超大规模集成电路等。

集成功率放大器的种类和型号很多，现以 LM386 为例作简单介绍。LM386 是美国国家半导体公司生产的音频集成功率放大器，主要应用于低电压消费类电子产品。图 2-30 为 LM386 外形和一种应用电路，在 1 脚和 8 脚之间增加一只外接电阻和电容，

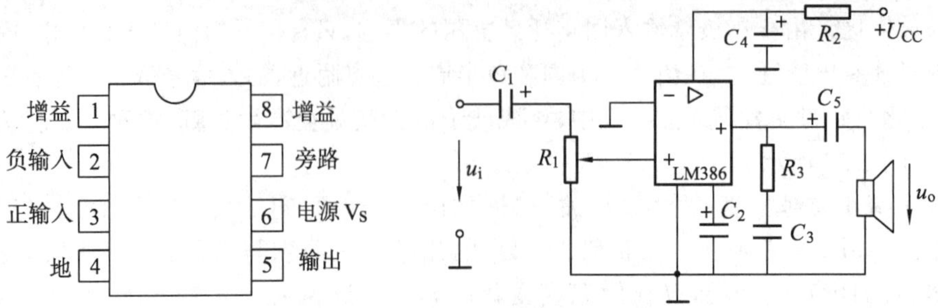

图 2-30　LM386 外形和应用电路

便可将电压放大倍数调为任意值。

练习与思考

1. 功率放大和电压放大有何区别？
2. 从功率放大电路的甲类、甲乙类和乙类 3 种工作状态分析放大电路的效率和失真。
3. 在单电源互补功率放大电路中，为什么电容 C 的电容量必须足够大？

2.6 场效应管放大电路

场效应管放大电路和三极管放大电路有很多相似之处，也要进行静态和动态分析。从结构上看，场效应管和三极管都有 3 个电极，分别是 G、D、S 和 B、C、E；从工作原理上看，它们都有对输出电流（三极管的 I_C，场效应管的 I_D）的控制作用，晶体管通过输入电流 I_B 控制，场效应管通过输入电压 U_{GS} 控制。这两种器件之间有着对应关系，即场效应管的栅极 G 对应三极管的基极 B，场效应管的源极 S 对应三极管的发射极 E，场效应管的漏极 D 对应三极管的集电极 C。

场效应管放大电路有共源、共漏和共栅 3 种组态，其中共源放大电路最为普遍。下面以共源放大电路为例，对场效应管放大电路进行分析。

2.6.1 静态分析

场效应管共源放大电路结构上与三极管共射放大电路类似。在三极管放大电路中，必须设置合适的静态工作点，否则将会造成输出信号的失真。同样，场效应管放大电路也必须设置合适的工作点，以使场效应管工作在放大区。由于场效应管是压控型器件，因此场效应管放大电路的静态分析是求解 U_{GS}、I_D 和 U_{DS}。

对于三极管放大电路，当 U_{CC} 和 R_C 选定后，三极管的静态工作点是由基极电流 I_B（偏置电流）确定的，而场效应管是电压控制元件，当 U_{DD} 和 R_D 选定后，静态工作点是由栅-源电压 U_{GS}（偏置电压）确定的。常用的偏置电路有以下两种。

1. 自给偏压偏置电路

图 2-31 为 N 沟道耗尽型绝缘栅场效应管共源放大电路。源极电流 I_S（等于 I_D）流经源极电阻 R_S 时，在 R_S 上产生压降 I_SR_S，显然 $U_{GS}=0-I_SR_S=-I_SR_S=-I_DR_S$，所以称为自给偏压偏置电路。

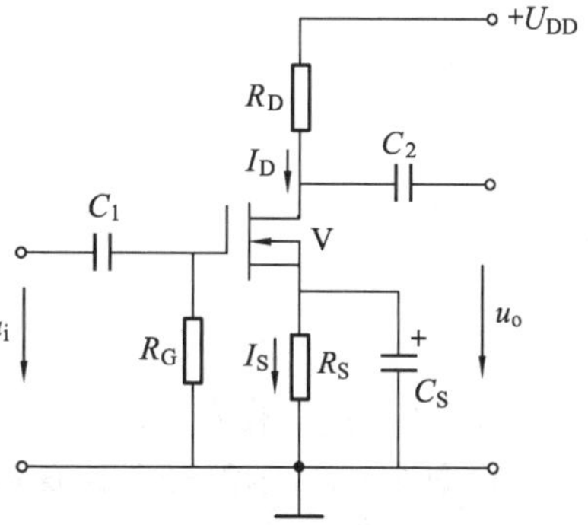

图 2-31　自给偏压场效应管放大电路

图 2-31 电路中，源极电阻 R_S 用来稳定静态工作点，其阻值约为几千欧；C_S 为源极电阻的交流旁路电容，其容量约为几十微法；R_G 为栅极电阻，用以构成栅-源极间的直流通路，R_G 不能太小，否则影响放大电路的输入电阻，其阻值约为

200 kΩ～10 MΩ；R_D 为漏极电阻，它使放大电路具有电压放大功能，其阻值约为几十千欧；C_1、C_2 分别为输入回路和输出回路的耦合电容，其容量约为 0.010～0.047 μF。

需要说明的是，因为 N 沟道增强型绝缘栅场效应管组成的放大电路要求栅-源极电压 U_{GS}为正，所以无法采用自给偏压偏置电路。

2. 分压式偏置电路

图 2-32 为分压偏置 N 沟道增强型场效应管共源放大电路。R_{G1} 和 R_{G2} 为分压电阻。栅-源电压

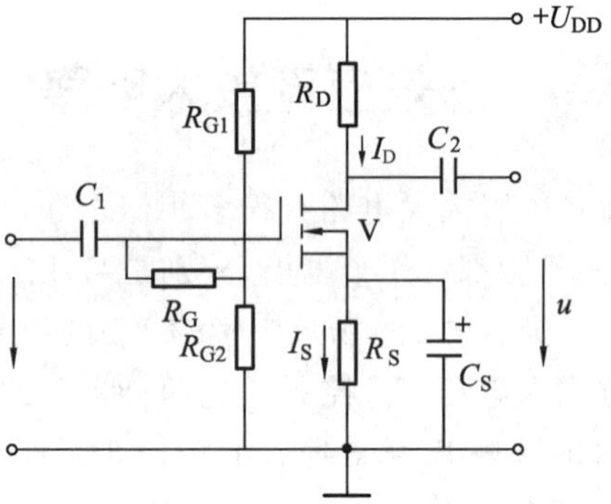

图 2-32　分压偏置场效应管共源放大电路

$$U_{GS}=\frac{R_{G2}}{R_{G1}+R_{G2}}U_{DD}-R_SI_D=V_G-R_SI_D$$

式中，V_G 为栅极电位。对 P 沟道增强型管，U_{GS}为负值，所以要求 $R_SI_D>V_G$；对 N 沟道增强型管，U_{GS}为正值，所以要求 $R_SI_D<V_G$。

2.6.2　动态分析

1. 场效应管微变等效模型

在输入为低频小信号的条件下，由于场效应管输入回路栅源间呈现高电阻，栅极电流可以忽略，栅源之间等效为开路。场效应管输出回路漏极电流近似地受栅源电压 u_{GS}线性控制，漏源间可以用一个电压控制电流源 g_mu_{GS}来等效。图 2-33 是场效应管的简化微变等效模型。

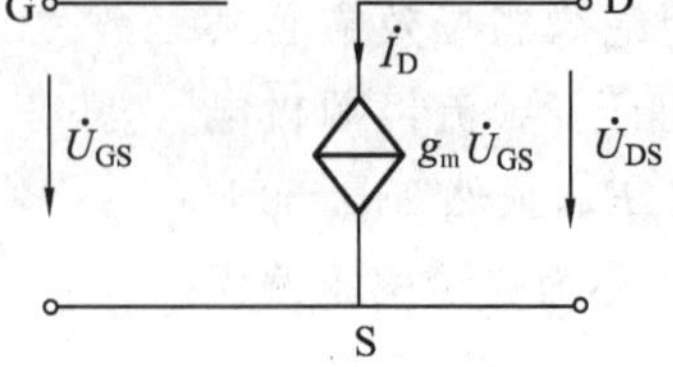

图 2-33　场效应管微变等效模型

2. 场效应管放大电路微变等效电路

以图 2-32 所示的分压偏置场效应管放大电路为例，先画出其交流通路，如图 2-34 所示。然后将图 2-34 中的场效应管 V 用其微变等效模型替代，便成为如图 2-35 所示的场效应管放大电路的微变等效电路。

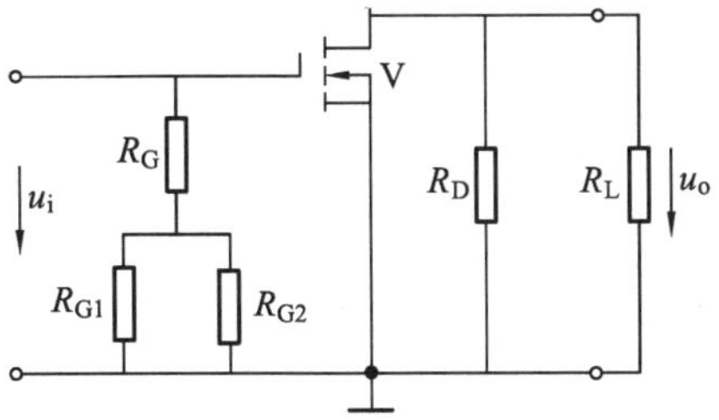

图 2-34　分压偏置场效应管放大电路的交流通路

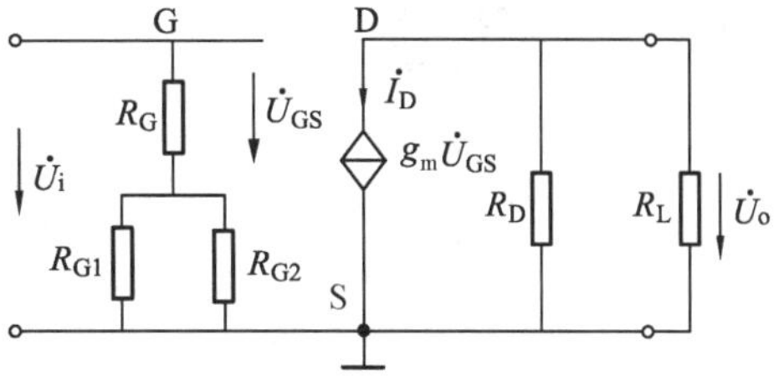

图 2-35　分压偏置场效应管放大电路的微变等效电路

3. 场效应管放大电路的动态分析

由图 2-35 的微变等效电路可知，共源放大电路的电压放大倍数

$$\dot{A}_u=\frac{\dot{U}_o}{\dot{U}_i}=\frac{-g_m\dot{U}_{GS}(R_D/\!/R_L)}{\dot{U}_{GS}}=-g_m(R_D/\!/R_L) \tag{2-30}$$

式中，负号表示输出电压和输入电压反相。

共源放大电路的输入电阻

$$r_i=R_G+(R_{G1}/\!/R_{G2}) \tag{2-31}$$

输出电阻

$$r_o=R_D \tag{2-32}$$

【例 2-9】 在如图 2-32 所示的放大电路中，已知 $U_{DD}=20$ V，$R_D=10$ kΩ，$R_S=10$ kΩ，$R_{G1}=200$ kΩ，$R_{G2}=51$ kΩ，$R_G=1$ MΩ，输出端接负载电阻 $R_L=10$ kΩ。场效应管为 N 沟道耗尽型，其参数 $I_{DSS}=0.9$ mA，$U_{GS(off)}=-4$ V，$g_m=1.5$ mA/V。试求：(1) 静态值；(2) 电压放大倍数。

解：(1) 由电路图可知

$$V_G=\frac{R_{G2}}{R_{G1}+R_{G2}}U_{DD}=\frac{51\times10^3}{(200+51)\times10^3}\times20=4\text{ V}$$

可列出

$$U_{GS}=V_G-R_SI_D=4-10\times10^3I_D$$

在 $U_{GS(off)}\leqslant U_{GS}\leqslant0$ 范围内，耗尽型场效应管的转移特性可近似地表示为

$$I_D=I_{DSS}\left(1-\frac{U_{GS}}{U_{GS(off)}}\right)^2$$

联立上述两式，求解得

$$I_D=0.5\text{ mA}\qquad U_{GS}=-1\text{ V}$$

并由此得到

$$U_{DS}=U_{DD}-(R_D+R_S)I_D=10\text{ V}$$

(2)　$$\dot{A}_u=-g_m(R_D/\!/R_L)=-1.5\times(10/\!/10)=-7.5$$

练习与思考

1. 场效应管放大电路和三极管放大电路各自的优点是什么？
2. N 沟道增强型场效应管放大电路可以采用自给偏置吗？为什么？
3. 分压式偏置场效应管放大电路中，栅极电阻 R_G 起什么作用？
4. 耗尽型场效应管放大电路栅极偏置电压 U_{GS} 可以为零吗？

2.7 放大电路的 Multisim 仿真

在 Multisim 元件库中调出相应的元件，修改参数并连接成图 2-36所示的电路。放大电路的分析主要是静态分析和动态分析。静态分析是计算静态工作点，动态分析是计算电压放大倍数、输入电阻和输出电阻。

你知道吗?

基本放大电路工程案例

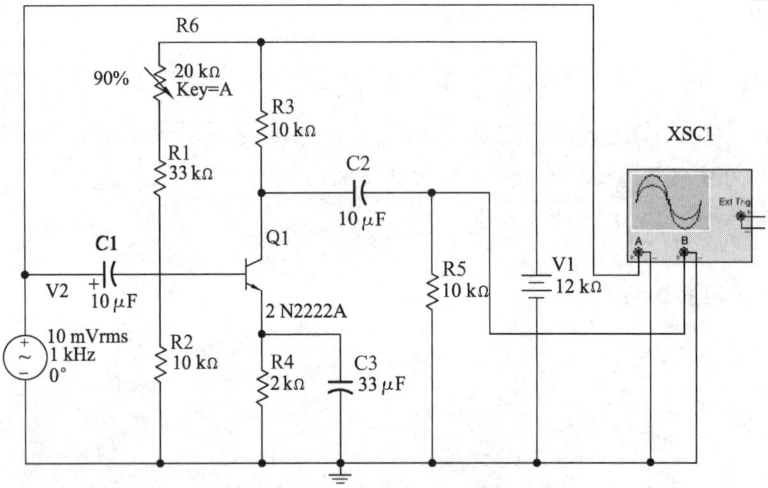

图 2-36 共射极放大电路

2.7.1 静态工作点分析

如果在电路中接入电压表或电流表或设置测量探针，通过仿真，都可以获得放大电路的静态工作点。这里介绍直流分析的方法。首先，将电路中各结点编号显示出来，方法是右击鼠标，弹出对话框，点击【Properties】，弹出对话框如图 2-37 所示。在 Net names 一栏中选择 Show all，点击【OK】。这时电路如图 2-38 所示，图中各结点显示出标号。

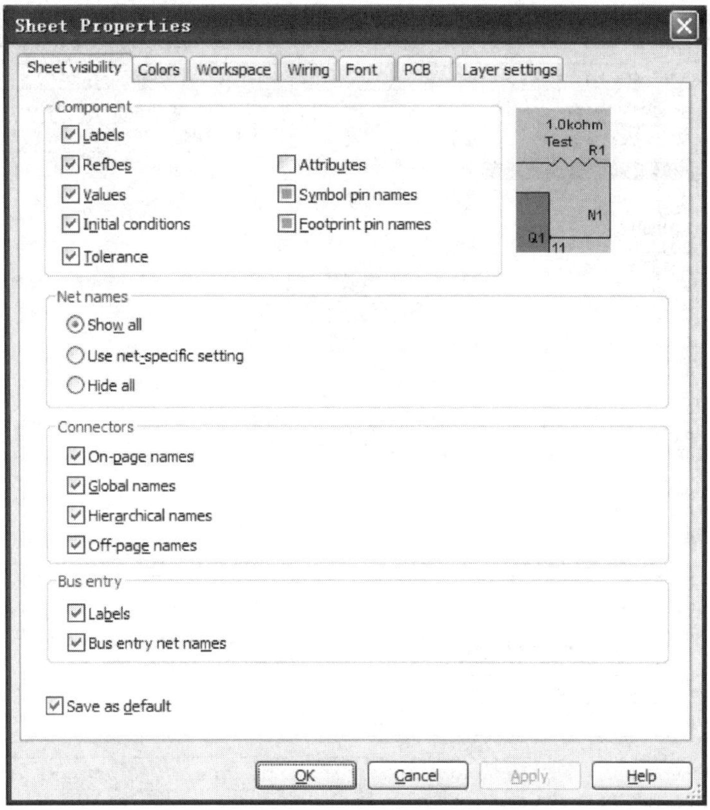

图 2-37　结点编号显示设置

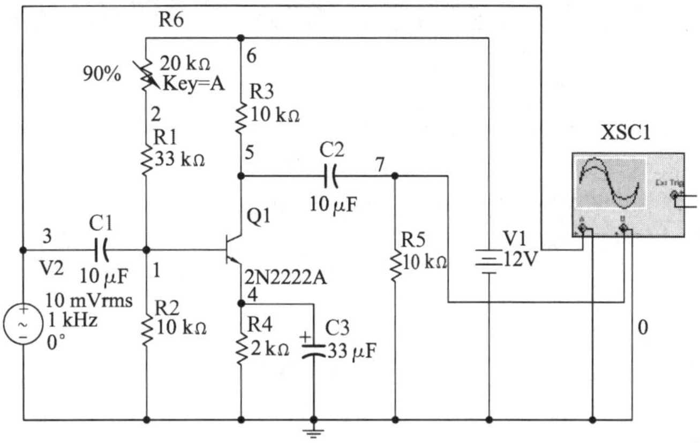

图 2-38　电路显示结点编号

其次，在下拉菜单中选择 Simulate/Analysis/DC Operating point，弹出对话框如图 2-39 所示，选择 I(Q1[IB])、I(Q1[IC])和 V(5)、V(4)，点击【Simulate】，得到如图 2-40 所示的结果。从中可知 $I_B=3.1\ \mu A$，$I_C=659.4\ \mu A$，$U_{CE}=4.1\ V$。

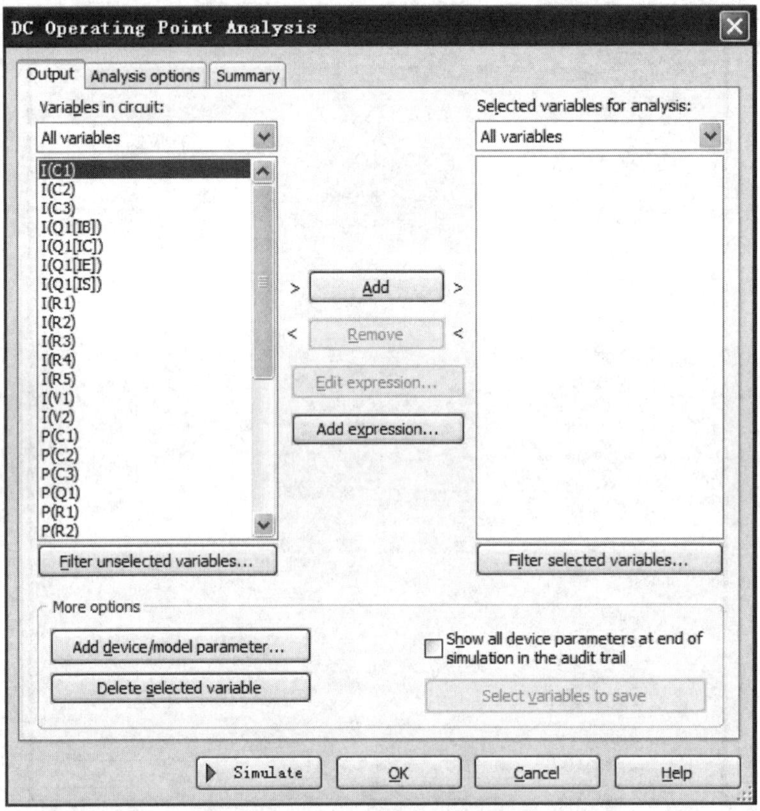

图 2-39　选择分析的变量

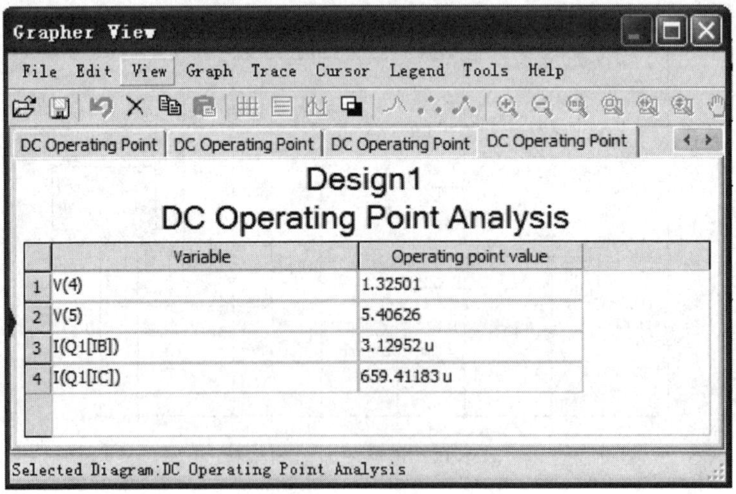

图 2-40　仿真结果

▶2.7.2　电压放大倍数

通过仿真，用示波器观察波形，如图 2-41 所示。电压放大倍数 $A_u=1\ 454/13.898=105$。输出波形与输入波形反相。

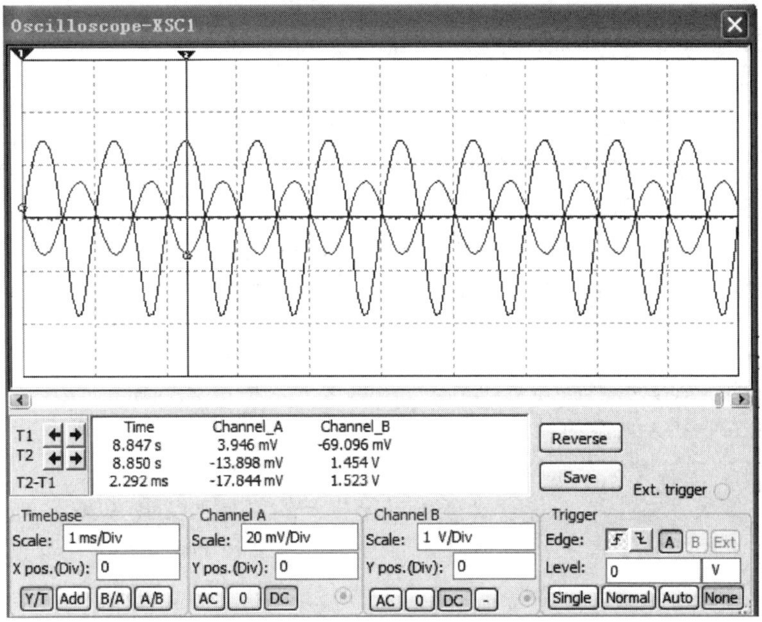

图 2-41　仿真波形

▶2.7.3　三极管的开关特性

三极管的输出特性反映出三极管有 3 个工作区域，除线性放大区外，还有截止区和饱和区。如果信号源加上适当的电压信号，就可使图 2-42 所示电路中的三极管工作在这两个区域。

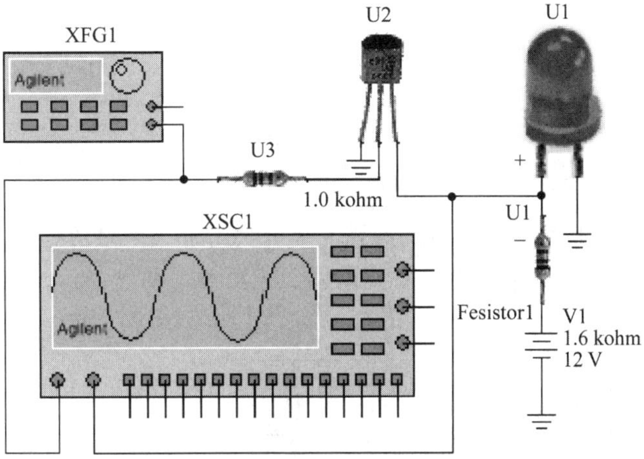

图 2-42　三极管的开关特性仿真电路

Multisim 的功能非常强大，不仅有 DC Operating point 分析，还有 AC Analysis 和其他分析。有兴趣的读者可以边学边实践。

小 结

1. 本章讨论了共射、共集放大电路。共射放大电路既有电流放大作用又有电压放大作用，其输入电阻较小，输出电阻较大，适用于一般信号放大；共集放大电路有电流放大作用而没有电压放大作用，其电压放大倍数近似等于1，因输入电阻大而常作为多级放大电路的输入级，因输出电阻小而常用于多级放大电路的输出级。

2. 放大电路的分析包括静态分析和动态分析。静态分析是确定放大电路的静态工作点 Q，即计算 I_B、I_C 和 U_{CE}，可用估算法求解。动态分析是确定放大电路的电压放大倍数 $\dot{A}_u$、输入电阻 r_i 和输出电阻 r_o，可用微变等效电路法求解。

3. 场效应管放大电路的共源、共漏和共栅与三极管放大电路的共射、共集和共基相对应，相对于三极管放大电路，其输入电阻高，电压放大倍数低。

4. 放大电路必须设置合适的静态工作点，才能不失真地放大输入信号，否则会出现非线性失真。放大电路的通频带要覆盖输入信号的频带，否则会出现频率失真。

5. 直接耦合多级放大电路既可放大交流信号，又可放大直流信号。但其零点漂移的问题突出，为解决零漂问题，通常采用差分放大电路。

6. 差分放大电路主要通过电路的对称性和电阻 R_E 的负反馈实现抑制零点漂移。差分放大电路放大差模信号、抑制共模信号的能力用共模抑制比 K_{CMRR} 衡量。

7. 功率放大电路主要考虑效率、失真和输出功率。按三极管静态工作点所处位置的不同，主要分为甲类、甲乙类和乙类3种工作状态。甲类无失真，但效率最低；乙类失真最大，但效率最高，通常采用互补对称电路结构；为消除交越失真，采用甲乙类放大。

第2章 习 题

2-1 画出用PNP型三极管组成的固定偏置共射放大电路图。

2-2 试判断习题2-2图的电路是否满足放大电路的基本条件。

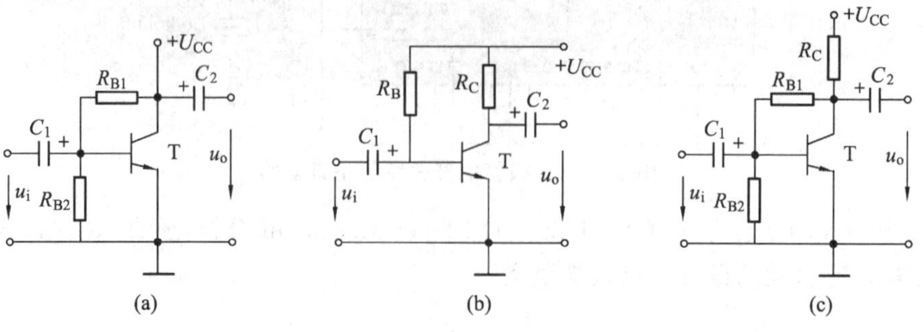

习题2-2图

2-3　习题 2-3 图所示电路在工作时，发现输出波形 u_o 严重失真，使用直流电压表测量时，若测得：

(1) $U_{CE} \approx U_{CC}$，试分析三极管工作在什么状态？怎样调节 R_W 才能不失真？

(2) $U_{CE} < U_{BE}$，试分析三极管工作在什么状态？怎样调节 R_W 才能不失真？

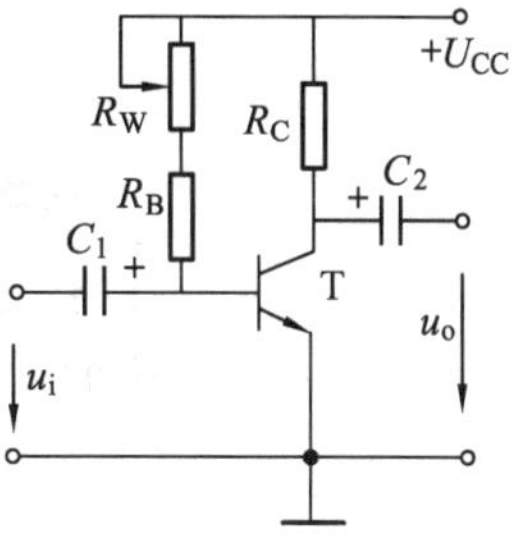

习题 2-3 图

2-4　在习题 2-4 图所示电路中，三极管是 PNP 型锗管，已知 $U_{CC}=12$ V，$\beta=75$，$R_C=3$ kΩ。

(1) 欲使 $I_C=1.5$ mA，求 R_B。

(2) 在图中标出 C_1 和 C_2 的极性。

(3) 调整静态工作点时，如果不慎将 R_B 调到零，对三极管有无影响？为什么？通常需要采取什么措施来防止这种情况的发生？

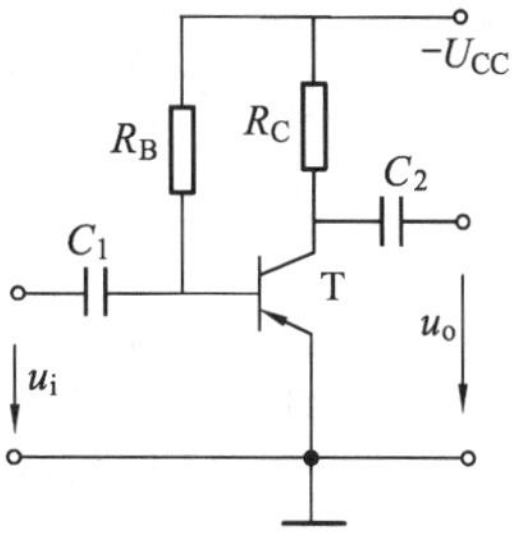

习题 2-4 图

2-5　在习题 2-5 图所示电路中，稳压管用来为三极管提供稳定的基极偏置电压。已知稳压管的稳定电压 $U_Z=4.7$ V，$I_{Zmax}=50$ mA，$R_B=220$ kΩ，$R_E=2$ kΩ，$R_C=1$ kΩ，$U_{CC}=12$ V，三极管为硅管（$U_{BE}=0.7$ V），试求三极管的集电极电流和消耗的功率。欲使 $I_C=1$ mA，则 R_E 应多大？

2-6　如习题 2-6 图所示的集电极-基极偏置放大电路中，已知 $U_{CC}=12$ V，$\beta=50$，$R_B=330$ kΩ，$R_C=10$ kΩ，试求该放大电路静态工作点。

2-7　如习题 2-7 图所示的分压偏置共射放大电路中，利用热敏电阻 R_B 稳定静态工作点 Q。试问：

(1) 热敏电阻 R_B 应具有正温度系数还是负温度系数？

(2) 简述稳定静态工作点 Q 的工作过程。

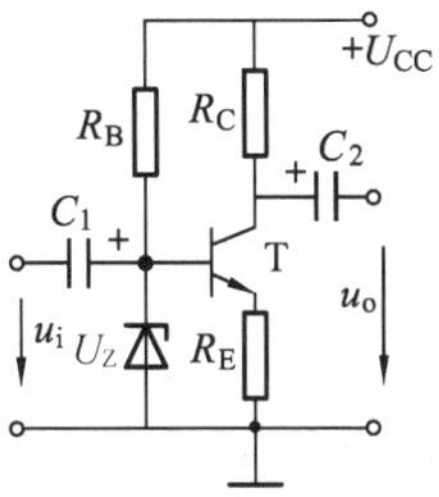

习题 2-5 图

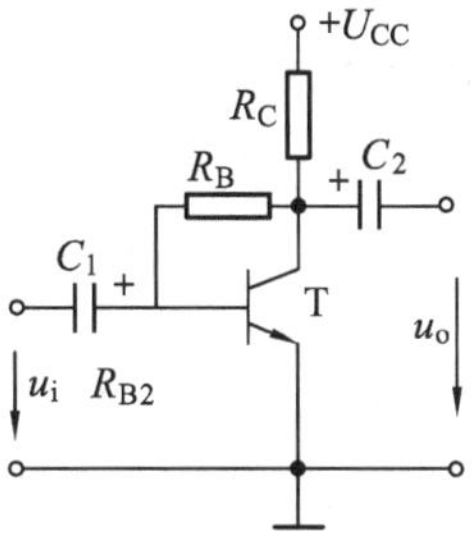

习题 2-6 图

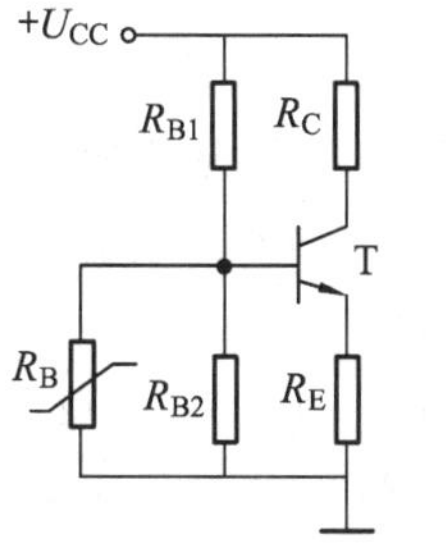

习题 2-7 图

2-8　在习题 2-8 图所示的固定偏置共射放大电路中，$I_C=2$ mA，$\beta=100$，$U_{CE}=6$ V，三极管为硅管（$U_{BE}=0.7$ V）。

(1) 当 $U_{CC}=12$ V 时，求 R_B 和 R_C。

(2) 如果 $\beta=40$，R_B 保持不变，计算 I_C 的数值。

2-9　画出习题 2-9 图所示各放大电路的微变等效电路图。图中各电容的容抗均可忽略。

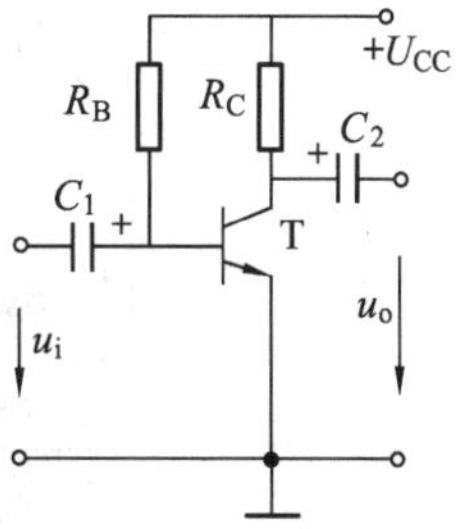

习题 2-8 图

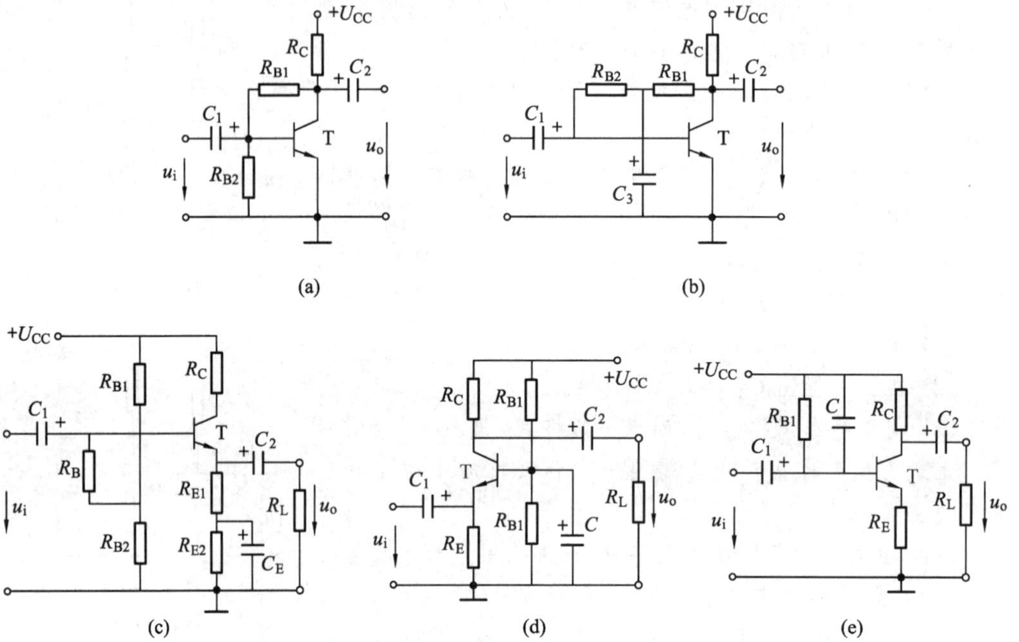

习题 2-9 图

2-10　分压偏置共射放大电路如习题 2-10 图所示，已知 $R_{B1}=30\ \mathrm{k\Omega}$，$R_{B2}=10\ \mathrm{k\Omega}$，$U_{CC}=12\ \mathrm{V}$，$\beta=80$，$R_{E1}=0.1\ \mathrm{k\Omega}$，$R_{E2}=2\ \mathrm{k\Omega}$，$R_L=5.1\ \mathrm{k\Omega}$，$R_C=5.1\ \mathrm{k\Omega}$，信号源内阻 $R_S=0.6\ \mathrm{k\Omega}$，设 $U_{BE}=0.7\ \mathrm{V}$。求：

(1) 静态工作点。

(2) 输入电阻 r_i 和输出电阻 r_o。

(3) 若 $U_o=400\ \mathrm{mV}$，信号源电压为多大？

(4) 当 $R_{E1}=0$ 时，信号源电压保持不变，求此时的输出电压。

2-11　如习题 2-11 图中所示电路，已知 $R_B=240\ \mathrm{k\Omega}$，$U_{CC}=12\ \mathrm{V}$，$\beta=40$，$R_C=3\ \mathrm{k\Omega}$，三极管为硅管。试求：

(1) 静态工作点。

(2) r_{be}。

(3) 设 $u_i=0.02\sin\omega t\ \mathrm{V}$，求输出端开路时的输出电压。

(4) 若所接负载是一个内阻为 6 kΩ 的电压表，问电压表读数为多少？

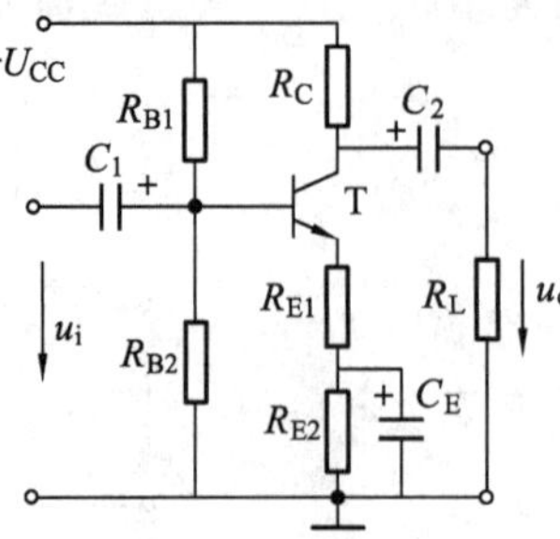

习题 2-10 图

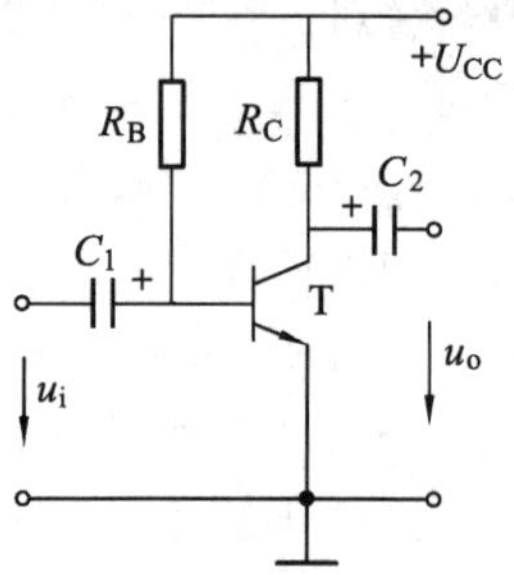

习题 2-11 图

2-12　如习题 2-12 图所示的放大电路中，已知 $U_{CC}=10\ \mathrm{V}$，$\beta=50$，$R_{B1}=24\ \mathrm{k\Omega}$，$R_{B2}=13\ \mathrm{k\Omega}$，$R_C=2\ \mathrm{k\Omega}$，$R_E=2\ \mathrm{k\Omega}$，信号源 $R_s=100\ \Omega$，$E_s=200\ \mathrm{mV}$，三极管为硅管。试求：

(1) 静态工作点。

(2) 自 M 点输出时的输出电压 U_{oM}、输入电阻 r_{iM} 和输出电阻 r_{oM}。

(3) 自 N 点输出时的输出电压 U_{oN}、输入电阻 r_{iN} 和输出电阻 r_{oN}。

(4) 若信号源 E_s 保持不变，用同一负载 $R_L=2\ \mathrm{k\Omega}$ 分别接到 M 点和 N 点，求输出电压 U_{oM} 和 U_{oN}。

2-13　在习题 2-13 图中所示的放大电路，已知 $U_{CC}=12\ \mathrm{V}$，$\beta=40$，$R_{B1}=75\ \mathrm{k\Omega}$，$R_{B2}=5\ \mathrm{k\Omega}$，$R_C=3.9\ \mathrm{k\Omega}$，$R_{E1}=0.1\ \mathrm{k\Omega}$，$R_{E2}=1\ \mathrm{k\Omega}$，三极管为硅管。试求：

(1) 静态工作点。

(2) 电压放大倍数 $\dot{A}_u$。

(3) 输入电阻 r_i、输出电阻 r_o。

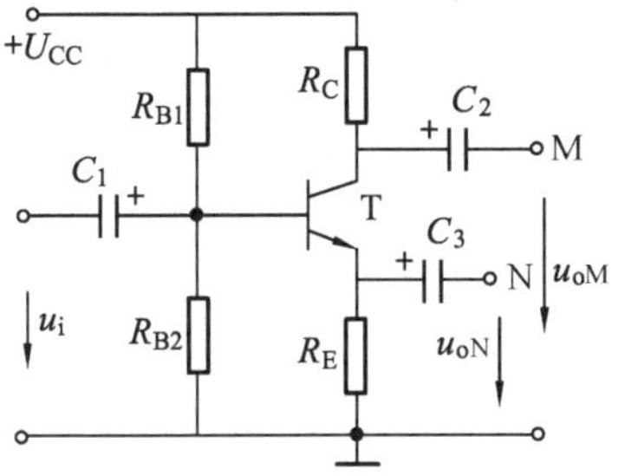

习题 2-12 图

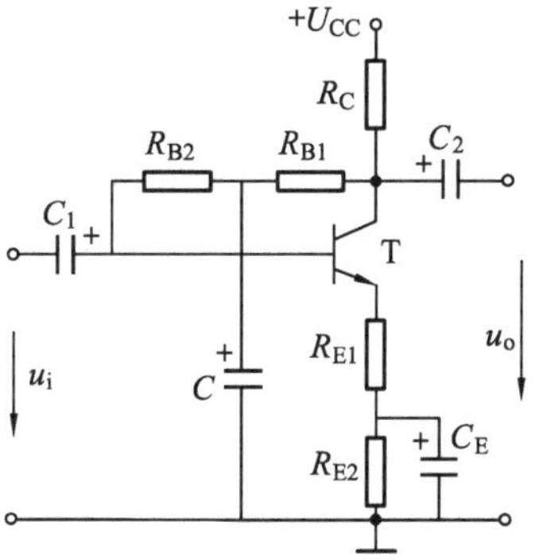

习题 2-13 图

2-14　射极输出器如习题 2-14 图所示，已知 $U_{CC}=12\ \mathrm{V}$，$\beta=60$，$R_B=560\ \mathrm{k\Omega}$，$U_{BE}=0.7\ \mathrm{V}$，$R_E=10\ \mathrm{k\Omega}$，$R_L=15\ \mathrm{k\Omega}$，$R_s=600\ \Omega$。试求：

(1) 静态工作点。

(2) 画出电路的微变等效电路。

(3) 电路的电压放大倍数 $\dot{A}_u$、源电压放大倍数 $\dot{A}_{us}$。

(4) 输入电阻 r_i、输出电阻 r_o。

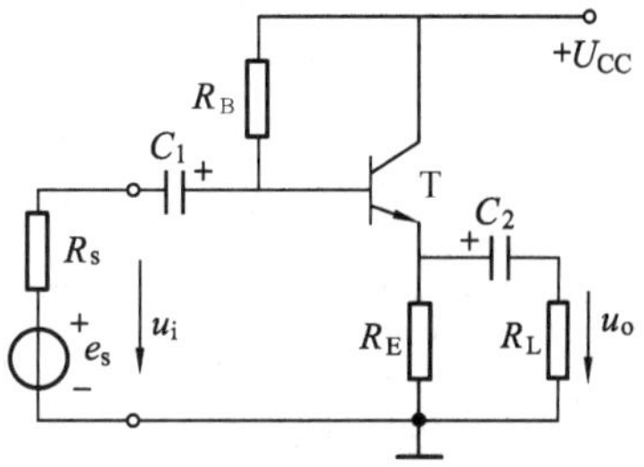

习题 2-14 图

2-15　有两个直接耦合放大器，甲放大器电压放大倍数为 100，当温度由 20 ℃变到 30 ℃时，输出电压漂移了 3.2 mV；乙放大器电压放大倍数为 400，当温度由 20 ℃变到 30 ℃时，输出电压漂移了 6 mV，试问哪一个放大器的零点漂移小？为什么？

2-16　求习题 2-16 图中电路的放大倍数、输入电阻、输出电阻（设 $\beta_1=\beta_2=50$，$r_{be1}=1.2\ \mathrm{k\Omega}$，$r_{be2}=0.8\ \mathrm{k\Omega}$）。

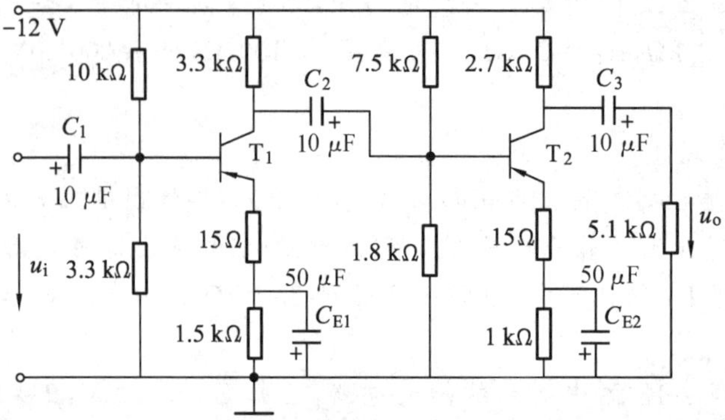

习题 2-16 图

2-17　推导习题 2-17 图中电路的放大倍数、输入电阻、输出电阻的表达式。

2-18　在习题 2-18 图中所示差分放大电路中，若 $u_i=20$ mV，求电路的差模输入电压和共模输入电压。

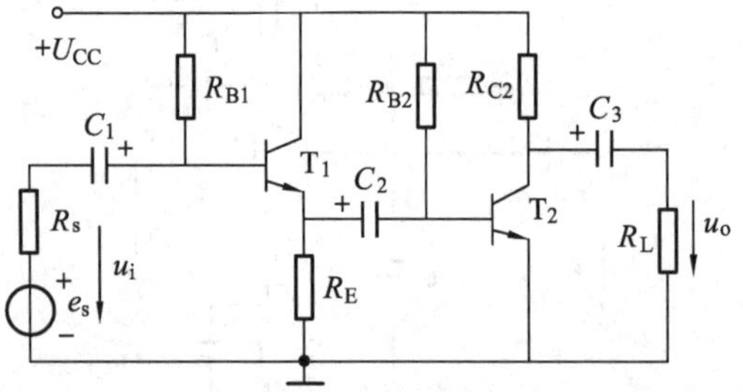

习题 2-17 图

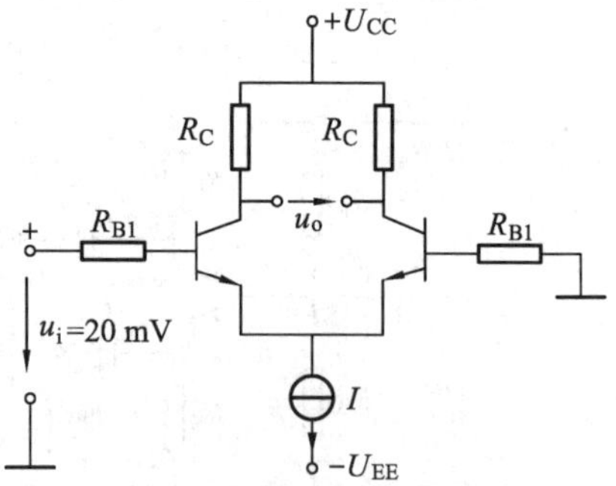

习题 2-18 图

2-19　某一双端输入、双端输出差分放大器，两输入电压分别为 $u_{i1}=5.000\ 5$ V，$u_{i2}=4.999\ 5$ V，差模电压放大倍数为 10^4。

(1) 当 $K_{CMRR}=\infty$ 时，求输出电压 u_o。

(2) 当 $K_{CMRR}=100$ dB 时，求共模电压放大倍数 A_c。

2-20　已知如习题 2-20 图所示的差分放大电路中，$U_{CC}=U_{EE}=12$ V，$R_C=R_E=3$ kΩ，$\beta=100$。试求：

(1) 静态工作点。

(2) $u_i=10$ mV，输出端不接负载时的 u_o。

(3) $u_i=10$ mV，输出端接有 $R_L=6$ kΩ 负载时的 u_o。

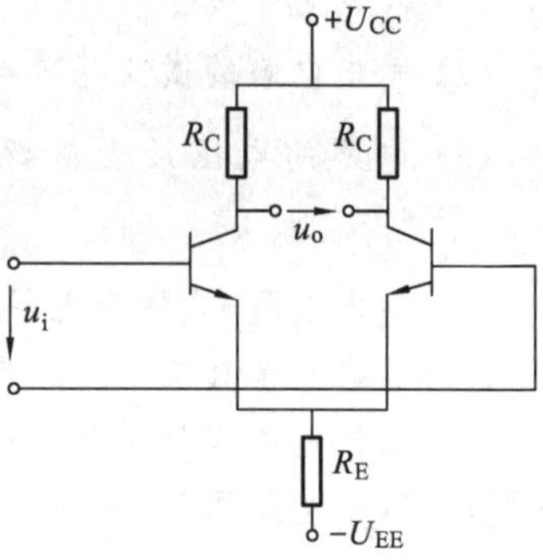

习题 2-20 图

2-21　分析如习题 2-21 图所示电路，试回答：

(1) 静态时电容 C 两端的电压应该等于多少？调整哪个电阻才能达到上述要求？

(2) 设 $R_1=1.2$ kΩ，三极管的 $\beta=50$，$P_{CM}=200$ mW，$U_{CC}=12$ V，如果电阻 R_2、R_3，以及二极管 D_1、D_2 之一发生开路，三极管是否安全？

2-22　在习题 2-22 图中所示的分压偏置场效应管放大电路中，已知 $U_{DD}=20$ V，$R_D=10$ kΩ，$R_S=10$ kΩ，$R_G=1$ MΩ，$R_1=200$ kΩ，$R_2=51$ kΩ，电容 C_1、C_2 和 C_S 均足够大，负载电阻 $R_L=10$ kΩ，场效应管 V 为 N 沟道耗尽型，其参数为：跨导 $g_m=1.5$ mA/V，$I_{DSS}=0.9$ mA，$U_{GS(th)}=-4$ V。试：

(1) 用估算法确定电路的静态工作点。

(2) 求电路的电压放大倍数。

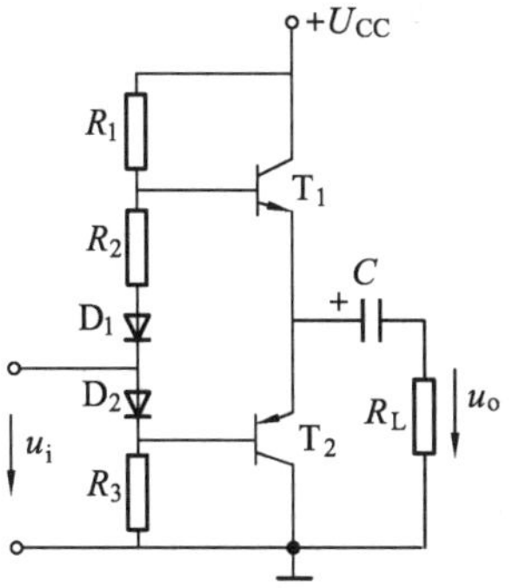

习题 2-21 图

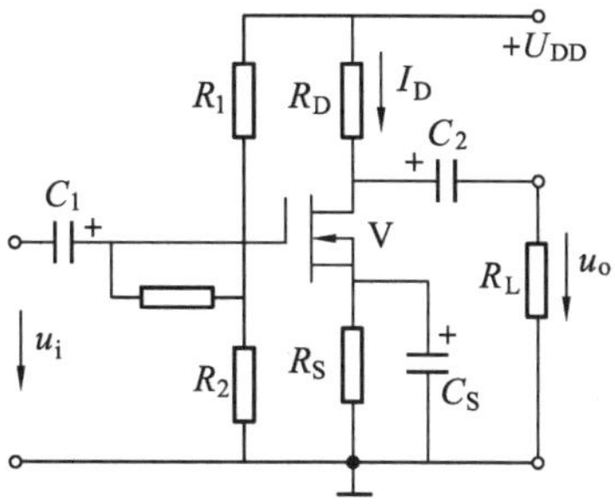

习题 2-22 图

第 3 章

集成运算放大器及其应用

集成运算放大器具有高增益、高输入阻抗、低输出阻抗、宽带宽等特点，可实现各种信号处理功能，因此在模拟电路设计和信号处理领域得到广泛应用。通过对集成运算放大器的学习，我们将逐步了解其内部的电路结构和工作原理，掌握输入输出特性、频率响应特性、非线性特性等重要参数的分析方法，并能够通过实际电路设计的案例，将所学的知识从理论层面转化为实际应用层面。

本章首先介绍集成运算放大器的基本原理，包括输入输出特性、放大倍数及其非线性特性等，通过分析集成运算放大器的特性，可以更好地优化电路设计，提高系统性能。随后深入探讨了集成运算放大器的基本应用电路，包括比例运算电路，加、减法运算电路，微、积分运算电路以及电压比较器等。集成运算放大器的应用范围非常广泛，涵盖了放大器、滤波器、比较器及模数转换等众多电路。这些应用不仅在通信、控制、测量等领域发挥着重要作用，同时也在人工智能、物联网、自动驾驶等前沿领域展现出巨大的潜力。

通过对本章内容的学习，同学们不仅要提高自己的实际工程应用能力，还应树立正确的思想导向，注重培养自己的人文素养和社会责任感，将电子技术知识与人民群众的需求相结合，为社会进步和科学发展作出积极贡献。同时，在电子技术领域中不断提升自己的实践能力和创新思维，为今后的工作打下坚实的基础。

总之，在本章的学习中，我们将聚焦集成运算放大器及其应用电路这个强大的技术工具。更重要的是，我们将一起思考：技术创新如何与社会责任紧密相连？希望大家在学习电子技术知识、激发创新热情的同时，始终关注人民的需求和社会的进步。掌握技术很重要，但更重要的是思考如何运用这些技术，让它服务于更广泛的人群，推动社会向前发展。让我们一起努力，为实现中华民族的伟大复兴贡献自己的智慧与力量！

思维导图

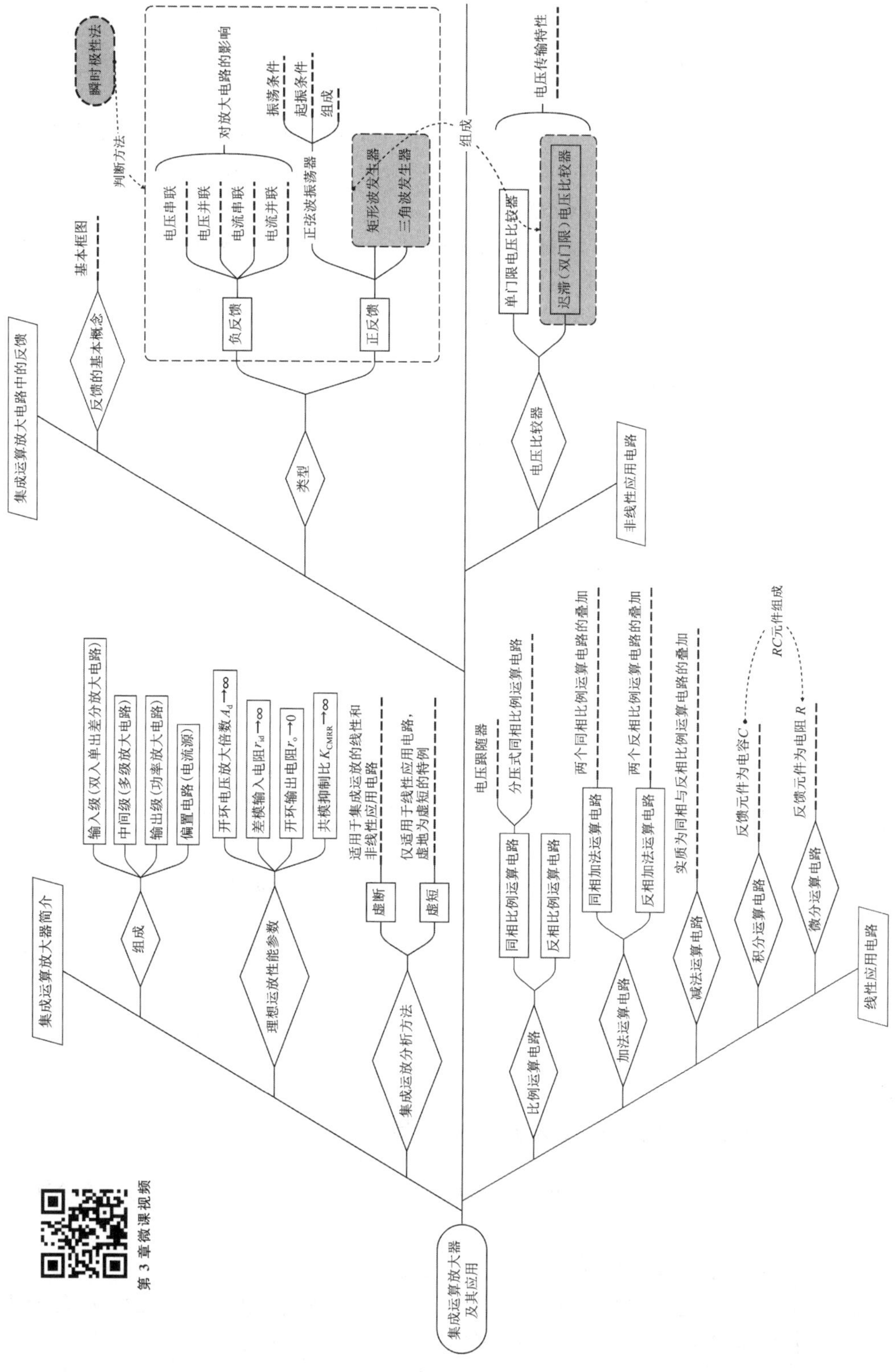

第 3 章微课视频

3.1 集成运算放大器简介

3.1.1 集成运算放大器的特点

集成运算放大器(简称集成运放)的特点与其制造工艺密切相关,主要有以下几点:

(1) 受制造工艺的限制,集成电路中不能制作大电容,制作电感更困难,因此集成运放内部级间均采用直接耦合方式。

(2) 集成电路的工艺不宜制作高阻值电阻,常用晶体管构成的恒流源电路代替。

(3) 集成电路中各元件采用相同工艺制作在同一硅片上,温度特性一致,易获得特性相同的晶体管、阻值相等的电阻,特别适合差分放大电路。

3.1.2 集成运算放大器的组成

集成运算放大器是具有高放大倍数的直接耦合多级放大电路,其内部电路通常可分为输入级、中间级、输出级和偏置电路 4 个部分,如图 3-1 所示。

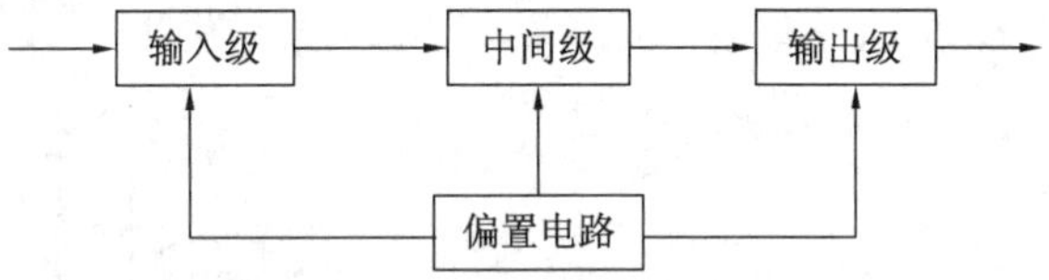

图 3-1 集成运放组成方框图

输入级是提高运算放大器质量的关键部分,决定了整个放大电路技术指标的优劣。输入级要具有尽可能高的共模抑制比和输入电阻,因此输入级常采用差分放大电路。

中间级要具有足够大的电压放大倍数,通常由多级放大电路组成,放大管常采用复合管以提高电流放大系数。

输出级与负载相连,因此要求其输出电阻低、带负载能力强,能输出足够大的电压和电流,常采用互补对称功率放大电路。

偏置电路主要是为上述各级电路提供稳定、合适的偏置电流,决定各级电路的静态工作点。

集成运放芯片除了上述主要 4 个部分外,还有一些辅助电路,如过电流、过电压、过热保护电路等。

3.1.3 集成运算放大器的主要参数

为了合理选用和正确使用集成运放,必须了解其主要参数的意义。通常这些参数都可以在产品手册中查到。

1) 开环电压放大倍数(开环差模电压增益)A_d

A_d 是集成运放在开环状态、输出端开路时的差模电压放大倍数,A_d 越大、越稳定,运算精度也越高。集成运放的 A_d 可达到 $10^4 \sim 10^7$(80～140 dB)。

2）输入失调电压 U_{is}

实际集成运放的差动输入级很难做到完全对称，当输入电压为零时，实际的输出电压并不为零。反言之，若要使实际集成运放的输出电压为零，必须在输入端加一个补偿电压，这就是输入失调电压 U_{is}。一般 U_{is} 为几毫伏，其值越小越好。

3）输入失调电流 I_{is}

当输入信号为零时，两个输入端静态基极电流之差称为输入失调电流 I_{is}，其值为微安级，且越小越好。

4）输入偏置电流 I_{iB}

当输入信号为零时，两个输入端静态基极电流的平均值称为输入偏置电流 I_{iB}。它的大小反映了集成运放输入电阻的高低。I_{iB} 通常是几百纳安，其值越小越好。

5）最大差模输入电压 U_{idM}

集成运放两个输入端间所允许施加的最大电压之差称为 U_{idM}。若集成运放差模输入信号超过 U_{idM}，将引起输入管击穿，损坏集成运放。一般集成运放的 U_{idM} 可以达到十几至几十伏。

6）最大共模输入电压 U_{icM}

U_{icM} 是集成运放允许加在输入端的最大共模输入电压。当实际的共模信号大于 U_{icM} 时，集成运放的共模抑制比将大为下降。一般集成运放的 U_{icM} 值为十几伏。

7）最大输出电压 $\pm U_{oM}$

最大输出电压 $\pm U_{oM}$ 是输出和输入保持线性关系的最大输出电压。由于集成运放一般使用正、负两个电源，所以有正向最大输出电压 $+U_{oM}$ 和反向最大输出电压 $-U_{oM}$ 之分。

3.1.4 理想集成运算放大器及分析依据

1. 理想集成运算放大器

在分析集成运放的应用电路时，将它视为理想集成运算放大器能大大简化电路的分析，产生的误差也在工程允许范围之内。理想化的条件是：

(1) 开环电压放大倍数 $A_d \to \infty$；

(2) 差模输入电阻 $r_{id} \to \infty$；

(3) 开环输出电阻 $r_o \to 0$；

(4) 共模抑制比 $K_{CMRR} \to \infty$。

图 3-2 是理想集成运放的符号，仅画出两个输入端和一个输出端，“－”表示反相输入端，“＋”表示同相输入端，反映输出信号与输入信号的相位关系。

2. 集成运算放大器的电压传输特性

集成运放的电压传输特性如图 3-3 所示。集成运放有两个工作区：线性区和饱和区。当运算放大器工作在线性区时，

$$u_o = A_d(u_+ - u_-) \tag{3-1}$$

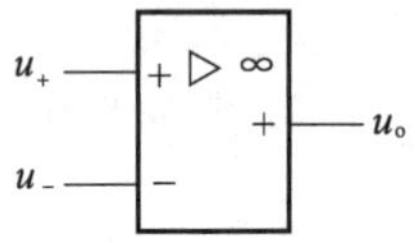

图 3-2 理想集成运放的符号

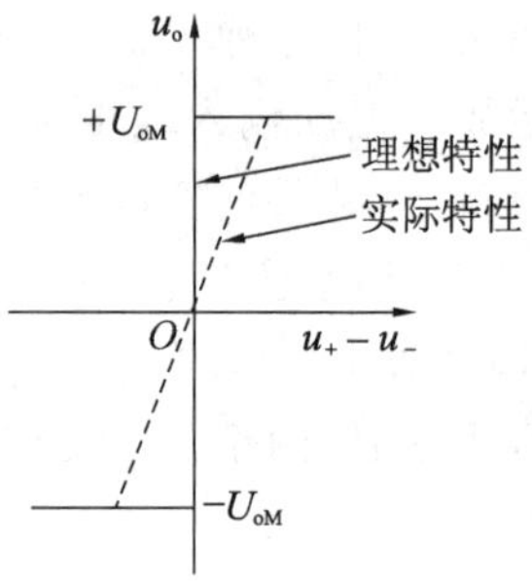

图 3-3 集成运放的电压传输特性

由于集成运放的开环电压放大倍数 A_d 很高，所以线性区很窄，即使输入毫伏级以下的信号，也足以使输出电压饱和，饱和区输出电压只有两个数值，即正饱和值 $+U_{o(sat)}$ 和负饱和值 $-U_{o(sat)}$，$U_{o(sat)}$ 的绝对值比电源电压略低。由于 $U_{o(sat)}$ 与 U_{oM} 非常接近，通常都用 U_{oM} 代表。集成运放净输入信号过大、工作在开环状态或存在正反馈时，均会进入非线性饱和区，所以要使集成运放工作在线性区，通常需要引入负反馈。

3. 集成运算放大电路的分析依据

1）虚短

当集成运放工作在线性区时，由于理想集成运放的 $A_d \to \infty$，而输出电压是一个有限的数值，由式(3-1)可知

$$u_+ - u_- = u_o / A_d \approx 0$$

所以

$$u_+ \approx u_-$$

即两个输入端等电位，如同短接在一起，所以称“虚短”。

2）虚断

由于集成运放的差模输入电阻 $r_{id} \to \infty$，两个输入端的输入电流近似为零，好像两个输入端断开一样，所以称“虚断”。

需要说明的是，集成运放工作时，虚断总是成立的。

练习与思考

1. 集成运放输出电压的范围是多大？由哪个参数决定？集成运放的输出电压能够大于芯片工作时的电源电压吗？

2. 虚短和虚断的含义是什么？它们各自应用的范围是什么？

3.2　集成运算放大器在信号运算电路中的应用

3.2.1　比例运算电路

1. 反相比例运算电路

反相比例运算电路如图 3-4 所示。

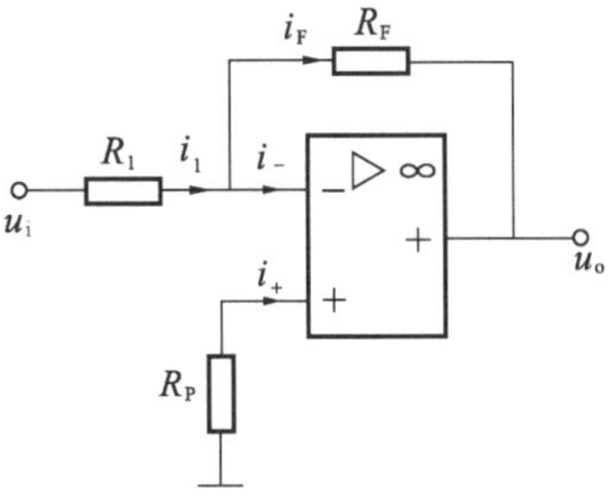

图 3-4　反相比例运算电路

输入信号 u_i 经电阻 R_1 加到集成运算放大器的反相输入端，集成运算放大器的同相输入端经 R_P 接地。输出电压 u_o 经电阻 R_F 加到集成运算放大器的反相输入端，形成深度负反馈。

根据虚断可知，$i_+ = i_- \approx 0$，有 $i_1 \approx i_F$，$u_{R_P} = 0$

根据虚短 $u_+ \approx u_-$，有

$$u_+ \approx u_- = u_{RP} = 0$$

得

$$i_1 = (u_i - u_-)/R_1 = u_i/R_1$$

$$i_F = (u_- - u_o)/R_F = -u_o/R_F$$

因为 $i_1 \approx i_F$，所以

$$\frac{u_i}{R_1} = -\frac{u_o}{R_F}$$

即

$$u_o = -\frac{R_F}{R_1} u_i \tag{3-2}$$

反相比例运算电路的闭环电压放大倍数

$$A_{uf} = \frac{u_o}{u_i} = -\frac{R_F}{R_1}$$

式(3-2)表明，输出电压和输入电压是比例运算关系，负号表示 u_o 与 u_i 反相。u_o 与 u_i 的关系只取决于 R_F 与 R_1 的比值，而与运算放大器本身的参数无关。只要 R_1 和 R_F 的阻值足够精确，就能保证比例运算的精度和稳定性。

图 3-4 中的 R_P 是平衡电阻，应使 $R_P = R_1 /\!/ R_F$，以减少失调参数对输出电压的影响。

当 $R_1 = R_F$ 时，$u_o = -u_i$，此时，电路就称为反相器。

2. 同相比例运算电路

如果输入信号是从同相输入端引入，则构成同相比例运算电路，如图 3-5 所示。

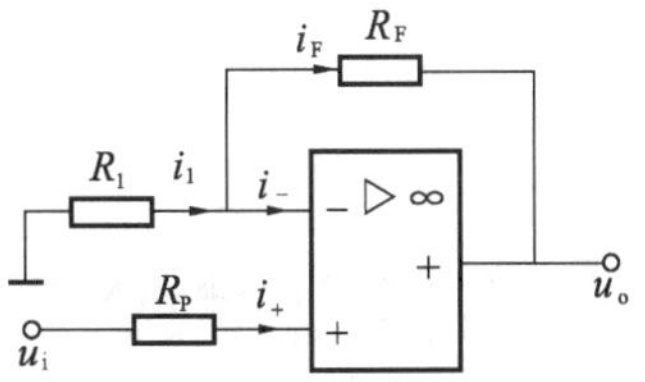

图 3-5　同相比例运算电路

根据虚断：$i_+ \approx i_- = 0$，

根据虚短：$u_- \approx u_+ = u_i$，

由于 $u_- = \dfrac{R_1}{R_1 + R_F} u_o$，所以 $u_i = \dfrac{R_1}{R_1 + R_F} u_o$，

即

$$u_o=\left(1+\frac{R_F}{R_1}\right)u_i \tag{3-3}$$

同相比例运算电路的闭环电压放大倍数

$$A_{uf}=\frac{u_o}{u_i}=1+\frac{R_F}{R_1}$$

特别地，若将同相比例运算放大电路中的电阻 R_1 开路或 R_F 短路，则有 $u_o=u_i$，故称为电压跟随器或同相器，如图 3-6 所示，一般多采用图 3-6(c)所示电路。

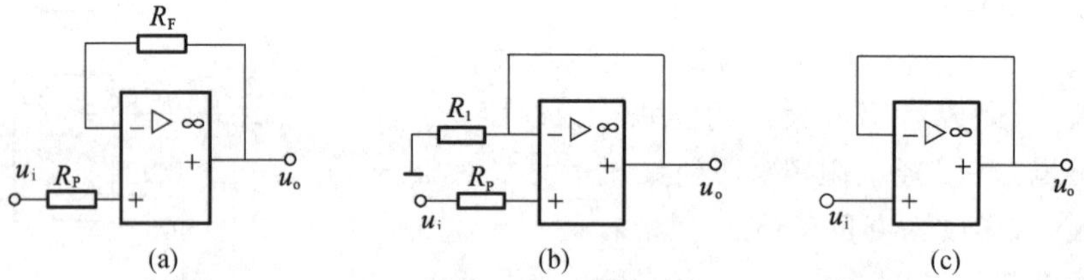

图 3-6 电压跟随器

【例 3-1】 分析例 3-1 图所示集成运放电路的输出信号 u_o 与输入信号 u_i 的函数关系。

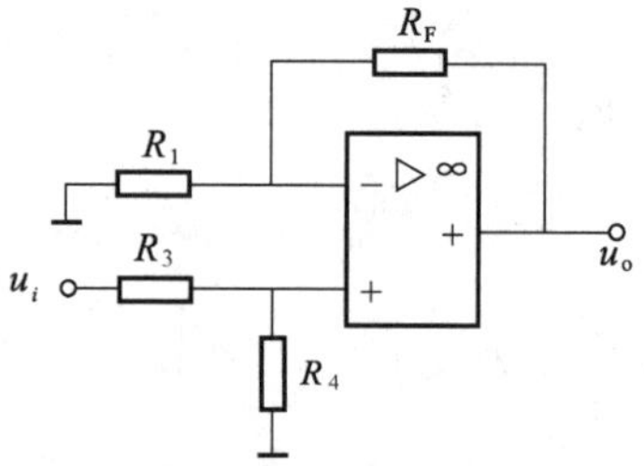

例 3-1 图

解： 方法一(运用虚断和虚短概念分析)：

$$u_+=\left(\frac{R_4}{R_3+R_4}\right)u_i$$

$$u_-=\left(\frac{R_1}{R_1+R_F}\right)u_o$$

根据虚短 $u_+\approx u_-$，可得

$$u_o=\left(\frac{R_4}{R_3+R_4}\right)\left(1+\frac{R_F}{R_1}\right)u_i$$

方法二(将 u_+ 视为中间量，运用同相比例运算电路的结论来分析)：

根据式(3-3)得

$$u_o=\left(1+\frac{R_F}{R_1}\right)u_+$$

而

$$u_+=\left(\frac{R_4}{R_3+R_4}\right)u_i$$

所以

$$u_o=\left(1+\frac{R_F}{R_1}\right)\left(\frac{R_4}{R_3+R_4}\right)u_i$$

3.2.2 加法运算电路

若需要将几个输入信号相加，可采用加法运算电路来实现。

1. 反相加法运算电路

两个输入信号 u_{i1} 和 u_{i2} 的反相加法运算电路如图 3-7 所示。

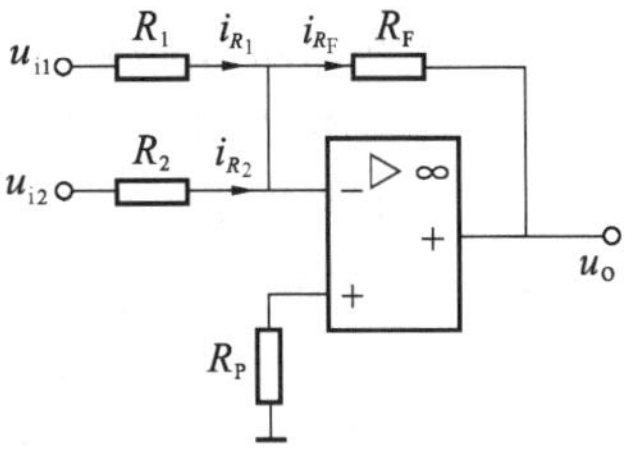

图 3-7　反相加法运算电路

根据虚短、虚断和基尔霍夫电流定律可得

$$u_- \approx u_+ = 0 \quad i_{R_F} = i_{R_1} + i_{R_2}$$

而 $i_{R_1} = \dfrac{u_{i1}}{R_1}$　$i_{R_2} = \dfrac{u_{i2}}{R_2}$；$i_{R_F} = \dfrac{u_- - u_o}{R_F} = -\dfrac{u_o}{R_F}$

故有 $-\dfrac{u_o}{R_F} = \dfrac{u_{i1}}{R_1} + \dfrac{u_{i2}}{R_2}$，即 $u_o = -\left(\dfrac{R_F}{R_1}u_{i1} + \dfrac{R_F}{R_2}u_{i2}\right)$。

当 $R_1 = R_2 = R$ 时

$$u_o = -\frac{R_F}{R}(u_{i1} + u_{i2})$$

当 $R_F = R$ 时

$$u_o = -(u_{i1} + u_{i2})$$

改变反相加法运算电路某一路电阻的阻值，不会影响其他路输入信号和输出信号的关系，因此可以方便灵活地调整各输入信号与输出信号间的比例关系。

2. 同相加法运算电路

图 3-8 是同相加法运算电路，输入电压 u_{i1} 和 u_{i2} 经电阻 R_1 和 R_2 加到集成运算放大器的同相输入端。

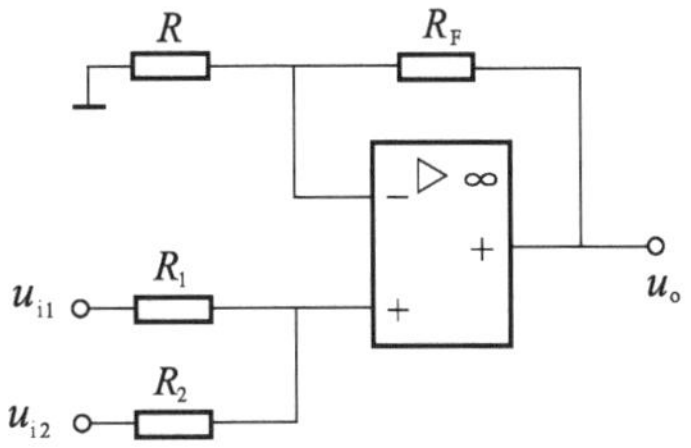

图 3-8　同相加法运算电路

利用同相比例运算电路的结果，可得输出电压 u_o 与集成运算放大器同相输入端 u_+ 的关系为

$$u_o = \left(1 + \frac{R_F}{R}\right)u_+$$

运用叠加原理，可求出在 u_{i1} 和 u_{i2} 共同作用下的 u_+ 为

$$u_+ = \left(\frac{R_1}{R_1 + R_2}\right)u_{i2} + \left(\frac{R_2}{R_1 + R_2}\right)u_{i1}$$

因此可得

$$u_o = \left(1 + \frac{R_F}{R}\right)u_+ = \left(1 + \frac{R_F}{R}\right)\left[\left(\frac{R_1}{R_1 + R_2}\right)u_{i2} + \left(\frac{R_2}{R_1 + R_2}\right)u_{i1}\right]$$

当 $R /\!/ R_F = R_1 /\!/ R_2$ 时

$$u_o = R_F\left(\frac{u_{i1}}{R_1} + \frac{u_{i2}}{R_2}\right)$$

当 $R_1 = R_2 = R_F = R$ 时

$$u_o = u_{i1} + u_{i2}$$

3.2.3　减法运算电路

当集成运放的同相和反相输入端都有信号输入时，称为差分输入，可以完成减法运

算，差分输入电路如图 3-9 所示，也称减法运算电路。

差分输入电路可以看作同相比例运算电路和反相比例运算电路的组合，当集成运放工作在线性区，可以运用叠加原理进行分析。

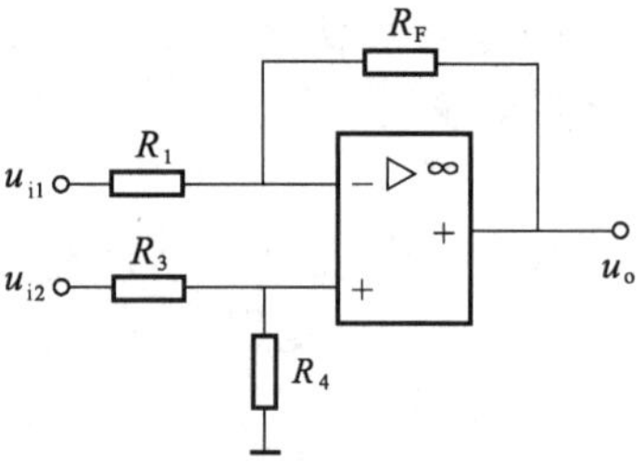

图 3-9　减法运算电路

当 u_{i1} 单独作用时（这时 $u_{i2}=0$），电路为反相比例运算电路，

$$u_{o1}=-\frac{R_F}{R_1}u_{i1}$$

当 u_{i2} 单独作用时（这时 $u_{i1}=0$），电路为同相比例运算电路，

$$u_{o2}=\left(1+\frac{R_F}{R_1}\right)u_+=\left(1+\frac{R_F}{R_1}\right)\left(\frac{R_4}{R_3+R_4}\right)u_{i2}$$

根据叠加原理

$$u_o=u_{o2}+u_{o1}=\left(1+\frac{R_F}{R_1}\right)\left(\frac{R_4}{R_3+R_4}\right)u_{i2}-\frac{R_F}{R_1}u_{i1}$$

当 $R_1=R_3$，$R_4=R_F$ 时

$$u_o=\frac{R_F}{R_1}(u_{i2}-u_{i1})$$

特别地，当 $R_1=R_3=R_4=R_F$ 时

$$u_o=u_{i2}-u_{i1}$$

3.2.4　积分运算电路

将反相比例运算电路中的反馈电阻 R_F 用电容 C 替代，就成为积分运算电路，如图 3-10 所示。

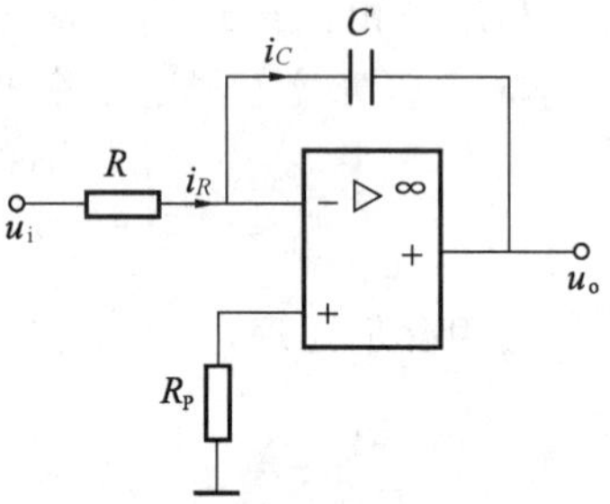

图 3-10　积分运算电路

根据虚短、虚断，有 $i_C \approx i_R$，

且　　$i_C=C\frac{\mathrm{d}u_C}{\mathrm{d}t}=-C\frac{\mathrm{d}u_o}{\mathrm{d}t}$　$i_R=\frac{u_i}{R}$

故　　$-C\frac{\mathrm{d}u_o}{\mathrm{d}t}=\frac{u_i}{R}$

对上式两边积分，得

$$u_o=-\frac{1}{RC}\int u_i\mathrm{d}t \tag{3-4}$$

式(3-4)表明 u_o 与 u_i 呈积分关系，负号表示两者极性相反。RC 为积分时间常数。

在求解 t_1 到 t 时间段的积分值时

$$u_o(t)=-\frac{1}{RC}\int_{t_1}^{t}u_i\mathrm{d}t+u_o(t_1)$$

式中，$u_o(t_1)$为积分起始时刻 t_1 时的输出电压，即积分运算的初始值。

3.2.5　微分运算电路

微分运算是积分运算的逆运算，因而将图 3-10 中的电阻 R 和电容 C 位置互换，就得到微分运算电路，如图3-11所示。

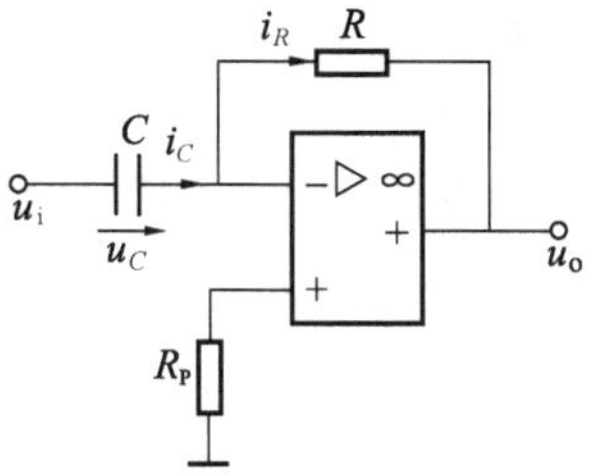

图 3-11　微分运算电路

根据虚短、虚断，有 $i_C \approx i_R \quad u_i \approx u_C$，

$$i_C = C\frac{du_C}{dt} = C\frac{du_i}{dt},\quad i_R = -\frac{u_o}{R}$$

因而可得

$$u_o = -RC\frac{du_i}{dt} \tag{3-5}$$

式(3-5)表明，输出电压 u_o 与输入电压 u_i 呈微分关系。

微分运算电路对输入信号的突变反应非常灵敏，在控制系统中，常用微分电路来改善系统的动态性能。图 3-12 为积分、微分运算电路对矩形输入信号的响应。

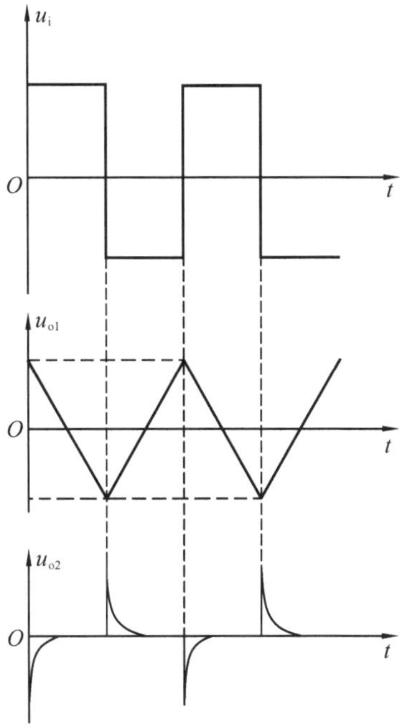

图 3-12　积分、微分运算电路对矩形波输入信号的响应

【例 3-2】 例 3-2 图是由集成运放构成的两级放大电路，图中 $R_1 = 10\ \text{k}\Omega$，$R_F = 50\ \text{k}\Omega$，$R_3 = R_5 = 20\ \text{k}\Omega$，$E = 0.5\ \text{V}$，试求 u_o 的值。

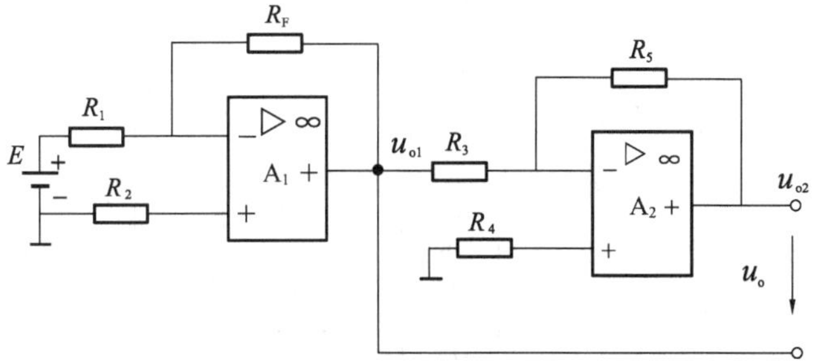

例 3-2 图

解： 对多级集成运放电路的分析，可以分级求解。设 A_1 输出电压为 u_{o1}，A_2 输出电压为 u_{o2}，则 $u_o=u_{o2}-u_{o1}$。u_{o1} 作为 A_2 的输入。

两级集成运放均为反相比例运算电路，可以直接写出

$$u_{o1}=-\frac{R_F}{R_1}E=-\frac{50}{10}\times 0.5=-2.5\ \text{V}$$

$$u_{o2}=-\frac{R_5}{R_3}u_{o1}=-\frac{20}{20}\times(-2.5)=2.5\ \text{V}$$

所以

$$u_o=u_{o2}-u_{o1}=2.5-(-2.5)=5\ \text{V}$$

【例 3-3】 求例 3-3 图中输入信号 u_{i1}、u_{i2}、u_{i3} 与输出信号 u_o 的关系式。

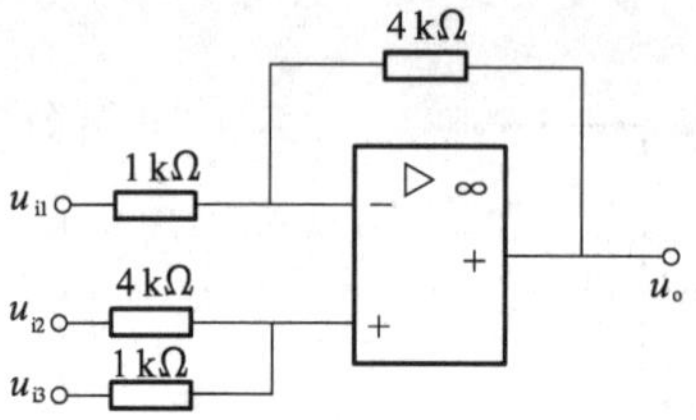

例 3-3 图

解： 多个输入信号的集成运放电路常采用叠加原理来进行分析。运用叠加原理，当 u_{i1} 单独作用时，u_{i2}、u_{i3} 接地，此时的电路为反相比例运算电路。

$$u_{o1}=\left(-\frac{4}{1}\right)u_{i1}=-4u_{i1}$$

当 u_{i2}、u_{i3} 作用时，u_{i1} 接地，此时的电路为同相加法运算电路。

$$u_{o2}=\left(1+\frac{4}{1}\right)\left(\frac{1}{1+4}u_{i2}+\frac{4}{1+4}u_{i3}\right)=u_{i2}+4u_{i3}$$

由叠加定理可知

$$u_o=u_{o1}+u_{o2}=u_{i2}+4u_{i3}-4u_{i1}$$

【例 3-4】 理想集成运算放大器组成电路如例 3-4 图所示，已知 $R_1=R_2=R_3=R_4=R$，求流过负载 R_L 的电流 i_o。

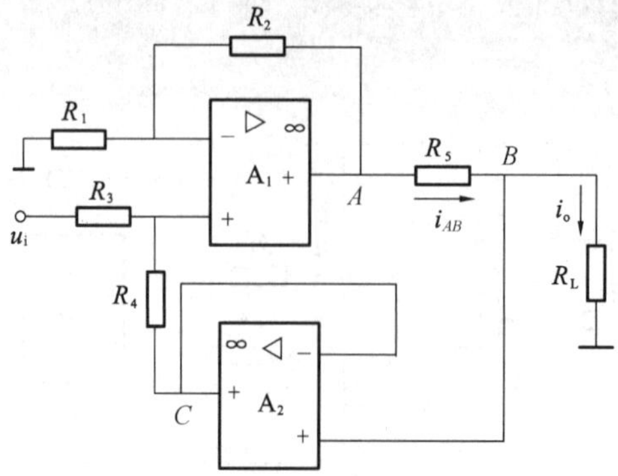

例 3-4 图

解：图中 A_1 是同相加法运算电路，A_2 是电压跟随器。以 A、B、C 三点的对地电压作为中间量，则

$$u_A=\left(1+\frac{R_2}{R_1}\right)\left[\left(\frac{R_4}{R_3+R_4}\right)u_i+\left(\frac{R_3}{R_3+R_4}\right)u_C\right]=u_i+u_C$$

$$u_C=u_B$$

由虚断可知 $i_{AB}=i_o$，$u_B=u_C$，因此 $i_o=\frac{u_A-u_B}{R_5}=\frac{u_i}{R_5}$。

【**例 3-5**】 例 3-5 图为 T 形反馈电阻反相比例运算电路，求：

(1) 电压放大倍数 A_u 和输入电阻 r_i 的表达式。

(2) 当 $R_1=2\ \mathrm{M\Omega}$，$R_2=R_3=470\ \mathrm{k\Omega}$，$R_4=1\ \mathrm{k\Omega}$ 时，求 A_u 和 r_i。

(3) 如果采用图 3-4 所示的反相比例运算电路，为了得到与(2)中相同的 A_u 和 r_i，电阻 R_1、R_P 和 R_F 应为多大？

(4) 由以上结果，总结 T 形反馈电阻反相比例运算电路的特点。

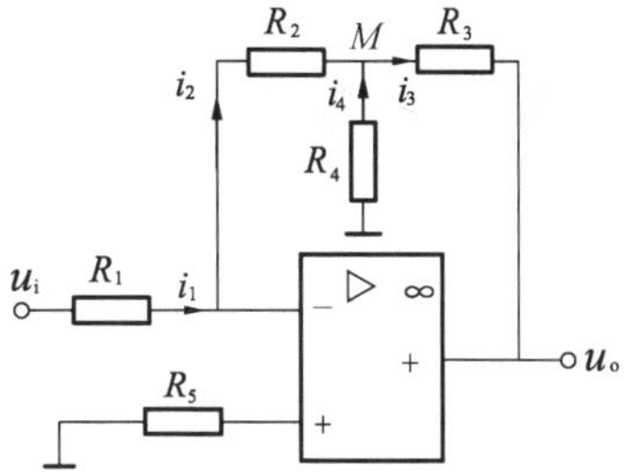

例 3-5 图

解：(1) 根据虚断、虚短可知，$i_1\approx i_2$，$u_i=i_1R_1=i_2R_1$，而

$$u_o=-(i_2R_2+i_3R_3) \tag{3-6}$$

根据基尔霍夫电流定律(KCL)有

$$i_3=i_2+i_4$$

T 形网络中 M 点的电位为

$$V_M=-i_2R_2=-i_4R_4$$

即

$$i_4=\frac{R_2}{R_4}i_2$$

代入 u_o 的表达式(3-6)，可得

$$u_o=-[i_2R_2+(i_2+i_4)R_3]=-i_2\left(R_2+R_3+\frac{R_3R_2}{R_4}\right)$$

所以电压放大倍数

$$A_u=\frac{u_o}{u_i}=-\frac{R_2+R_3+\dfrac{R_3R_2}{R_4}}{R_1} \tag{3-7}$$

可以看出，该电路的输出电压与输入电压之间存在反相比例运算的关系。

由于反相输入端虚地，因此电路的输入电阻为

$$r_i=R_1 \tag{3-8}$$

(2) 将给定参数代入式(3-7)和式(3-8)，可得

$$A_u=-\frac{470+470+\dfrac{470\times470}{1}}{2\,000}\approx-110.9$$

$$r_i=2\ \mathrm{M\Omega}$$

(3) 对于反相比例运算电路，若要求 $r_i=2\ \mathrm{M\Omega}$，则

$$R_1=r_i=2\ \mathrm{M\Omega}$$

$$R_F=|A_u|R_1=110.9\times2=221.8\ \mathrm{M\Omega}$$

$$R_P=R_1/\!/R_F=1.98\ \mathrm{M\Omega}$$

(4) 由以上分析和计算结果可知，T 形反馈电阻反相比例运算电路的特点是：在反馈电阻不必太大的情况下，可以获得较高的电压放大倍数和较大的输入电阻。

练习与思考

1. 归纳本节集成运放电路的组成和集成运放电路的输出与输入关系。
2. 如何分析多级集成运放电路？
3. 平衡电阻起什么作用？如何确定平衡电阻的阻值？

3.3 集成运算放大器电路中的负反馈

3.3.1 负反馈的概念

你知道吗?

反馈类型判断

所谓反馈，就是将放大电路输出量（电流或电压）的一部分或全部，通过反馈网络以一定的方式返回到放大器的输入端，对送入放大电路的净输入信号（电压或电流）产生影响的过程。反馈有正反馈和负反馈之分。若反馈信号使净输入信号减小，则为负反馈；若反馈信号使净输入信号增大，则为正反馈。放大电路中通常采用负反馈，以改善放大电路的动态性能。正反馈主要用于振荡器和波形发生器。

图 3-13 为负反馈放大电路的框图，基本放大电路 $\dot{A}$ 可以是单级或多级放大电路；反馈网络 $\dot{F}$ 是联系放大电路输出与输入的电路。图中 $\dot{X}_i$ 表示输入信号（电压或电流），信号的传递方向如图中箭头所示，$\dot{X}_o$ 和 $\dot{X}_f$ 分别表示输出信号和反馈信号。$\dot{X}_i$ 和 $\dot{X}_f$ 在输入端比较（符号⊗表示比较环节），得到净输入信号 $\dot{X}_d$。

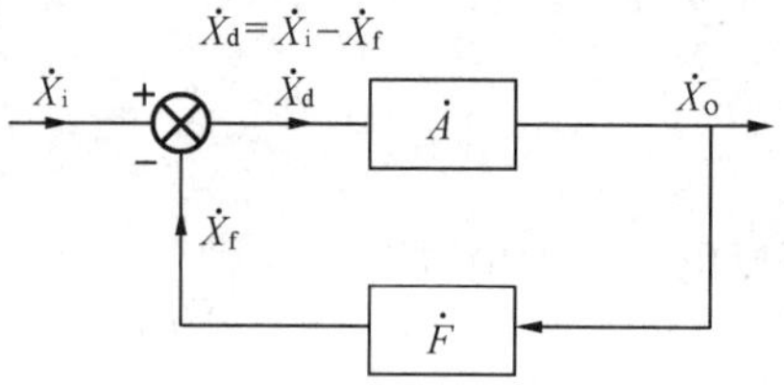

图 3-13 负反馈放大电路框图

下面分析图中各变量之间的关系。无反馈时基本放大电路的放大倍数为 $\dot{A}$，称为开环放大倍数，即

$$\dot{A}=\frac{\dot{X}_o}{\dot{X}_d}$$

反馈信号与输出信号之比称为反馈系数，用 $\dot{F}$ 表示，即

$$\dot{F}=\frac{\dot{X}_f}{\dot{X}_o}$$

引入负反馈后的净输入信号

$$\dot{X}_d=\dot{X}_i-\dot{X}_f$$

包含负反馈的放大电路称为闭环放大器，其放大倍数称为闭环放大倍数，用 $\dot{A}_f$ 表示，即

$$\dot{A}_f=\frac{\dot{X}_o}{\dot{X}_i}=\frac{\dot{A}}{1+\dot{A}\dot{F}} \tag{3-9}$$

在负反馈情况下，$\dot{A}\dot{F}$ 为正实数。由式(3-9)可知$|\dot{A}_f|<|\dot{A}|$，即引入负反馈后，放大倍数的数值下降了$|1+\dot{A}\dot{F}|$倍。$|1+\dot{A}\dot{F}|$称为反馈深度，其值愈大，负反馈深度愈深，放大倍数的数值下降得愈多。

3.3.2 反馈类型的判断

根据反馈信号是直流量还是交流量，反馈可分成直流反馈和交流反馈；根据反馈网络与基本放大电路在输入端连接方式的不同，即信号在输入端比较方式的不同，可分为串联反馈和并联反馈；根据反馈网络与基本放大电路在输出端连接方式的不同，即取用信号的不同，可分为电压反馈和电流反馈。

1. 有无反馈的判断

【例 3-6】 分析例 3-6 图中电路有无反馈。

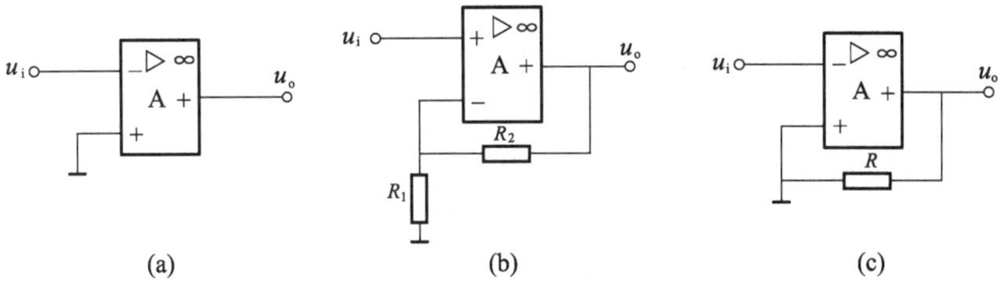

例 3-6 图

解： 图(a)所示电路中，集成运放的输出端与输入端之间无通路，故电路中无反馈。

图(b)所示电路中，电阻 R_2 将集成运放的输出端与反相输入端相连，因而集成运放的净输入电压受输出电压的影响，所以该电路引入了反馈。

图(c)所示电路中，虽然电阻 R 貌似跨接在集成运放的输出端与同相输入端之间，但由于同相输入端接地，R 只不过是集成运放的负载，因此该电路中没有引入反馈。

由本例题可知，通过寻找电路中的反馈网络，就可判断出电路是否引入了反馈。

2. 直流反馈和交流反馈的判断

【例 3-7】 判断例 3-7A 图两电路是直流反馈还是交流反馈。

解： 例 3-7A 图(a)中，电容 C 对直流量相当于开路，即在直流通路中不存在连接输出回路与输入回路的通路，故电路中没有直流反馈；对于交流量，C 相当于短路，电阻 R_2 将集成运放的输出端与反相输入端相连接，故电路中引入了交流反馈。

例 3-7A 图(b)电路的直流通路和交流通路如例 3-7B 图所示。可以看出，该电路只引入了直流反馈，而没有引入交流反馈。

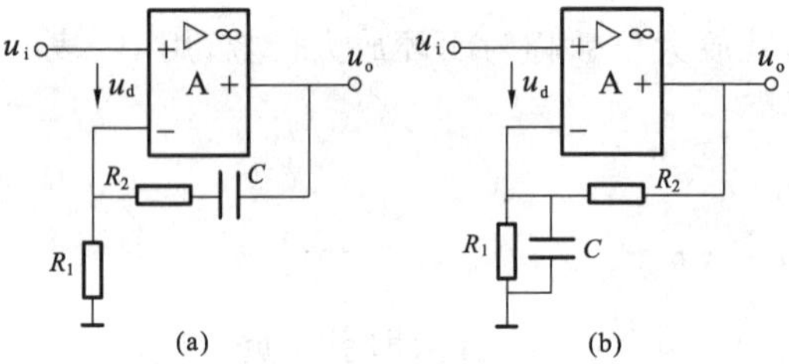

例 3-7A 图

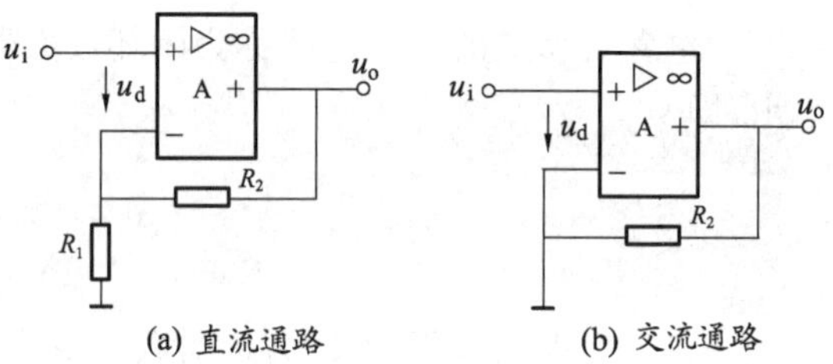

例 3-7B 图

本节重点讨论交流信号的反馈情况。

3. 正反馈和负反馈的判断

可用瞬时极性法判断是正反馈还是负反馈。判断步骤：首先，规定电路输入信号在某一时刻对地的极性，在此基础上，逐级判断电路中各个相关点电位的极性；其次，根据输出信号的极性判断反馈信号的极性：若反馈信号使放大电路的净输入信号增大，说明引入了正反馈，反之则为负反馈。

【例 3-8】 判断例 3-8 图电路中反馈的性质。

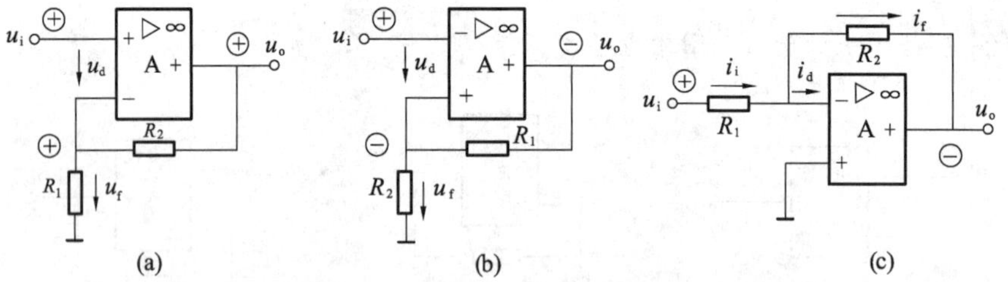

例 3-8 图

解： 图(a)所示电路中，设输入电压 u_i 的瞬时极性为正（用⊕标示），因为 u_i 与同相输入端相连，所以输出电压 u_o 的瞬时极性也为正，u_f 是 u_o 在电阻 R_1 上的分压，其极性也为正。u_f 使集成运放的净输入电压 $u_d=u_i-u_f$ 减小，因此，电路图(a)引入的是负反馈。

图(b)所示电路中，同样设 u_i 的瞬时极性为正，则输出电压 u_o 的瞬时极性为负（用⊖标示），u_f 的极性也为负，所以集成运放的净输入电压 u_d 增大，因而电路图(b)引入的是正反馈。

图(c)中，设输入电压 u_i 的瞬时极性为正，输出电压 u_o 的瞬时极性为负。u_i 作用

于电阻 R_1 产生电流 i_i，u_o 作用于电阻 R_2 产生电流 i_f，电流方向如图所示，由图可见，集成运放的净输入电流 $i_d = i_i - i_f$ 减小，因此，电路图(c)引入的是负反馈。

4. 串联反馈和并联反馈的判断

在输入回路中，若输入信号、反馈信号与净输入信号三者为串联关系，则为串联反馈；若三者为并联关系，则为并联反馈。

对单运放电路而言，若输入信号与反馈信号接在运放的同一端，则为并联反馈；反之，不接在同一端，则为串联反馈。

【例 3-9】 判断例 3-10A 图(a)和例 3-10B 图(a)电路是串联反馈还是并联反馈。

解： 例 3-10A 图(a)中，反馈信号接在集成运放的反相输入端，而输入信号接在集成运放的同相输入端，因此该反馈为串联反馈。

例 3-10B 图(a)中，反馈信号和输入信号都接在集成运放的反相输入端，所以是并联反馈。

5. 电压反馈和电流反馈的判断

这里的电压、电流是指负载电阻 R_L 两端的电压 u_o、流过 R_L 的电流 i_o。

如果反馈网络取用 u_o，反馈信号与 u_o 成比例，则为电压反馈；如果反馈网络取用 i_o，反馈信号与 i_o 成比例，则为电流反馈。

在判断放大电路是电压反馈还是电流反馈时，一般可假设 R_L 短路，使输出电压 u_o 为零，这时，如果反馈信号不复存在，则为电压反馈，否则就为电流反馈。

【例 3-10】 判断例 3-10A 图(a)和例 3-10B 图(a)电路是电压反馈还是电流反馈。

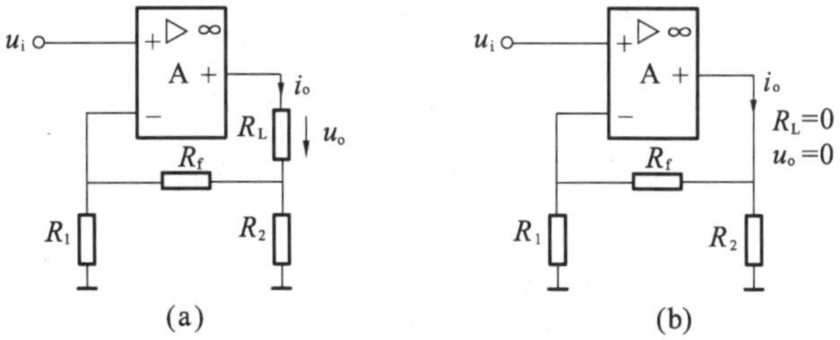

例 3-10A　电流反馈电路图

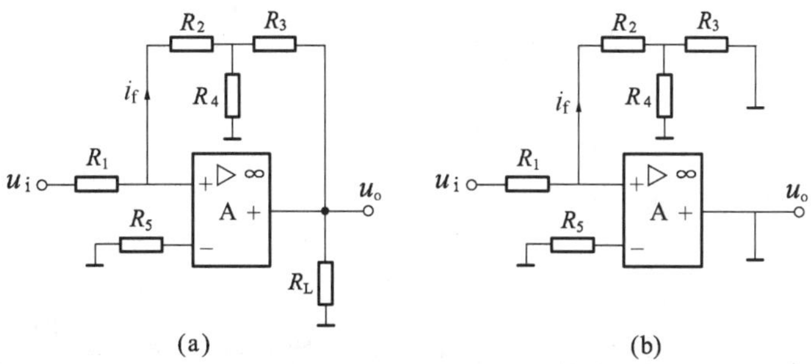

例 3-10B　电压反馈电路图

解： 短路例 3-10A 图(a)中 R_L 后的电路如例 3-10A 图(b)所示。由图可见，反馈依然存在，因此该反馈是电流反馈。

短路例 3-10B 图(a)中 R_L 后的电路如例 3-10B 图(b)所示。由图可见，反馈将不存在，因此该反馈是电压反馈。

综上所述，负反馈可分为 4 种类型：电压并联负反馈、电压串联负反馈、电流并联负反馈和电流串联负反馈。

【例 3-11】 判断例 3-11 图电路的反馈类型。

解： 例 3-11 图所示电路中，输出信号经电阻 R_2 和 R_f 反馈到集成运放的反相输入端，根据瞬时极性法可以判断出为负反馈；反馈信号和输入信号都接在集成运放的反相输入端，为并联反馈；短路 R_L 后反馈信号将不再存在，因此为电压反馈。所以此电路的反馈类型是电压并联负反馈。

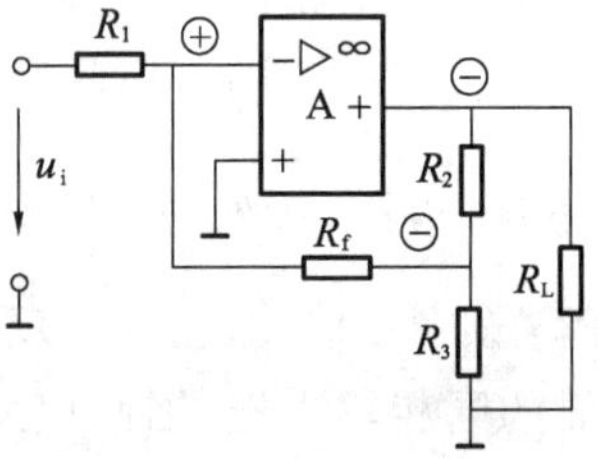

例 3-11 图

【例 3-12】 判断例 3-12 图电路的反馈类型。

解： 例 3-12 图示电路，输出信号经负载电路 R_L 反馈到集成运放反相输入端，根据瞬时极性法判断为负反馈；反馈信号和输入信号不接在集成运放的同一端，为串联反馈；短路 R_L 后反馈信号依然存在，为电流反馈。所以此电路的反馈类型是电流串联负反馈。

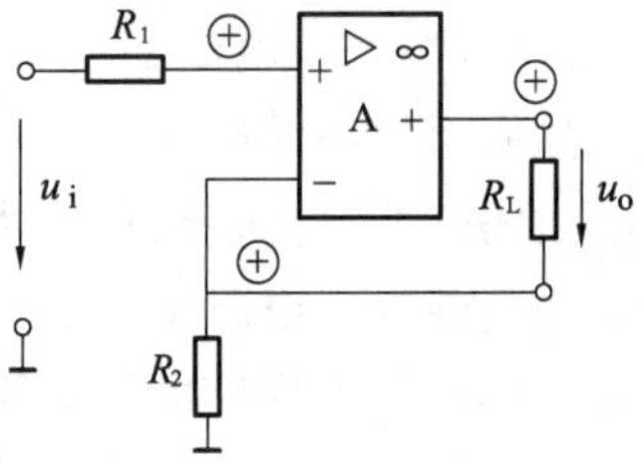

例 3-12 图

▶3.3.3 负反馈对放大电路性能的影响

放大电路引入负反馈后，虽然放大倍数有所下降，但可提高放大倍数的稳定性，减小波形失真，展宽通频带，改变放大电路的输入电阻和输出电阻等。

1. 提高放大倍数的稳定性

当温度、元件参数、电源电压或负载等发生变化时，放大电路的放大倍数也会随之变化。引入负反馈后，可使放大倍数的稳定性得到提高。

放大倍数的稳定性通常用放大倍数的相对变化率 $\frac{\mathrm{d}A}{A}$ 来衡量，在负反馈的情况下，式(3-9)中的 $\dot{A}\dot{F}$ 为正实数，因此式(3-9)可改写为

$$A_f=\frac{A}{1+AF} \tag{3-10}$$

对式(3-10)求导，得

$$\frac{\mathrm{d}A_f}{A_f}=\frac{1}{1+AF}\cdot\frac{\mathrm{d}A}{A} \tag{3-11}$$

式(3-11)说明：引入负反馈后，闭环放大倍数的相对变化率 $\frac{\mathrm{d}A_f}{A_f}$ 是开环放大倍数相对变化率 $\frac{\mathrm{d}A}{A}$ 的 $\frac{1}{1+AF}$ 倍。负反馈深度愈深，负反馈放大电路放大倍数的稳定

性愈好。

【例 3-13】 已知一个负反馈放大电路的开环放大倍数 $A=1\ 000$，反馈系数 $F=0.05$，由于某种原因使 A 产生了±30%的变化，求闭环放大倍数 A_f 的相对变化率。

解： 根据式(3-11)，有

$$\frac{dA_f}{A_f}=\frac{1}{1+AF}\cdot\frac{dA}{A}=\frac{1}{1+1\ 000\times 0.05}\times(\pm 30\%)\approx\pm 0.65\%$$

由此可见，在 A 变化±30%的情况下，A_f 仅仅变化了±0.65%，闭环放大倍数的稳定性有很大的提高。

2. 减小波形失真

负反馈减小放大电路波形失真的原理，可用图 3-14 来说明。

图 3-14(a)是未加负反馈时的情况，输入信号是一个标准的正弦信号，由于失真，输出信号正半周大、负半周小。引入负反馈后，送回到输入端的反馈信号与失真的输出波形相似，也是上大下小，如图 3-14(b)所示。与输入的标准正弦信号相减后的净输入信号变成了上小下大，经过放大之后，即可使输出信号的失真得到一定程度的改善。

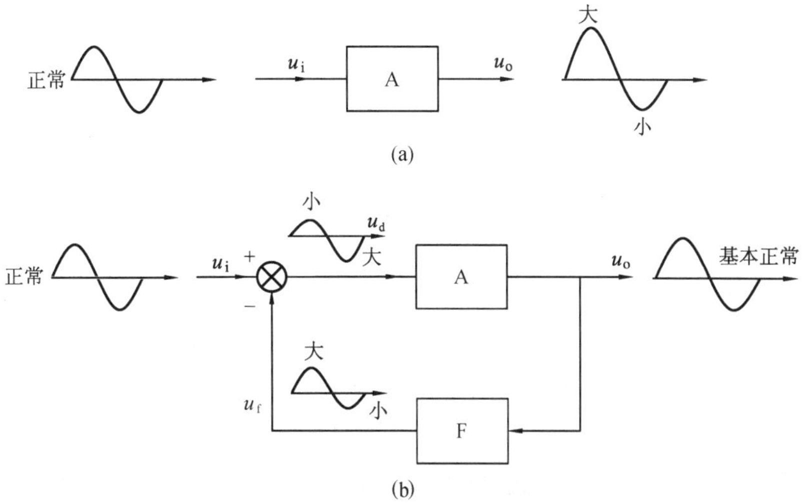

图 3-14　负反馈改善非线性失真示意图

3. 展宽通频带

放大电路具有一定的频带宽度，超过此范围，放大电路的放大倍数将会减小。引入负反馈后可以展宽放大电路的频带。比较图 3-15 中无反馈放大电路的幅频特性和负反馈放大电路的幅频特性后可以看出，引入负反馈放大电路后的通频带($f_{Hf}-f_{Lf}$)明显宽于无反馈放大电路的通频带(f_H-f_L)。

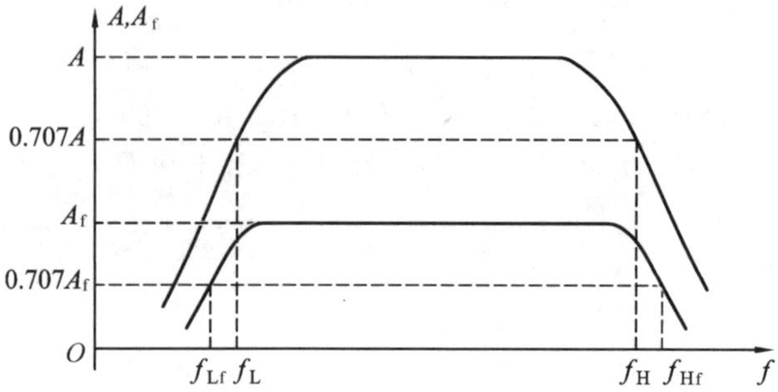

图 3-15 负反馈展宽通频带

4. 改变输入电阻、输出电阻

对于串联负反馈，反馈信号总是以电压 u_f 的形式送回到输入端，抵消了一部分输入信号电压 u_i，使净输入电压 u_d减小，在 u_i 相同的情况下，输入电流减小，所以使输入电阻增大；对于并联负反馈，反馈信号总是以电流 i_f 的形式送回到输入端，相当于在输入回路上增加了一条并联支路，使信号源提供的输入电流增大，因而使输入电阻减小。

电压负反馈能稳定输出电压，放大电路相当于恒压源，所以电压负反馈使输出电阻减小；电流负反馈能稳定输出电流，放大电路相当于恒流源，所以电流负反馈使输出电阻增大。

练习与思考

1. 叙述闭环放大倍数 A_f 与开环放大倍数 A 的关系。
2. 负反馈对放大电路性能有哪些影响？
3. 如果需要实现下列要求，在放大电路中应引入哪种类型的负反馈？

(1) 要求输出电压 u_o 稳定，并能增大输入电阻。

(2) 要求输出电流 i_o 稳定，并能减小输入电阻。

(3) 要求输出电流 i_o 稳定，并能增大输入电阻。

3.4 集成运算放大器在信号处理电路中的应用

3.4.1 电压比较器

电压比较器可以比较输入信号 u_i 和参考电压 U_R 的大小，比较的结果以集成运放的正饱和值或负饱和值表示。由集成运放构成的电压比较器，运放处于开环或正反馈工作状态，因此只要在两个输入端之间加一个很小的电压，运放就会工作在饱和区。

1. 过零电压比较器

图 3-16 为反相输入的过零比较器的电路图和传输特性。

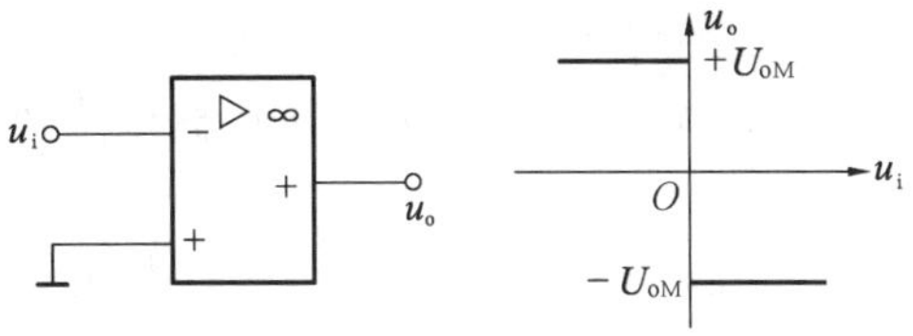

(a) 电路图　　(b) 传输特性

图 3-16　反相输入过零比较器

当 $u_i<0$ 时，由于同相输入端接地，因此 $u_+>u_-$，$u_o=+U_{oM}$；同理，当 $u_i>0$ 时，$u_o=-U_{oM}$。图 3-16(b)是反相输入过零比较器的传输特性。

同相输入过零比较器的电路图和传输特性如图 3-17 所示。

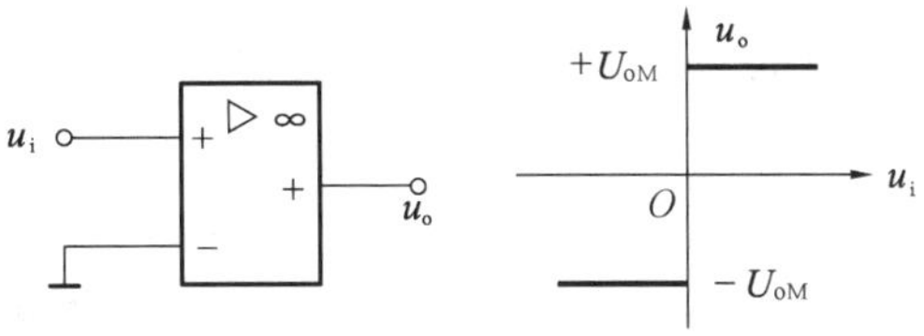

(a) 电路图　　(b) 传输特性

图 3-17　同相输入过零比较器

有时，为了与接在输出端的数字电路的电平兼容，需要将比较器的输出电压限制在某一特定值。常用的方法是用双向稳压管来限幅，形成过零限幅比较器，反相输入过零限幅比较器的电路和传输特性如图 3-18 所示。

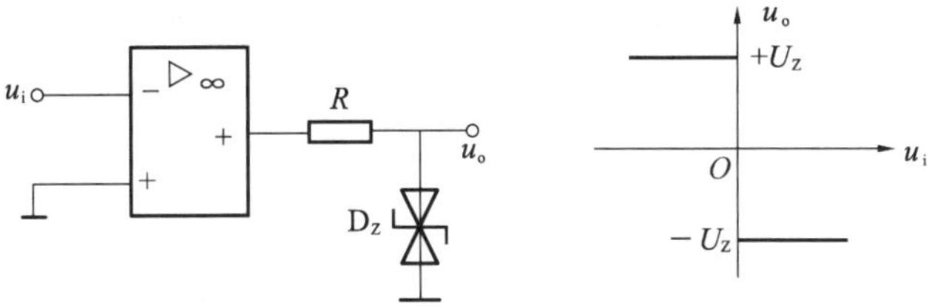

(a) 电路图　　(b) 传输特性

图 3-18　反相输入过零限幅比较器

当 $u_+=u_-$ 时，对应的输入电压称为阈值电压或门限电压，图 3-16、图 3-17 和图 3-18所示的比较器的门限电压为零，故称之为过零电压比较器。

2. 任意电平比较器

在过零比较器中，将接地端改接为参考电压 U_R，由于 U_R 的大小和极性均可调整，因此这种比较器称为任意电平比较器。图 3-19 为反相输入的任意电平限幅比较器。

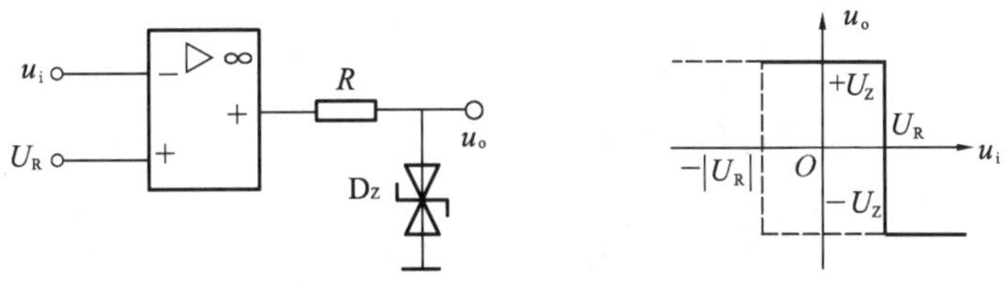

(a) 电路图　　(b) 传输特性

图 3-19　反相输入任意电平限幅比较器

若 $U_R>0$，则电压传输特性如图 3-19(b)中实线所示，相当于将反相输入过零限幅比较器的传输特性右移 U_R 的距离。若 $U_R<0$，电压传输特性则如图 3-19(b)中虚线所示，相当于左移 $|U_R|$ 的距离。

构成同相输入的任意电平比较器，只要将图 3-19(a)中 u_i 和 U_R 的位置对调即可。

3. 迟滞电压比较器

过零比较器、任意电平比较器电路结构简单，但抗干扰能力较差。若输入信号 u_i 处于门限电平 U_R 附近，由于零点漂移或噪声干扰等因素的影响，可能会造成输出电压的不断跳变，如图 3-20(b)所示。

为解决这一问题，在运放中加入正反馈，形成具有迟滞特性的比较器，可大大提高比较器的抗干扰能力。迟滞电压比较器又叫作施密特触发器，其电路及传输特性如图 3-21 所示。

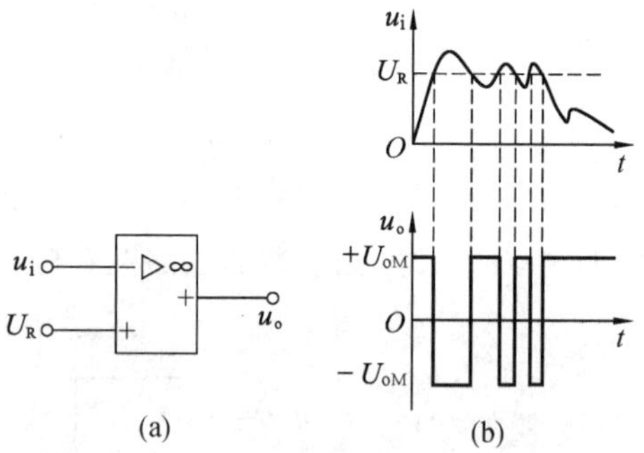

图 3-20 存在干扰时任意电压比较器的输入输出波形

输入电压 u_i 经电阻 R_1 加在集成运放的反相输入端，参考电压 U_R 经电阻 R_2 接在同相输入端，u_o 从输出端通过电阻 R_F 反馈回同相输入端，该反馈为正反馈。电阻 R_3 和双向稳压管 D_Z 的作用是限幅，将输出电压的幅度限制在 $\pm U_Z$ 之间。

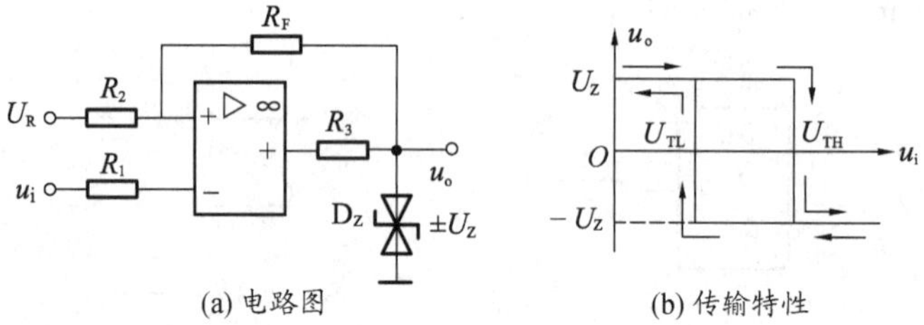

图 3-21 迟滞电压比较器

迟滞电压比较器和上述两种电压比较器不同，其阈值电压有两个——上限阈值电压 U_{TH} 和下限阈值电压 U_{TL}。

由虚断可知

$$\frac{U_R-u_+}{R_2}=\frac{u_+-u_o}{R_F}$$

所以

$$u_+=\frac{R_F}{R_2+R_F}U_R+\frac{R_2}{R_2+R_F}u_o$$

$u_o=\pm U_Z$，当 $u_+=u_-$ 时，对应的阈值电压分别为

上限阈值电压

$$U_{TH}=\frac{R_F}{R_2+R_F}U_R+\frac{R_2}{R_2+R_F}U_Z$$

下限阈值电压

$$U_{TL}=\frac{R_F}{R_2+R_F}U_R-\frac{R_2}{R_2+R_F}U_Z$$

上、下限阈值电压之差称为门限宽度或回差。用符号 ΔU_T 表示，即

$$\Delta U_T=U_{TH}-U_{TL}=\frac{2R_2}{R_2+R_F}U_Z$$

可见，门限宽度值仅取决于双向稳压管的稳定电压 U_Z，以及电阻 R_2 和 R_F 的值，与参考电压 U_R 无关。改变 U_R 值，可以同时调节上、下限阈值电压 U_{TH} 和 U_{TL} 的大小，但两者之差 ΔU_T 不变。

迟滞电压比较器的主要优点是抗干扰能力强，只要干扰信号不大于回差电压，就不会使比较器跳变产生误动作，如图 3-22 所示。迟滞电压比较器广泛应用于波形产生和变换电路中。

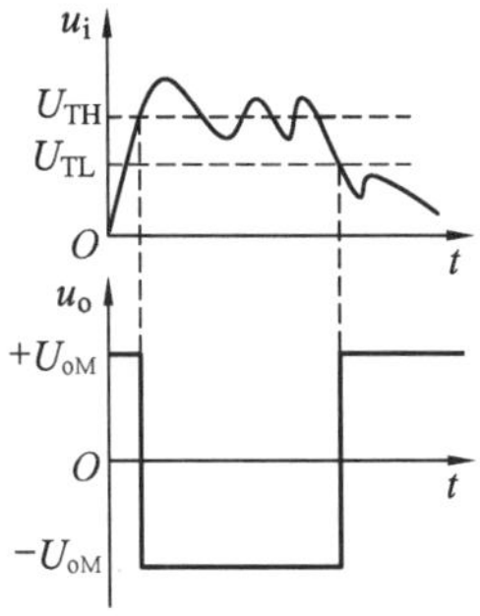

图 3-22 存在干扰时迟滞电压比较器的输入输出波形

3.4.2 有源滤波器

滤波器是一种选频电路，它能使一定频率范围内的信号通过，而抑制其他频率的信号。根据通过信号的频率范围，滤波器可分为低通滤波器、高通滤波器、带通滤波器和带阻滤波器等，其幅频特性如图 3-23 所示。利用电感、电容元件对不同频率呈现不同阻抗的特性，由 R、L、C 等无源元件构成的滤波器称为无源滤波器；将运放与无源滤波器组合构成的滤波器称为有源滤波器。

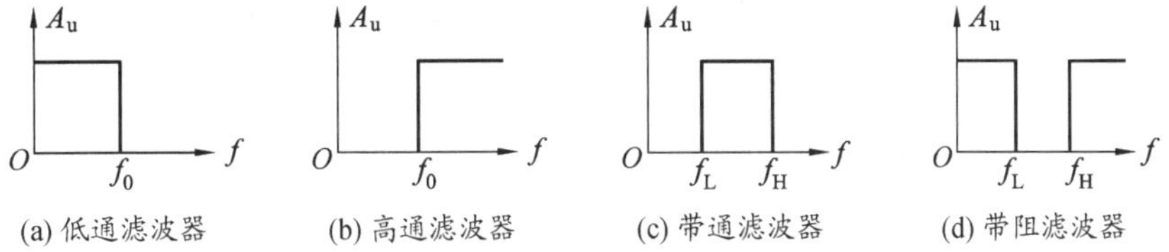

图 3-23 理想滤波器的幅频特性

与无源滤波器相比，RC 网络有源滤波器具有两个特点：一是不需要电感元件，因此体积小、质量小，便于集成；二是选择性良好，信号不衰减，甚至还可放大，输入电阻高，输出电阻低，带负载能力强。因此有源滤波器被广泛应用于无线通信、测量及自动控制系统中。

图 3-24(a)是一阶低通有源滤波器电路。当输入电压 u_i 用相量表示时，根据虚短和虚断概念，有

$$\dot{U}_+=\dot{U}_c=\frac{\frac{1}{j\omega C}}{R+\frac{1}{j\omega C}}\cdot\dot{U}_i=\frac{\dot{U}_i}{1+j\omega RC} \tag{3-12}$$

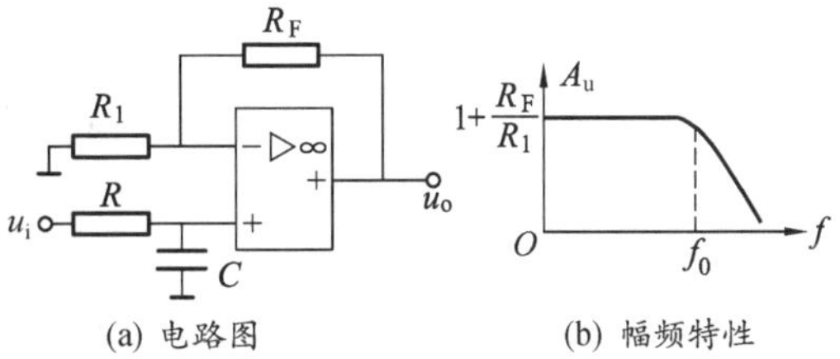

图 3-24 一阶有源低通滤波器

根据同相比例运算电路可得

$$\dot{U}_o=\left(1+\frac{R_F}{R_1}\right)\dot{U}_+ \tag{3-13}$$

将式(3-12)代入式(3-13)后，可求出该电路的传递函数

$$\frac{\dot{U}_o}{\dot{U}_i}=\frac{1+\dfrac{R_F}{R_1}}{1+j\omega RC}=\frac{A_u}{1+j\dfrac{f}{f_0}} \tag{3-14}$$

式中，$A_u=1+\dfrac{R_F}{R_1}$，$f_0=\dfrac{1}{2\pi RC}$，A_u 和 f_0 分别为有源滤波器的通带电压放大倍数和截止频率。根据式(3-14)可画出一阶低通滤波器的幅频特性，如图 3-24(b)所示。

比较图 3-24(b)和图 3-23(a)，可以看出，实际一阶低通滤波器的幅频特性与理想低通滤波器的幅频特性差距较大。为了使滤波器特性更接近于理想情况，可采用二阶、高阶低通滤波器。

练习与思考

1. 反相输入电压比较器和同相输入电压比较器的传输特性有何区别？
2. 迟滞电压比较器和单门限电压比较器的区别在哪里？
3. 滤波器分成几类？有源滤波器和无源滤波器的区别是什么？

3.5 集成运算放大器在波形产生电路中的应用

3.5.1 正弦波振荡器

1. 自激振荡

没有输入信号，振荡电路就能输出一定频率和幅度的信号，这种现象称为自激振荡。图 3-25 为自激振荡电路方框图。

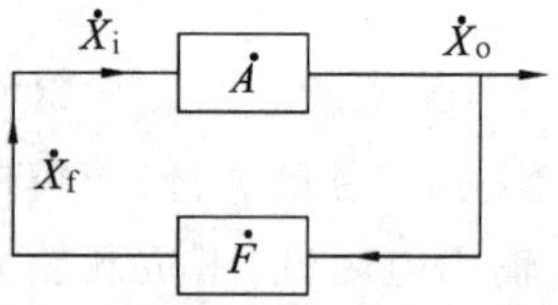

图 3-25 自激振荡电路方框图

图中放大电路的电压放大倍数 $\dot{A}$、反馈网络的反馈系数 $\dot{F}$ 定义为

$$\dot{A}=\frac{\dot{X}_o}{\dot{X}_i}$$

$$\dot{F}=\frac{\dot{X}_f}{\dot{X}_o}$$

根据自激振荡的定义可知 $\dot{X}_i=\dot{X}_f$，则

$$\dot{A}\dot{F}=\frac{\dot{X}_o}{\dot{X}_f}\frac{\dot{X}_f}{\dot{X}_o}=1 \tag{3-15}$$

式(3-15)称为自激振荡条件,它又可分为

(1) 相位条件:$\varphi_A+\varphi_F=\pm 2n\pi\ (n=1,2,3,\cdots)$。

相位条件表明,电路必须引入正反馈,以保证反馈信号与输入信号同相。

(2) 幅值条件:$AF=1$。

幅值条件表明,应使反馈信号的大小与输入信号相等。

振荡电路接通电源时,电路中会产生一个微小的扰动信号,其中含有一系列不同频率的正弦分量,但只有一个频率满足自激振荡的相位条件,这个频率即振荡频率 f_0。振荡频率 f_0 由选频网络决定。选频网络可设置在放大电路中,也可设置在反馈网络中。选频网络可用 R、C 元件组成,一般用于产生 1 Hz～1 MHz 范围的低频信号;选频网络也可采用 L、C 元件构成,常用于产生 1 MHz 以上的高频信号。若振荡频率稳定度要求很高,可选用石英晶体。

振荡开始时,$AF>1$,经过正反馈→放大→正反馈→再放大的多次循环,频率为 f_0 的信号幅度逐渐增大,起振过程中,放大倍数 A 自动减小,直至 $AF=1$,振荡幅度稳定不变。

由上述分析可知,振荡电路主要是由放大电路、正反馈电路、选频网络和稳幅环节等组成。选频网络决定输出信号的频率,而稳幅环节使信号幅度稳定。

2. 文氏桥式正弦波振荡器

图 3-26 是文氏桥式正弦波振荡电路,放大电路为同相比例运算电路,RC 串并联电路既是正反馈网络,又是选频网络。

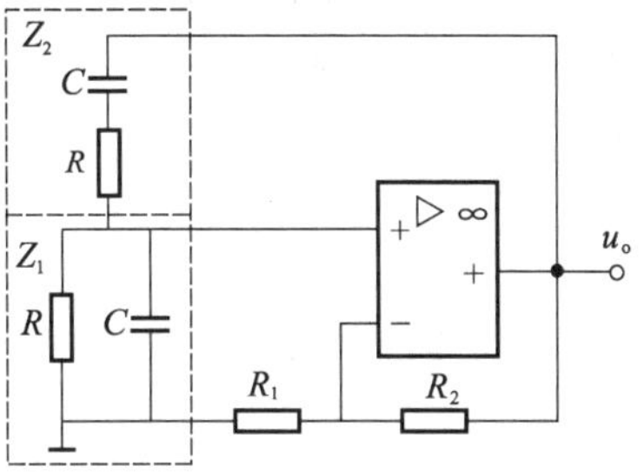

图 3-26 文氏桥式正弦波振荡电路

放大电路采用同相比例放大器,放大倍数为

$$\dot{A}=1+\frac{R_2}{R_1}$$

反馈网络的反馈系数为

$$\dot{F}=\frac{Z_1}{Z_1+Z_2}$$

式中

$$Z_1=\frac{R\cdot\dfrac{1}{\mathrm{j}\omega C}}{R+\dfrac{1}{\mathrm{j}\omega C}}=\frac{R}{1+\mathrm{j}\omega RC}$$

$$Z_2=R+\frac{1}{\mathrm{j}\omega C}$$

则

$$\dot{F}=\frac{Z_1}{Z_1+Z_2}=\frac{\dfrac{R}{1+\mathrm{j}\omega RC}}{\dfrac{R}{1+\mathrm{j}\omega RC}+R+\dfrac{1}{\mathrm{j}\omega C}}=\frac{1}{3+\mathrm{j}\left(\omega RC-\dfrac{1}{\omega RC}\right)} \tag{3-16}$$

令 $\omega_0=\dfrac{1}{RC}$,则式(3-16)可改写为

$$\dot{F}=\frac{1}{3+\mathrm{j}\left(\frac{\omega}{\omega_0}-\frac{\omega_0}{\omega}\right)}$$

幅频特性为

$$|\dot{F}|=F=\frac{1}{\sqrt{9+\left(\frac{\omega}{\omega_0}-\frac{\omega_0}{\omega}\right)^2}} \tag{3-17}$$

相频特性为

$$\varphi_F=-\arctan\frac{\frac{\omega}{\omega_0}-\frac{\omega_0}{\omega}}{3} \tag{3-18}$$

根据式(3-17)、式(3-18)画出 $\dot{F}$ 的频率特性，如图 3-27 所示。当 $f=f_0$ 时，$F=\frac{1}{3}$，$\varphi_F=0°$。

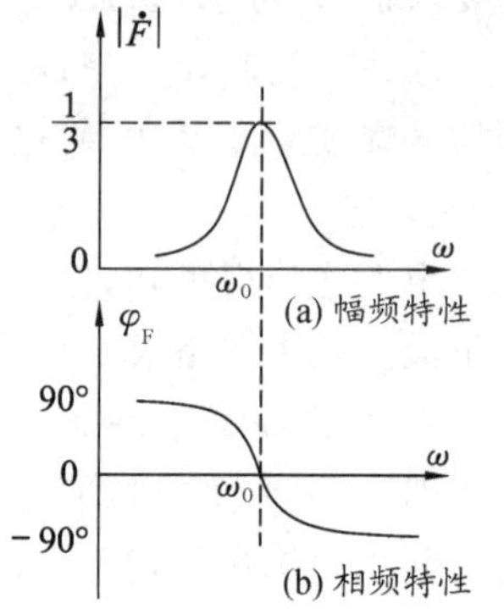

图 3-27 RC 反馈网络的频率特性

根据自激振荡的相位条件，由于采用的是同相放大电路，其相移为零，所以反馈网络的 φ_F 也必须为零(或 $2n\pi$)。由图 3-27(b)可以看出，只有在 $\omega=\omega_0$ 时，反馈网络的 φ_F 才为零，所以文氏桥式正弦波振荡电路的振荡频率

$$f_0=\frac{1}{2\pi RC}$$

$\omega=\omega_0$ 时，由式(3-17)可得 $F=1/3$，要满足振荡条件的幅值条件 $AF=1$，则有

$$AF=\frac{1}{3}\left(1+\frac{R_2}{R_1}\right)=1$$

得 $R_2=2R_1$。

在起振时，应使 $A>3$，随着振荡幅度的增大，A 能自动减小，直到 $A=3$，振荡幅度达到稳定。为此，R_2 常采用具有负温度系数的热敏电阻，当电源刚接通时，R_2 温度低、阻值大，这时 $A>3$，电路容易起振。起振后，随着电路的输出电压增大，流过热敏电阻的电流随之增大，由于发热，温度提高，其阻值减小，使 $A=3$。同样，R_1 采用具有正温度系数的热敏电阻也可以达到此目的。

3.5.2 矩形波发生器

1. 矩形波发生器工作原理

矩形波发生器如图 3-28 所示，由迟滞电压比较器和 R、C 充放电电路构成。电阻 R_1、R_2 和集成运放组成迟滞电压比较器，为了限制电压输出幅度，在输出端通过限流电阻 R_3 接双向稳压管 D_Z。

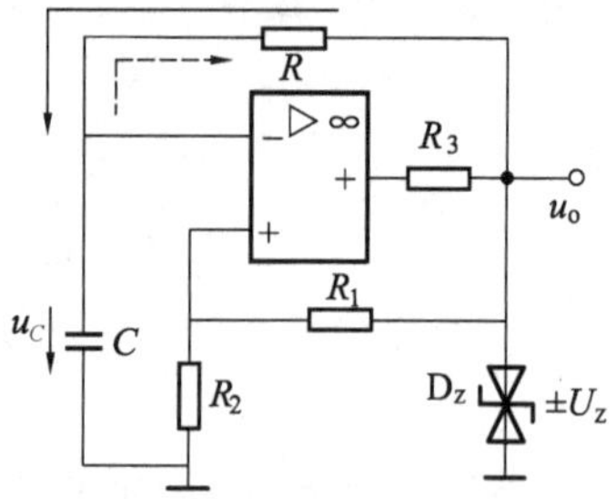

图 3-28 矩形波发生器

设某一时刻输出电压 $u_o=U_Z$，则同相输入端电压为

$$U_{TH}=\frac{R_2}{R_1+R_2}U_Z$$

u_o通过 R 对电容 C 正向充电，如图中实线箭头所示。反相输入端电压 u_C 按指数规律增长。当 u_C 增长到 U_{TH}时，迟滞电压比较器的输出状态发生跳变，$u_o=-U_Z$，这时同相输入端电压为

$$U_{TL}=-\frac{R_2}{R_1+R_2}U_Z$$

此时，电容 C 开始通过 R 放电，放电电流方向如图中虚线所示。当 u_C 按指数规律下降到 U_{TL}时，u_o 又从 $-U_Z$ 跳变为 $+U_Z$。以上过程不断重复，在输出端形成矩形波。电容 C 两端的电压 u_C 波形与比较器输出电压 u_o 波形如图 3-29 所示。

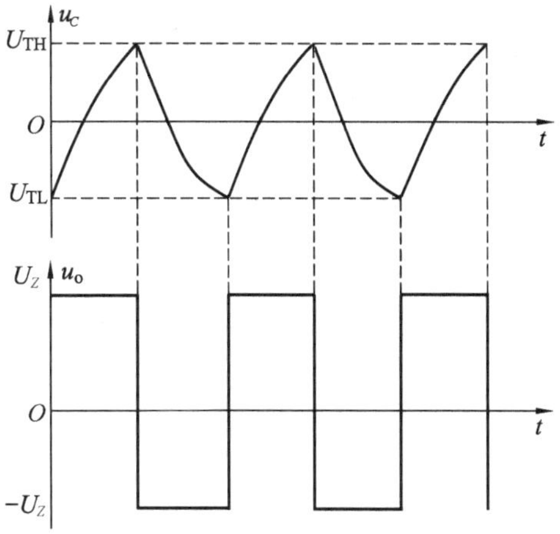

图 3-29　矩形波发生器波形图

2. 振荡周期

由电容电压波形可知，在 1/2 周期内，电容充电的起始值为 U_{TL}，终了值为 U_{TH}，时间常数为 RC；时间 t 趋于无穷时，u_C 趋于 U_Z，利用一阶 RC 电路的三要素法可求出矩形波的振荡周期

$$T=2RC\cdot\ln\left(1+\frac{2R_2}{R_1}\right) \tag{3-19}$$

由式(3-19)可知，改变充放电回路的时间常数 RC 及迟滞比较器的电阻 R_1、R_2，即可调节矩形波的振荡周期，但振荡周期与稳压管的电压 U_Z 无关。U_Z 的大小决定了矩形波的幅度。

矩形波高电平持续时间与周期之比称为占空比。上述矩形波的占空比为 50%，因此也称为方波。为了得到占空比不同的矩形波信号，可采用分开充、放电回路的方法，构成可调节占空比的矩形波电路，如图 3-30 所示。

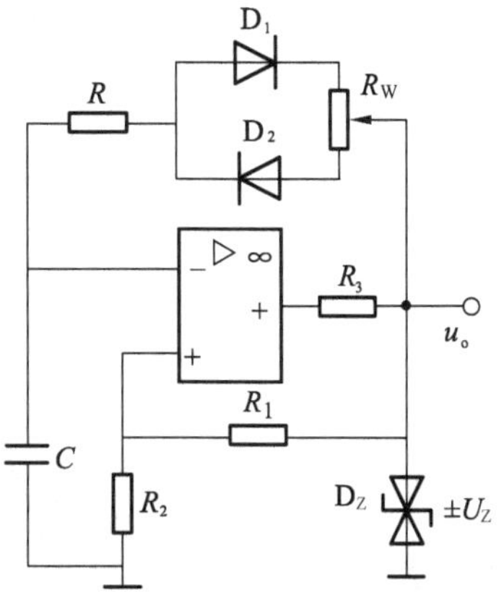

图 3-30　可调节占空比的矩形波发生器

在图 3-30 中，电位器 R_W 和二极管 D_1、D_2 的作用是将电容充电和放电的回路分开，并调节充电和放电两个时间常数的比例。如将电位器的滑动端向下移动，则充电时间常数减小，放电时间常数增大，于是输出端为高电平的时间缩短，输出端为低电平的时间加长，此时的占空比小于 50%。相反，如将电位器的滑动端向上移动，则构成占空比大于 50%的矩形波电路。

3.5.3 三角波发生器

1. 三角波发生器工作原理

若将方波电压作为积分电路的输入电压，在一定条件下便可在积分电路的输出端得到三角波电压。三角波发生器的电路如图 3-31 所示。它由两部分组成：(1) 运放 A_1 和电阻 R_1、R_2 构成迟滞电压比较器，R_6 是 A_1 的平衡电阻，R_3、双向稳压管 D_Z 将 u_{o1} 限制在 $\pm U_Z$，电阻 R_3 是稳压管的限流电阻；(2) 运放 A_2 和电阻 R、电容 C 构成反相积分器，R_5 是 A_2 的平衡电阻，u_o 经 R_2 接到迟滞电压比较器的同相输入端，控制迟滞比较器输出端的状态发生跳变，从而在 A_2 的输出端得到周期性的三角波。

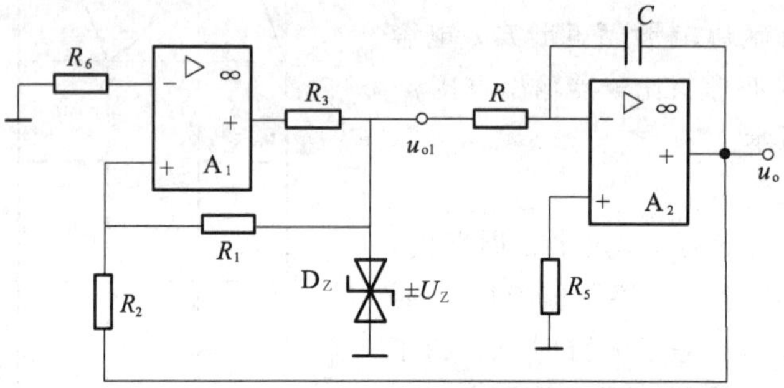

图 3-31 三角波发生器电路

若迟滞比较器的输出电压 $u_{o1}=+U_Z$，对电容 C 反相充电，使 u_o 近似按线性规律下降，直至降到迟滞电压比较器的下限阈值电压 U_{TL} 时，A_1 的输出电压 u_{o1} 从 $+U_Z$ 跳变为 $-U_Z$，积分电路的电容 C 开始放电，输出电压 u_o 按线性规律上升，当上升到迟滞电压比较器的上限阈值电压 U_{TH} 时，u_{o1} 又从 $-U_Z$ 跳变为 $+U_Z$，如此周而复始，便可由 A_1 输出方波信号，由积分器 A_2 输出三角波信号。由于积分电路输出电压的上升和下降时间相同，且其斜率的绝对值也相同，故可以产生三角波信号，波形如图 3-32 所示。

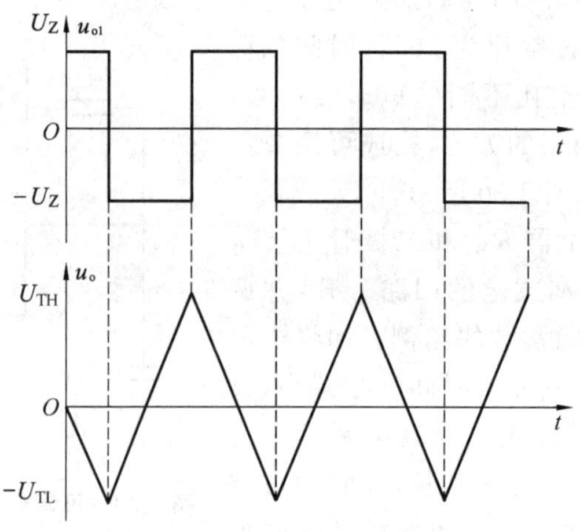

图 3-32 三角波发生器波形图

2. 三角波振荡周期和幅度

根据叠加原理，A_1 同相输入端的电位

$$u_+=\frac{R_1}{R_1+R_2}u_o+\frac{R_2}{R_1+R_2}u_{o1}=\frac{R_1}{R_1+R_2}u_o\pm\frac{R_2}{R_1+R_2}U_Z$$

A_1 的反相输入端电压为零，因此，当 $u_+=u_-=0$ 时对应的 u_o 即为其阈值电压。

$$U_{TL}=-\frac{R_2}{R_1}U_Z,\ U_{TH}=\frac{R_2}{R_1}U_Z \tag{3-20}$$

A_2 的输出 u_o 与 u_{o1} 成积分关系，若从 $u_{o1}=-U_Z$ 处积分到 $u_{o1}=U_Z$，积分的时间为三角波的半个周期，据此可求出三角波的周期

$$T=\frac{4R_2RC}{R_1} \tag{3-21}$$

由式(3-21)和式(3-20)可以看出，三角波的幅度与迟滞电压比较器的电阻比值 R_2/R_1 和稳压管的稳定电压 U_Z 有关；三角波的振荡周期不仅与 R_2/R_1 有关，还与积分电路的时间常数 RC 有关，通过改变 R_2/R_1 和 RC 可以调整三角波的振荡周期。

在三角波发生器电路中，使积分电容 C 充电和放电时间常数不同，就可以在输出端得到锯齿波信号，锯齿波发生器电路如图 3-33 所示。

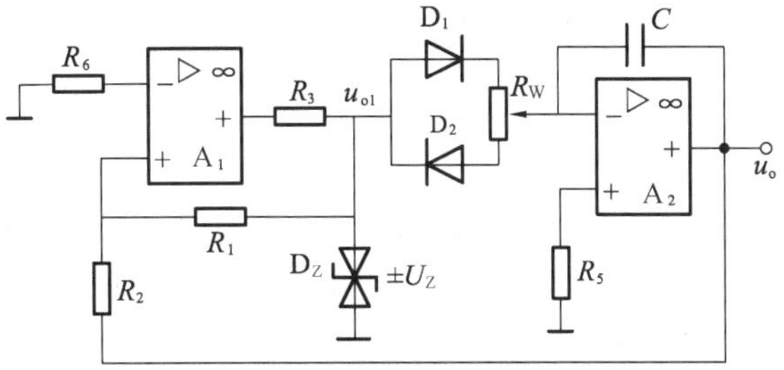

图 3-33　锯齿波发生器电路

练习与思考

1. 画出振荡器组成框图。振荡器中为何既有正反馈，又有负反馈？两者的作用各是什么？

2. 如何调整文氏桥式正弦波振荡器输出波形的频率和幅度？

3. 如何实现方波变换为三角波、三角波变为方波、正弦波变为方波？

3.6 集成运算放大器的使用

随着集成电路制造技术的发展，集成运算放大器的种类越来越齐全，功能也越来越多。在使用运放时应多查产品手册，除了要理解它的工作原理、主要参数之外，在设计电路时，还要做好选型、调零、消振和保护等工作，以确保电路实现预期的功能。

3.6.1 选型

集成运放可分为通用型和专用型。通用型集成运放价格便宜，用于无特殊要求的电路。专用型集成运放是为了适应某种特殊要求而设计的，在某一方面的性能特别突

出，主要有高精度型、高阻型、低功耗型、高速型、高压型和大功率型等。

（1）高精度型：高精度型集成运放的主要特点是零点漂移小、噪声低、开环增益和共模抑制比高，可以减小信号运算处理的误差，获得较高的精度。

（2）高阻型：高阻型集成运放输入电阻高、输入电流很小，一般在输入级采用超大β的三极管或 MOS 管制造。

（3）低功耗型：低功耗型集成运放的制造工艺与标准制造工艺有所不同，它一般选用高电阻率的材料制成，低功耗型集成运放的单片功耗可达毫瓦级。

（4）高速型：高速型集成运放具有较快的工作速率、较短的过渡时间等。设计时常采用加大电流等措施来提高工作速度，这种电路常用于 A/D 转换。

（5）高压型：高压型集成运放的电源电压较高，输出电压的动态范围大，但功耗也较高。

（6）大功率型：大功率型集成运放要求在提供较高输出电压的同时，还能提供较大的输出电流，能输出较大的功率。

由于集成运放器件参数的分散性，运放的实际参数与手册上给出的典型值会有一定的差异，所以在使用之前，应对重要参数进行测试。使用集成运放时还应注意产品手册上对使用环境的要求，如温度、湿度范围、电气及机械条件、安装工艺等。

3.6.2 调零

集成运放是一个高增益的多级放大器，输入电压为零时，输入级微小的不对称都有可能使输出电压不为零。因此，集成运放在使用前应先进行调零。调零有两种方法：一种是集成运放本身有专门的调零引出端，只要按照产品手册和资料上的说明，外加一个电位器就可以实现调零；另一种是集成运放本身没有调零引出端，使用时需要自己设计一个调零电路，如图 3-34 所示。图中 R、R_3、R_W 和 $\pm U_{CC}$ 构成调零电路，在 A 点引入直流补偿电压 U_A，通过调零电位器 R_W 可以改变 U_A 的数值，在输入端短接时，调节 R_W 直至输出端电压为零。为保证不影响放大电路的正常工作，应使 $R_3 \gg R_1$。

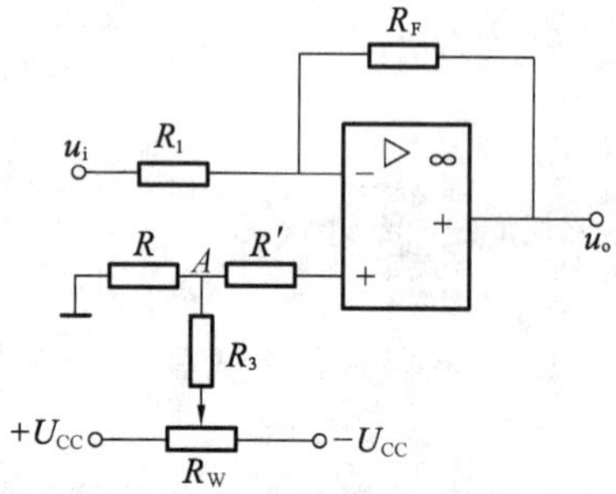

图 3-34 集成运放的典型调零电路

3.6.3 消振

由于集成运放的开环放大倍数非常大，各种形式的寄生电容都有可能引起运放的自激振荡，为使运放能稳定地工作，必须进行消振。

目前很多集成运放都把消振的阻容元件直接集成在运放电路的内部。若按要求使用这些集成运放，一般不会出现自激现象。

另有一些集成运放内部无消振电容，在使用时需要外接合适的补偿电容 C 或 RC 补偿网络，从外部人为地破坏产生自激振荡的条件，使运放稳定地工作。

此外，如果芯片排列和布线不合理，即使接了补偿电路仍有可能出现自激振荡。因此，在布线时，应设法尽量缩短输入端的引线，同时注意公共接地端的接法。

▶3.6.4　运放的保护

电源极性接反或输入、输出电压过大都可能损坏运放，所以在使用时，必须加上必要的保护电路。

1）电源保护

为了防止电源极性接反，可利用二极管单向导电性，在电源端串联二极管来实现保护，如图 3-35 所示。

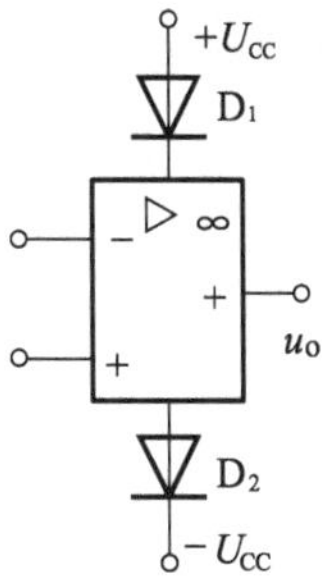

图 3-35　电源保护

2）输入保护

当集成运放的输入信号过大时，会造成运放的损坏，因此需加相应的保护电路。常用的输入保护措施是利用两个反向并联的二极管 D_1、D_2，限制加到集成运放两输入端间的信号幅度，如图 3-36 所示。

3）输出保护

为防止输出端电压过大损坏集成运放，可利用稳压管来进行保护，如图 3-37 所示。当 u_o 过大时，击穿双向稳压管，使输出电压被限制在规定范围内，从而保护运放。

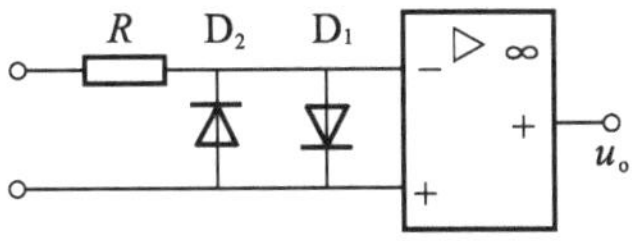

图 3-36　输入保护

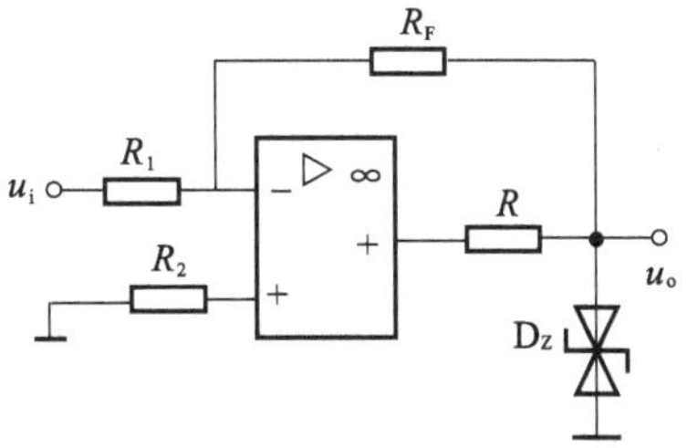

图 3-37　输出保护

▶3.6.5　扩大输出电流

集成运放的输出电流一般在毫安级，负载需要较大的电流时，可以在输出端接一级互补对称功率放大电路，扩大输出电流，如图 3-38 所示。

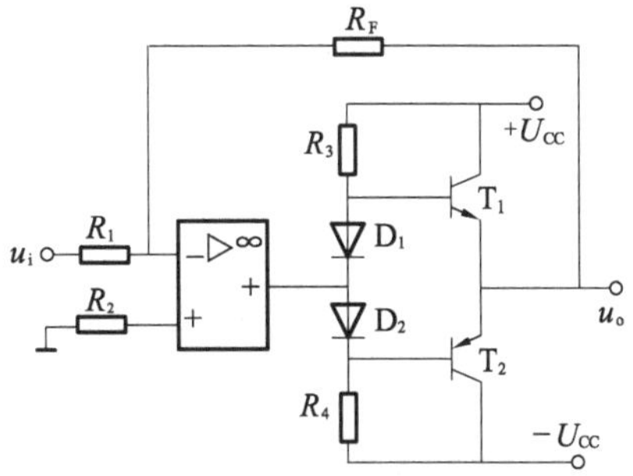

图 3-38　扩大输出电流

3.7　集成运算放大器电路的 Multisim 仿真

▶3.7.1　运算放大器的基本应用

你知道吗?

音频放大电路设计

在 Multisim 元件库中调出相应的元件和仪器，修改参数并连接成如图 3-39 所示的反相比例运算电路，比较两个电路的仿真结果会发现结果相同。调节可变电阻的大小，即可改变放大倍数，输出波形也会有相应的变化。

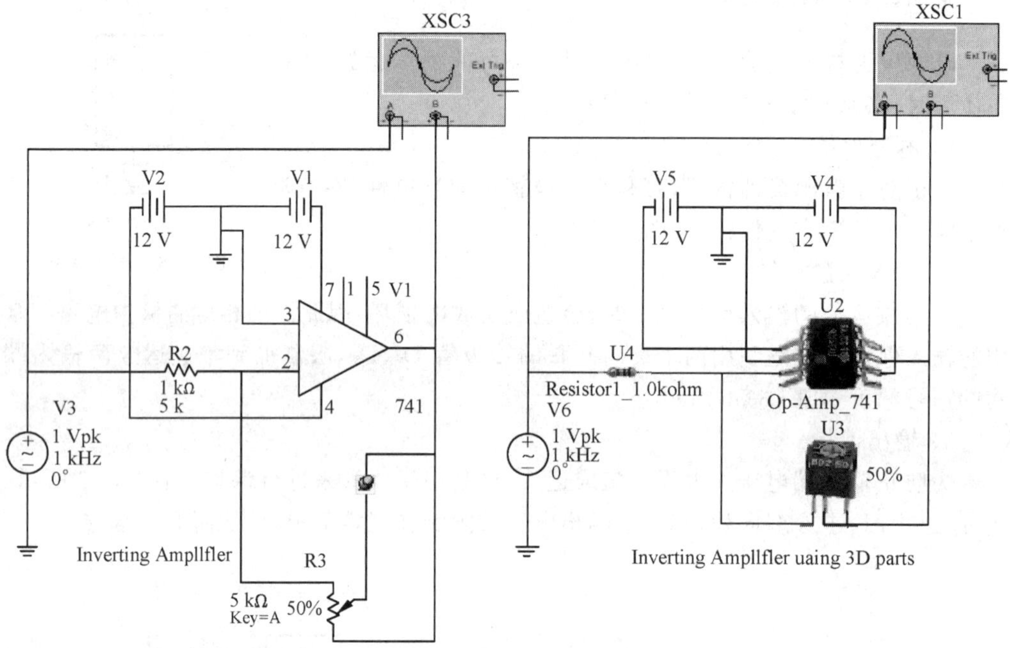

图 3-39　反相比例运算电路

▶3.7.2　正弦波振荡器的仿真

自激振荡应当满足一定的条件，如果幅值条件或相位条件有一个不满足，就不能引起自激振荡。在 Multisim 元件库中调出相应的元件和仪器，修改参数并连接成如图 3-40 所示的电路。当可变电阻 R4 调整到适当位置时，电路振荡，波形如图 3-41 所示。如果 R4 比例太小，电压放大倍数太大，进入饱和区，则波形如图 3-42 所示。如果比例太大，则不能起振。

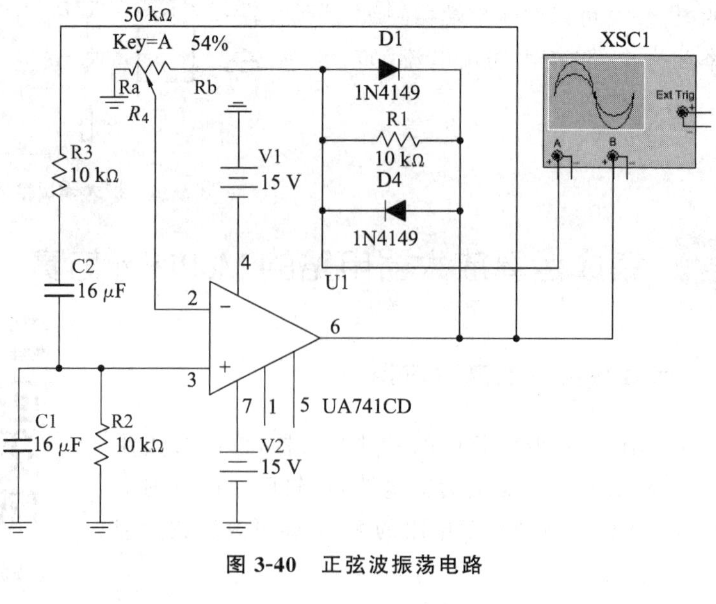

图 3-40　正弦波振荡电路

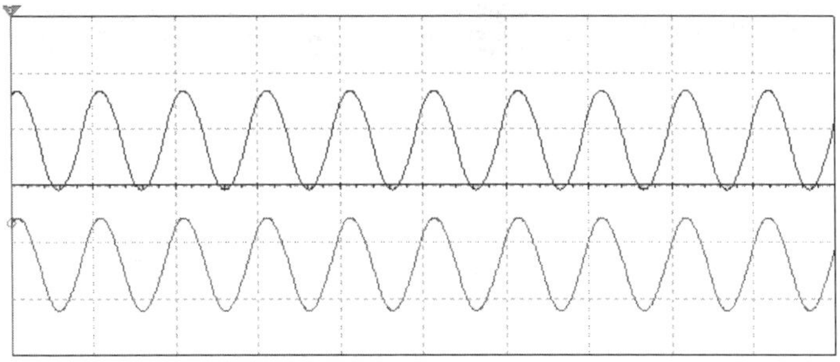

图 3-41　正弦波振荡电路仿真波形

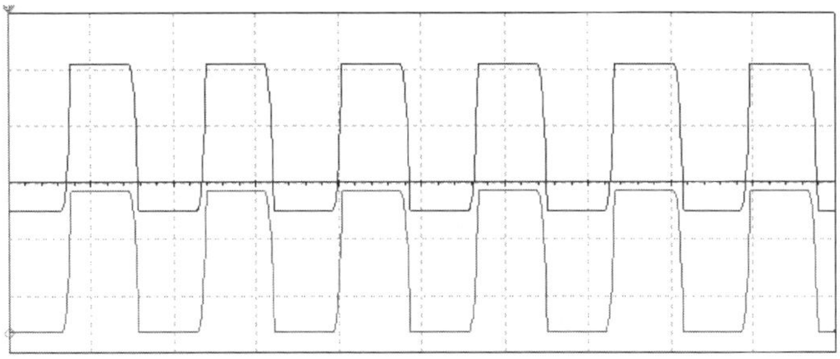

图 3-42　放大倍数太大进入饱和区

3.7.3　有源滤波器的仿真

电子电路在工作场所,总会遇到各种各样的电磁干扰信号,严重时会使其不能正常工作,需要在电路中加各种各样的滤波器,将这些干扰信号滤除。这些滤波器电路,有的比较复杂,理论推导难以理解。前面已经讨论过通过仿真的方法了解其频率特性,也可以通过对输入输出波形的观察了解其性能,了解元件参数的变化对其性能的影响。图 3-43 给出了一个有源滤波电路,信号源为 10 mV、1 kHz 的正弦信号,受到工频电源的干扰,干扰信号的大小为 100 mV。其仿真波形如图 3-44 所示,由图可知,输出信号中的 50 Hz 的工频干扰信号已非常小。

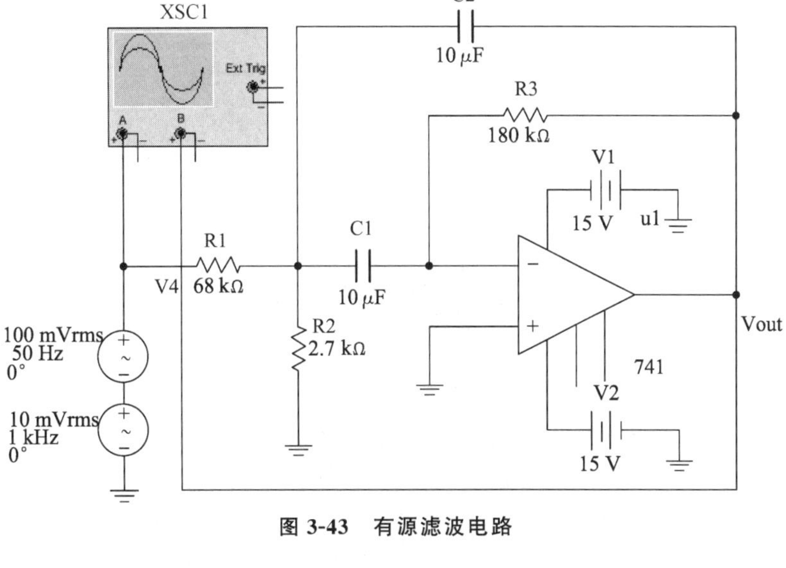

图 3-43　有源滤波电路

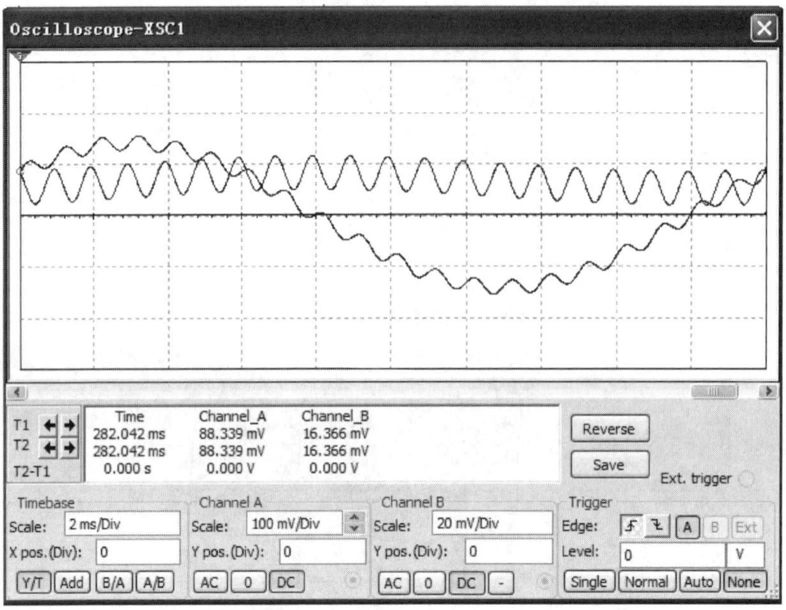

图 3-44 有源滤波电路的仿真波形

有兴趣的读者可以尝试利用传感器设计一些控制电路。

小 结

1. 集成运放引入负反馈时，工作在线性区。

2. 运算电路输出电压和输入电压的关系，可利用“虚短”和“虚断”，基尔霍夫定律和欧姆定律列出电压和电流方程进行求解；也可以利用叠加原理进行求解。

3. 引入负反馈后，虽减小了放大倍数，但可提高放大倍数的稳定性，改变输入电阻和输出电阻、展宽频带，减小非线性失真等。在实际应用中，应根据需要引入不同类型的负反馈。

4. 开环电压比较器、迟滞电压比较器等集成运放非线性应用时，输出电压为 $+U_{oM}$ 或 $-U_{oM}$，为了限制其输出幅值，可使用双向稳压管实现。

5. 正弦波振荡电路由放大电路、选频网络、正反馈网络和稳幅环节 4 部分组成。自激振荡的幅值条件为 $AF=1$，相位条件为 $\varphi_A+\varphi_F=\pm 2n\pi$（$n$ 为整数）。

第3章 习 题

3-1 F007 集成运放的使用电源为 ±15 V，开环放大倍数为 2×10^5，最大输出电压 $\pm U_{oM}$ 为 ±13 V，现在分别输入下列信号，求输出电压及其极性：

(1) $u_+=+15\ \mu V, u_-=-10\ \mu V$；　(2) $u_+=-5\ \mu V, u_-=+10\ \mu V$；

(3) $u_+=0\ \mu V, u_-=+5\ mV$；　(4) $u_+=+5\ mV, u_-=0\ V$。

3-2　在习题 3-2 图所示电路中，A 为理想运放，求电路的输出电压 u_o。

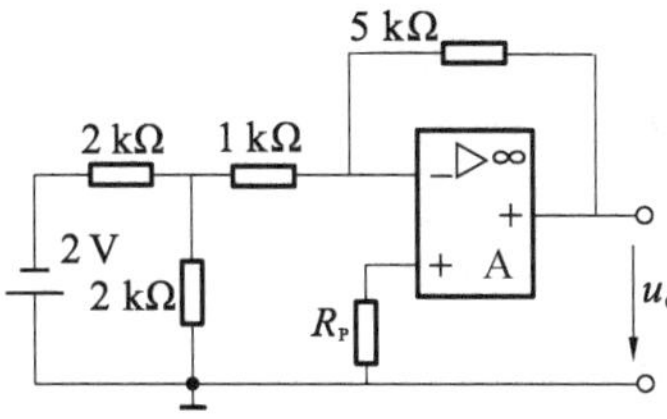

习题 3-2 图

3-3　求习题 3-3 图中的 u_o 和 u_{i1}、u_{i2} 的函数关系。

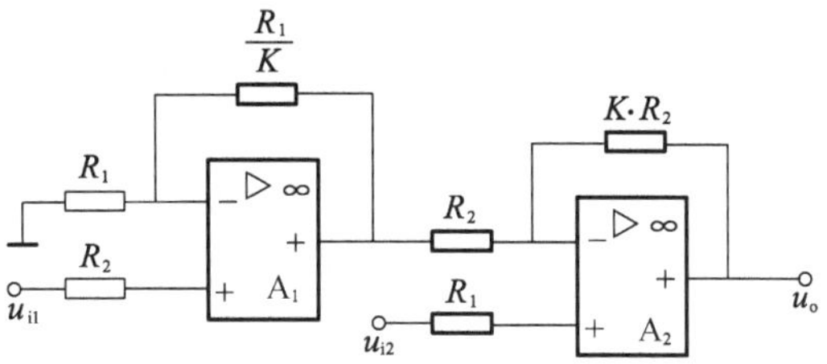

习题 3-3 图

3-4　在习题 3-4 图中，已知 $R_F = 2R$，$u_i = 2$ V，试求输出电压 u_o。

3-5　3 个输入信号 u_{i1}、u_{i2}、u_{i3} 分别加在集成运放的同相输入端和反相输入端，如习题 3-5 图所示，求输出信号 u_o 和 u_{i1}、u_{i2}、u_{i3} 的关系式。

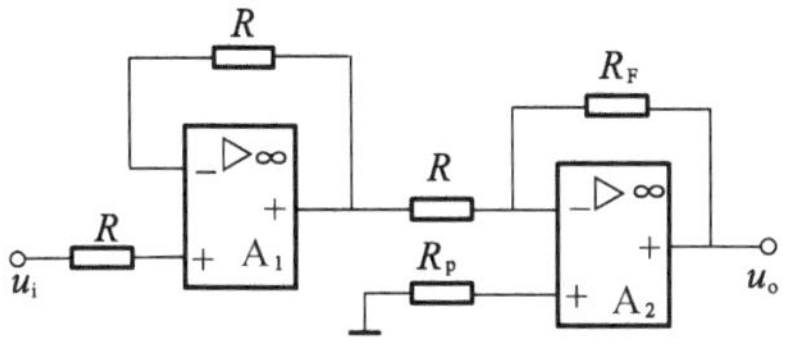

习题 3-4 图

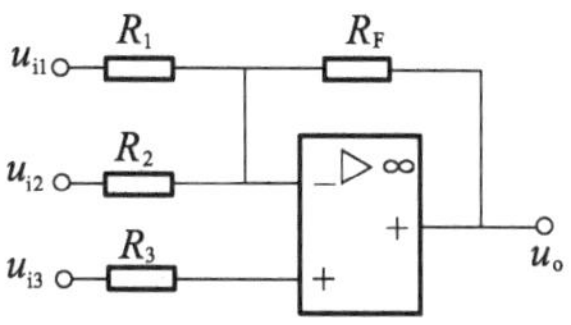

习题 3-5 图

3-6　3 个输入信号 u_{i1}、u_{i2}、u_{i3} 同时加在集成运放的反相输入端，如习题 3-6(a)图所示，求输出信号 u_o 和 u_{i1}、u_{i2}、u_{i3} 的关系式。若 3 个输入信号 u_{i1}、u_{i2}、u_{i3} 同时加在集成运放的同相输入端，如习题 3-6(b)图所示，求输出信号 u_o 和 u_{i1}、u_{i2}、u_{i3} 的关系式，并比较这两种加法器的特点。

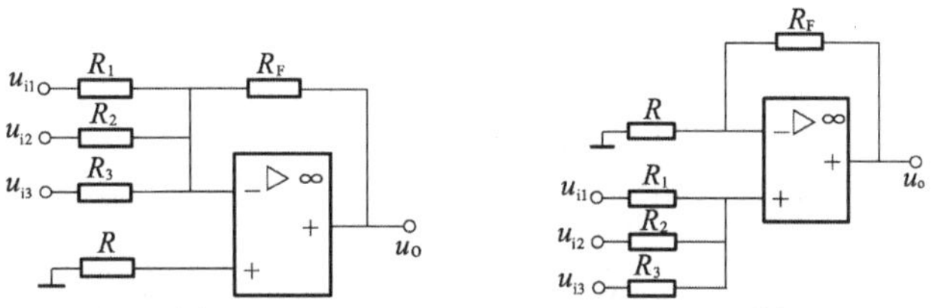

(a)　(b)

习题 3-6 图

3-7　习题 3-7 图为集成运放构成的线性刻度欧姆表电路图。$R_1 = 1$ kΩ，$R_2 = 10$ kΩ，$R_3 = 100$ kΩ，$R_4 = 1$ MΩ，被测电阻 R_x 作为反馈电阻跨接在输出端与反相输入端之间，基准电压取自稳压管，$U_Z = 6$ V，输出端量程为 6 V 的直流电压表，用以读出

R_x 的值。当开关在 R_3 挡时，电压表指示为 3 V，试问 R_x 的值为多少？

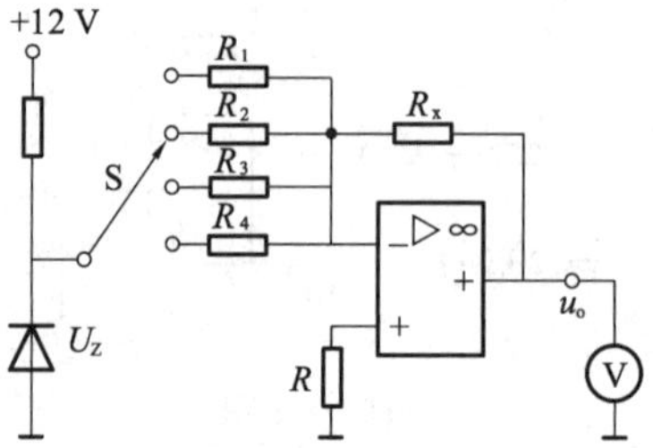

习题 3-7 图

3-8　积分电路如习题 3-8 图所示，积分器中电容的初始电压为 0，输入电压 $u_i=E$，定性画出积分器的输出波形，并求出积分器能保持积分关系的最大时间 T_M（积分器的最大饱和输出电压为 $\pm U_{oM}$）。

3-9　积分电路如习题 3-8 图所示，设图中 $R=500\ \mathrm{k\Omega}$，$C=1\ \mu\mathrm{F}$，并且 $t=0$ 时电容 C 的端电压为 0，已知输入电压波形如习题 3-9 图所示，试画出输出电压波形。

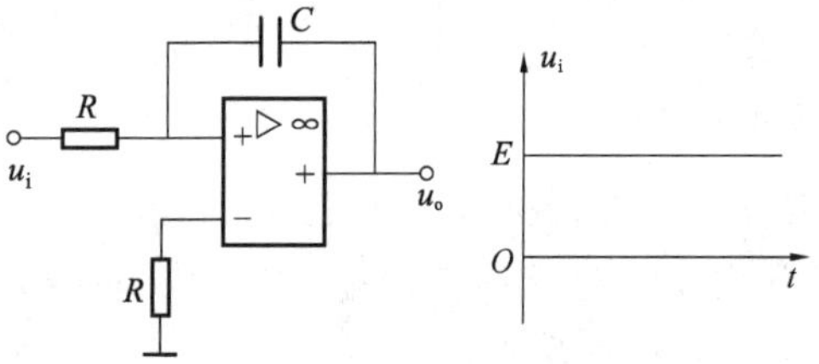

习题 3-8 图

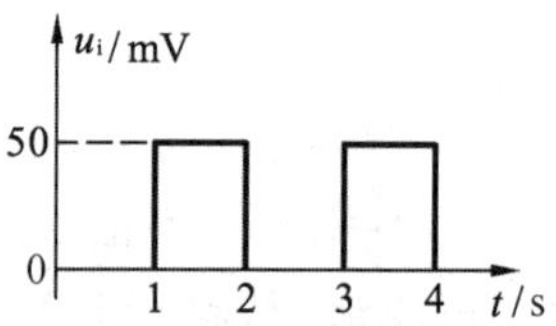

习题 3-9 图

3-10　电路如习题 3-10 图所示，试求 i_o 和 u_s 的关系式，并说明 i_o 有何特点。

3-11　电路如习题 3-11 图所示，试求 u_o 和 u_i 的关系式。

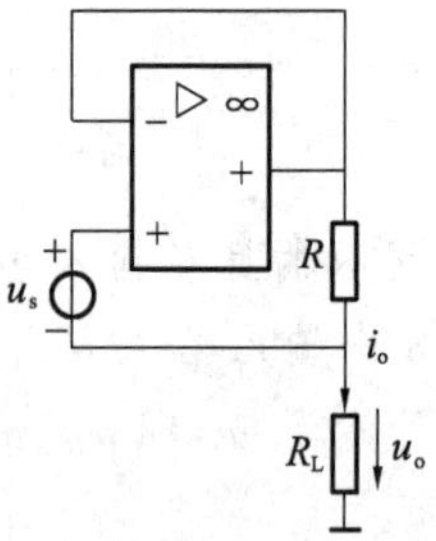

习题 3-10 图

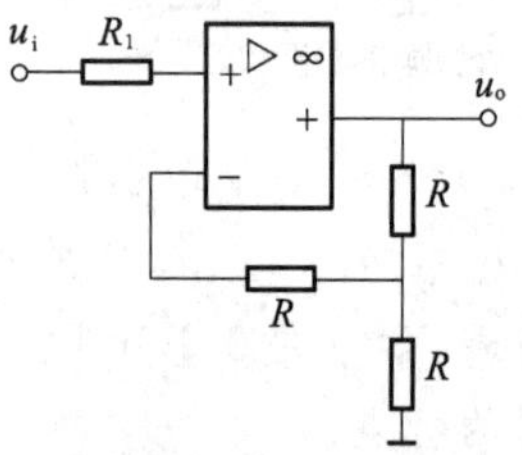

习题 3-11 图

3-12　在基本积分电路中再增加一路输入就构成了如习题 3-12 图所示积分求和电路，求 u_{i1}、u_{i2} 和 u_o 的输入输出函数关系式。

3-13　电路如习题 3-13 图所示，试求 u_o 和 u_{i1}、u_{i2} 的关系式。

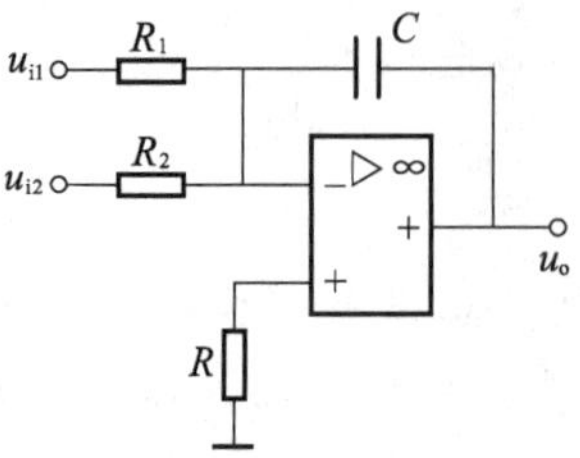

习题 3-12 图

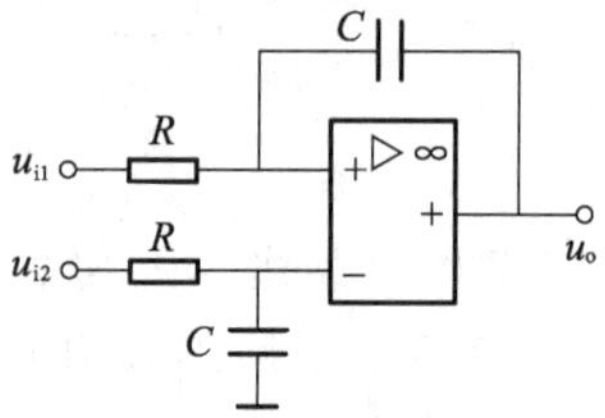

习题 3-13 图

3-14　电路如习题 3-14 图所示，试证明 $u_o=2u_i$。

3-15　选择习题 3-15 图中同相放大器的电阻 R_1、R_2、R_F 的阻值（已知 $R=20\ \text{k}\Omega$），使 $u_o=4(u_{i1}+u_{i2})$ 关系成立。

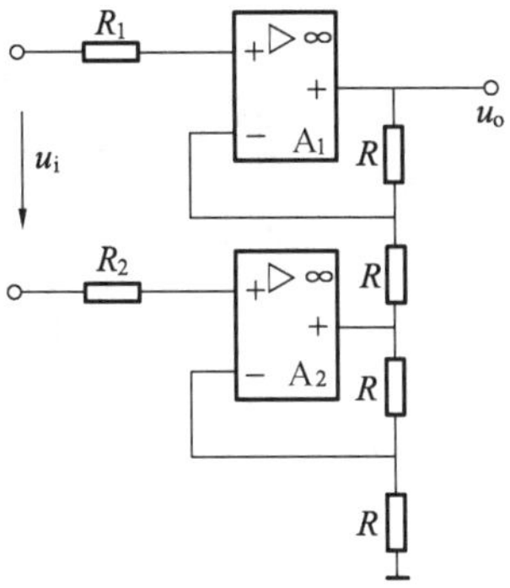

习题 3-14 图

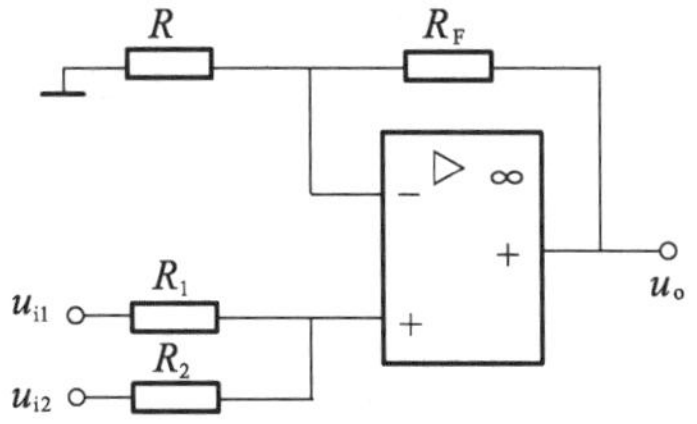

习题 3-15 图

3-16　试用集成运放组成一个运算电路，要求实现以下运算关系，画出电路原理图并估算各电阻值（要求所用电阻阻值在 10～200 kΩ 的范围内）。

(1) $u_o=0.5u_i$；

(2) $u_o=2u_{i1}+4u_{i2}$；

(3) $u_o=2u_{i1}-5u_{i2}+0.5u_{i3}$。

3-17　习题 3-17 图是应用运算放大器测量电压的原理电路，共有 0.5 V、1 V、5 V、10 V、50 V 5 种量程，输出端接有满量程为 5 V、500 μA 的电压表，试计算电阻 R_{11}，R_{12}，…，R_{15} 的阻值。

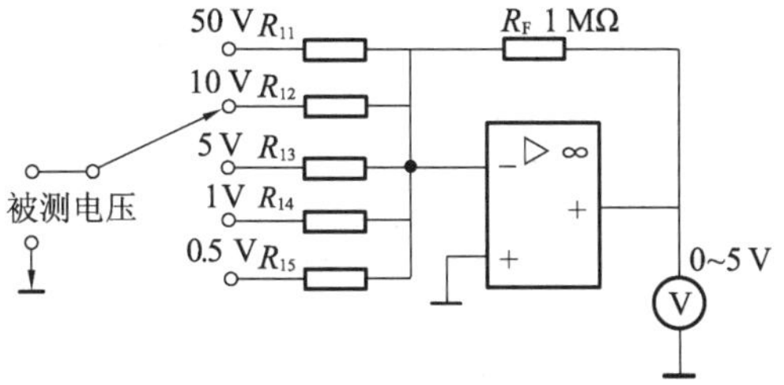

习题 3-17 图

3-18　习题 3-18 图是应用运算放大器测量小电流的原理电路，输出端接有满量程为 5 V、500 μA 的电压表，试计算电阻 R_{1F}，R_{2F}，…，R_{5F} 的阻值。

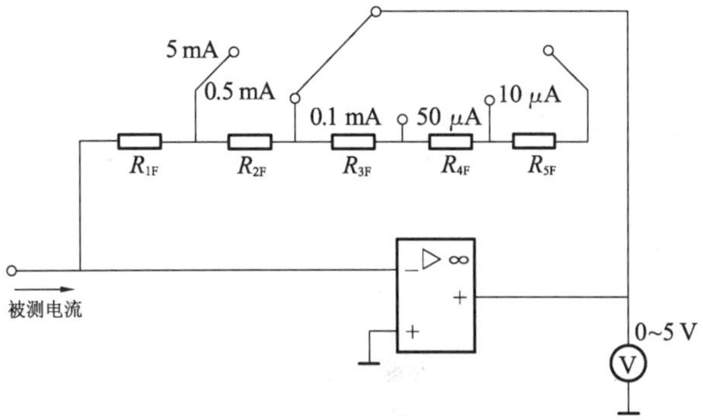

习题 3-18 图

3-19 判断习题 3-19 图中电路的反馈类型。

3-20 判断习题 3-20 图中电路的反馈类型。

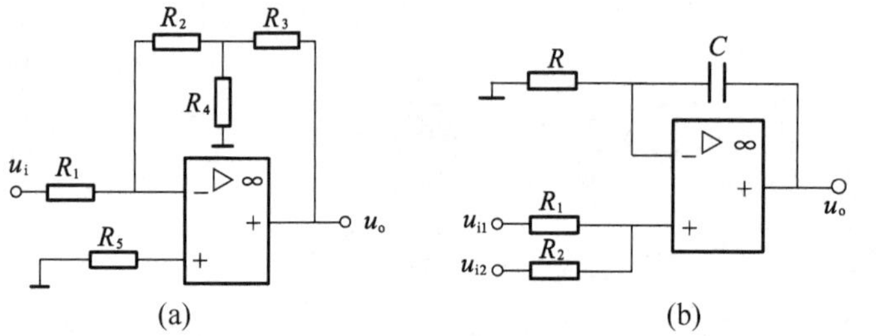

习题 3-19 图

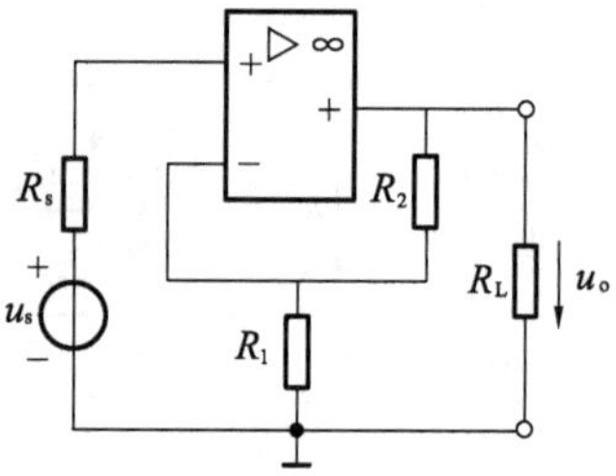

习题 3-20 图

3-21 判别习题 3-21 图中各电路的反馈类型。

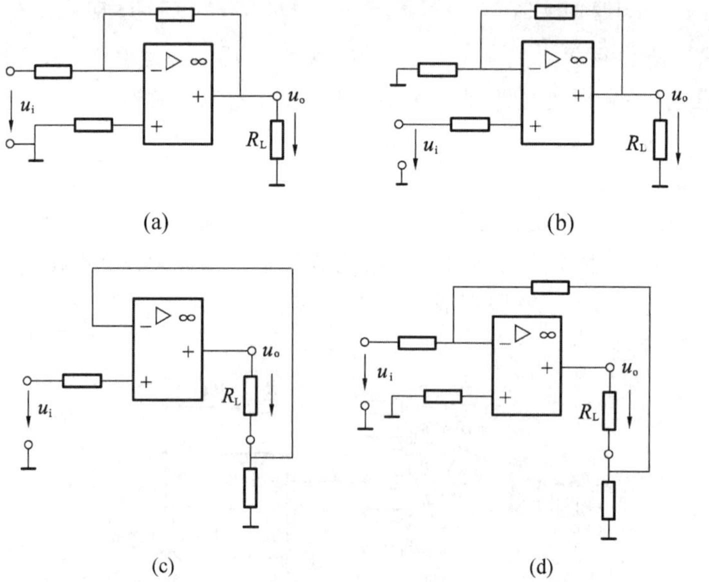

习题 3-21 图

3-22 集成运放组成两级放大电路如习题 3-22 图所示，判定电路中 R_F 引入的反馈类型。

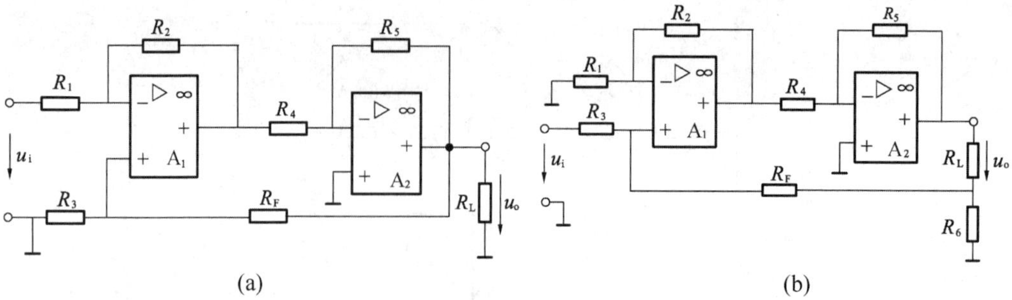

习题 3-22 图

3-23　在放大电路中，应该引入哪种类型的负反馈才能同时实现以下要求：

(1) 稳定输出电压，提高输入电阻；　(2) 稳定输出电压，降低输入电阻；

(3) 稳定输出电流，提高输入电阻；　(4) 稳定输出电流，降低输入电阻。

3-24　在习题 3-24 图所示桥式 RC 振荡电路中，双联可变电容器的电容调节范围为 30～300 pF，$R_1=1\ \text{k}\Omega$，要求电路产生 $f_0=1\ \text{k}\sim10\ \text{kHz}$ 的正弦信号。问：

(1) R 应为多大？(2) R_2 至少应为多大？

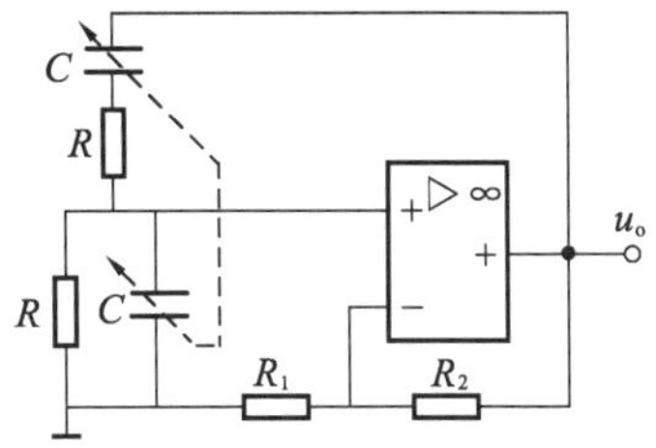

习题 3-24 图

3-25　在习题 3-25 图所示放大电路中，已知 $R_1=R_2=R_6=R_7=R_8=10\ \text{k}\Omega$，$R_5=R_9=R_{10}=20\ \text{k}\Omega$。求：

(1) u_o 与 u_{i1}、u_{i2} 的关系式。

(2) 当 $u_{i1}=0.3\ \text{V}$，$u_{i2}=0.1\ \text{V}$ 时，求 u_o 的值。

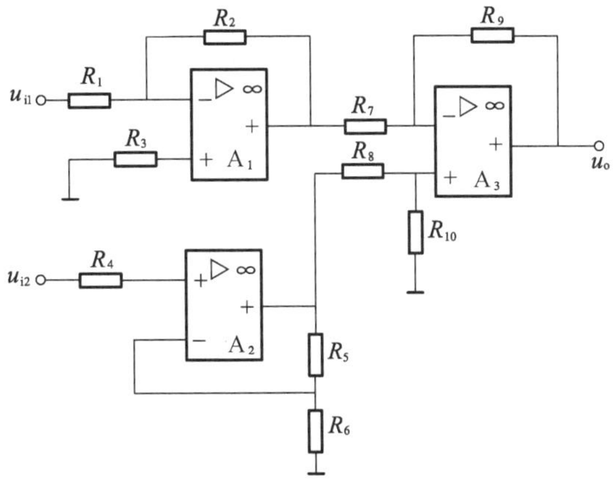

习题 3-25 图

3-26　将正弦信号 $u_i=10\sin\omega t\ \text{V}$ 作为输入信号加到习题 3-26 图所示的双门限比较电路中，并设 $U_A=+4\ \text{V}$，$U_B=-2\ \text{V}$，集成运放 A_1、A_2 的最大输出电压 $U_{oM}=\pm12\ \text{V}$，二极管的正向导通电压忽略，试画出输入 u_i 和输出 u_o 的传输特性曲线和输出电压波形。

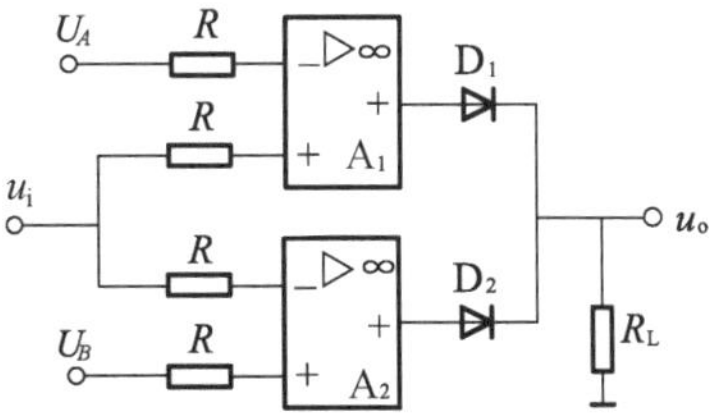

习题 3-26 图

3-27　占空比可调矩形波发生电路如习题 3-27 图所示。设运放 A 及二极管 D_1、D_2 都是理想器件，已知 $R_1=5\ \text{k}\Omega$，$R_F=10\ \text{k}\Omega$，$R_3=1\ \text{k}\Omega$，$R_4=3\ \text{k}\Omega$，$R_W=5\ \text{k}\Omega$，$C=0.1\ \mu\text{F}$，硅稳压管 D_Z 的稳定电压 $U_Z=6\ \text{V}$。试：

(1) 定性画出 u_C 和 u_o 的波形。

(2) 通过调节电位器 R_W 滑动端的上、下位置，可以改变输出波形的占空比，求该电路输出脉冲的占空比的可调范围。

(3) 问改变占空比时，输出信号的周期是否也会随之而变？

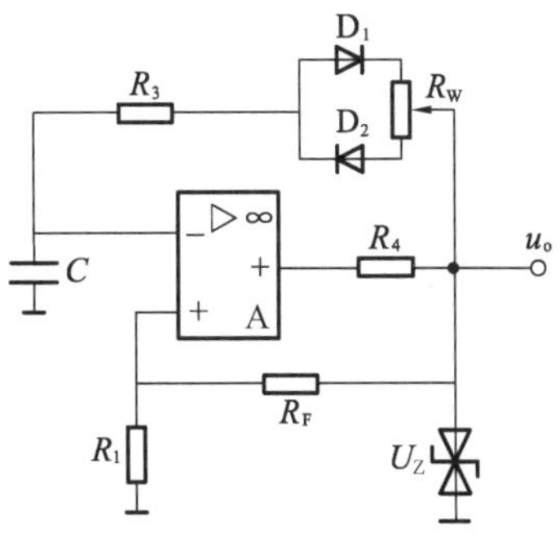

习题 3-27 图

第 4 章

直流电源

直流电源并非简单的“能量搬运工”，而是一个精密的能量处理器。其核心使命在于完成从市电交流到纯净直流的高效、安全、稳定的转换。这个过程遵循清晰的逻辑链条。

整流：利用半导体二极管（如硅整流桥）的单向导电特性，将交流电（AC）中周期性正负变化的电流，转换成单一方向的脉动直流电。电路的具体形式主要有半波整流、全波整流和桥式整流。理解不同整流拓扑的优缺点，是电路选择与优化的基础。整流过程如同在纷繁复杂的信息洪流中坚守正确的方向。二极管对电流方向的“抉择”，如同科技人员在技术研发中必须坚持原则性与方向性，明辨是非，去伪存真，将能量（或精力）引导到建设性的轨道上。

滤波：整流输出的脉动直流含有大量交流纹波成分，远不能满足电子电路对电源的要求。滤波环节（通常由电容、电感及其组合构成）利用电容的储能释能特性，平滑输出电压，从而显著降低了整流后的交流纹波成分。滤波电容的“储能释能”如同个人在积累与奉献间的平衡。工程师需要具备深厚的知识储备（“储能”），并在实践中沉稳应对变化（“释能”），方能化解技术难题的波动（纹波），输出稳定可靠的结果。

稳压：经过滤波的直流电仍会受输入电压波动和负载电流变化的影响而起伏不定。稳压环节通过闭环负反馈控制，实时监测输出电压，并与基准参考电压比较，动态调整元件的工作状态，从而维持输出电压恒定不变。稳压电路的核心是负反馈控制——不断比较目标（基准电压）与现实（输出电压），发现偏差（误差），并立即采取行动（调整调整管）纠正。这深刻体现了自我反思、持续改进的实践论思想。

本章我们将从原理分析到电路解读，再到实际应用案例，一起拆解直流电源的奥秘，希望不仅能让大家掌握必备的知识和技能，更能体会到技术背后蕴含的工程智慧和那份为电子世界提供“澎湃而纯净”动力的责任。

思维导图

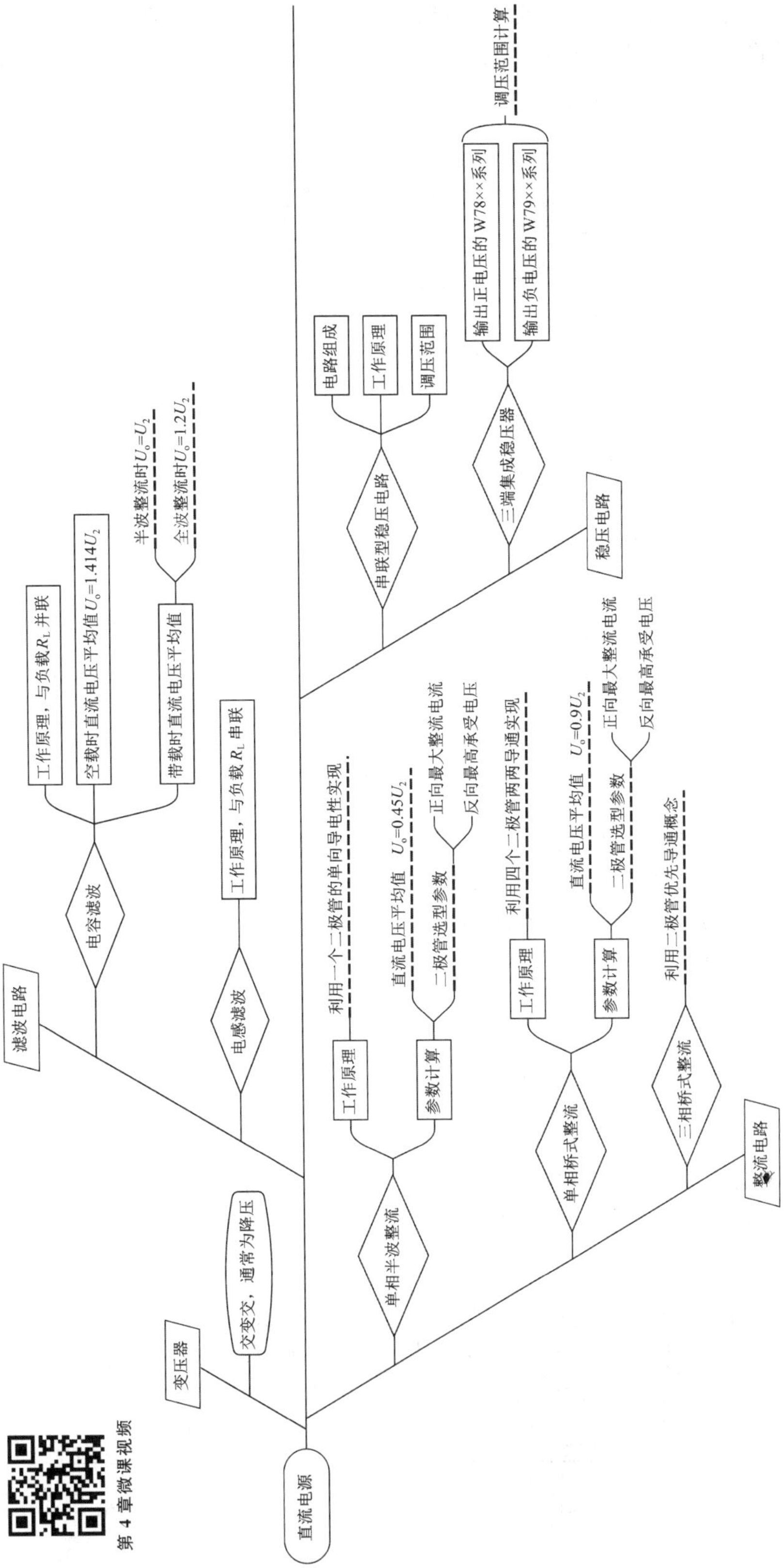

第 4 章微课视频

直流电源除了直流发电机、蓄电池之外，还有各种半导体直流电源。半导体直流电源是将工频交流电转换为直流电的一种装置，一般由整流变压器、整流电路、滤波电路和稳压电路等 4 部分组成，转换过程如图 4-1 所示。

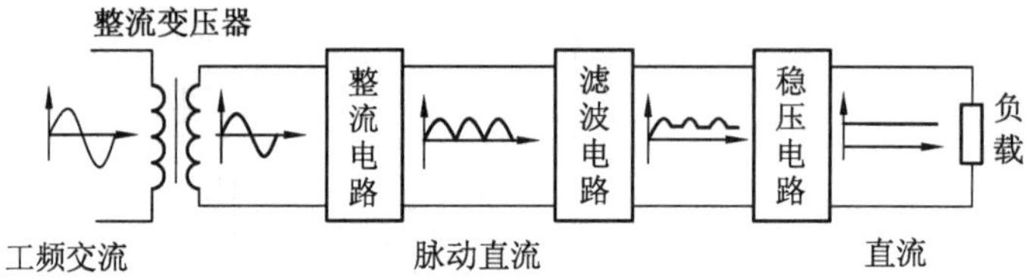

图 4-1 直流稳压电源原理框图

整流变压器 将电网提供的交流电压变换为符合整流电路要求的交流电压。

整流电路 利用整流元件(如整流二极管、晶闸管等)将交流电压变为单向脉动直流电压(为非正弦周期电压，含有恒定分量和各次谐波分量)。

滤波电路 利用电容或电感元件的频率特性，滤除单向脉动直流电压中的大部分谐波分量，保留恒定分量，减小整流电压的脉动程度。

稳压电路 在电网电压波动或负载变化时，采用稳压元件或负反馈电路等措施，稳定输出电压。在对直流电压稳定程度要求不高的电路中，稳压电路可以省略。

4.1 整流电路

整流电路的功能就是利用整流元件(如整流二极管、晶闸管等)，将交流电压变为单向脉动直流电压。小功率(1 kW 以下)直流电源常采用单相半波、单相全波、单相桥式和倍压整流等形式的整流电路，其中单相桥式整流电路应用最为广泛。由于取用的交流电一般都来自三相交流电网，为了使三相电路平衡，功率较大的直流电源常采用三相整流电路。

4.1.1 单相桥式整流电路

1. 电路组成

由 4 只整流二极管 D_1、D_2、D_3、D_4 构成的单相桥式整流电路如图 4-2(a)所示，电路也可以画成图 4-2(b)、(c)的形式。

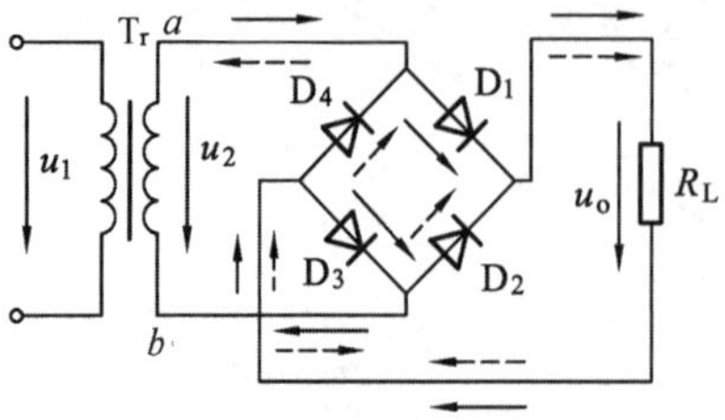

(a)

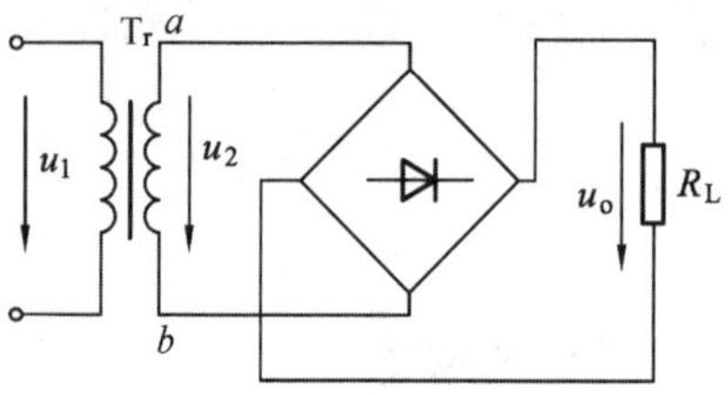

(b)

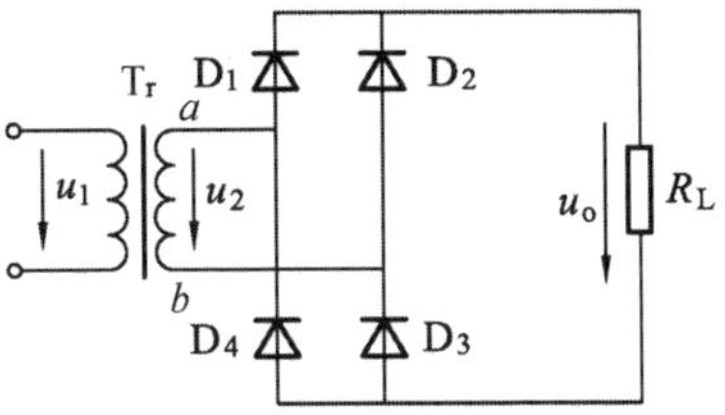

(c)

图 4-2 单相桥式整流电路

2. 工作原理

为方便分析,假设电路中的整流变压器和二极管均为理想元件。

设整流变压器副边绕组的电压

$$u_2=\sqrt{2}U_2\sin\omega t\ \text{V}$$

波形如图 4-3(a)所示。

在 u_2 的正半周,变压器副边绕组 a 端的电位高于 b 端,二极管 D_1、D_3 因承受正向电压而导通,二极管 D_2、D_4 因承受反向电压而截止,电路中电流的通路如图 4-2(a)中实线箭头所示,即 $a\to D_1\to R_L\to D_3\to b$,负载上得到的电压近似等于 u_2 正半周期的电压。

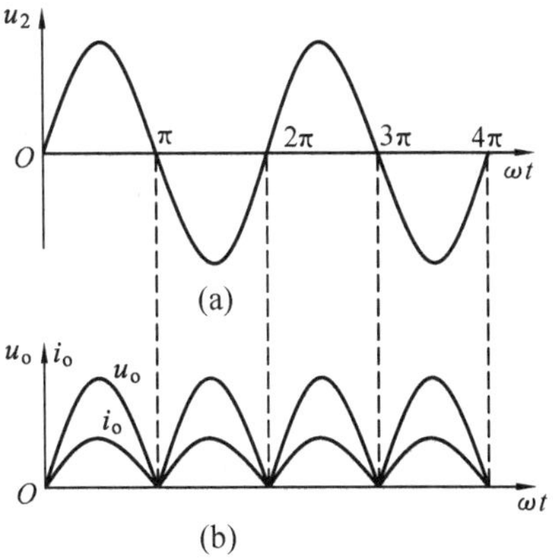

图 4-3 单相桥式整流电路波形

在 u_2 的负半周,变压器副边绕组 b 端的电位高于 a 端,二极管 D_2、D_4 因承受正向电压而导通,二极管 D_1、D_3 因承受反向电压而截止,电路中电流的通路如图 4-2(a)中虚线箭头所示,即 $b\to D_2\to R_L\to D_4\to a$,负载上得到的电压仍与 u_2 正半周电压相同。

可见,无论电压 u_2 是正半周还是负半周,负载上始终流过自上而下的电流。因此,负载上得到单向脉动的电压和电流,其波形如图 4-3(b)所示。

3. 参数计算

1) 输出直流电压

$$U_o=\frac{1}{2\pi}\int_0^{2\pi}u_o\,d(\omega t)=\frac{2}{2\pi}\int_0^{\pi}\sqrt{2}U_2\sin\omega t\,d(\omega t)=\frac{2\sqrt{2}U_2}{\pi}=0.9U_2$$

直流电流

$$I_o=\frac{U_o}{R_L}=0.9\frac{U_2}{R_L}$$

2) 变压器副边电压的有效值

$$U_2=\frac{U_o}{0.9}=1.11U_o$$

变压器副边电流的有效值

$$I_2=\frac{U_2}{R_L}=1.11\frac{U_o}{R_L}=1.11I_o$$

3）整流二极管平均电流

$$I_D=\frac{1}{2}I_o$$

整流二极管承受的最高反向电压

$$U_{RM}=\sqrt{2}U_2$$

4）纹波系数 K_r

K_r 表示输出直流电压中谐波分量的有效值与直流分量电压之比，即

$$K_r=\frac{\sqrt{U_{o1}^2+U_{o2}^2+U_{o3}^2+\cdots}}{U_o}\approx\frac{\sqrt{U_2^2-U_o^2}}{U_o}$$

对全波整流和桥式整流，则有

$$K_r=\frac{\sqrt{1-0.9^2}}{0.9}=0.483$$

这说明 u_o 中含有很大成分的纹波。

【例 4-1】 已知单相桥式整流电路电源频率为 50 Hz，电压为 220 V，负载 $R_L=110\ \Omega$，负载电压 $U_o=110$ V。(1) 选择整流二极管；(2) 求整流变压器的变比及容量。

解：(1) 负载电流

$$I_o=\frac{U_o}{R_L}=\frac{110}{110}=1\ \text{A}$$

每个二极管的平均电流

$$I_D=\frac{1}{2}I_o=0.5\ \text{A}$$

变压器副边电压的有效值

$$U_2=\frac{U_o}{0.9}=\frac{110}{0.9}\approx 122\ \text{V}$$

考虑到变压器副边绕组及二极管上的压降，变压器副边电压大约要提高 10%，即

$$U_2=122\times 1.1\approx 134\ \text{V}$$

二极管承受的最高反向电压

$$U_{RM}=\sqrt{2}\times 134\approx 189\ \text{V}$$

为了工作安全起见，在选取整流二极管时，二极管的最大整流电流应大于流过二极管的平均电流计算值的 1.5～2 倍，二极管的最高反向工作电压 U_{RM} 应比计算值大 1.5～2.5 倍左右。

查附录 B，整流二极管选用 2CZ11D。2CZ11D 的最大整流电流为 1 A，最高反向工作电压为 400 V。

(2) 变压器的变比

$$K=\frac{220}{134}=1.6$$

变压器副边电流的有效值

$$I_2=\frac{I_o}{0.9}=\frac{1}{0.9}\approx 1.1\ \text{A}$$

变压器的容量

$$S=U_2I_2=134\times 1.1=147.4\ \text{VA}$$

4.1.2　三相桥式整流电路

单相整流电路的输出功率一般不超过 1 kW，常用在电子仪器和家用电器中。在工业设备上常需要输出高电压、大电流的大功率直流电源，这时如果仍采用单相整流电路会造成三相电网负载不平衡，影响供电质量；而有些场合，虽然整流输出功率不大，但是为了减小整流电压的脉动程度，仍需要采用三相整流电路。三相整流电路分为三相半波整流电路和三相桥式整流电路，下面主要介绍三相桥式整流电路。

1. 电路组成

由 6 只二极管 D_1、D_2、D_3、D_4、D_5、D_6 构成的三相桥式整流电路如图 4-4 所示。副边绕组为星形联结。电路中，D_1、D_3 和 D_5 的阴极连在一起构成共阴极组；D_2、D_4 和 D_6 的阳极连在一起构成共阳极组。

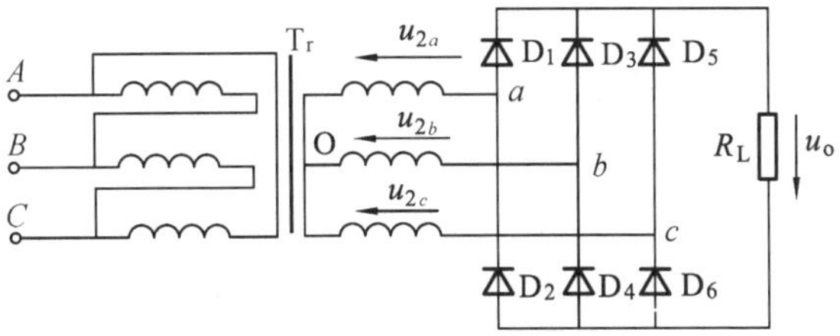

图 4-4　三相桥式整流电路

2. 工作原理

根据二极管抢先导通的性质可知：共阴极组中阳极电位最高的二极管优先导通，共阳极组中阴极电位最低的二极管优先导通，同一时间每组二极管中只有一个二极管导通，与负载电阻共同构成电流通路，其余 4 只二极管承受反向电压而截止。每组中的 3 个二极管轮流导通。下面具体分析其工作过程。

图 4-5 给出了对应变压器副边电压波形的各二极管导通情况及输出波形。在 0～t_1 期间，三相变压器副边电压的关系是 $u_{2c}>u_{2a}>u_{2b}$，所以电路中 a、b、c 3 点的电位关系为 $V_c>V_a>V_b$，即 c 点电位最高，b 点电位最低，于是二极管 D_5 和 D_4 优先导通。如果忽略三相变压器副边绕组和二极管的正向管压降，则负载上得到的电压 $u_o=u_{cb}$，其电流通路是 $c\to D_5\to R_L\to D_4\to b$。由于 D_5 导通，D_1、D_3 的阴极电位基本上等于 c 点的电位，因此 D_1、D_3 均截止；同理，因 D_4 导通，D_2、D_6 的阳极电位基本上等于 b 点的电位，故 D_2、D_6 也截止。

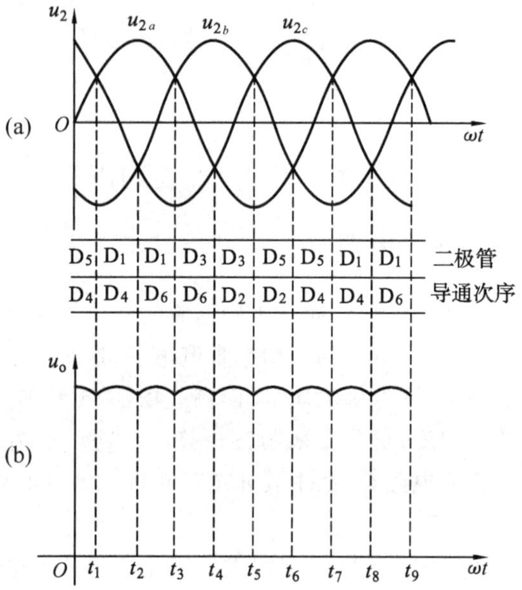

图 4-5　三相桥式整流电路的电压波形

在 $t_1 \sim t_2$ 期间，从图 4-5(a)可以看出 $u_{2a} > u_{2c} > u_{2b}$，所以 a 点电位最高，b 点电位最低，这样二极管 D_1、D_4 优先导通，其余 4 只二极管均截止。此时电流通路为 $a \to D_1 \to R_L \to D_4 \to b$，负载两端的电压 $u_o = u_{ab}$。

依次类推，不难得出图 4-5(b)所示的二极管导通次序和负载上获得的电压波形。共阴极组的 3 只二极管 D_1、D_3、D_5 分别在 t_1、t_3、t_5 等时刻依次导通，共阳极组的 3 只二极管 D_6、D_2、D_4 分别在 t_2、t_4、t_6 等时刻依次导通。一个周期内，每一个二极管导通 1/3 周期。

3. 参数计算

1) 输出直流电压

从图 4-5(b)可看出，负载得到的电压 u_o 的大小等于三相电压的上下包络线间的垂直距离(即每个时刻最大的线电压值)，线电压 u_{ab} 比相电压 u_{2a} 超前$\frac{\pi}{6}$，则

$$U_o = \frac{1}{\frac{\pi}{3}}\int_{\frac{\pi}{6}}^{\frac{\pi}{2}} (u_{2a} - u_{2b})\mathrm{d}(\omega t) = \frac{1}{\frac{\pi}{3}}\int_{\frac{\pi}{6}}^{\frac{\pi}{2}} \sqrt{2}U_{ab}\sin\left(\omega t + \frac{\pi}{6}\right)\mathrm{d}(\omega t)$$

$$= \frac{3}{\pi}\int_{\frac{\pi}{6}}^{\frac{\pi}{2}} \sqrt{2} \times \sqrt{3}U_2\sin\left(\omega t + \frac{\pi}{6}\right)\mathrm{d}(\omega t) = 2.34U_2$$

式中，U_2 为三相变压器副边绕组相电压的有效值。

2) 负载上的电流平均值

$$I_o = \frac{U_o}{R_L} = 2.34\,\frac{U_2}{R_L}$$

3) 二极管的平均电流

在一个周期内，每只二极管导通 1/3 周期，因此每只二极管的平均电流为

$$I_D=\frac{1}{3}I_o=0.78\frac{U_2}{R_L}$$

4）二极管承受的最高反向电压

每个二极管承受的最高反向电压为三相变压器副边绕组线电压的幅值，即

$$U_{RM}=\sqrt{3}\times\sqrt{2}U_2=2.45U_2$$

表 4-1 比较了几种常见的整流电路。

表 4-1　几种常见的整流电路

	电路	整流电压的波形	整流电压平均值	整流管平均电流	整流管最大反向电压
单相半波	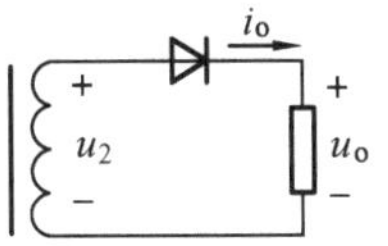		$0.45U_2$	I_o	$\sqrt{2}U_2$
单相全波	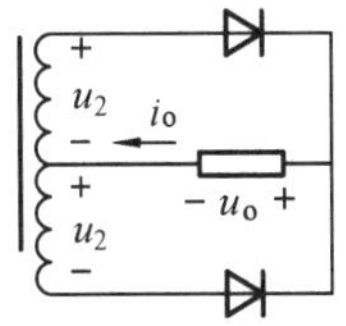	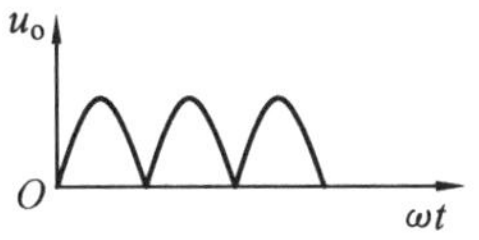	$0.9U_2$	$\frac{1}{2}I_o$	$2\sqrt{2}U_2$
单相桥式	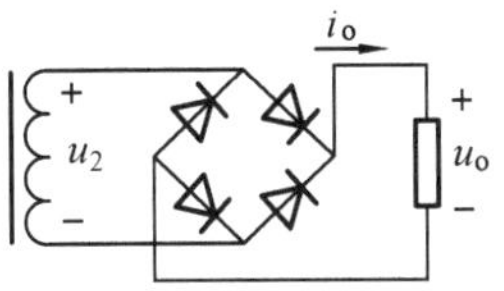	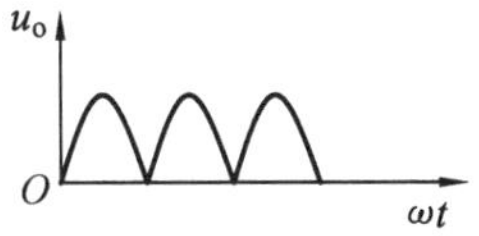	$0.9U_2$	$\frac{1}{2}I_o$	$\sqrt{2}U_2$
三相半波	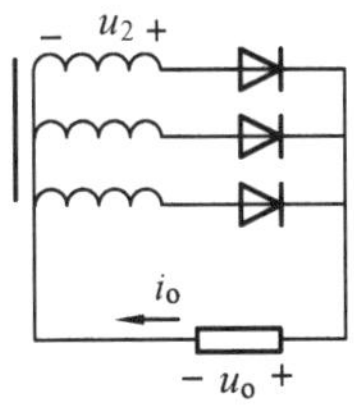	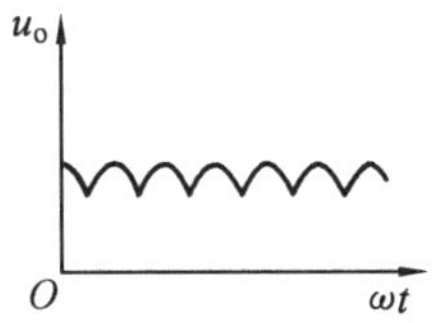	$1.17U_2$	$\frac{1}{3}I_o$	$\sqrt{3}\sqrt{2}U_2$
三相桥式	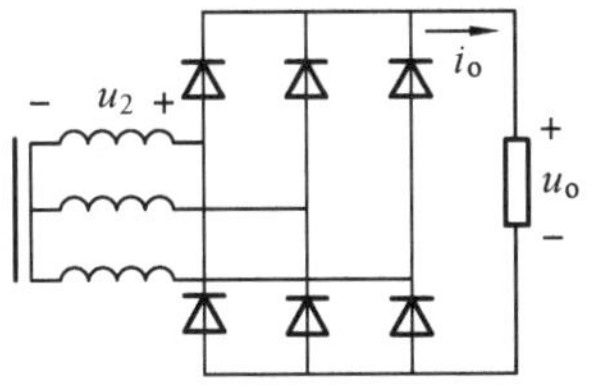	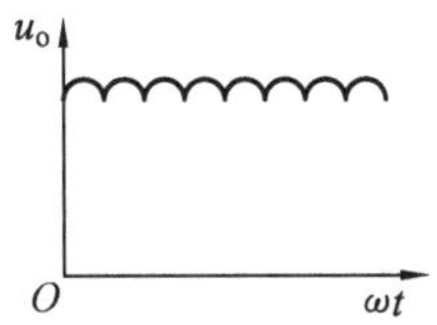	$2.34U_2$	$\frac{1}{3}I_o$	$\sqrt{3}\sqrt{2}U_2$

由表 4-1 可见，单相半波整流电路的输出电压脉动较大，变压器利用率低。

单相全波整流电路要求变压器中间有抽头，变压器体积大，而且在输出相同平均电压的情况下，整流二极管承受的最大反向电压最高。

桥式整流电路具有输出电压平均值高、脉动小，整流管所承受的最大反向电压低的优点。

目前，市场上已有多种规格的集成整流桥块，是将 4 只二极管按桥式整流电路的形

式集成在一个硅片上，引出 4 根管脚制成，以方便使用。

【例 4-2】 计算表 4-1 中 3 种单相整流电路的变压器副边电流的有效值 I_2。

解：（1）单相半波

$$I_o=\frac{1}{2\pi}\int_0^{\pi}I_m\sin\omega t\,d(\omega t)=\frac{I_m}{\pi}$$

$$I_2=\sqrt{\frac{1}{2\pi}\int_0^{\pi}(I_m\sin\omega t)^2d(\omega t)}=\frac{I_m}{2}$$

所以

$$I_2=\frac{\pi}{2}I_o=1.57I_o$$

（2）单相全波

$$I_o=\frac{2I_m}{\pi}$$

$$I_2=\frac{I_m}{2}$$

所以

$$I_2=\frac{\pi}{4}I_o=0.79I_o$$

（3）单相桥式

$$I_o=\frac{2I_m}{\pi}$$

$$I_2=\sqrt{\frac{1}{\pi}\int_0^{\pi}(I_m\sin\omega t)^2d(\omega t)}=\frac{I_m}{\sqrt{2}}$$

所以

$$I_2=\frac{\pi}{2\sqrt{2}}I_o=1.11I_o$$

练习与思考

1. 单相半波整流电路与单相桥式整流电路的输出电压平均值、所带负载大小完全相同，试问两个整流电路中整流二极管的电流平均值和最高反向电压是否相同？

2. 在如图 4-2(a)所示的单相桥式整流电路中，如果：(1) 二极管 D_3 接反；(2) 二极管 D_3 短路；(3) 二极管 D_3 开路，试分别说明其后果如何？

3. 某一特殊场合，将单相桥式整流电路不经变压器直接接入交流电源，试问：若负载 R_L 一端接“地”，结果如何？

4. 单相整流电路的变压器副边电流波形和负载电流波形是否相同，变压器副边电流的有效值和负载电流的平均值有何区别？

4.2 滤波电路

整流电路的输出电压是方向不变、大小变化的脉动直流电压，其中含有直流分量和交流分量。对直流电压平滑度要求不高的负载，如电解、电镀、蓄电池充电等，脉动直流电压可以直接作为电源。但对于许多对直流电压平滑度要求较高的负载，如电子仪器、自动控制装置等，脉动直流电压不能满足要求。因此，需要在整流电路之后加接滤波电路，尽量滤除整流电路输出电压中的谐波分量，保留其中的直流分量，使输出电压更加平滑。

基本的滤波元件有电容和电感，常用的滤波电路有电容滤波电路、电感滤波电路和复合滤波电路。

4.2.1 电容滤波电路

1. 电路组成

在小功率电子电路中，应用最广泛的是电容滤波。图 4-6 是一个桥式整流电容滤波电路，即在整流电路之后，与负载并联一个容量足够大的电容器。

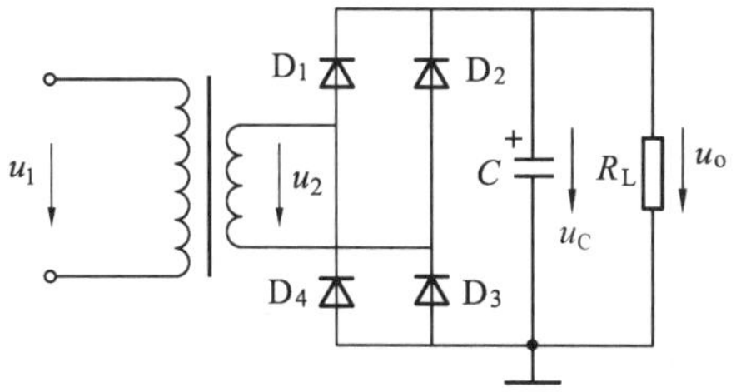

图 4-6 电容滤波电路

2. 工作原理

利用电容器两端电压不能突变的特点，将电容器和负载并联，即可达到平滑输出电压的目的。

设变压器副边电压 $u_2=\sqrt{2}U_2\sin\omega t$ V。

在单相桥式整流电路未接电容 C 时，输出电压的波形如图 4-7(b)所示。接入电容 C 后，设电容的初始端电压为零，且在 $\omega t=0$ 时接通交流电源。在 $0<\omega t<\frac{\pi}{2}$ 期间，副边电压 u_2 由零开始上升，二极管 D_1、D_3 导通，电源经 D_1、D_3 向负载 R_L 供电，同时对电容 C 充电。如果忽略变压器副边绕组和二极管的正向电压降，考虑到充电回路的时间常数 $\tau_{充}=(r_0//R_L)C$(其中，r_0 包括变压器副边绕组的电阻和二极管 D_1、D_3 导通时的正向电阻)，通常 $r_0\ll R_L$，由于 r_0 数值一般很小，所以充电时间常数很小。可以近似认为电容充电电压 u_C 与变压器副边电压 u_2 一致，当 $t=t_1$ 时，副边电压 u_2 和电容电压 u_C 同时达到最大值$\sqrt{2}U_2$。

在 $\omega t>\frac{\pi}{2}$ 后，u_2 按正弦规律下降很快，而电容电压 u_C(与 u_o 相等)不能突变，当 $u_2<u_C$时，二极管 D_1、D_3 因承受反向电压而截止，故电容 C 通过电阻 R_L 放电，由于

R_L 较大，故放电比较缓慢。放电一直持续到 u_2 负半周上升到和电容电压 u_C 相等的 t_2 时刻。

从 u_2 负半周的 t_2 时刻开始，$|u_2|>u_C$，二极管 D_2、D_4 因承受正向电压而导通，再次对电容 C 充电，并向负载电阻 R_L 供电，电容电压 u_C 按正弦规律上升，到 t_3 时，电容又被充电到 $u_C=\sqrt{2}U_2$；此后，u_C 再按指数规律缓慢衰减，如此重复以上过程。

电容电压即负载电压及二极管电流的波形分别如图 4-7(c)、(d)所示。

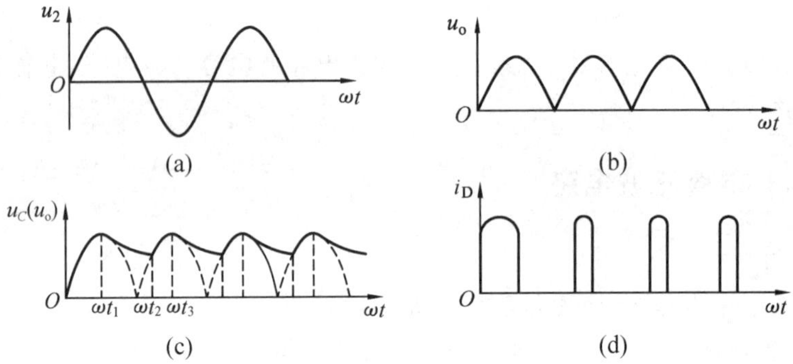

图 4-7　电容滤波输出波形

负载电压 U_o 受电容放电时间常数 $\tau_{放}=R_LC$ 的影响很大。$\tau_{放}$ 越大，脉动越小。为了获得比较平滑的负载电压，一般要求

$$\tau_{放}=R_LC\geqslant(3\sim5)\frac{T}{2} \tag{4-1}$$

式中，T 为交流电的周期。

工程上，常采用式(4-2)来计算 U_o 的大小

$$U_o=\begin{cases}U_2 & （半波整流）\\ 1.2U_2 & （全波整流）\end{cases} \tag{4-2}$$

滤波电容通常采用电解电容，C 的数值都取得较大，一般为几百微法到几千微法。电容的耐压应大于负载电压的最大值。

电容滤波电路结构简单，输出电压 U_o 较高，脉动也较小。缺点是整流二极管承受的冲击电流大，当负载电阻 R_L 较小且变动较大时，输出特性差。因此，电容滤波一般用于要求负载电压较高、负载电流较小并且变化也较小的场合。

【例 4-3】 在如图 4-6 所示的单相桥式整流电容滤波电路中，交流电源频率 $f=50$ Hz，$U_2=15$ V，$R_L=300\ \Omega$。试：(1) 选择整流元件和滤波电容；(2) 求负载直流电压和直流电流；(3) 计算电容断路时的输出电压 U_o；(4) 求负载电阻断路时的输出电压 U_o。

解：(1) 流过整流二极管的平均电流值

$$I_D=\frac{1}{2}I_o=\frac{1}{2}\times\frac{1.2U_2}{R_L}=\frac{1}{2}\times\frac{1.2\times15}{300}=0.03\ \text{A}$$

一般取

$$I_F = 2I_D = 2\times 0.03 = 0.06\ \text{A}$$

二极管反向电压最大值

$$U_{RM} = \sqrt{2}U_2 = \sqrt{2}\times 15 = 21.2\ \text{V}$$

查附录 B，选择二极管 2CP11，其最大整流电流为 100 mA，最高反向工作电压为 50 V。由式(4-1)

$$R_L C \geqslant (3\sim 5)\frac{T}{2}$$

取

$$R_L C = 4\times \frac{T}{2}$$

得

$$C = 4\times \frac{1}{2\times f\times R_L} = 4\times \frac{1}{2\times 50\times 300} = 133\ \mu\text{F}$$

电容耐压

$$U_{CM} \geqslant \sqrt{2}U_2 = 21.2\ \text{V}$$

查手册，选择 $C=200\ \mu\text{F}$，耐压为 50 V 的电解电容器。

(2) 负载直流电压

$$U_o = 1.2U_2 = 1.2\times 15 = 18\ \text{V}$$

负载直流电流

$$I_o = \frac{U_o}{R_L} = \frac{18}{300} = 0.06\ \text{A}$$

(3) 电容断路，电路相当于无电容滤波的单相桥式整流电路，负载直流电压

$$U_o = 0.9U_2 = 0.9\times 15 = 13.5\ \text{V}$$

(4) 负载电阻断路，输出电压

$$U_o = \sqrt{2}U_2 = \sqrt{2}\times 15 = 21.2\ \text{V}$$

4.2.2 电感滤波电路

1. 电路组成

图 4-8 是一个桥式整流电感滤波电路，铁芯电感线圈串接在整流电路与负载 R_L 之间。

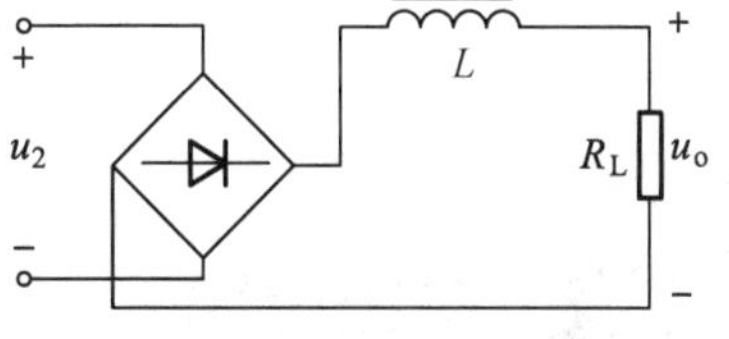

图 4-8　电感滤波电路

2. 工作原理

交流电压 u_2 经整流后的单向脉动电压，既含有直流分量，又含有各次谐波分量，而铁芯线圈的电感量很大，交流阻抗很大，直流电阻却很小，它与负载 R_L 串联，所以直流

分量绝大部分降在 R_L 上；而对交流分量，谐波频率愈高，感抗愈大，因而交流分量大部分降在电感上，这样在负载 R_L 上就得到较平滑的直流电压。若忽略电感线圈的电阻，桥式整流电感滤波电路输出电压的平均值仍为

$$U_o = 0.9U_2$$

电感滤波电路对整流二极管没有电流冲击，并且输出特性比较平坦，负载能力较强。因此电感滤波适用于负载电流比较大的场合。电感滤波的缺点是铁芯线圈笨重、体积大，且存在电磁干扰。

4.2.3 复合滤波电路

在电容、电感滤波电路的基础上作相应的改进，可以进一步提高滤波效果、减小输出电压的脉动程度，得到更为平滑的直流电压。如果要求输出电压的脉动更小，可以采用 *CLC* 型复合滤波电路，又称 π 型 *LC* 滤波器，如图 4-9(a)所示。

电感线圈体积大、成本高，在小功率电子设备中，多采用 *CRC* 型复合滤波电路，又称 π 型 *RC* 滤波器，如图 4-9(b)所示。由于 C_2 的高频容抗较小，所以高频交流分量将主要降在电阻 *R* 上，负载电压中的交流分量将大为减小，从而起到滤波作用。*R* 越大，C_2 越大，滤波效果越好。但 *R* 太大，将使输出直流压降增大，所以这种电路只适合于负载电流较小且输出电压脉动很小的场合。

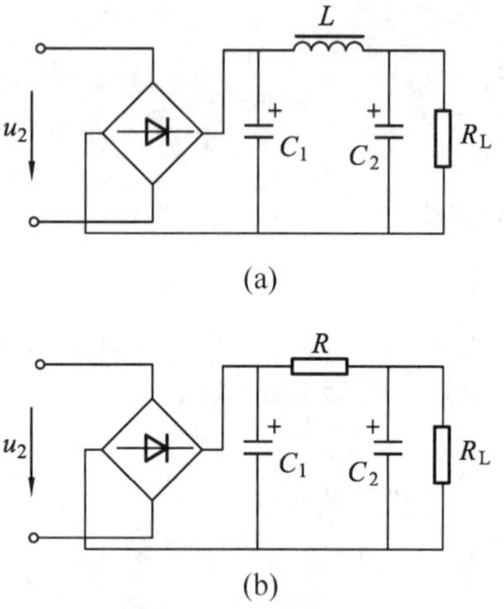

图 4-9 复合滤波电路

练习与思考

1. 电感和电容为什么能起滤波作用？它们在滤波电路中应如何与 R_L 相连？

2. 练习与思考题 2 图为单相全波整流电容滤波电路：(1) 标出输出电压 u_o 和滤波电容的极性；(2) 如果负载电阻 R_L 减小对输出电压有什么影响？

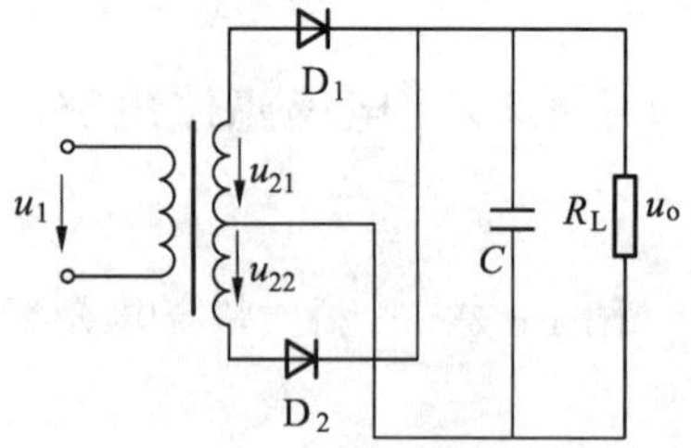

练习与思考题 2 图

4.3 稳压电路

将交流电变压、整流和滤波后，可得到比较平滑的直流电，脉动的交流成分大大减少，但当电网电压波动或负载发生变化时，输出电压也会随之变化。因此在要求直流电源电压稳定的场合，还必须采取稳压措施。

直流稳压电路主要有并联型稳压电路、串联型稳压电路和开关型稳压电路等。

并联型稳压电路结构简单，但输出电压不可调，输出电流较小，稳压精度不高。为了克服这些缺点，常采用串联型稳压电路。

你知道吗?

串联型稳压电路
工作原理

4.3.1　串联型稳压电路

1. 电路组成

串联型稳压电路由采样环节、基准电压、比较放大和调整环节等基本环节组成，如图 4-10 所示，它的工作过程实质上是通过电压串联负反馈，即通过采样环节对输出电压进行采样并与基准电压比较，比较结果经放大后调节调整管，使输出电压稳定。

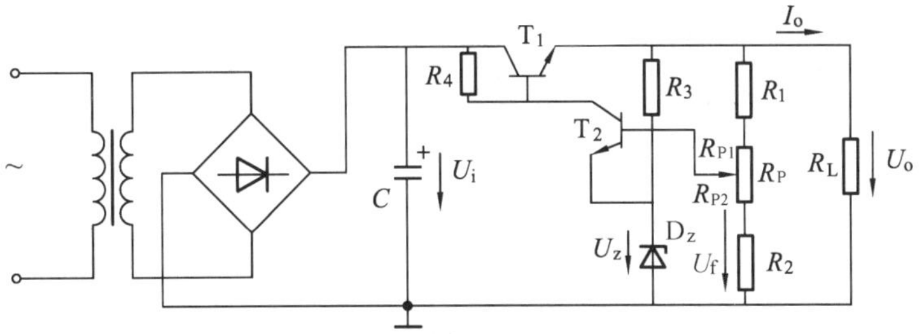

图 4-10　串联型稳压电路

1）采样环节

R_1、R_P、R_2 组成分压电路，$U_f=\dfrac{R_2+R_{P2}}{R_1+R_P+R_2}U_o$ 是采样环节的输出电压，三极管 T_2 的基极电位反映了输出电压的变化情况。图中电位器 R_P 用来调节分压系数。

2）基准电压

由稳压管 D_Z 和限流电阻 R_3 构成的稳压电路，提供一个稳定性很高的直流基准电压 U_Z，通常取 $U_Z=(0.5\sim0.8)U_o$。

3）比较放大

由三极管 T_2 和 R_4 构成直流放大电路，T_2 的 U_{BE2} 是采样电压与基准电压之差，即 $U_{BE2}=U_f-U_Z$，这个反映输出信号变化程度的电压被放大后去控制调整管 T_1，改善稳压性能、提高灵敏度。R_4 是 T_2 的集电极电阻，同时也是调整管 T_1 的偏置电阻。

4）调整环节

三极管 T_1 为调整元件，因为 $V_{B1}=V_{C2}$，当稳压电源输出电压 U_o 发生变化时，三极管 T_2 的集电极电位 V_{C2} 将随之发生变化，V_{C2} 的改变使三极管 T_1 的 U_{BE1} 发生变化，进而改变三极管 T_1 的 U_{CE1}，从而达到自动调整、稳定输出电压 U_o 的目的。

2. 工作原理

引起电路输出电压发生变化的因素主要有两个：输入电压 U_i 的波动和负载 R_L 的变化。当输入电压 U_i 或负载 R_L 增大时，输出电压 U_o 增大，采样电压 U_f 相应增大，由于 U_Z 固定不变，所以 T_2 管的 $U_{BE2}(=U_f-U_Z)$ 增大，其基极电流 I_{B2} 和集电极电流 I_{C2} 随之增加，T_2 管的集电极电位 V_{C2} 下降，即 T_1 管的基极电位 V_{B1} 降低，因此，T_1 管的基

极电流 I_{B1} 和集电极电流 I_{C1} 随之减小,U_{CE1} 增大,从而使 $U_o(=U_i-U_{CE1})$ 下降,维持 U_o 基本恒定。这个自动调节过程可以表示如下:

$$U_i\uparrow(\text{或 } R_L\uparrow)\rightarrow U_o\uparrow\rightarrow U_f\uparrow\rightarrow U_{BE2}\uparrow\rightarrow I_{B2}\uparrow\rightarrow I_{C2}\uparrow\rightarrow U_{CE2}\downarrow\rightarrow V_{C2}\downarrow$$
$$U_o\downarrow\leftarrow U_{CE1}\uparrow\leftarrow I_{C1}\downarrow\leftarrow U_{BE1}\downarrow\leftarrow V_{B1}\downarrow\leftarrow$$

同理,当输入电压 U_i 或负载 R_L 减小时的稳压过程,读者可自行分析。

串联型稳压电路是一个有差调节系统,要保持 U_o 绝对不变是不可能的,因为该电路正是利用了 U_o 变化量去控制调整管,从而维持 U_o 基本不变的。比较放大环节的放大倍数越大,微小的输出电压的变化量就可以使调整管的 U_{CE1} 产生较大的变化量,因而稳压精度越高。

3. 输出电压的调节

在图 4-10 所示电路中,$V_{B2}=U_{BE2}+U_Z$,由图得

$$V_{B2}=\frac{R_{P2}+R_2}{R_1+R_P+R_2}U_o=U_{BE2}+U_Z$$

所以

$$U_o=\frac{R_1+R_P+R_2}{R_{P2}+R_2}(U_{BE2}+U_Z) \tag{4-3}$$

由式(4-3)可见,具有比较放大环节的串联型稳压电路输出电压的大小取决于电路的分压比和基准电压,改变电位器 R_P 的滑动端的位置即可调节输出电压。

【例 4-4】 在图 4-10 所示电路中,设 $U_{BE2}=0.7$ V,稳压管的稳压值 $U_Z=6.3$ V。

(1) 若要求 U_o 的调节范围为 10~20 V,已选 $R_2=350\ \Omega$,则电阻 R_1 及电位器 R_P 应选多大?

(2) 若要求调整管压降 $U_{CE1}\geqslant 4$ V,则变压器副边电压 U_2 至少应多大(设滤波电容 C 足够大)?

解:(1) 根据串联型稳压电路的电路结构,当电位器 R_P 的滑动端位于最下端时,即 $R_{P2}=0$,将获得最大输出电压 U_{omax},有

$$\frac{R_1+R_2+R_P}{R_2}(U_Z+U_{BE2})=U_{omax}$$

即

$$\frac{R_1+R_2+R_P}{R_2}(6.3+0.7)\ \text{V}=20\ \text{V}$$

$$R_1+R_P=\frac{13}{7}R_2$$

将 $R_2=350\ \Omega$ 代入上式得

$$R_1+R_P=650\ \Omega$$

当电位器 R_P 的滑动端滑到最上端时,即 $R_{P2}=R_P$,将获得最小输出电压 U_{omin},有

$$\frac{R_1+R_2+R_P}{R_2+R_P}(U_Z+U_{BE2})=U_{omin}$$

即

$$\frac{R_1+R_2+R_P}{R_2+R_P}(6.3+0.7)\ \text{V}=10\ \text{V}$$

$$7R_1=3(R_2+R_P)$$

将 $R_2=350\ \Omega$ 代入上式得

$$R_1=150\ \Omega+\frac{3R_P}{7}$$

联列方程组解得

$$R_1=300\ \Omega, R_P=350\ \Omega$$

(2) 要求 $U_o=U_{omax}$ 时，调整管压降仍然满足 $U_{CE1}\geqslant 4\ \text{V}$，故

$$U_i=U_o+U_{CE1}=20+4=24\ \text{V}$$

$$U_2=\frac{U_i}{1.2}=\frac{24}{1.2}=20\ \text{V}$$

所以，若要求调整管压降 $U_{CE1}\geqslant 4\ \text{V}$，则变压器副边电压 U_2 至少应为 20 V。

4.3.2　开关型稳压电路

分立元件组成的串联型稳压电路具有结构简单、调整方便、输出电压纹波小、稳压性能好等优点。其调整管工作在线性放大区，但由于调整管的压降 U_{CE} 和集电极电流 I_C 较大，功耗 $P(=(U_i-U_o)I_o)$ 较大，效率较低，通常仅为 20%～40%。而且，为了解决散热问题，必然增大稳压电源的体积和重量，使用不方便。

开关型稳压电路是指稳压电路中的调整管工作在开关状态，通过控制其导通时间的长短来调整和稳定输出电压。开关型稳压电路原理框图如图 4-11 所示，图中 T 为调整管，它是一个受控电子开关，受控制电路中脉宽调制器输出的脉冲 u_k 控制。

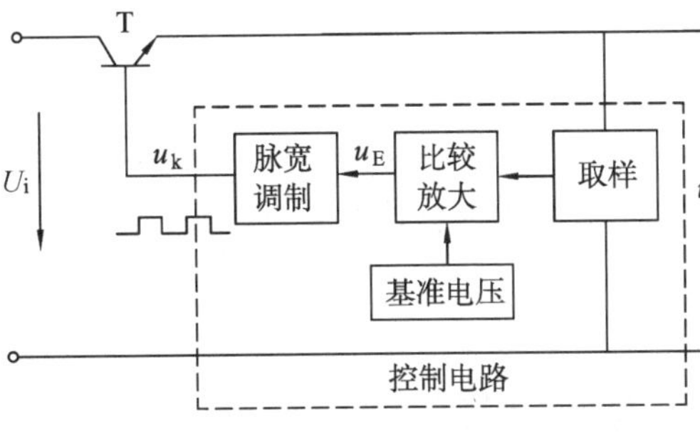

图 4-11　开关型稳压电路原理框图

当脉冲 u_k 为高电平时，T 饱和导通，即电子开关闭合，$u_A\approx U_i$；当脉冲 u_k 为低电平时，T 截止，即电子开关断开，此时，电感 L 产生反电势使续流二极管 D 导通，$u_A\approx 0$，u_A 的波形如图 4-12 所示。图 4-11 原理框图中 L、C 组成低通滤波器，对脉冲电压 u_A 进行滤波，若忽略电感 L 上的直流电压，则得到的直流输出电压就是 u_A 的平均值，即

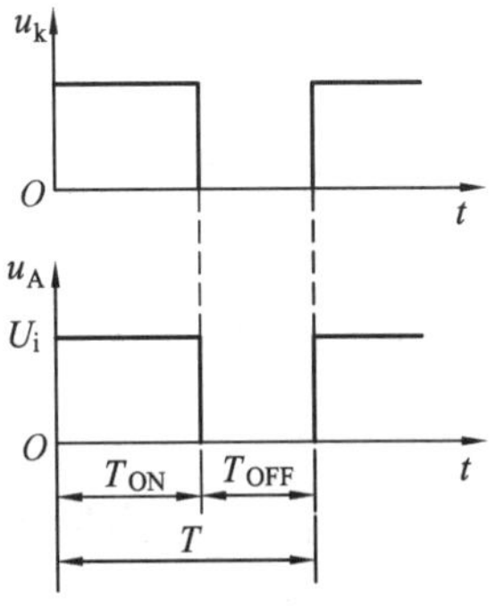

图 4-12　波形图

$$U_o=\frac{1}{T}\int_0^{T_{ON}}u_A\mathrm{d}t=\frac{T_{ON}}{T}U_i=qU_i$$

式中，q 为脉冲电压 u_A 的占空比。因此，通过改变占空比 q 就可以调节开关型稳压电路的直流输出电压 U_o。

开关型稳压电路的工作原理如下：当输入电压 U_i 和负载均处于稳定状态时，稳压电路的输出直流电压 U_o 也稳定不变。设此时的比较放大环节的输出信号 u_E 和脉宽调制器的输出脉冲 u_k 的波形如图 4-13(a)所示。如果输出电压 U_o 发生波动，如 U_i 上升，会使 U_o 上升，则比较放大环节的输出信号 u_E 将下降，因为脉宽调制器是一个基准电压为锯齿波的电压比较器，其输出脉冲 u_k 的宽度由 u_E 控制，由图 4-13(b)可知调整管的导通时间 T_{ON} 减小，从而使输出电压 U_o 下降。通过上述调整过程，使输出电压 U_o 基本稳定；相反，若 U_o 下降，则由图 4-13(c)可知，调整管的导通时间 T_{ON} 增加，从而使输出电压 U_o 增加，使其基本稳定。

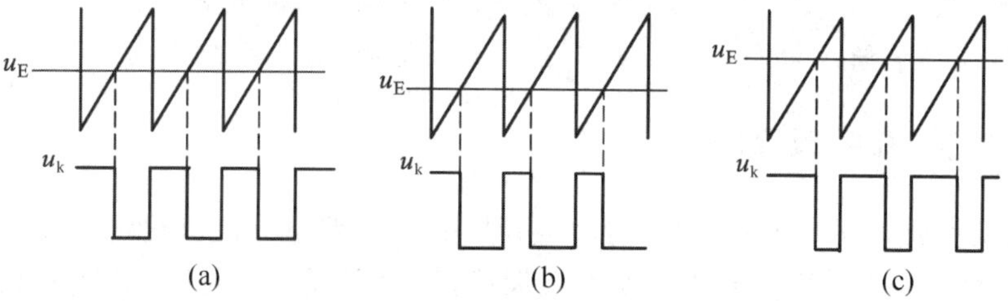

图 4-13　脉冲调制器输出波形

开关型稳压电路中调整管工作在开关状态，功耗小，电路效率较高，可达 85%以上，同时具有体积小、质量轻等优点。开关稳压电源的最佳开关频率一般为 10～1 000 kHz，工作频率越高，滤波元件 L、C 所需数值越小，有利于减小整个电源的体积和质量。目前，开关型稳压电路已广泛应用在计算机、各种充电器及其他电子设备中。

练习与思考

1. 图 4-10 中，若将 R_4 的一端由 T_1 的集电极改接到 T_1 的发射极，该电路能否正常工作？为什么？

4.4 集成稳压器

随着半导体集成技术的发展，自 20 世纪 70 年代以来，集成稳压器发展迅速，它是将串联型稳压电路中的各种元件集成在同一硅片，并加上外壳封装而成的。集成稳压器具有体积小、重量轻、可靠性高、性能稳定、使用灵活及价格低廉等优点，应用日益广泛。

4.4.1 三端集成稳压器

集成稳压器品种繁多，具体电路结构也有差异。本节主要介绍最简单实用的三端集成稳压器。按输出电压是否可调分为固定电压三端集成稳压器和可调电压三端集成稳压器。

目前，常用固定电压三端集成稳压器有W78××系列（输出正电压）和 W79××系列（输出负电压），其外形和管脚如图 4-14 所示，其中 W78××系列引脚 1 为输入端，引脚 2 为公共端，引脚 3 为输出端；W79××系列引脚 1 为公共端，引脚 2 为输入端，引脚 3 为输出端。输出电压有 5 V、9 V、12 V、15 V、24 V 等不同电压规格，型号的后二位数字表示输出电压值，如 W7812 表示输出电压为＋12 V（对公共端），W7912 表示输出电压为－12 V（对公共端）。

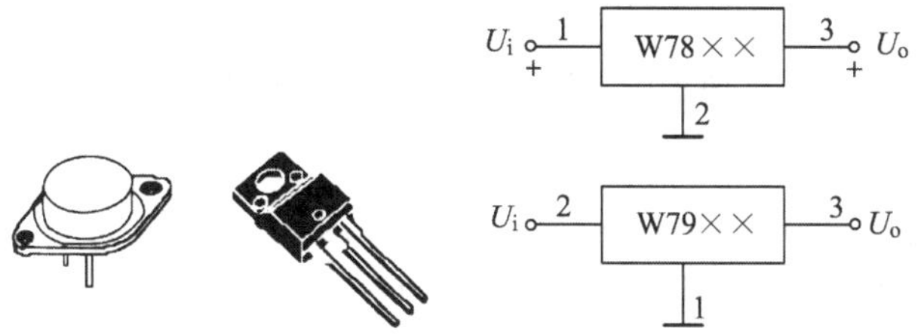

(a) 外形图　　(b) 管脚图

图 4-14　固定电压三端集成稳压器

可调电压三端集成稳压器，如 LM317 系列，可实现输出电压在 1.2～37 V 范围内连续可调，且最大输出电流可达到 1.5 A。LM317 系列与 W78××系列稳压器的结构和工作原理基本相同。另外还有输出负电压的器件，如 LM337 系列，其输出电压在 －1.2～－37 V 间连续可调。

4.4.2　常用三端集成稳压器电路

下面简单介绍几种三端集成稳压器的应用电路。

1. 输出固定电压的稳压电路

图 4-15 是由集成稳压器构成的输出固定电压的稳压电路，其中图 4-15(a)输出正电压，图 4-15(b)输出负电压。图中 C_i 用以抵消输入端较长接线的电感效应，防止产生自激振荡；C_o 用来改善负载的瞬态响应，使增减负载电流的瞬时不致引起输出电压有较大的波动，以削弱电路的高频噪声。当输出电压较高并且 C_o 容量较大时，必须在输入端与输出端之间接一个二极管 D；起输入短路保护作用，一旦输入短路，即给 C_o 提供一个放电回路，以免损坏集成稳压器。一般取 $C_i=0.33\ \mu F$，$C_o=1\ \mu F$。

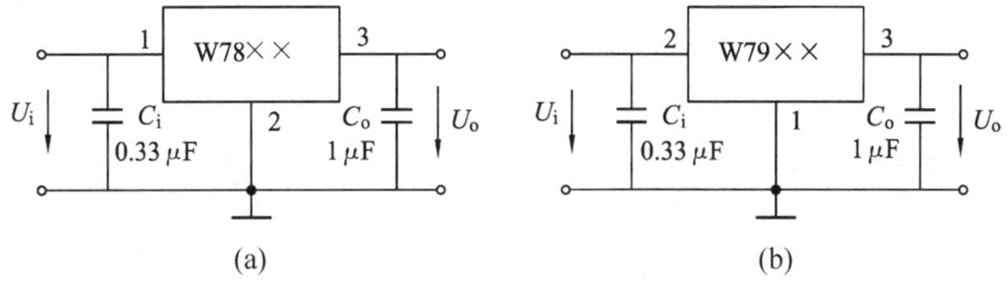

图 4-15　输出固定电压的稳压电路

2. 同时输出正、负电压的稳压电路

由 W7815 和 W7915 稳压器组成的如图 4-16 所示电路可同时输出正、负电压。

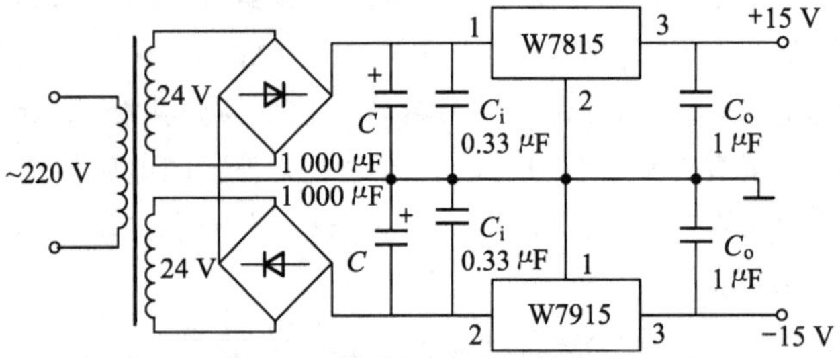

图 4-16　输出正、负电压的稳压电路

3. 输出电压可调的稳压电路

图 4-17 是用固定电压三端稳压器和运算放大器组成的输出电压可调的稳压电路。运算放大器接成电压跟随器，因其电压放大倍数为＋1，故三端稳压器的 3 端对运算放大器同相输入端的电压为 U_{xx}，根据分压原理，可求出输出电压 U_o 的调节范围。

$$\frac{R_1+R_2+R_3}{R_1+R_2}U_{xx}\leqslant U_o\leqslant\frac{R_1+R_2+R_3}{R_1}U_{xx}$$

式中，U_{xx} 为 W78××集成稳压器的固定输出电压。

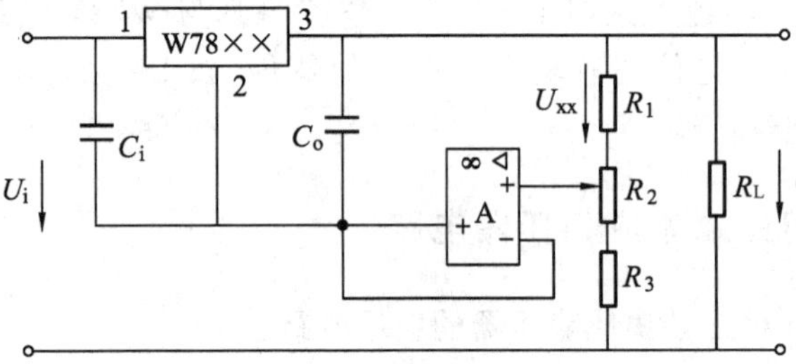

图 4-17　输出电压可调的稳压电路

图 4-18 是用可调电压三端集成稳压器 LM317 构成的输出电压可调的稳压电路。设基准电压为 U_{REF}，则输出电压为

$$U_o=U_{REF}\left(1+\frac{R_2}{R_1}\right)$$

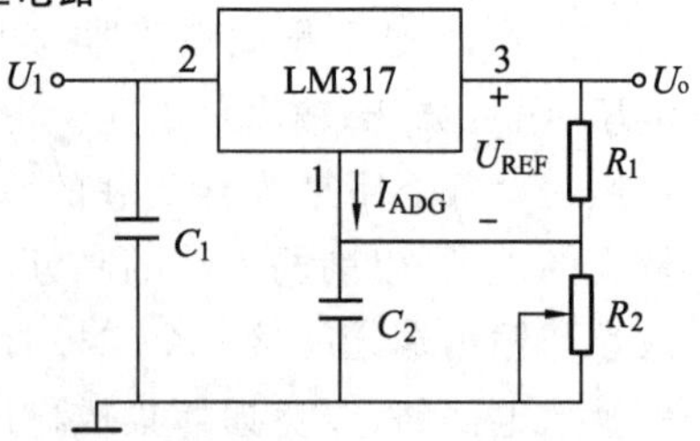

图 4-18　输出电压可调的稳压电路

4. 扩大输出电流的稳压电路

当电路所需电流大于 1～2 A 时，可采用外接功率管的方法来扩大输出电流，如图 4-19 所示。图中 I_3 为稳压器公共端流出的电流，其值一般为几毫安，可以忽略不计，所以 $I_2\approx I_1$，可得

$$I_o=I_2+\beta I_B=I_2+\beta(I_1-I_R)=I_2+\beta I_2-\beta\frac{U_{EB}}{R}$$

$$=(1+\beta)I_2-\beta\frac{U_{EB}}{R}$$

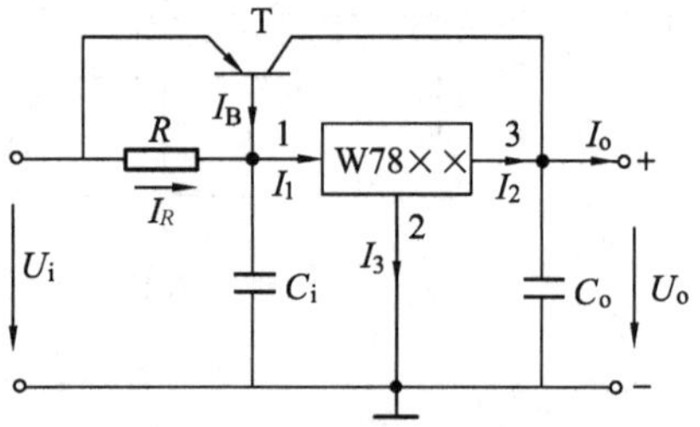

图 4-19　扩大输出电流的稳压电路

如功率管 $\beta=10, U_{EB}=0.3\ V, R=0.5\ \Omega, I_2=1\ A$，则 $I_o=5\ A$，可见 I_o 比 I_2 扩大了。

电路中 R 阻值一般较小，只有当输出电流 I_2 较大时，R 上的压降才会使功率管 T 导通。当稳压器输出电流 I_2 在其额定值以内时，T 截止，负载电流完全由稳压器提供。

4.5 直流电源的 Multisim 仿真

任何电路都有发生故障的可能，在维修时，常常通过测量，根据电路的工作原理，应用理论知识分析出故障部位。本节以单相桥式整流电容滤波电路为例，讨论如何在 Multisim 中设置元件的故障。

在 Multisim 元件库中调出相应的元件和仪器，修改参数并连接成图 4-20 所示的电路。通过点击 Place Indicator 图标，选择 VOLTMETER_V 获得直流电压表。由图可知，变压器副边电压为 10 V(220 V/22=10 V)。仿真时，输出直流电压为 11.964 V，仿真波形如图 4-21 所示。电压波形的波动，反映出电容充放电的过程。

你知道吗?

直流电源设计与仿真

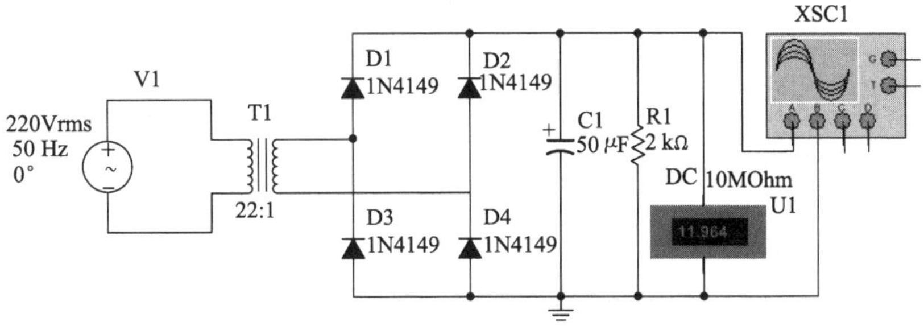

图 4-20　单相桥式整流电容滤波电路

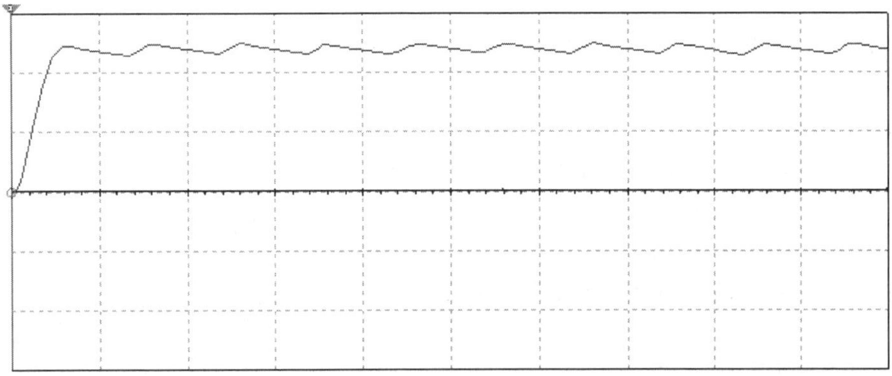

图 4-21　单相桥式整流电容滤波电路仿真波形

双击【C1】，在弹出的对话框 Fault 栏中设置开路故障，即选择 Open，并选择开路的管脚号为 2，如图 4-22 所示。设置完成后，点击【OK】。再仿真，波形如图 4-23 所示。

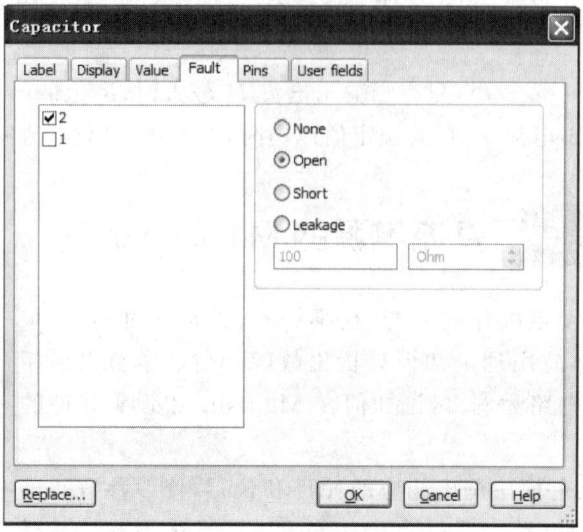

图 4-22 设置故障

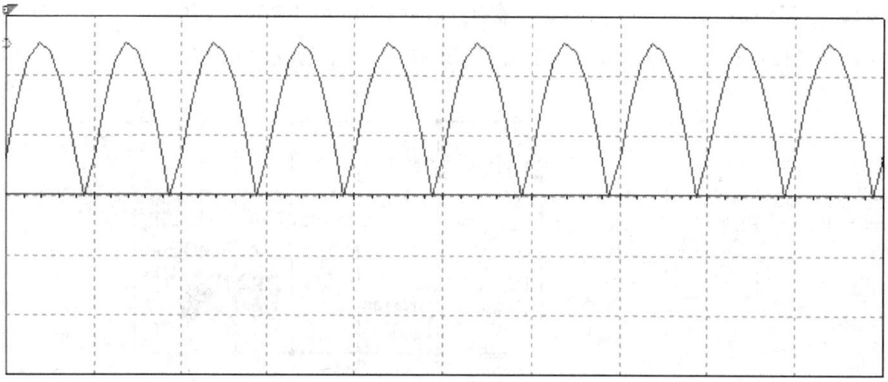

图 4-23 有故障时的仿真波形

小 结

1. 整流电路

整流电路利用二极管单向导电性将输入的交流电压转换为脉动直流电压。

单相桥式整流电路输出的直流电压与输入交流电压间的关系为

$$U_o \approx 0.9U_2$$

三相整流电路输出的直流电压与输入交流电压间的关系为

$$U_o = 2.34U_2$$

2. 滤波电路

滤波电路有电容滤波电路、电感滤波电路和复合滤波电路等多种形式。

电容滤波电路的输出直流电压与输入交流电压的关系为

$$U_o = 1.2U_2 \text{（全波、桥式整流）}$$

3. 稳压电路

经滤波后直流电压仍受电网电压、负载及温度等影响，因此，在要求直流电源电压稳定的场合，必须加稳压电路。常用的稳压电路有串联型稳压电路和开关型稳压电路。

4. 集成稳压器

集成稳压器具有体积小、性能可靠、使用方便等优点。

集成稳压器分为输出电压可调式稳压器和输出电压固定式稳压器两大类，其中输出电压固定式稳压器包括 W78××系列和 W79××系列。

第 4 章　习　题

4-1　在习题 4-1 图中，已知 $R_L=80\ \Omega$，二极管的正向电压降忽略不计，直流电压表 V 的读数为 110 V。试求：(1) 直流电流表 A 的读数；(2) i_L 的最大值；(3) 交流电压表 V_1 的读数。

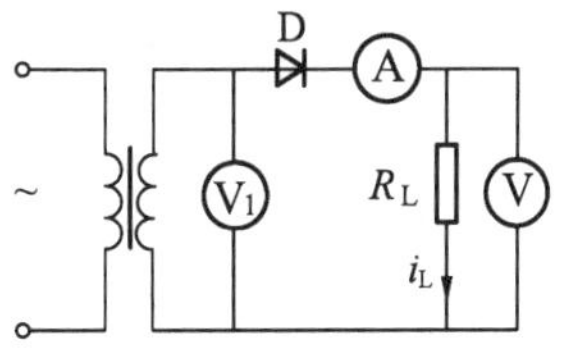

习题 4-1 图

4-2　有一电压为 36 V、电阻为 20 Ω 的直流负载，采用单相桥式整流电路(不带滤波器)供电，试求变压器副边绕组电压和电流的有效值，并选择二极管。

4-3　整流电路如习题 4-3 图所示，已知：$R_{L1}=10\ \text{k}\Omega$，$R_{L2}=100\ \text{k}\Omega$。试求：

(1) R_{L1}、R_{L2} 两端的直流电压 U_{o1} 和 U_{o2}，并标明极性。

(2) 二极管 D_1、D_2、D_3 中的平均电流 I_{D1}、I_{D2}、I_{D3} 及各管所承受的最高反向电压 U_{RM}。

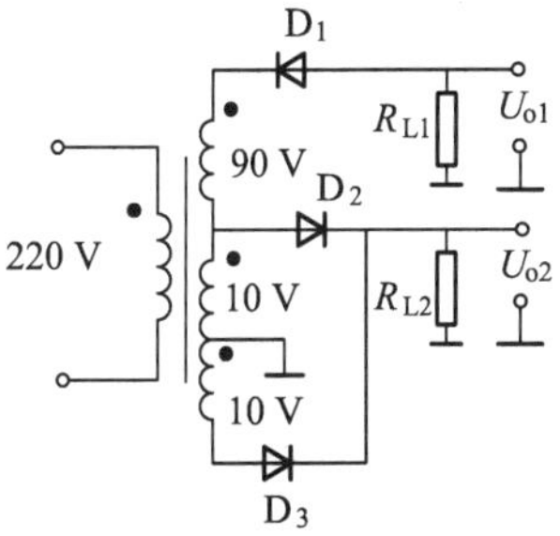

习题 4-3 图

4-4　两个单相桥组成的整流电路如习题 4-4 图所示，变压器有两个独立的副边绕组，其电压为 $U_{21}=16\ \text{V}$，$U_{22}=50\ \text{V}$，负载电阻 $R_{L1}=100\ \Omega$，$R_{L2}=30\ \Omega$。

(1) 求输出电压、电流的平均值 U_o、I_{o1}、I_{o2}、I_{ab}。

(2) 选择整流二极管。

(3) 如有一个副边绕组的同名端接反，是否影响以上计算结果？

4-5　在线路板上，分别由 4 只二极管排成如习题 4-5 图(a)、(b)所示形状。如何在其各个端点上接入交流电源和负载电阻 R_L 实现桥式整流？试分别将它连成电路，要求连成的电路简明、整齐。

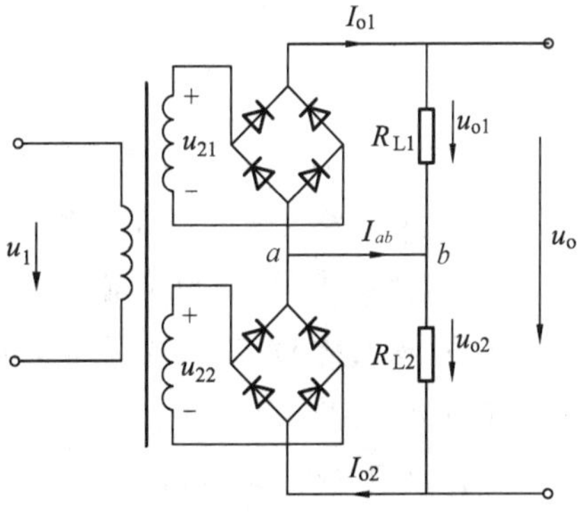

习题 4-4 图

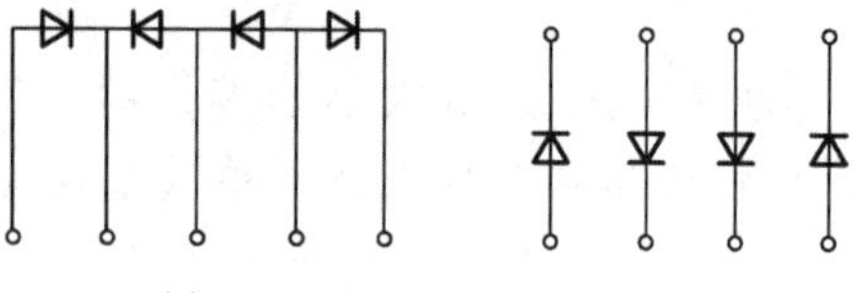

习题 4-5 图

4-6 一单相桥式整流电容滤波电路，$U_2 = 40$ V，试分析判断如下几种情况下，电路是否发生故障？若有故障可能是哪些元件损坏引起的。

(1) $U_o = 48$ V；(2) $U_o = 36$ V；(3) $U_o = 56.6$ V；(4) $U_o = 40$ V；(5) $U_o = 18$ V。

4-7 单相桥式整流电路如习题 4-7 图所示，要求输出电压 U_o 为 25 V，输出直流电流为 200 mA。试问：

(1) 输出电压是正电压还是负电压？电解电容 C 的极性如何？

(2) 变压器副边绕组输出电压 u_2 的有效值为多大？

(3) 电容 C 至少应选多大数值？

(4) 整流二极管的最大平均整流电流和最高反向电压如何选择？

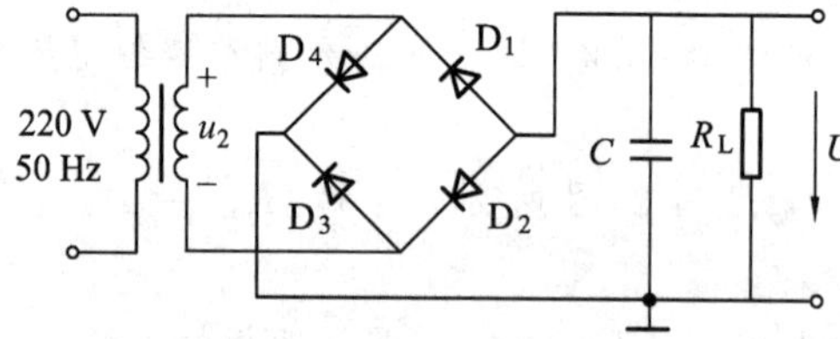

习题 4-7 图

4-8 试分析习题 4-8 图所示的单相全波整流电路。

(1) 标出负载电阻 R_L 上电压 u_o 和滤波电容 C 的极性；

(2) 分别画出无滤波电容器和有滤波电容器两种情况下 u_o 的波形；

(3) 如无滤波电容器，负载整流电压的平均值 U_o 和变压器副边绕组每段的有效值 U 之间的数值关系如何？如有滤波电容器，则又如何？

(4) 分别说明无滤波电容器和有滤波电容器两种情况下，二极管截止时承受的最高反向电压 U_{RM} 是否等于 $2\sqrt{2}U$；

(5) 如果整流二极管 D_2 虚焊，U_o 数值是否是正常情况下的一半？如果变压器副边中心抽头虚焊，这时有输出电压吗？

(6) 如果把 D_2 的极性接反，电路能否正常工作？会出现什么问题？

(7) 如果 D_2 因过载损坏造成短路，还会出现什么其他问题？

(8) 如果输出端短路，又将出现什么问题？

(9) 如果把图中 D_1 和 D_2 都接反，是否仍有整流作用？与正常情况有什么不同？

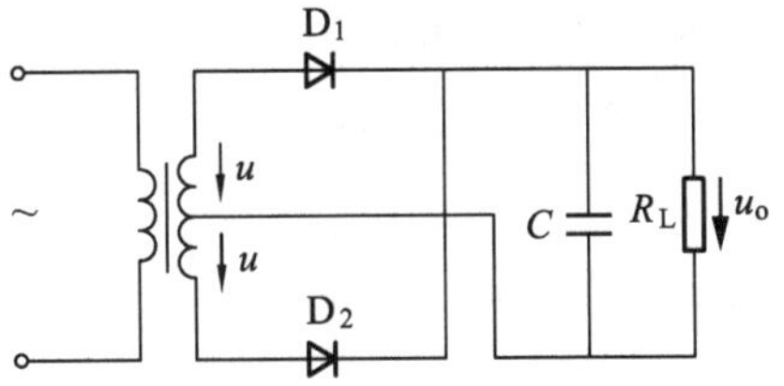

习题 4-8 图

4-9　习题 4-9 图为桥式整流电路，已知 $u_2=\sqrt{2}\sin\omega t$ V，稳压管 D_Z 的稳定电压为 U_Z，试分别画出开关 S_1、S_2、S_3、S_4 在不同状态下 u_{AB} 的波形：

(1) S_1、S_2、S_3 打开，S_4 闭合；

(2) S_1、S_2 闭合，S_3、S_4 打开；

(3) S_1、S_4 闭合，S_2、S_3 打开；

(4) S_1、S_2、S_4 闭合，S_3 打开；

(5) S_1、S_2、S_3、S_4 全部闭合。

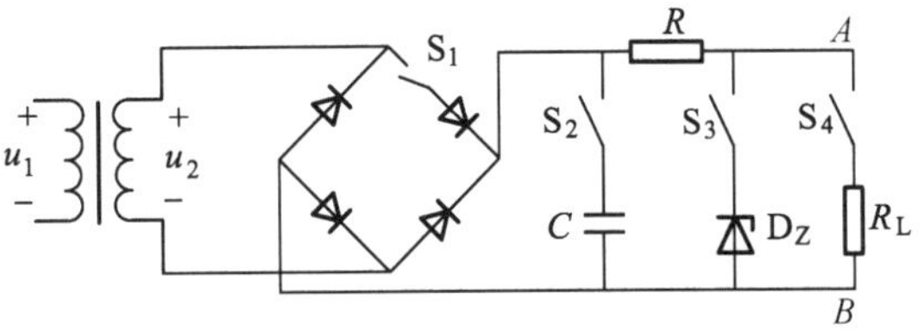

习题 4-9 图

4-10　电路如图 4-10 所示，已知：$U_Z=5.3$ V，$R_1=R_2=R_P=3$ kΩ；电源输出端接负载电阻 R_L，要求负载电流 $I_o=0\sim50$ mA。

(1) 计算输出电压的变化范围；

(2) 若 T_1 管工作在线性放大区的最低管压降为 3 V，计算变压器副边电压的有效值 U_2。

4-11　仿照教材中对三端集成稳压器 W78×× 输出电压和输出电流的扩大方法（见图 4-17 和图 4-19），画出对 W79×× 输出电压和输出电流扩大的电路。

4-12　三端集成稳压器 W7815 和 W7915 组成的直流稳压电路如习题 4-12 图所示，已知变压器副边电压 $u_{21}=u_{22}=20\sqrt{2}\sin\omega t$ V。

(1) 在图中标明电容 C 的极性；

(2) 确定 U_{o1} 和 U_{o2} 的数值；

(3) 当负载 R_{L1} 和 R_{L2} 上电流均为 1 A 时，估计稳压器上的功率损耗值 P_{CM}。

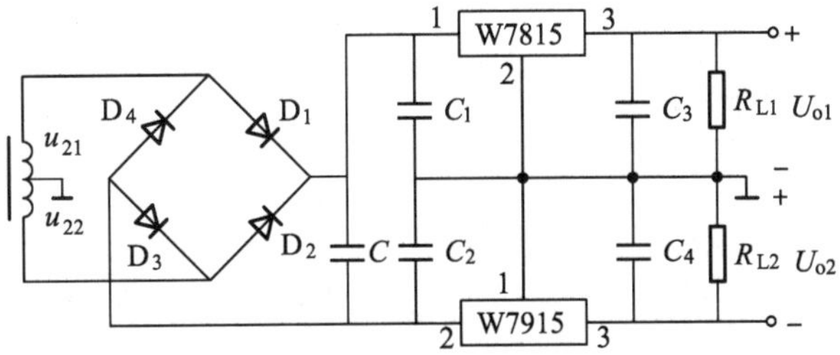

习题 4-12 图

4-13　用三端集成稳压器 W7805 接成如习题 4-13 图所示的输出电压可调电路，试求该电路输出电压 U_o 的调节范围。其中 $U_2=20\ V$。

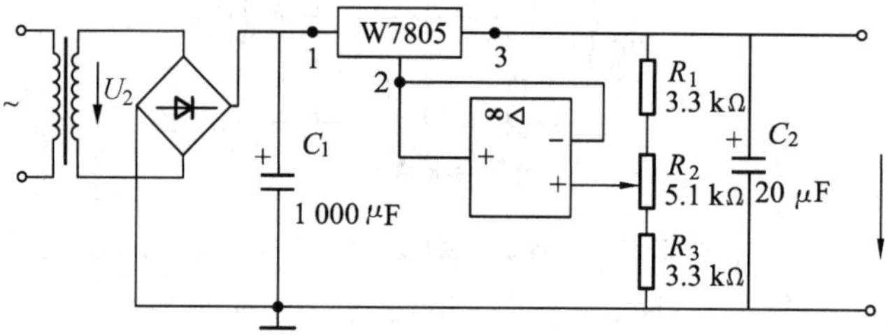

习题 4-13 图

第5章

电力电子技术

随着社会经济的发展和科学技术的不断进步，电力电子技术逐渐展现出其独特的魅力和广泛的应用前景。电力电子技术涵盖电力电子器件、电力电子电路、电力电子装置和系统等多个方面。

本章简单介绍功率电子器件及其触发电路，以期同学们理解电力电子器件的工作原理和控制方法；以单相可控整流电路为例，介绍电力电子器件的一种应用电路类型；介绍电力电子器件在使用时应采用的多种保护措施，以及调压、变频、逆变、斩波技术的概念。

在大力发展和推广应用新能源的今天，电力电子技术已经成为推动能源转换、电力传输与控制等领域发展的关键技术，也是实现节能减排和环境保护的关键技术之一。比如，光伏发电就是利用光电池将太阳能转换成直流电能，再通过逆变电路转换成交流电，最后送入电网；以锂电池作动力的新能源汽车也要通过电力电子电路驱动电机。作为现代科技的重要分支，电力电子技术不仅体现了人类对自然规律的深刻认识和利用，更蕴含了创新、协作与环保等核心价值观。

思维导图

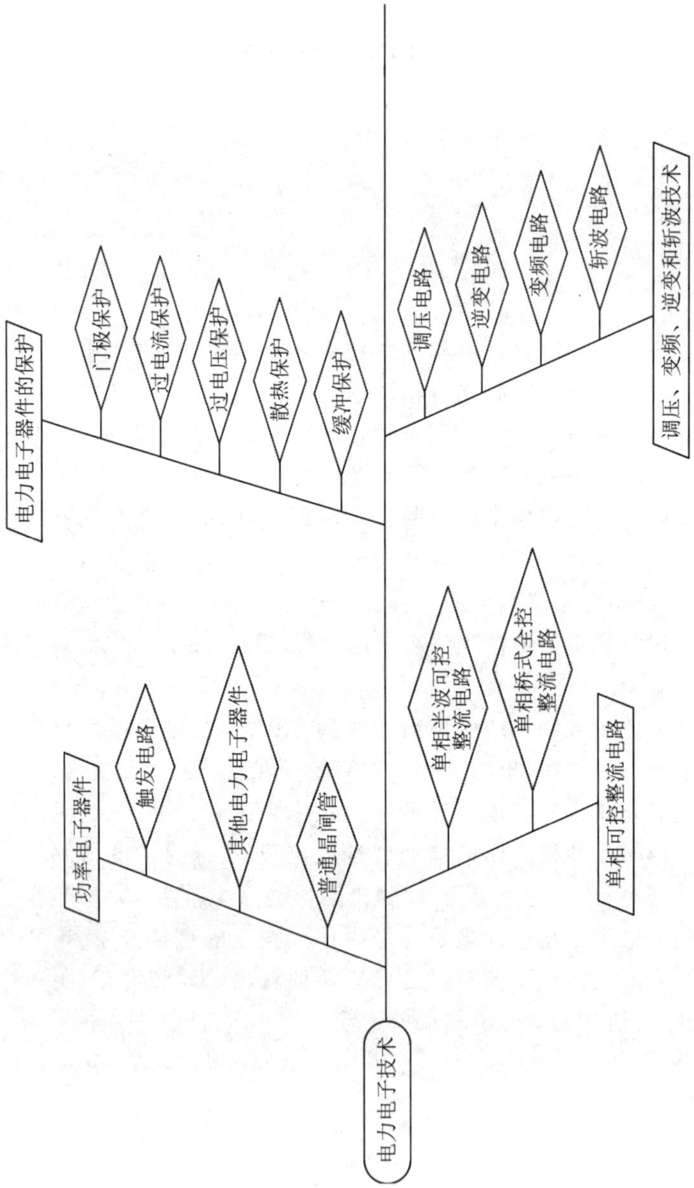
电力电子技术
功率电子器件
触发电路
其他电力电子器件
普通晶闸管
电力电子器件的保护
门极保护
过电流保护
过电压保护
散热保护
缓冲保护
单相可控整流电路
单相半波可控整流电路
单相桥式全控整流电路
调压、变频、逆变和斩波技术
调压电路
逆变电路
变频电路
斩波电路

5.1 功率电子器件

5.1.1 普通晶闸管

普通晶闸管亦称可控硅或 SCR(silicon controlled rectifier)，是一种半控型半导体器件，具有体积小、容量大、耐压高、寿命长、无噪声、控制方便等特点，广泛应用于大功率整流、逆变和变换电路。随着应用领域的拓展，晶闸管派生出许多不同的类型。

1. 基本结构

普通晶闸管有两种封装形式：螺栓形和平板形，均引出阳极 A、阴极 K 和门极 G 共 3 个连接端，如图 5-1(a)、(b)所示，电路符号如图 5-1(c)所示。

普通晶闸管内部由 NPNP 4 层半导体结构，形成 3 个 PN 结 J_1、J_2、J_3，如图 5-2(a)所示。

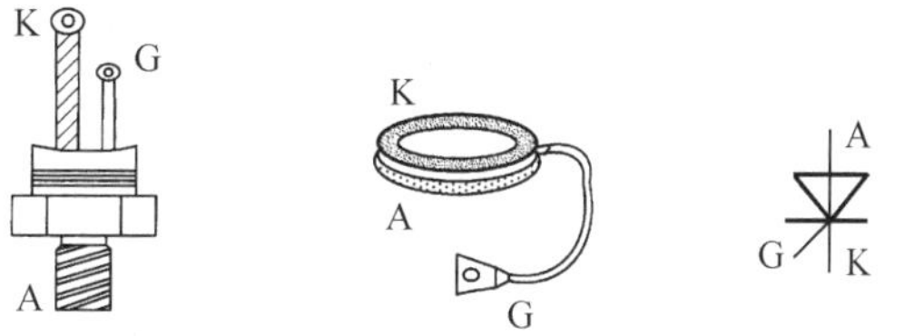

(a) 螺栓形　(b) 平板形　(c) 电路符号

图 5-1　晶闸管的外形及电路符号

2. 工作原理

PNPN 4 层结构可看作由 PNP 型（$P_1N_1P_2$）和 NPN 型（$N_1P_2N_2$）两个晶体管组合而成，等效电路如图 5-2(b)所示。

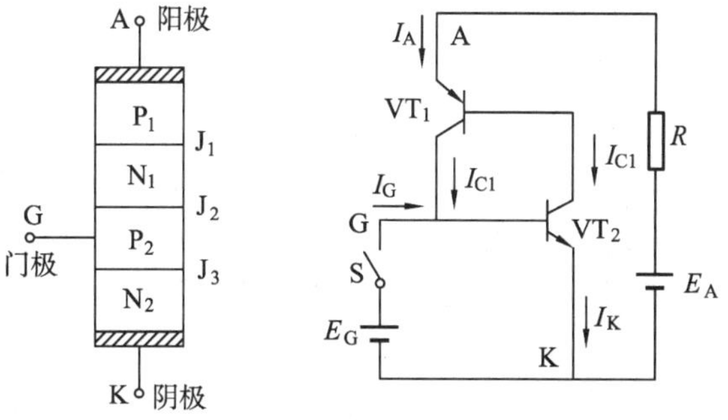

(a) 结构　(b) 晶闸管等效电路

图 5-2　晶闸管结构及工作原理示意图

晶闸管加正向电压，即 $U_{AK}>0$ 时，PN 结 J_1 和 J_3 正偏，但 J_2 反偏，晶闸管不导通。当晶闸管加反向电压，即 $U_{AK}<0$ 时，J_2 正偏，J_1 和 J_3 反偏，晶闸管也不导通。

在 $U_{AK}>0$，且门极与阴极之间加上正电压，即 $U_{GK}>0$，则可形成晶闸管门极电流 I_G，I_G 流入 VT_2 的基极，经晶体管 VT_2 放大，其集电极电流 I_{C2} 又为晶体管 VT_1 的基极电流，通过 VT_1 放大成集电极电流 I_{C1}，而放大的 I_{C1} 又进一步增大 VT_2 的基极电流，如此形成强烈的正反馈，很快 VT_1 和 VT_2 均饱和导通，使晶闸管迅速导通。此时撤掉 U_{GK}，由于内部已形成强烈的正反馈，晶闸管仍能维持导通。

在将阳极电流 I_A 减小到不能维持正反馈过程时，晶闸管由导通变为阻断状态，维持晶闸管导通的最小电流称为维持电流。

当晶闸管施加反向电压时，由于 PN 结 J_1 和 J_3 均处于反偏状态，无论是否加门极电压 u_{GK}，晶闸管均不导通。

因此，晶闸管的导通条件：

(1) 阳极和阴极间必须施加正向电压(即 $U_{AK}>0$)；

(2) 门极对阴极施加正向触发电压(即 $U_{GK}>0$)，使门极有电流 I_G；

(3) 晶闸管的导通电流大于维持电流。

当晶闸管导通后，由于内部的正反馈作用，晶闸管处于深度饱和状态，门极失去控制作用，使晶闸管的关断不能通过门极控制，因此晶闸管是一种半控型器件。

3. 晶闸管的伏安特性

晶闸管的伏安特性是指晶闸管的 U_{AK} 与阳极电流 I_A 之间的关系，如图 5-3 所示。门极开路，晶闸管外加正向电压，当外加正向电压小于正向转折电压 U_{BO} 时，正向漏电流很小，晶闸管处于正向阻断状态；当外加正向电压达到正向转折电压 U_{BO} 时，反偏的 J_2 结被击穿，阳极电流 I_A 急剧增大，晶闸管管压降迅速减小，晶闸管进入导通状态。晶闸管在没有门极正向电压的条件下，随着正向偏置电压的升高，从正向阻断状态转到导通状态的过程如图 5-3 中第一象限所示。

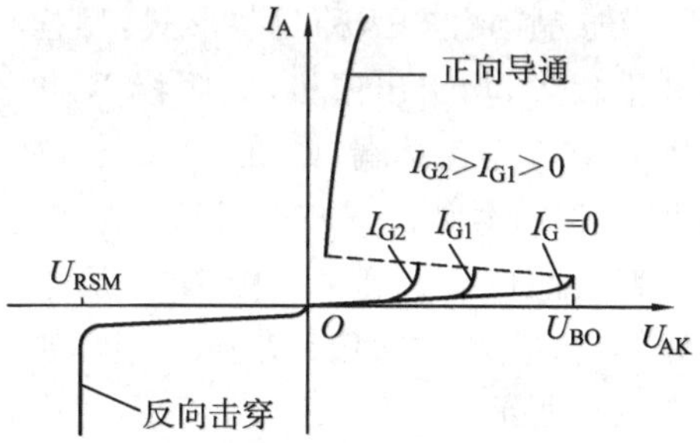

图 5-3 晶闸管的伏安特性

当门极所加触发电流 I_G 大于零时，会使晶闸管在较低的阳极电压下触发导通，门极触发电流越大，导通时转折电压越低，这是控制晶闸管导通的正常触发方式。晶闸管正向导通后，特性与二极管的正向伏安特性相似。

若晶闸管加反向电压，门极控制不起作用，晶闸管即处于反向阻断状态，反向漏电流很小。当反向电压增大到反向转折电压 U_{RSM} 时，晶闸管被反向击穿，反向电流急剧增大，此时，若没有限流措施，晶闸管会因为过热而损坏。晶闸管反向伏安特性与二极管反向伏安特性类似。

4. 晶闸管的主要技术参数

为正确选择、使用晶闸管，必须了解晶闸管的参数，晶闸管的主要技术参数有：

1) 正向断态重复峰值电压 U_{FRM}

U_{FRM} 是在晶闸管门极开路和晶闸管正向阻断的条件下，允许重复施加在晶闸管两端的正向峰值电压。一般该值定为正向转折电压的 80%。

2) 反向重复峰值电压 U_{RRM}

U_{RRM} 是在晶闸管门极开路时，允许重复施加在晶闸管两端的反向峰值电压。一般该值定为反向转折电压的 80%。

3) 额定电压 U_N

通常取 U_{FRM}、U_{RRM} 中较小的一个数值作为晶闸管的额定电压。

4) 正向平均电流 I_F

I_F 有时简称为正向电流，它是在环境温度不大于 40 ℃、标准散热条件及晶闸管全导通的条件下，晶闸管可以连续通过的工频正弦半波电流的平均值。在实际选用时，该电流值还与环境温度、冷却条件、导通角和每个周期的导通次数有关。

5）维持电流 I_H

I_H 是指在规定的环境温度和门极开路的条件下，使晶闸管维持导通所必需的最小阳极电流，一般为几十至几百毫安。当晶闸管的正向电流小于该电流时，晶闸管将自动关断。

6）门极触发电流 I_G

I_G 是指在规定的环境温度下，给晶闸管施加 6 V 的正向电压，使晶闸管完全导通所需要的最小门极电流。

5. 晶闸管的型号及其含义

晶闸管的型号及其含义如下：

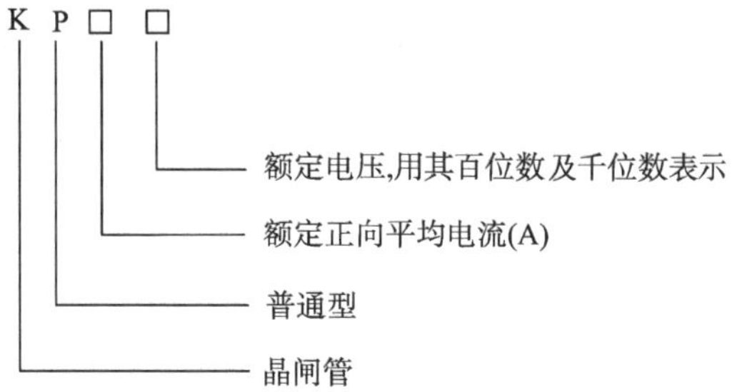

如型号为 KP100－3 的晶闸管表示其正向平均电流 100 A、额定电压 300 V。

5.1.2　其他电力电子器件

1. 双向晶闸管

双向晶闸管可等效为一对反并联的普通晶闸管，等效电路和电路符号如图 5-4 所示。双向晶闸管有两个主电极 T_1、T_2 和一个门极 G。此门极具有短路发射极结构，使主电极的正、反两个方向均可用交流或直流电流触发导通。通常采用在门极 G 和主电极 T_1 间加负脉冲的方式触发双向晶闸管。

2. 逆导晶闸管（RCT）

逆导晶闸管是一个反向导通的晶闸管，它是将一个晶闸管与一个续流二极管反向并联集成在同一硅片内的器件。逆导晶闸管具有正向可控、反向导通的特性。其等效电路、电路符号如图 5-5 所示。

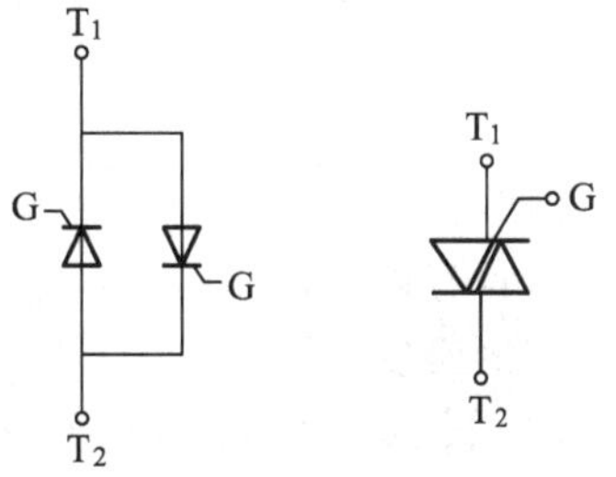

(a) 等效电路　　(b) 电路符号

图 5-4　双向晶闸管的等效电路和电路符号

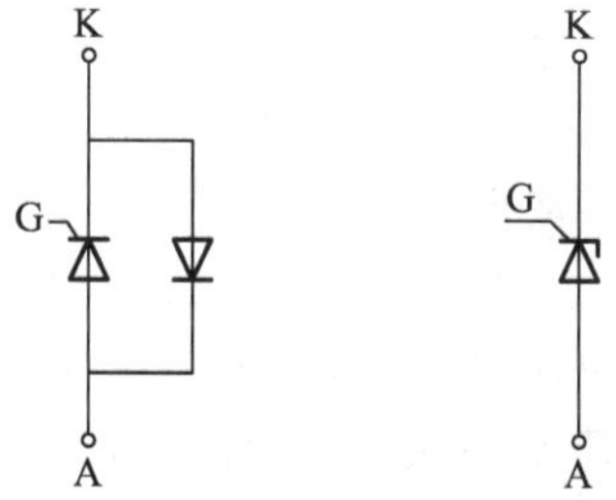

(a) 等效电路　　(b) 电路符号

图 5-5　逆导晶闸管的等效电路和电路符号

与普通晶闸管相比，逆导晶闸管具有正向压降小、关断时间短、高温特性好、额定结温高等优点，广泛应用于变换电路、逆变电路和斩波电路中。

3. 可关断晶闸管（GTO）

可关断晶闸管是一种具有自关断能力的晶闸管。它具有普通晶闸管的全部优点，如耐压高、电流大、耐浪涌能力强等。现今 GTO 产品的额定电流、电压已经超过 6 kA、6 kV，在 10 MV·A 以上的特大型电力电子变换装置中广泛应用。由于可关断晶闸管可用门极信号控制其关断，因此是一种大功率全控开关器件。可关断晶闸管电路符号如图 5-6 所示。

4. 功率场效应管（MOSFET）

功率场效应管是一种单极型的电压控制器件，电路符号如图 5-7 所示。它的工作原理与普通场效应管相同，但在结构上区别较大。功率场效应管具有驱动功率小、能与集成电路直接连接、开关频率高等优点；其缺点是输入阻抗高、抗静电干扰能力低等。

功率场效应管大多用于 500 V 电压以下的低功率高频能量变换装置，如不间断电源 UPS、开关电源等。目前，在发展较快的功率集成电路中，开关器件几乎都采用低通态电阻的功率场效应管。

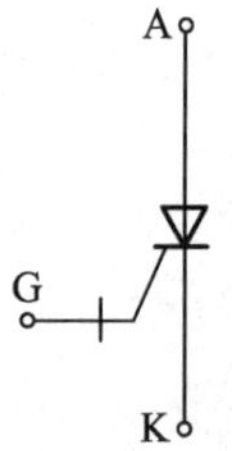

图 5-6 可关断晶闸管的电路符号

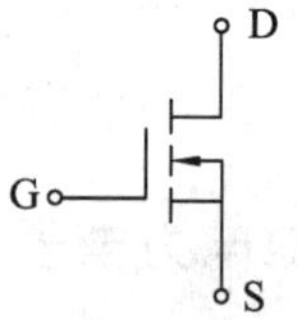

图 5-7 功率场效应晶体管的电路符号

5. 绝缘栅双极型晶体管（IGBT）

绝缘栅双极型晶体管简称 IGBT，是由 MOSFET 和大功率晶体管 GTR 复合而成的一种电力电子开关器件，具有输入阻抗高、响应速度快、热稳定性好、驱动电路简单、开关容量大和导通压降低等优点。IGBT 的等效电路及电路符号如图 5-8 所示。

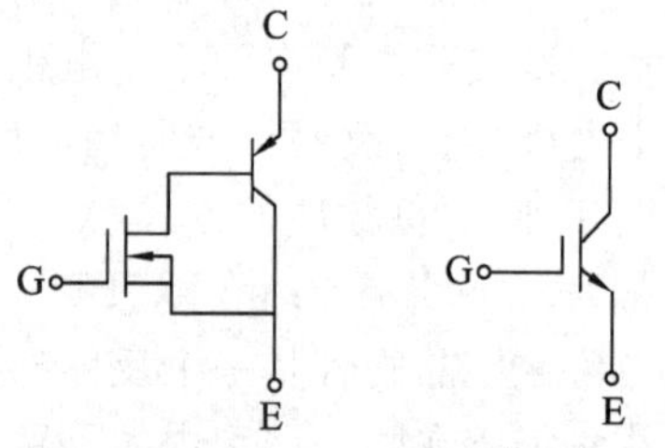

(a) 等效电路 (b) 电路符号

图 5-8 IGBT 的等效电路和电路符号

当 $U_{CE}<0$ 时，IGBT 呈反向阻断状态。

当 $U_{CE}>0$ 时，分两种情况：

(1) 若栅极电压 $U_{GE}<$ 开启电压 U_T，IGBT 呈正向阻断状态；

(2) 若栅极电压 $U_{GE}>$ 开启电压 U_T，IGBT 正向导通。

IGBT 广泛应用于 20 kHz 左右的功率变换电路中，具有以下特点：

(1) 可使用功率变换子系统模块，使产品小型化，缩短研发周期。

(2) 几乎可完全替代大功率晶体管 GTR 的应用，部分取代功率场效应管 MOSFET 和可关断晶闸管 GTO 的应用。

(3) IGBT 的开通和关断受栅极电压控制。当栅极电压为正时，IGBT 导通；当栅极电压为负时，IGBT 关断。

5.1.3　触发电路

电力电子开关器件的驱动电路是主电路与控制电路之间的接口，主要任务是将控制电路传来的信号按照控制要求，转换成电力电子器件开通或关断的信号。性能良好的驱动电路可使器件工作在较理想的开关状态，缩短开关时间，减小开关损耗和提高器件工作可靠性。

晶闸管导通必须具备一定的外界条件：阳极加正向电压，门极加正触发信号。当晶闸管导通后，门极控制信号不再起作用，直到阳极电压减小或反向后，阳极电流小于维持电流，晶闸管才自行关断。

1. 晶闸管门极驱动电路的基本要求

晶闸管的门极驱动电路又称为触发电路。其基本要求有：

(1) 触发信号可以是交流、直流或脉冲信号。一般采用脉冲信号，以减小门极损耗。

(2) 触发脉冲要有足够的触发功率。触发脉冲电压、电流应大于晶闸管的门极触发电压和门极触发电流，并留有一定的裕量。

(3) 触发脉冲的移相范围要满足变流装置的要求。一般移相范围≤180°。

(4) 触发脉冲要有一定的宽度和陡度。触发脉冲宽度要保证触发后的阳极电流在脉冲消失前至少能达到擎住电流(这是最小脉冲宽度)。脉冲宽度还与负载性质及主电路形式有关。触发脉冲前沿陡度应大于 10 V/μs 或 800 mA/μs。

(5) 触发脉冲与主电路电源电压保持同步。同步是指使晶闸管的电源电压与触发脉冲保持一定相位关系，用来保证触发的可靠性和触发时刻的一致性。

2. 门极驱动电路的几种形式

晶闸管门极驱动电路除了采用传统的单极晶体管驱动电路外，还可采用以下方法：

(1) 带脉冲变压器的驱动电路，如图 5-9 所示。当控制系统发出的高电平信号加至晶体管放大器后，变压器输出电压经 VD_2 输出脉冲电流 I_G，触发 SCR 导通。当控制系统发出的驱动信号为零后，VD_1 和 VD_Z 续流，变压器的一次侧电压迅速降为零，防止变压器饱和。

(2) 采用光耦的触发电路，如图 5-10 所示。当控制系统发出驱动信号到光电耦合输入端时，光电耦合输出电路中电阻 R_{G2} 上的电压产生脉冲电流，触发 SCR 导通。

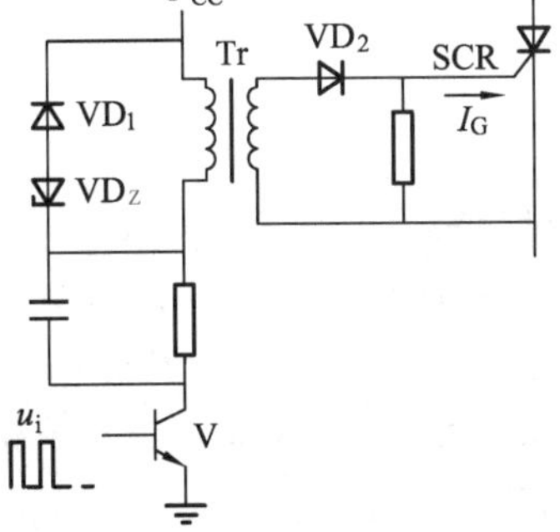

图 5-9　带脉冲变压器的驱动电路

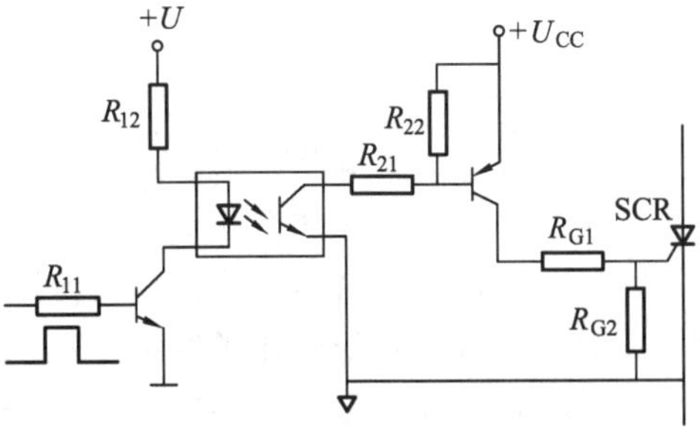

图 5-10　光耦隔离驱动电路

（3）集成触发电路。晶闸管专用集成触发电路的应用日益广泛，集成触发器体积小、性能好、功耗低、可靠性高。如 KC05 集成触发器可用于双向可控硅或两只反并联可控硅的交流相位控制，具有锯齿波线性好、移相范围宽、控制方式简单、易于集中控制、输出电流大等优点，是交流调光、调压的理想电路。

（4）数字式触发电路。数字式触发电路是以数字逻辑电路或微处理器为核心的触发脉冲产生电路。目前多用单片机系统设计，其原理框图如图 5-11 所示。

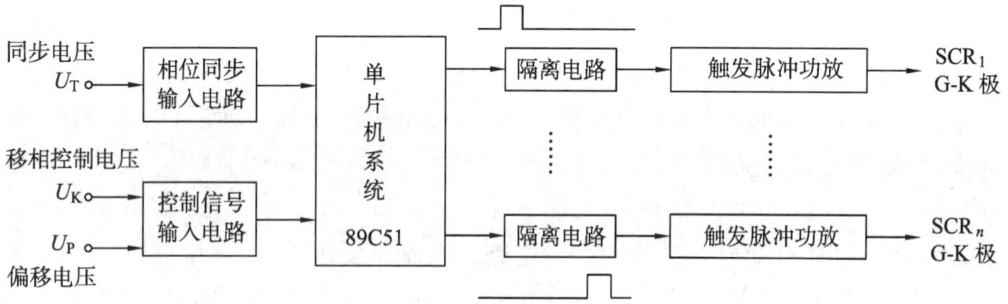

图 5-11　数字触发电路原理框图

练习与思考

1. 简述晶闸管的工作原理及其特性。晶闸管的导通条件是什么？

2. 为什么说晶闸管是“半控型”器件？

3. 为什么晶闸管导通后，门极就失去控制作用？在什么条件下晶闸管才能从导通转为截止？

4. 可关断晶闸管有哪些特点？为什么说可关断晶闸管是“全控型”器件？

5.2 单相可控整流电路

第 4 章讨论了由整流二极管构成的整流电路，其输出电压固定、不可控。由晶闸管构成的整流电路，可通过控制晶闸管门极触发脉冲和输入电压的相位来控制直流输出电压的极性、大小，所以称为可控整流电路。必须指出的是，同一可控整流电路，由于负载性质不同，其工作情况差别很大。

5.2.1 单相半波可控整流电路

1. 电阻性负载

单相半波可控整流电路如图 5-12(a)所示。电阻性负载的特点是电流、电压同相。在图 5-12(b)所示 u_2 的正半周内，晶闸管承受正向电压，如果在该区间门极有触发信号，则晶闸管导通；在 u_2 的负半周内，晶闸管承受反向电压，无论有无触发信号，晶闸管均阻断。假设在 $\omega t=\alpha$ 处施加触发脉冲 u_g，如图 5-12(c)所示，此时晶闸管承受正向电压，故立即导通，电源电压 u_2 加在负载电阻 R_L 两端，其电压值 $u_d=u_2$，直至 $\omega t=\pi$ 为止。在 $\omega t=\pi$ 以后，电源电压 u_2 为负，晶闸管承受反向电压，由导通变为阻断，则 $u_d=$

0，这种状态持续至下一个电源周期 $\omega t=2\pi+\alpha$ 时刻。在 $\omega t=2\pi+\alpha$ 时刻再次施加触发脉冲，晶闸管承受正向电压再次导通，如此循环。负载电阻 R_L 两端的电压 u_d 波形如图5-12(d)所示。

显然，改变触发脉冲出现的时刻，就能改变负载电压波形，使整流输出电压的平均值也随之改变。

图中 α 是从自然换流点到脉冲出现时刻所对应的电角度，称为控制角，也称为触发角或延迟角；图中的电角度 θ 对应的是晶闸管在一个电源周期中处于导通状态的时间，称为导通角。

由图 5-12(d)可知，在单相半波可控整流电路中，带电阻性负载时，导通角 $\theta=\pi-\alpha$。此时负载上得到的平均电压

$$U_d=0.45U_2\,\frac{1+\cos\alpha}{2} \tag{5-1}$$

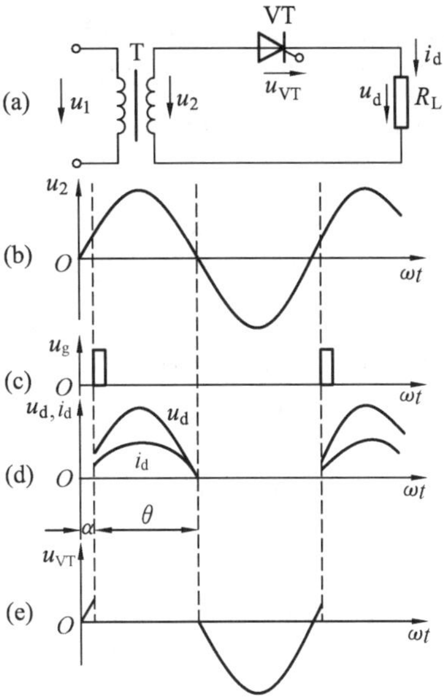

图 5-12　单相半波可控整流电路带电阻性负载原理图及波形图

当 $\alpha=0°$时，$U_d=0.45\,U_2$；当 $\alpha=\pi$ 时，$U_d=0$，即单相半波可控整流电路带电阻性负载时控制角的移相范围为 π。输出电压有效值为

$$U=U_2\sqrt{\frac{1}{4\pi}\sin 2\alpha+\frac{\pi-\alpha}{2\pi}}$$

直流输出电流平均值 I_d 和有效值 I_T 分别为

$$I_d=U_d/R_L$$

$$I_T=U/R_L$$

晶闸管承受的最大正、反向电压均为$\sqrt{2}U_2$。

需要指出的是，为了使整流输出电压稳定，要求每个周期中控制角 α 都应相同，即要求触发脉冲信号与电源电压在频率和相位上协调配合，这种相互协调配合的关系称为同步。

2. 电感性负载

如果图 5-13(a)中的负载为电阻和电感组成的电感性负载，且负载的感抗远远大于电阻，此时负载电流变化缓慢，近似于一条直线。

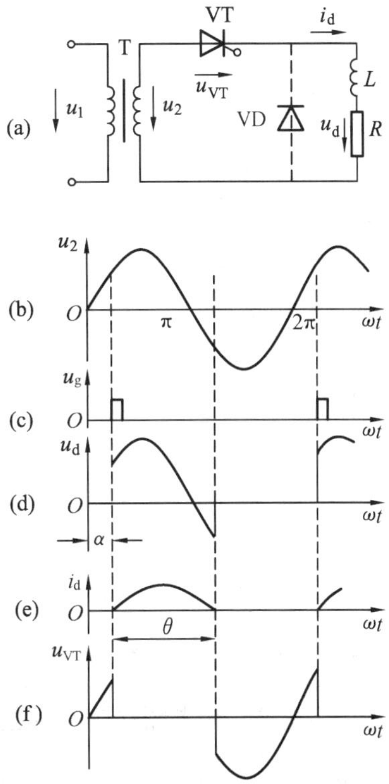

图 5-13　单相半波全控整流电路带电感性负载原理图及波形图

由图 5-13(b)可知(先不考虑续流二极管 VD)，在电源电压 u_2 的正半周 $\omega t=\alpha$ 时刻触发晶闸管，如图 5-13(c)，在负载侧就立即出现直流电压$u_d=u_2$，由于电感的作用，负载电流 i_d 只能从零逐渐增大，如图 5-13(e)所示。

在 i_d 增加的过程中，电感两端产生感应电动势，其极性为上正下负，它试图阻止电流增大。这

时交流电网除了对负载供电外，还需供给电感 L 所吸收的磁场能量。当 u_2 过零变负时，电流 i_d 处于逐步减小的过程中，电感两端产生一个下负上正的感应电动势，它试图阻止电流的减小。只要这个感应电动势比 u_2 值大，晶闸管便仍承受正向电压而继续维持导通，此时仍有 $u_d=u_2$。电感上释放出先前储存的能量，它除了供给负载，还供给变压器二次绕组吸收的能量，并通过一次绕组把能量反送至电网；直到电感中的电流降为零时，线圈的磁场能量释放完毕，晶闸管关断并且立即承受反向电压，如图 5-13(e)所示。

由于电路中存在大电感，延迟了晶闸管关断的时刻，使 u_d 波形上出现负值，因而直流输出电压的平均值有所下降。为了防止在电源的负半周因电感释放能量而在负载上出现负电压，通常在负载两端并联一个续流二极管 VD。

对于不同的控制角 α 和不同的负载阻抗角 $\varphi=\arctan\dfrac{\omega L}{R}$，晶闸管的导通角 θ 也不同。

单相半波可控整流电路的优点是只用一个晶闸管，线路简单，控制方便，成本低；缺点是输出脉动大。由于变压器二次侧只输出单方向的电流，所以二次侧含有直流分量，使变压器铁芯直流磁化，造成变压器饱和。为消除饱和就需要增大铁芯面积，增大变压器体积。其参数计算可参见表 5-1。

表 5-1　部分常见的单相整流电路及其在不同负载时的数量关系

电路名称			单相半波	单相双半波	单相桥式全控	单相桥式半控	单相桥式半控	单相桥式半控
电路图			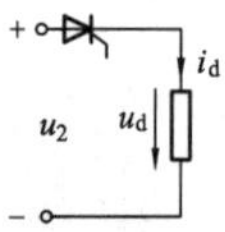 (a)	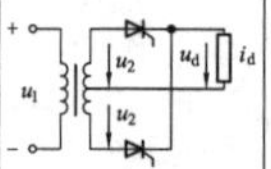 (b)	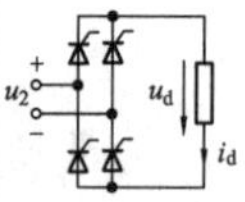 (c)	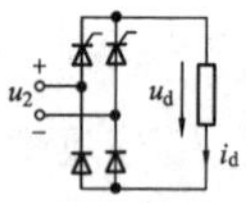 (d)	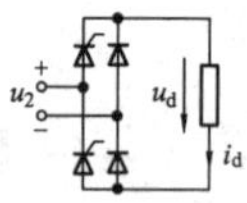 (e)	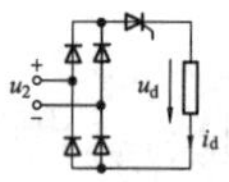 (f)
输出平均电压 U_d			$0\sim0.45U_2$	$0\sim0.9U_2$	$0\sim0.9U_2$	$0\sim0.9U_2$	$0\sim0.9U_2$	$0\sim0.9U_2$
电阻性负载	最大移相范围		180°	180°	180°	180°	180°	180°
	晶闸管导通角 θ		$180°-\alpha$	$180°-\alpha$	$180°-\alpha$	$180°-\alpha$	$180°-\alpha$	$180°-\alpha$
	晶闸管最大正向电压		$\sqrt{2}U_2$	$\sqrt{2}U_2$	$\frac{1}{2}\sqrt{2}U_2$	$\sqrt{2}U_2$	$\sqrt{2}U_2$	$\sqrt{2}U_2$
	晶闸管最大反向电压		$\sqrt{2}U_2$	$2\sqrt{2}U_2$	$\sqrt{2}U_2$	$\sqrt{2}U_2$	$\sqrt{2}U_2$	
	整流管最大反向电压					$\sqrt{2}U_2$	$\sqrt{2}U_2$	$\sqrt{2}U_2$
	晶闸管平均电流		I_d	$\frac{1}{2}I_d$	$\frac{1}{2}I_d$	$\frac{1}{2}I_d$	$\frac{1}{2}I_d$	I_d
	整流管平均电流				$\frac{1}{2}I_d$	$\frac{1}{2}I_d$	$\frac{1}{2}I_d$	$\frac{1}{2}I_d$
	$\alpha\neq0$ 时，输出平均电压		$0.225U_2(1+\cos\alpha)$	$0.45U_2(1+\cos\alpha)$	$0.45U_2(1+\cos\alpha)$	$0.45U_2(1+\cos\alpha)$	$0.45U_2(1+\cos\alpha)$	$0.45U_2(1+\cos\alpha)$
	变压器功率（$\alpha=0$ 时）	一次侧	$2.68P_d$	$1.24P_d$	$1.24P_d$	$1.24P_d$	$1.24P_d$	$1.24P_d$
		二次侧	$3.49P_d$	$1.75P_d$	$1.24P_d$	$1.24P_d$	$1.24P_d$	$1.24P_d$

▶5.2.2　单相桥式全控整流电路

单相桥式全控整流电路克服了单相半波可控整流电路的缺点，电流脉动减小，消除了变压器的直流分量并提高了变压器利用率，被广泛应用于中、小容量的晶闸管整流装置中。

1. 电阻性负载

图 5-14(a)为单相桥式全控整流电路带电阻性负载时的原理图。$u_2>0$ 时，晶闸管 VT_1 和 VT_4 同时承受正向电压，晶闸管 VT_2 和 VT_3 同时承受反向电压。在 $\omega t=0\sim\alpha$ 期间，VT_1 和 VT_4 由于门极没有施加触发脉冲而仍处于正向阻断状态，VT_1 和 VT_4 承受正向电压，各分担 $u_2/2$；VT_2 和 VT_3 承受反向电压，各分担 $u_2/2$。直流输出电压 $u_d=0$。

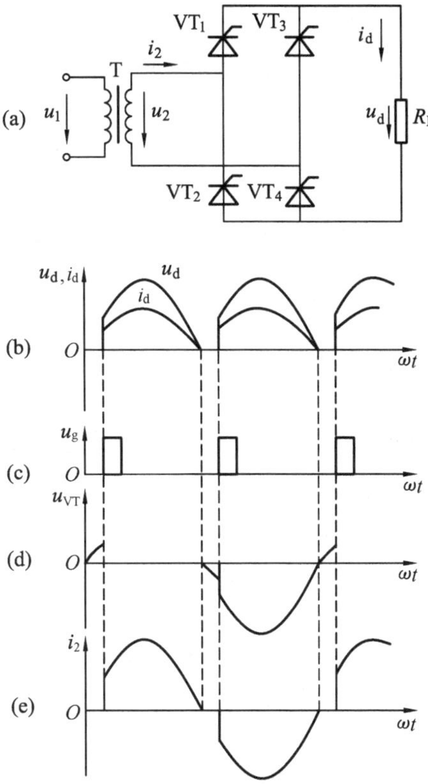

图 5-14　单相桥式全控整流电路带电阻性负载原理图及波形图

在 $\omega t=\alpha\sim\pi$ 期间，VT_1 和 VT_4 由于门极施加触发脉冲 u_g 而导通，u_2 经 VT_1 和 VT_4 施加在负载 R_L 上，直流输出电压 $u_d=u_2$。VT_2 和 VT_3 承受反向电压，均为 u_2。当 $\omega t=\pi$ 时，u_2 过零，输出电流降为零，VT_1 和 VT_4 自然关断。

当 u_2 进入负半周时，$u_2<0$，晶闸管 VT_1 和 VT_4 同时承受反向电压，晶闸管 VT_2 和 VT_3 同时承受正向电压。在 $\omega t=\pi\sim(\pi+\alpha)$期间，$VT_2$ 和 VT_3 由于门极没有施加触发脉冲而仍处于正向阻断状态，VT_2 和 VT_3 承受正向电压，直流输出电压 $u_d=0$。在$\omega t=(\pi+\alpha)\sim 2\pi$ 期间，VT_2 和 VT_3 由于门极施加触发脉冲 u_g 而导通，u_2 经 VT_2 和 VT_3 施加在负载 R_L 上，直流输出电压 $u_d=-u_2$，负载电流方向保持不变。VT_1 和 VT_4 承受反向电压，均为 u_2。当 $\omega t=2\pi$ 时，u_2 过零，输出电流降为零，VT_2 和 VT_3 自然关断。

显然，上述两组触发脉冲在相位上相差 π，此后又是 VT_1 和 VT_4 导通，如此循环工作。

由图 5-14(b)中 u_d 的波形图可知，在单相桥式全控整流电路带电阻性负载时，负载上得到的平均电压为

$$U_d=0.9U_2\,\frac{1+\cos\alpha}{2}$$

在 $\alpha=0°$时，$U_d=0.9U_2$；当 $\alpha=\pi$ 时，$U_d=0$，导通角 $\theta=\pi-\alpha$。因此单相桥式全控整流电路带电阻性负载时控制角的移相范围为 π。

输出电流平均值 I_d 和有效值 I 为

$$I_d=U_d/R_L$$

$$I=\frac{U_2}{R_L}\sqrt{\frac{1}{2\pi}\sin 2\alpha+\frac{\pi-\alpha}{\pi}}$$

晶闸管的电流平均值 I_{dT}和有效值 I_T 分别为

$$I_{dT}=I_d/2$$

$$I_T=\sqrt{2}I_d/2$$

晶闸管承受的最大反向电压均为$\sqrt{2}U_2$，可能承受的最大正向电压为$\sqrt{2}U_2/2$。

2. 电感性负载

图 5-15(a)所示为单相桥式全控整流电路带电感性负载时的原理图。设电路中负载电感量为无穷大，这样负载电流 i_d 连续且波形近似为直线。

当整流变压器二次侧电压 u_2 进入正半周时，晶闸管 VT_1 和 VT_4 同时承受正向电压，在 $\omega t=\alpha$ 时刻，触发 VT_1 和 VT_4 导通，u_2 经 VT_1 和 VT_4 施加在负载上，$u_d=u_2$。在 $\omega t=\pi$ 时，u_2 过零，电感 L 产生感应电动势，使 VT_1 和 VT_4 仍然承受正向电压而继续导通。因此输出电压中出现负值，如图 5-15(b)所示。在 $\omega t=\pi\sim\pi+\alpha$ 期间，VT_2 和 VT_3 虽已承受正向电压，但由于未加触发脉冲，故处于正向阻断状态。在 $\omega t=\pi+\alpha$ 时刻，触发 VT_2 和 VT_3，使原已承受正向电压的 VT_2 和 VT_3 导通，而 VT_1 和 VT_4 立即承受反向电压而关断，u_2 经 VT_2 和 VT_3 施加在负载上，$u_d=-u_2$。当 $\omega t=2\pi$，u_2 过零，由于电感 L 的作用，VT_2 和 VT_3 并不关断，直至 VT_1、VT_4 触发导通，如此循环。

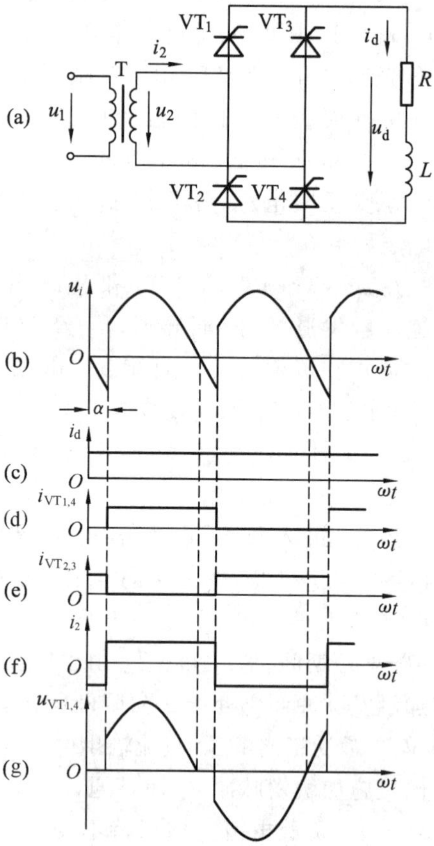

图 5-15 单相桥式全控整流电路带电感性负载原理图及波形图

带电感性负载时负载上的平均电压为

$$U_d=0.9U_2\cos\alpha$$

由此可知，移相角的移相范围是 $\pi/2$。

直流输出电流平均值 I_d 和有效值 I 为

$$I_d=I=U_d/R$$

晶闸管的电流平均值 I_{dT} 和有效值 I_T 分别为

$$I_{dT}=I_d/2$$

$$I_T=\sqrt{2}I_d/2$$

晶闸管承受的最大反向电压均为$\sqrt{2}u_2$。

【例 5-1】 在单相桥式全控整流电路中，已知 $U_2=220$ V，$\alpha=\pi/3$。求下述两种情况下的输出直流电压平均值 U_d、电流 I_d、变压器二次侧电流有效值 I_2。(1) 电阻性负载：$R=10\ \Omega$；(2) 电感性负载：$R=10\ \Omega$，L 足够大(不接续流二极管)。

解：(1) 电阻性负载，输出直流电压的平均值

$$U_d=0.9U_2\frac{1+\cos\alpha}{2}=0.9\times220\times\frac{1+\cos60^\circ}{2}=148.5\ \text{V}$$

$$I_d=\frac{U_d}{R}=\frac{148.5}{10}=14.85\ \text{A}$$

$$I_2=\frac{U_2}{R}\sqrt{\frac{1}{2\pi}\sin2\alpha+\frac{\pi-\alpha}{\pi}}=\frac{220}{10}\sqrt{\frac{1}{2\pi}\sin\frac{2\pi}{3}+\frac{\pi-\frac{\pi}{3}}{\pi}}=19.73\ \text{A}$$

(2) 电感性负载，$R=10\ \Omega$，L 足够大时，输出直流电压的平均值

$$U_d=0.9U_2\cos\alpha=0.9\times220\times\cos60^\circ=99\ \text{V}$$

$$I_d=\frac{U_d}{R}=\frac{99}{10}=9.9\ \text{A}$$

$$I_2=I_d=9.9\ \text{A}$$

练习与思考

1. 什么是半控整流电路？什么是全控整流电路？它们的区别是什么？其控制对象各是什么？

2. 在单相桥式全控整流电路中，若有一只晶闸管因为过流而烧成断路，结果会怎样？若该晶闸管被烧成短路，结果又会怎样？

3. 单相半波可控整流电路接大电感负载，为什么必须接续流二极管电路才能正常工作？其与单相桥式半控整流电路中的续流二极管的作用是否相同？

5.3 电力电子器件的保护

电力电子器件有许多优点，但也存在一些弱点，如它们承受过电压和过电流的能力很差，因此在各种电力电子电路中必须采取适当的措施加以保护。主要的保护措施有缓冲保护、散热保护、过电压保护和过电流保护等。

5.3.1　缓冲保护

电力电子开关器件开通时流过的电流很大，阻断时承受的电压很高。特别是在开通和关断的瞬间，对开关元件会形成很大的冲击。因此在电力电子电路中附加各种缓冲电路，可以减小这些冲击的影响，如浪涌电压、尖峰电压、di/dt、du/dt 及开关损耗，还可避免器件二次击穿，抑制电磁干扰，提高器件工作的安全性和可靠性。

缓冲电路按照作用的不同，可分为开通缓冲电路和关断缓冲电路。由于各种电力电子开关器件性能上差异很大，其缓冲电路形式和所起的作用也不尽相同。

5.3.2　散热保护

当电力电子器件通过工作电流时，会产生相应的功率损耗，引起器件温度的升高。因

此，功率电子器件的散热设计主要从以下 3 个方面考虑：散热面积；加强风冷；液态冷却。

5.3.3 过电压保护

变换器中的电力电子器件在正常工作时所承受的最大峰值电压 U_M 与电源电压、电路的接线形式有关，它是选择电力电子器件额定电压的依据。以晶闸管为例，如正向电压超过晶闸管正向转折电压，将产生误导通。如反向电压超过其反向击穿电压，则晶闸管被击穿，造成永久性损坏。因此，为防止短时过电压对变换器的损坏，必须采取适当的保护措施。

过电压保护的基本原则是：根据电路中过电压产生的不同部位，加入不同的附加电路，当超过规定电压值时，自动开通附加电路，使过电压通过附加电路形成通路，消耗或储存过电压的电磁能量，使过电压的能量不会加到电力电子器件上，从而达到保护的目的。图 5-16 所示电路为几种常用的过电压保护方法。

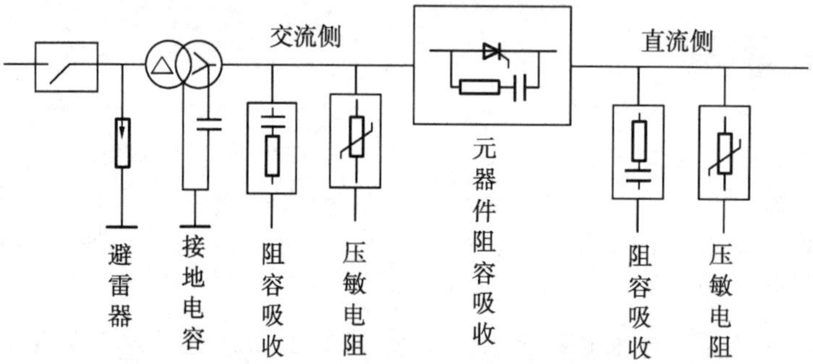

图 5-16 过电压保护框图

5.3.4 过电流保护

一般电力电子器件的热容量很小，一旦发生过电流，温度就会急剧升高，从而烧坏器件，因此必须采取过电流保护措施。常用的几种过电流保护方法如图 5-17 所示。

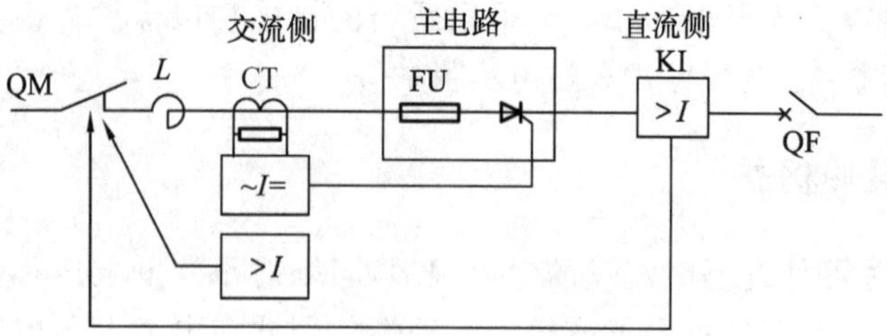

图 5-17 过电流保护的几种方法

1. 交流进线电抗器

如图 5-17 所示，在电路进线端接入电抗器 L 或采用漏抗大的整流变压器，利用电感限制电流。

2. 电流检测装置和直流过流继电器

如图 5-17 所示，接入电流互感器 CT 和过电流继电器 KI，利用过电流信号控制触发电路，使触发脉冲后移或使晶闸管关断，输出直流电压下降，从而抑制过电流。

3. 快速熔断器

如图5-17所示，在电路中接入快速熔断器FU。快速熔断器可接在电源侧、负载侧，也可直接与晶闸管串联。

一般多采用过电流信号控制触发脉冲的方法抑制过电流，再配合采用快速熔断器；快速熔断器作为过电流保护的最后措施。

5.3.5　门极保护

当开关器件发生过电流损坏后，高电压会损坏驱动电路，因此必须设置相应的保护电路，保护门极电路。

如图5-18所示的门极保护电路，将快速熔断器串联在门极驱动电路输出端与功率器件控制极之间，当出现过电流时，门极电路能尽快与器件控制极断开；在门极电路输出端并联双向稳压二极管，将门极电压钳制在安全电压范围以内。

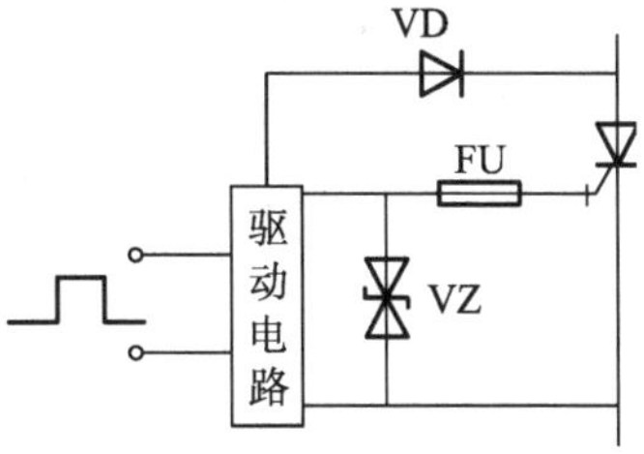

图5-18　门极过流、过压保护电路

练习与思考

1. 缓冲电路的作用是什么？有哪些缓冲电路？
2. 简述功率电子器件的散热方法，并说明为什么要考虑散热。
3. 开关器件的过电压保护、过流保护各有哪些方法？

5.4　调压、变频、逆变和斩波技术

5.4.1　调压电路

单相交流调压电路的工作情况与电路中负载的性质有密切关系。

1. 电阻性负载

晶闸管控制的交流调压器常用相位控制法。它在电源电压的每一个周期中控制晶闸管的触发相位，以达到调节输出电压的目的。图5-19为纯电阻性负载时的单相交流调压电路。在电源正半周，控制角为 α 时，VT_1 触发导通，交流电加到 R 上，并有电流 i_o 通过；当交流电压过零时，VT_1 关断，$i_o=0$，$u_o=0$。在电源负半周，即在控制角为 $\pi+\alpha$ 时，VT_2 触发导通，交流电压负半周通过 VT_2 加到 R 上；当电压再次过零时，VT_2 关断，完成一个周期。

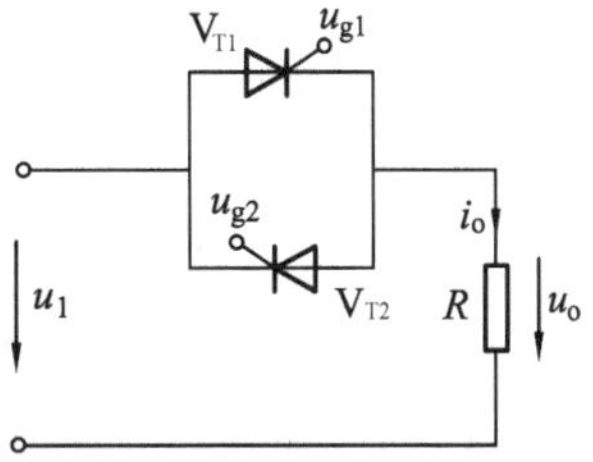

图5-19　由两个晶闸管反并联构成的单相交流调压电路

2. 电感性负载

如果图5-19的负载为感性负载，且感抗远大于电阻，当电源电压过零时，由于自感

电势的影响，电流并不立刻为零，而是要延时一段时间，其导通角 θ、控制角 α 和负载的功率因数角 φ 有关。因此交流调压器带电感性负载时，控制角 α 能起调压作用的移相范围是 $\varphi-\pi$，调压范围是 $0\sim U_1$（U_1 为电源电压的有效值）。但应注意：在 $\alpha<\varphi$ 时，$\theta>\pi$，正向 VT_1 中电流未过零而关断时，反向 VT_2 触发脉冲已出现，此时 VT_2 仍受反压不能导通。待 VT_1 中电流过零关断后，VT_1 受反压，如果这时 VT_2 的触发脉冲仍在，则 VT_2 导通，输出电压为一完整的正弦波。但如果 VT_2 的触发脉冲不存在，则 VT_2 不导通，这种情况称为失控。为避免 $\alpha<\varphi$ 时出现晶闸管不导通现象，触发脉冲应采用宽脉冲或脉冲序列，保证在 $\alpha=\varphi$ 时刻触发脉冲仍有足够的大小，以使晶闸管导通。

实际上，通常采用双向晶闸管代替反并联的两个晶闸管，所构成的交流调压电路如图 5-20 所示。应用双向晶闸管的优点是体积小，控制电路简单；缺点是承受电压上升率能力较低，同时要采取相应的措施，防止双向晶闸管"误导通"。

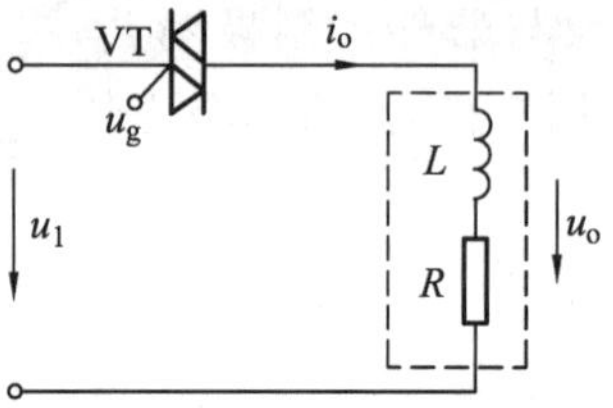

图 5-20　由双向晶闸管构成的单相交流调压电路

5.4.2 逆变电路

将直流电转变成交流电的过程称为逆变。实现逆变的电路称为逆变电路或逆变器。

图 5-21 是逆变器的工作原理图。其中图 5-21(a)是单相桥式逆变器原理图。图中开关 S_1、S_2、S_3、S_4 是桥式电路的 4 个桥臂，由电力电子器件构成，且成对通断，即当 S_1 和 S_4 闭合，S_2 和 S_3 断开时，负载电压 u_o 为正，反之为负。其工作波形如图 5-21(b)所示。这样就把直流变成了交流，通过改变两组开关的切换频率，即可改变输出交流的频率。

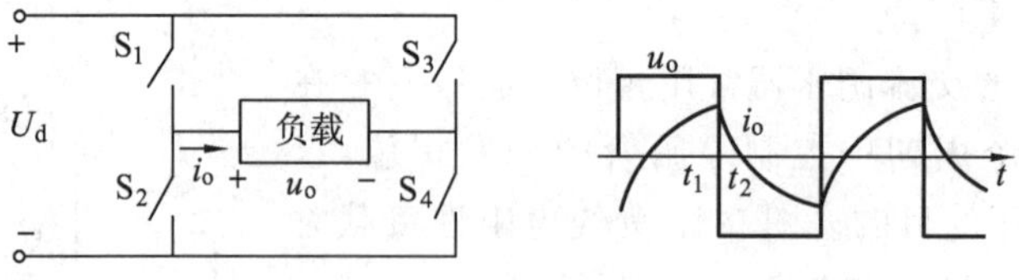

图 5-21　逆变器的工作原理

当负载为电阻时，负载电流 i_o 和电压 u_o 的波形形状相同，相位也相同。当为感性负载时，i_o 相位滞后于 u_o，两者的波形形状不同。

5.4.3 变频电路

在实际应用中，把电源提供的交流电变换成负载所需频率的交流电称为变频。将一种频率的交流电变为另一种频率的交流电的电路，称为交-交变频电路。

这里以单相交-交变频器为例来简要说明其工作原理。

图 5-22(a)为单相交-交变频器的原理电路。电路由两组反并联的三相晶闸管可逆变换器构成。根据控制角 α 变化方式的不同，有方波形交-交变频器和正弦波形交-交变频器之分。

图 5-22(a)中，当一组变流器工作时，另一组变流器封锁，以实现无环流控制。若变流器工作期间 α 角不变，则输出电压 u_o 为矩形波交流电压，如图 5-22(b)所示。由于变流器具有电流单向流通的特点，因此当负载电流为正时，正组工作；当负载电流为负时，反组工作。通过改变正、反组变流器的切换频率即可改变输出交流电的频率，而改变控制角 α 的大小可改变输出电压 u_o 的大小。

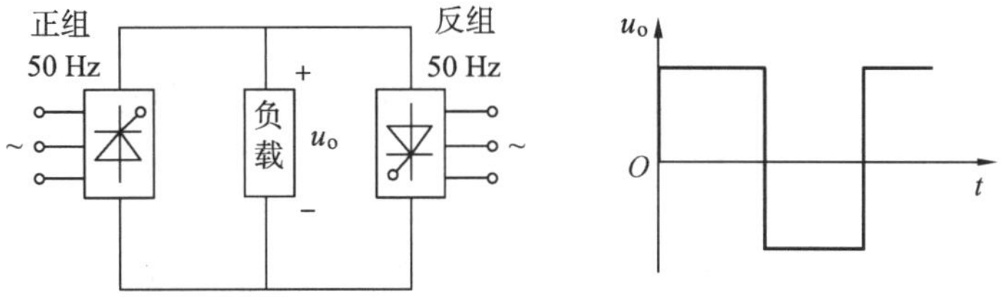

(a) 主电路原理图　　(b) 输出电压波形图

图 5-22　单相交-交变频器主电路原理图及输出电压波形示意图

5.4.4　斩波电路

将固定的直流电压变换成可变的直流电压的电路称为直流斩波器，又称为 DC-DC 变换器。这种变换器的特点是：利用电力电子器件作为无触点开关，通过改变电力电子器件的通断时间(通常称为占空比)来改变输出电压的平均值，从而得到可调的负载电压。

斩波电路的输入通常是由工频电压经整流后获得的脉动直流电压，通过斩波器可以使不稳定的输入直流电压变为稳定的直流输出电压。

图 5-23(a)所示为基本的直流斩波电路。VT 导通时，$u_o=U_d$；VT 断开时，$u_o=0$。输出电压波形如图 5-23(b)所示。

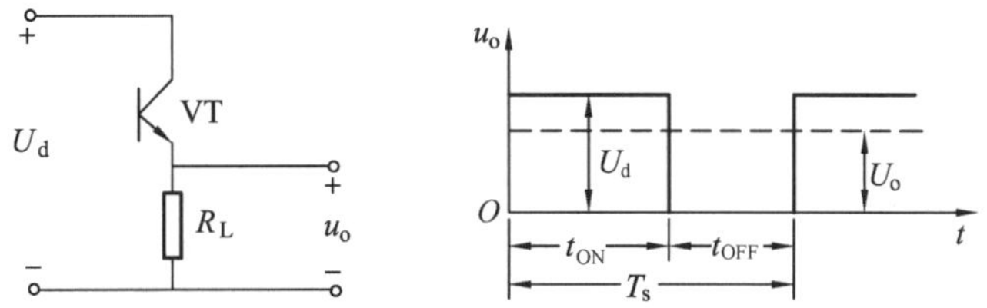

(a) 基本电原理图　　(b) 输出电压波形图

图 5-23　基本直流斩波器的电原理图及输出电压波形示意图

图中：T_s 为开关周期；t_{ON} 为 VT 开通时间；t_{OFF} 为 VT 关断时间；$\frac{t_{ON}}{T_S}=q$ 为占空比；因此输出电压平均值 $U_o=qU_d$。

由此可见，通过改变占空比即可调节输出电压，因此直流斩波器有两种调制方法：

一种是保持开关周期 T_s 不变，改变开关管导通时间 t_{ON}，这种方法称为脉宽调制(PWM)；另一种是开关管导通时间 t_{ON} 保持不变，改变开关周期 T_s，这种方法称为频率调制工作方式。

练习与思考

1. 能否将调压电路看成是一种整流电路？为什么？
2. 逆变器有哪几种换流方式？
3. 简述单相变频器的工作原理。
4. 直流斩波器有几种调制方法？怎样改变斩波器的占空比？

5.5 电力电子电路的 Multisim 仿真

Multisim 提供许多功率电子器件和触发电路模块，使得设计电路更加简单。本节仅给出 AC-DC 变换，DC-DC、DC-AC、AC-AC 变换可参阅其他书籍。

电路如图 5-24 所示。电路中采用工频 100 V 交流电源，从 Power 库中调出晶闸管 SCR 和脉冲信号控制器 PHASE_ANGLE_CONTROLLER。晶闸管的触发门电压设置为 2.5 V，其他参数采用默认值。脉冲信号控制器频率设置为 50 Hz，脉冲宽度和脉冲幅度采用默认值。直流交互式电压源调节范围设置为 0～180 V，增量为 1%。仿真波形如图 5-25 所示，这时的直流交互式电压为 45 V。改变这一电压，将改变导通角，波形随之改变。

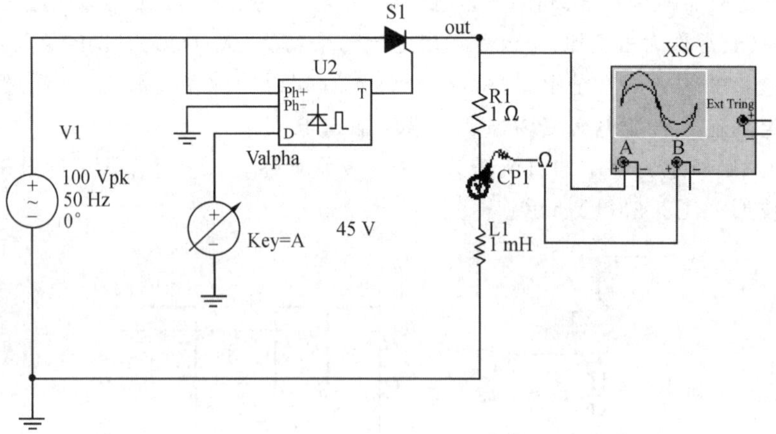

图 5-24　AC-DC 变换电路

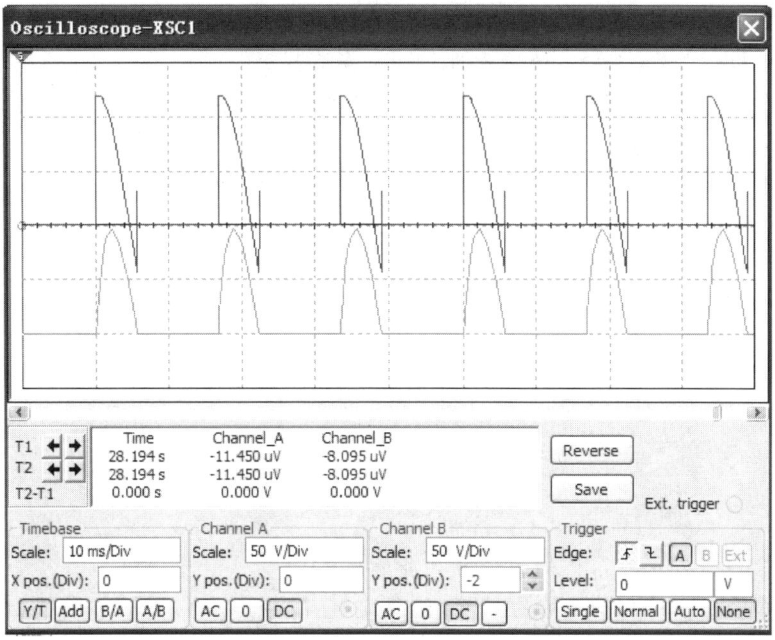

图 5-25　AC-DC 变换仿真波形

小　结

1. 晶闸管是大功率半导体器件,具有可控单向导电性。晶闸管的导通条件是:阳极电位高于阴极电位,且控制极加正向触发信号。晶闸管导通后,控制极失去控制作用,这也是晶闸管称为“半控型”器件的由来。欲使导通后的晶闸管关断,必须去掉或降低阳极电压,或在阳极加反向电压,使通过晶闸管的电流小于维持电流。

2. GTO 是一种“全控型”半导体器件,可用正门极信号触发导通,导通后,可用负门极信号控制其关断。

3. 绝缘栅双极晶体管(IGBT)是一种复合型电力电子器件。IGBT 兼有 GTR 和 MOSFET 的优点,既具有通态压降小、耐高压和能承受较大电流的特点,又具有输入阻抗高、开关速度快、热稳定性好和驱动电路简单的优点。

4. 功率 MOSFET 基本与 MOS 场效应管相同,只是在结构上有区别。

5. 对晶闸管触发电路的要求是:触发脉冲应有足够的功率;触发脉冲要与主电路的交流电源电压同步,并且有一定的移相范围;要有足够的脉冲宽度;触发脉冲前沿要陡;驱动电路抗干扰能力要强。

6. 触发电路种类较多,单结晶体管触发电路结构简单、温度补偿性好,但输出功率小,移相范围小于 150°。集成触发电路移相线性好、范围宽、温漂小,多应用在工业系统中。

7. 用晶闸管组成单相、三相整流电路,通过改变控制角 α 来改变晶闸管的导通时间,把交流电变成大小可调的直流电压送给负载。这种整流电路的输出与负载的性质有关。

电感性负载电路一般要接续流二极管,这时输出电压波形及平均值与电阻性负载相同。对大电感负载,负载电流波形近似为一条直线。

8. 改变交流调压电路中晶闸管或其他电力电子器件的控制角 α 可改变交流电压,以满足不同负载的要求。

9. 变频器能将电源提供的交流电变换成负载所需的各种频率的交流电。

10. 逆变器可以把直流电变为交流电。

11. 直流斩波器可将固定的直流电压变换成可变的直流电压。

12. 电力电子器件工作时必须加装保护电路,以保证安全。

第5章 习 题

5-1 怎样用万用表来区别三极管和晶闸管?

5-2 型号为KP100—3的晶闸管,维持电流 $I_H=4$ mA,是否能在下列情况下使用?为什么?

(1) 加直流电压 $U=100$ V,负载电阻 $R=50$ kΩ;

(2) 加直流电压 $U=150$ V,负载电阻 $R=2$ Ω;

(3) 加正弦交流电压 $U=220$ V(有效值),负载电阻 $R=10$ kΩ。

5-3 某电热装置的直流电阻为35 Ω,大电感负载,要求整流输出电压在0~75 V范围内可调,采用单相半波可控整流电路直接从220 V交流电网供电,试计算晶闸管的导通角 θ、电流有效值、额定值和额定电压(不考虑安全裕量)。

5-4 如习题5-4图所示,具有续流二极管的单相半波可控整流电路对大电感负载供电,其中 $R=7.5$ Ω,电源电压为220 V。试计算当控制角分别为30°和60°时,晶闸管和续流二极管的平均电流值和有效值。

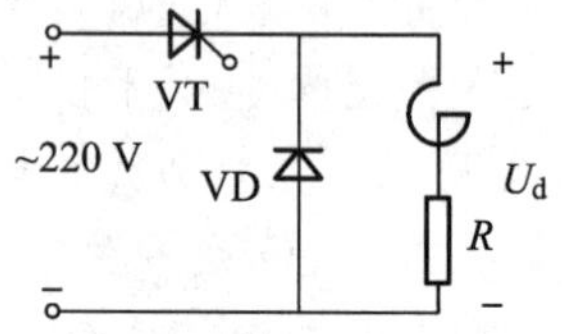

习题5-4图

5-5 某电阻性负载,要求电压为0~60 V,负载电阻为6 Ω,采用单相桥式半控整流电路,由电网220 V电压供电,当输出电压为60 V时,试计算晶闸管的导通角、平均电流、电流有效值以及晶闸管承受的最大正反向电压。

5-6 习题5-6图所示为单相桥式半控整流电路,在控制角 $\alpha=0°$ 时,直流输出电压 $U_d=150$ V,输出电流为 $I_d=50$ A。试求:

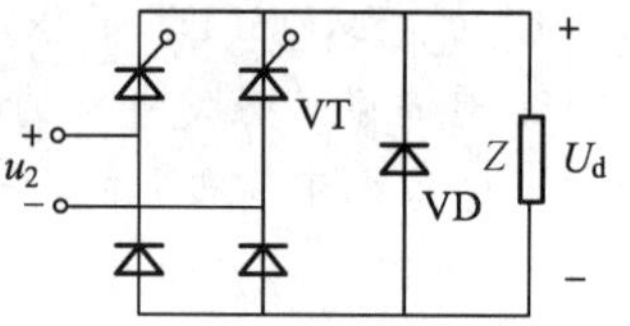

习题5-6图

(1) 输入电压的有效值和负载电阻;

(2) 当负载 $Z=R$ 时,要求输出电压 $U_d=100$ V,则控制角 α 为多少?

(3) 当负载为电感性时,如果要求 $U_d=75$ V,在有续流二极管的情况下,计算电路的输入元件的导通角,并选择整流元件和续流二极管。

5-7 习题5-7图所示的单相桥式全控整流电路中,已知 $U_2=100$ V。在下面两种情况:(1) 电感性负载,其中 $R=2$ Ω;(2) 反电势负载,平波电抗器足够大,反电动势

$E=60\ \mathrm{V}$，$R=2\ \Omega$。当 $\alpha=\pi/6$ 时，求直流输出电压 U_d、变压器二次侧电流有效值 I_2。

5-8　习题 5-8 图所示电路为输出电压极性可变的调压电路（也是单相半波整流电路），试说明其工作原理。欲使输出电压极性为下正上负，应在何时加触发脉冲？

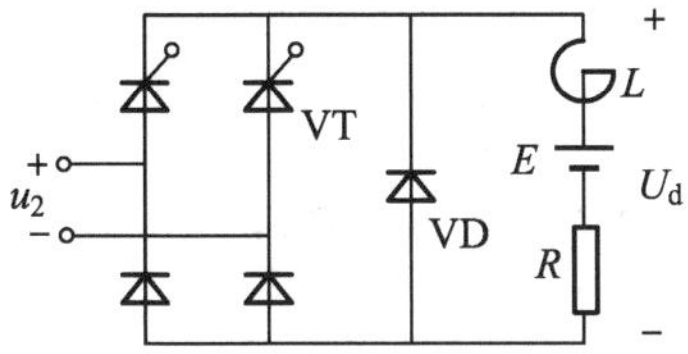

习题 5-7 图

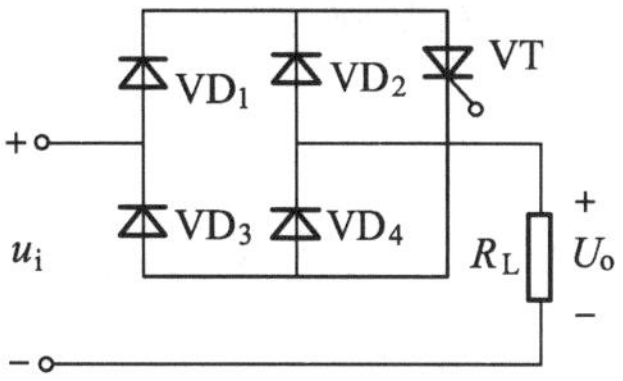

习题 5-8 图

第6章

门电路和组合逻辑电路

电子电路分两类：一类是模拟电路，处理随时间连续变化的模拟信号，如基本放大电路、集成运算放大器等；另一类是数字电路，处理离散的脉冲信号，也称逻辑电路。

本章首先概述数字电路的特点，讲解逻辑代数、逻辑门电路的逻辑符号、逻辑表达式和真值表，然后讲述 TTL 和 CMOS 集成门电路，重点是组合逻辑电路的分析与设计方法，最后介绍几种常见的集成组合逻辑电路。

对于本章的学习，应在了解数字电路的特点、掌握数字电路分析的工具(逻辑代数)、理解逻辑门电路功能的基础上，熟练掌握组合逻辑电路的分析和设计，以及典型集成组合逻辑电路的应用。

在学习数字电子技术知识的同时，同学们应注意其中蕴含的思维方式、思想方法，思考它们与国家社会经济发展之间的关系，提高社会责任意识、培养工匠精神。譬如，用逻辑门电路实现组合逻辑电路时，同一逻辑功能可以用不同的逻辑表达式表示，而逻辑表达式可以用卡诺图化简，也可以用逻辑代数化简，可以用小规模集成电路实现，也可以用中、大规模集成电路实现，这蕴含了“干成一件事不止一种方法，遇到问题要从多方面思考，精益求精，不断提高创新能力”的思想，有利于培养追求卓越的大国工匠精神；评判逻辑电路设计优劣的标准也不是一成不变的，应根据实际情况，充分利用现有资源，既要关注技术的先进性、方案的经济性，也要符合伦理要求、法律规范和环境标准，避免对社会、环境等造成负面影响。

思维导图

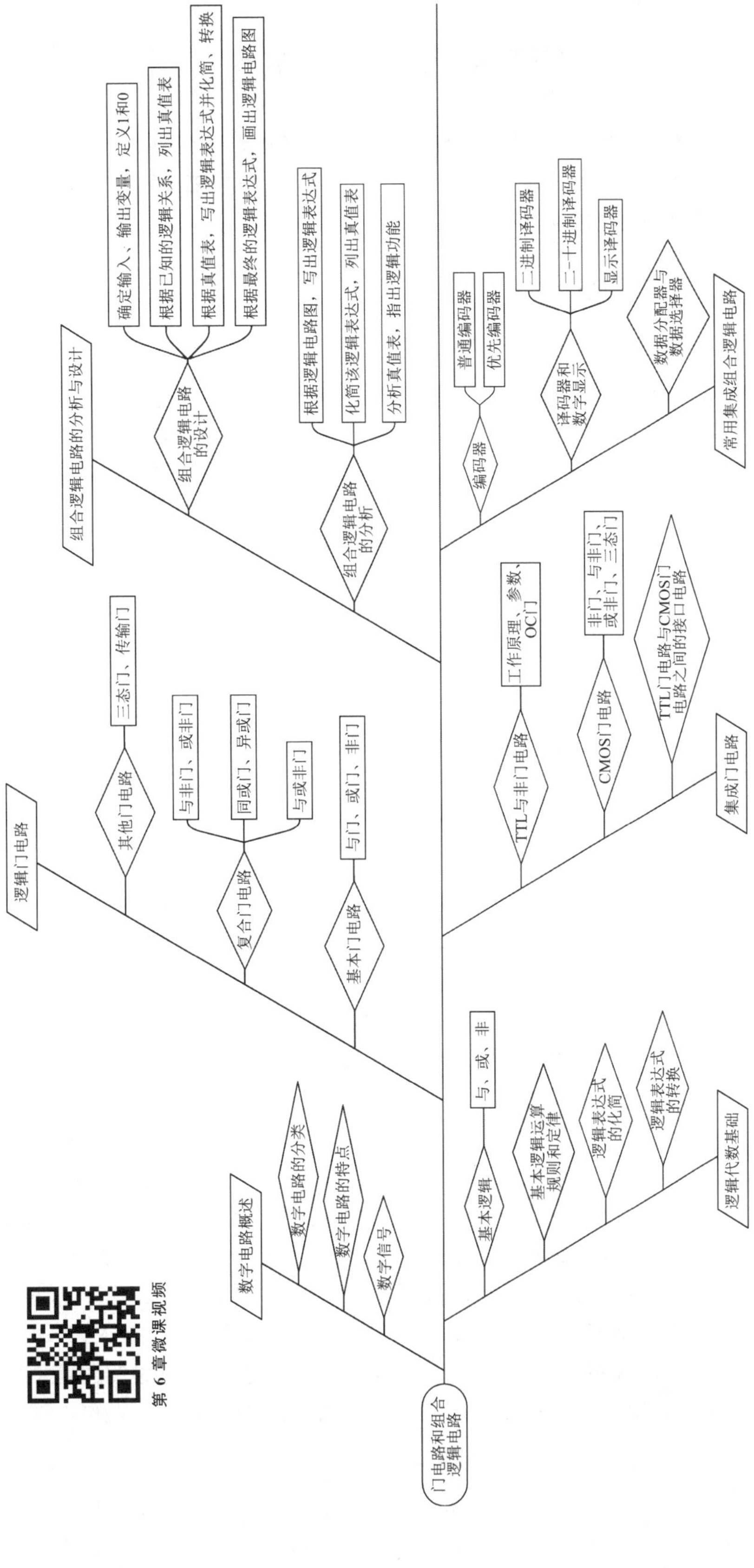

第 6 章微课视频

6.1 数字电路概述

电子电路分为两类：一类是处理模拟信号（随时间连续变化的信号）的模拟电路，如前几章介绍的基本放大电路、集成运算放大器等；另一类是处理数字信号（离散的脉冲信号）的数字电路，也称逻辑电路。

6.1.1 数字信号

1. 脉冲信号

脉冲信号有矩形波、尖顶波、锯齿波、三角波等多种，常用的是矩形波。图 6-1 是理想的矩形波，实际的矩形波如图 6-2 所示。脉冲波跃变后的值比初始值高，称为正脉冲（有时指脉冲的上升沿），正脉冲的上升沿称为它的前沿，正脉冲的下降沿称为它的后沿；如果脉冲波跃变后的值比初始值低，则称为负脉冲（有时指脉冲的下降沿），对负脉冲而言，前沿为下降沿，后沿为上升沿。脉冲波形的特征常用以下参数表示：

脉冲幅度 A　脉冲信号变化的最大值；

脉冲周期 T　周期性脉冲信号前、后两次出现的时间间隔；

脉冲频率 f　单位时间内的脉冲个数；

上升时间 t_r　脉冲从 0.1A 增大到 0.9A 所需的时间；

下降时间 t_f　脉冲从 0.9A 减小到 0.1A 所需的时间；

脉冲宽度 t_p　从脉冲前沿 0.5A 到脉冲后沿 0.5A 所需的时间；

占空比　脉冲宽度 t_p 与脉冲周期 T 的比值。

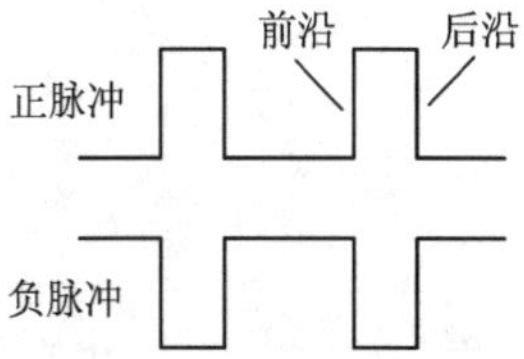

图 6-1　理想的矩形波

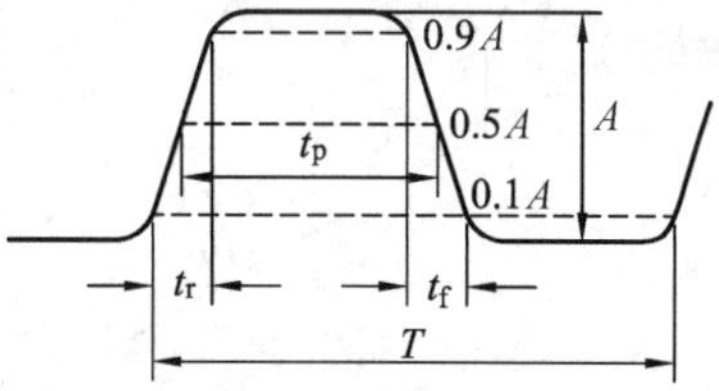

图 6-2　实际的矩形波

2. 逻辑电平与正、负逻辑

1）逻辑电平

从矩形波的组成看，除了上升沿和下降沿，还有高电平（H）和低电平（L）。在数字电路中，用逻辑电平表示逻辑状态。若高电平表示一种逻辑状态，则低电平表示另一种相对的逻辑状态。电平通常用一定范围的电位值来表示，而不是某个固定不变的值。不同的逻辑电路，高、低电平取值的范围不同，例如在 TTL 电路中，常常规定标准高电平 V_H＝3.6 V，标准低电平 V_L＝0.2 V。从 2～5 V 都看作高电平，从 0～0.8 V 都看作低电平，不允许出现超出这一范围的电平，否则，不仅会破坏电路的逻辑关系，而且还可能损坏元器件。图 6-3 表示 TTL 逻辑电平的电压变化范围。2 V 和 0.8 V 是判断高、低电平的阈值。

2) 正逻辑和负逻辑

数字电路主要采用二值逻辑，即逻辑 1 和逻辑 0。这里的 1 和 0 不表示数值的大小，只表示两种对立的逻辑状态。正逻辑是用高电平表示逻辑 1，低电平表示逻辑 0；反之，则为负逻辑，如图 6-4 所示。虽然一个逻辑电路的输出电平与输入电平之间具有确定的对应关系，但是这个逻辑电路具有什么逻辑功能，还要看是正逻辑还是负逻辑。同样一个电路，采用正逻辑，是一种逻辑关系；而采用负逻辑，则是另一种逻辑关系。在数字电路中，一般都采用正逻辑。如无特殊说明，本书中默认为正逻辑。

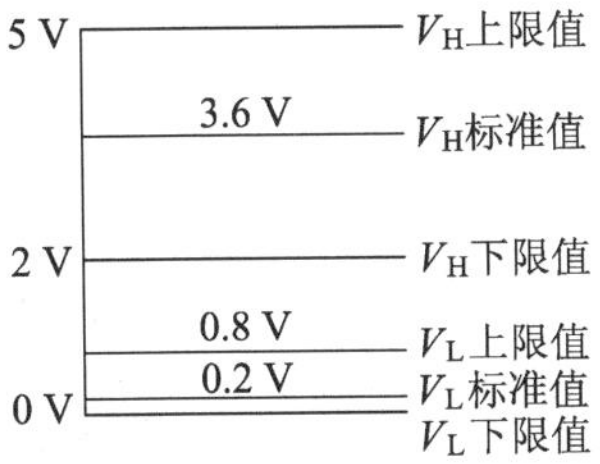

图 6-3 TTL 逻辑电平

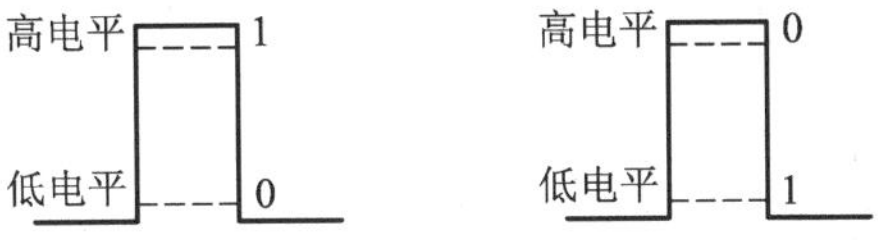

(a) 正逻辑　(b) 负逻辑

图 6-4 正、负逻辑

6.1.2 数字电路的特点

1. 稳定性好，抗干扰能力强

数字电路，只需判别数字信号的有无和高低，对数字信号的数值要求不高，只要噪声信号不超过高、低电平的阈值，就不会影响逻辑状态。

2. 功耗小，便于构成大规模集成电路

在数字电路中，半导体三极管、MOS 管通常工作在开关状态，用饱和或截止两种不同的状态表示逻辑 1 或 0(放大状态只是过渡状态)，极大地降低了静态功耗。大部分数字电路都可采用集成电路方式进行系列化生产，成本低，使用方便，应用广泛。

3. 信息处理能力强，精度高

数字电路能方便地与计算机相连，利用计算机对数字信号进行算术或逻辑运算、逻辑推理和判断，并实现实时控制。通过增加二进制数的位数，很容易提高精度。

4. 可进行自动化设计

采用硬件描述语言编写代码，描述数字电路的功能，利用计算机和电子设计自动化开发工具，可快速地进行数字电路的设计、仿真、综合和实现，设计效率高。

6.1.3 数字电路的分类

数字电路可分为组合逻辑电路和时序逻辑电路两类。组合逻辑电路的输出状态完全取决于当时各输入状态，与电路原来的状态无关；时序逻辑电路的输出状态不仅与当时的输入状态有关，还与电路原来的状态有关。信号在组合逻辑电路中，是单方向传递的，无反馈，也无记忆元件；而在时序逻辑电路中存在信号反馈，时序逻辑电路有记忆功能。时序逻辑电路的基本单元是触发器；组合逻辑电路的基本单元是逻辑门电路。

练习与思考

1. 如何理解高、低电平的阈值？
2. 为何分析数字电路时，要先明确是正逻辑还是负逻辑？
3. 组合逻辑电路和时序逻辑电路各有什么特点？
4. 模拟电路与数字电路有什么不同？

6.2 逻辑代数基础

数字电路主要讨论电路输出与输入之间的逻辑关系，所用数学工具是逻辑代数。逻辑代数是英国数学家乔治・布尔(George Boole)于1847年首先进行系统论述的，也称为布尔代数。

你知道吗？

布尔代数的由来

逻辑代数中的变量称为逻辑变量。逻辑变量的取值通常有两种，即逻辑1和逻辑0。这里的1和0只表示两种对立的逻辑状态，如开关的闭合和断开、电平的高和低。逻辑变量有两种，即原变量和反变量，如 A 和 $\overline{A}$。

在研究事件的因果关系即逻辑关系时，决定事件变化的因素称为逻辑自变量；对应事件的结果称为逻辑因变量，即逻辑结果。以某种形式表示的逻辑自变量与逻辑结果之间的关系式称为逻辑函数。例如，当逻辑自变量 $A,B,C,\cdots$ 的取值确定后，逻辑因变量 F 的取值也就唯一确定，则称 F 是 $A,B,C,\cdots$ 的逻辑函数。记作

$$F=f(A,B,C,\cdots)$$

在数字电路中，输入信号代表逻辑自变量，输出信号代表逻辑因变量。

▶6.2.1 基本逻辑

最基本的逻辑关系只有3种：与逻辑、或逻辑、非逻辑，简称为与、或、非。对应的基本逻辑运算为与运算、或运算、非运算。这3种逻辑运算可形象地用图6-5所示电路来说明。

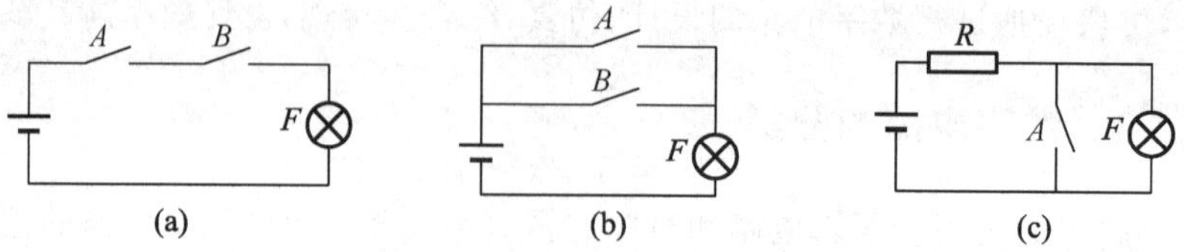

图6-5 与、或、非逻辑说明示例图

1. 逻辑与

在图6-5(a)电路中，仅当开关 A 和 B 都闭合时，灯才会亮。即只有全部条件同时具备时，结果才发生，这样的因果关系称为逻辑与。可用点"・"或"and"来表示。与逻辑函数关系式为 $F=A\cdot B$，$F=AB$，$F=A$ and B。

2. 逻辑或

在图 6-5(b)电路中，开关 A 和 B 至少有一个闭合，灯就会亮。即决定结果的多个条件中只要有一个具备，结果就会发生，这样的因果关系称为逻辑或。可用“+”或“or”来表示。或逻辑函数关系式为 $F=A+B$，$F=A$ or B。

3. 逻辑非

在图 6-5(c)电路中，开关 A 闭合时，灯不亮；开关 A 断开时，灯反而会亮。即条件具备，结果不发生，条件不具备，结果一定发生，这样的因果关系称为逻辑非。可在逻辑变量上加横杠“—”或前面加“not”来表示。非逻辑函数关系式为 $F=\overline{A}$，$F=$ not A。

6.2.2　基本逻辑运算规则和定律

1. 常量之间的运算规则

与运算：$0\cdot 0=0$；　$0\cdot 1=0$；　$1\cdot 0=0$；　$1\cdot 1=1$。

或运算：$0+0=0$；　$0+1=1$；　$1+0=1$；　$1+1=1$。

非运算：$\overline{0}=1$；　$\overline{1}=0$。

2. 常量与变量的运算规则

0—1 律：$A\cdot 0=0$；　$A+1=1$。

自等律：$A+0=A$；　$A\cdot 1=A$。

3. 逻辑代数运算定律

交换律：$A\cdot B=B\cdot A$；　$A+B=B+A$。

结合律：$A\cdot(B\cdot C)=(A\cdot B)\cdot C$；　$A+(B+C)=(A+B)+C$。

分配律：$A\cdot(B+C)=A\cdot B+A\cdot C$；　$A+B\cdot C=(A+B)\cdot(A+C)$。

互补律：$A\cdot\overline{A}=0$；　$A+\overline{A}=1$。

重叠律：$A\cdot A=A$；　$A+A=A$。

反演律：$\overline{A\cdot B}=\overline{A}+\overline{B}$；　$\overline{A+B}=\overline{A}\cdot\overline{B}$。

还原律：$\overline{\overline{A}}=A$。

吸收律：$A+AB=A$；　$A\cdot(A+B)=A$；

等同律：$A+\overline{A}B=A+B$；　$A\cdot(\overline{A}+B)=AB$。

包含律：$AB+\overline{A}C+BC=AB+\overline{A}C$。

逻辑代数的运算顺序：有括号，先进行括号内的运算；无括号，先进行“非”号下的运算；再按与、或顺序依次运算。

必须注意：一般逻辑代数中没有减法、除法，不会出现“0”“1”以外的数码。

逻辑代数中有些运算规则、定律的形式与普通代数中的完全相同，如交换律、结合律等，也有的不同，如重叠律(也称同一律)，应当注意区别。

【例 6-1】 求证：$A+B\cdot C=(A+B)\cdot(A+C)$。

证：

$$\begin{aligned}(A+B)\cdot(A+C)&=A\cdot(A+C)+B\cdot(A+C)\\&=A\cdot A+A\cdot C+B\cdot A+B\cdot C\\&=A+A\cdot C+B\cdot A+B\cdot C\end{aligned}$$

$$=A\cdot 1+A\cdot C+B\cdot A+B\cdot C$$
$$=A\cdot(1+C+B)+B\cdot C$$
$$=A+B\cdot C$$

【例 6-2】 求证：$A+\overline{A}B=A+B$。

证： 方法一 $A+\overline{A}B=(A+\overline{A})(A+B)=1\cdot(A+B)=A+B$；

方法二 $A+\overline{A}B=A+AB+\overline{A}B=A+(A+\overline{A})B=A+B$。

6.2.3 逻辑表达式的化简

手工设计小规模数字电路时，逻辑函数表达式越简单，所需器件越少，电路越简单，可靠性也越好。因此，需要化简逻辑表达式。逻辑表达式的化简可用卡诺图法，也可用代数法，即运用逻辑代数运算规则进行化简。

与-或表达式化简的标准是：与项的个数最少；与项中变量的个数最少。

逻辑表达式的化简常用下列方法：

1. 并项法

利用 $A+\overline{A}=1$，合并两项，消去一个变量。

如：$F=ABC+AB\overline{C}=AB(C+\overline{C})=AB$。

2. 吸收法

利用 $A+AB=A$，吸收多余项。

如：$F=AB+AB\overline{C}(D+EF)=AB$。

3. 消去法

利用 $A+\overline{A}B=A+B$，消去多余变量。

如：$F=AB+\overline{A}C+\overline{B}C=AB+(\overline{A}+\overline{B})C=AB+\overline{AB}C=AB+C$。

4. 配项法

(1) 方法一：利用 $A+\overline{A}=1$，先将某项拆分成两项，再用吸收法化简。

如：$F=AB+\overline{A}C+BC=AB+\overline{A}C+(A+\overline{A})BC$

$=(AB+ABC)+(\overline{A}C+\overline{A}BC)$

$=AB+\overline{A}C$。

(2) 方法二：利用 $A+A=A$，先将某项复制多份，再用吸收法化简。

如：$F=\overline{A}BC+A\overline{B}C+ABC=\overline{A}BC+ABC+A\overline{B}C+ABC=BC+AC$。

(3) 方法三：反向利用 $A+AB=A$，$AB+\overline{A}C+BC=AB+\overline{A}C$，在表达式中加上多余项、再化简。如例 6-2 中方法二。

当逻辑表达式比较复杂时，需要综合运用各种方法进行化简。

【例 6-3】 化简 $F=ABC+\overline{A}B\overline{C}+CD+B\overline{D}+ABD$。

解： $F=ABC+\overline{A}B\overline{C}+CD+B(\overline{D}+AD)$

$=ABC+\overline{A}B\overline{C}+CD+B(\overline{D}+A)$

$$=ABC+\bar{A}B\bar{C}+CD+B\bar{D}+AB$$
$$=AB+\bar{A}B\bar{C}+CD+B\bar{D}$$
$$=B(A+\bar{A}\bar{C})+CD+B\bar{D}$$
$$=AB+B\bar{C}+CD+B\bar{D}$$
$$=AB+B(\bar{C}+\bar{D})+CD$$
$$=AB+B\,\overline{CD}+CD$$
$$=AB+B+CD$$
$$=B+CD$$

▶6.2.4　逻辑表达式的转换

实际工作中，需要对逻辑表达式进行转换，以达到某种要求。例如，在要求用与非门实现逻辑电路时，通常利用反演律，将与-或式转换成“与非-与非”式。

【例 6-4】 将 $F=AB+AC+BC$ 转换成“与非-与非”式。

解： $F=\overline{\overline{AB+AC+BC}}=\overline{\overline{AB}\cdot\overline{AC}\cdot\overline{BC}}$。

练习与思考

1. 二进制加法运算和逻辑加法运算的含义有何不同？
2. 说明 1+1=2，1+1=10，1+1=1 各式的含义。
3. 如何理解重叠律？怎么证明？

6.3　逻辑门电路

▶6.3.1　基本门电路

1. 与门

实现与逻辑的电路称为与门电路，简称与门。图 6-6 是 2 输入与门的逻辑符号，表 6-1是它的真值表。真值表反映了各种输入与输出之间的对应关系。与门的输入端可以有多个，但只有输入全部为 1 时，输出才会是 1；输入只要有一个为 0，输出就为 0。与门的逻辑表达式为$F=A\cdot B$ 。

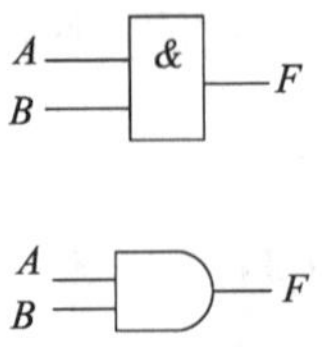

图 6-6　与门逻辑符号

表 6-1　与门真值表

A	B	F
0	0	0
0	1	0
1	0	0
1	1	1

图 6-7 是由二极管组成的与门电路。设高电平为 3 V，低电平为 0 V，二极管为理想二极管。当输入端 A、B 均为高电平时，两个二极管都导通，输出端 F 为高电平；只要有一个输入端为低电平，则与输入为低电平连接的二极管抢先导通，将输出端钳制为低电平，这时与输入为高电平连接的二极管受反向电压而截止。

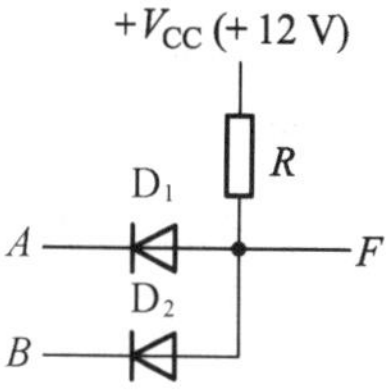

图 6-7　二极管组成的与门电路

2. 或门

实现或逻辑的电路称为或门电路，简称或门。图 6-8 是 2 输入或门逻辑符号，表 6-2 是它的真值表，其逻辑表达式为$F=A+B$ 。

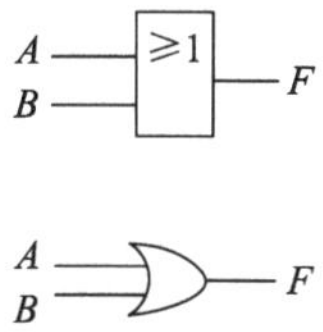

图 6-8　或门逻辑符号

表 6-2　或门真值表

A	B	F
0	0	0
0	1	1
1	0	1
1	1	1

或门可以有多个输入，只要有一个输入是 1，输出就为 1；只有输入全为 0 时，输出才是 0。图 6-9 是由二极管组成的或门电路，输入端只要有一个为高电平，输出就是高电平；只有输入全为低电平时，输出才是低电平。

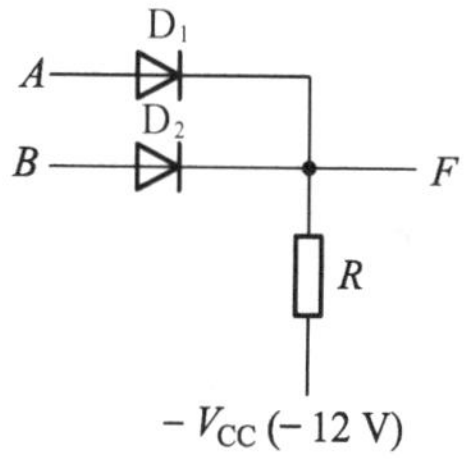

图 6-9　二极管组成的或门电路

3. 非门

实现非逻辑的电路称为非门电路，简称非门。图 6-10 是非门的逻辑符号，表 6-3 是它的真值表。非门的输出状态与它的输入状态相反，其逻辑表达式为$F=\overline{A}$ 。

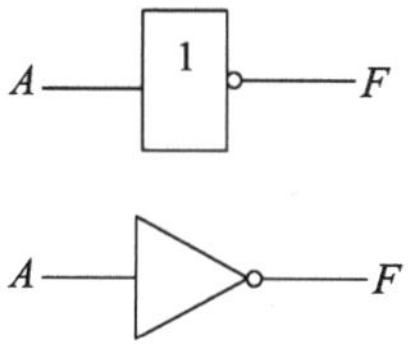

图 6-10　非门逻辑符号

表 6-3　非门真值表

A	F
0	1
1	0

图 6-11 是由三极管组成的非门电路，当输入 A 为高电平时，三极管饱和导通，输出 F 为低电平；当输入 A 为低电平时，三极管截止，输出 F 为高电平。输出与输入总是反相，故非门又称为反相器。

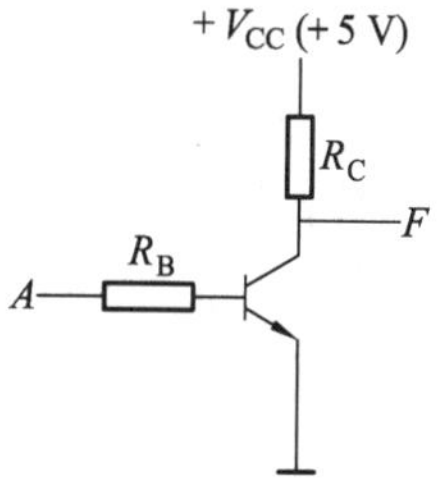

图 6-11　三极管组成的非门电路

6.3.2　复合门电路

1. 与非门

在与门的输出端接一个非门，使与门的输出反相，就组成一个与非门。与非门实现

与非逻辑，图 6-12 是 2 输入与非门的逻辑符号，逻辑表达式为$F=\overline{AB}$。

表 6-4 是与非门的真值表，由表可知，与非门的输入端只要有一个为 0，输出就为 1；只有当所有的输入为 1 时，输出才为 0。

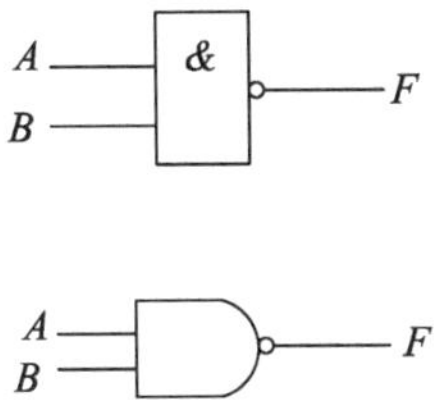

图 6-12　与非门逻辑符号

表 6-4　与非门真值表

A	B	F
0	0	1
0	1	1
1	0	1
1	1	0

2. 或非门

在或门的输出端接一个非门，使或门的输出反相，就组成一个或非门。或非门实现或非逻辑，图 6-13 是 2 输入或非门的逻辑符号，逻辑表达式为$F=\overline{A+B}$。

表 6-5 是或非门的真值表，由表可知，或非门只要有一个输入为 1，输出就为 0；只有当所有的输入为 0 时，输出才为 1。

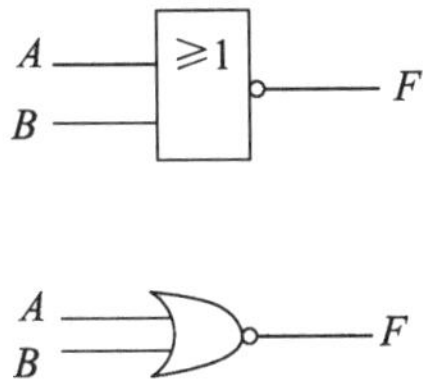

图 6-13　或非门逻辑符号

表 6-5　或非门真值表

A	B	F
0	0	1
0	1	0
1	0	0
1	1	0

3. 异或门

异或门实现异或逻辑。图 6-14 是异或门的逻辑符号，逻辑表达式为$F=A\overline{B}+\overline{A}B=A\oplus B$，表 6-6 是它的真值表。由表可知，异或门的输入相同时，输出为 0；输入相异时，输出为 1。

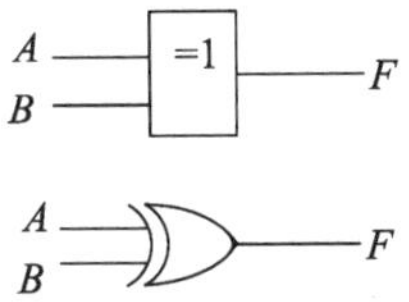

图 6-14　异或门逻辑符号

表 6-6　异或门真值表

A	B	F
0	0	0
0	1	1
1	0	1
1	1	0

4. 同或门

同或门实现同或逻辑。图 6-15 是同或门的逻辑符号，表 6-7 是它的真值表。由表可知，同或门的输入相同时，输出为 1；输入相异时，输出为 0。同或门与异或门的逻辑关系正好相反，逻辑表达式为$F=AB+\overline{A}\,\overline{B}=\overline{A\oplus B}$。

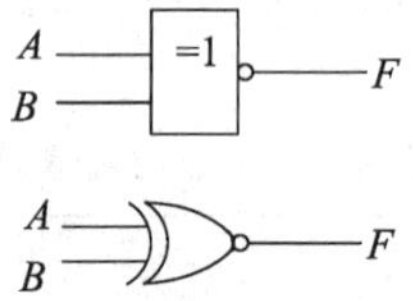

图 6-15　同或门逻辑符号

表 6-7　同或门真值表

A	B	F
0	0	1
0	1	0
1	0	0
1	1	1

5. 与或非门

将与门、或非和非门组合起来，可组成与或非门，实现与或非逻辑。与或非门的逻辑符号如图6-16所示，逻辑表达式为$F=\overline{AB+CD}$。

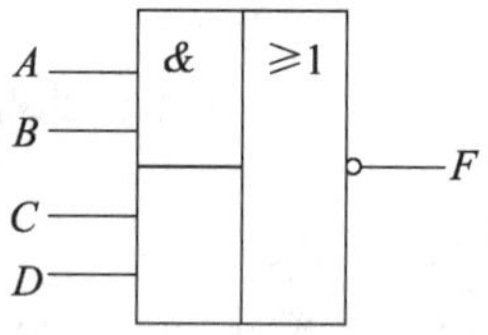

图 6-16　与或非门逻辑符号

读者可根据逻辑表达式列出它的真值表。

虽然可以用与门、或门和非门这3种最基本的门电路组成上述这些复合门，但实际使用中不必如此，这些复合门都有专门的集成电路，可直接选用。

【例 6-5】 已知与门、或门、与非门、或非门、异或门、同或门的输入 A、B 的波形如例6-5(a)图所示，输出分别为 F_1、F_2、F_3、F_4、F_5、F_6。根据输入 A、B 的波形，画出各逻辑门的输出波形。

解： 分别根据各逻辑门的逻辑关系，对应画出各逻辑门的输出波形如例6-5(b)图所示。

注意：画输出波形时，应对齐输入波形，清楚地表达输出随输入变化的时刻（图中纵向虚线）。

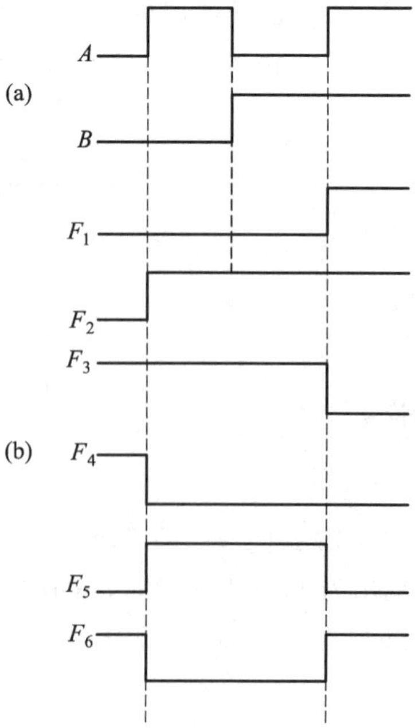

例 6-5 图

6.3.3　其他门电路

1. 三态门

前面所讨论的门电路只有 0 和 1 两种状态。三态门的输出端除了 0 和 1 两种状态外，还有第三种状态，称为高阻状态，在这种状态下，输出端相当于断开(虚断)。

图 6-17 是三态与非门的逻辑符号，图中靠近输出端的“▽”符号是三态门的标志。它有一个控制端 E(或 $\overline{E}$)，又称使能端。图 6-17(a)是高电平有效(使能)的三态与非门。图 6-17(b)是低电平有效的三态与非门，其逻辑功能：当 $\overline{E}=0$ 时，$F=\overline{AB}$；当 $\overline{E}=1$ 时，F 为高阻状态。

图 6-17　三态与非门的逻辑符号

三态门常用于总线结构的数字系统中。总线是传输信息的公共通道。图 6-18 是在一条数据总线上传送信息的情况。如果要将 A 端的信号传送到 G 端，只要使三态门 G_A、G_G 使能端有效，其他三态门不使能，A 端的信号就可以通过门 G_A、数据总线和 G_G 传送到 G 端。

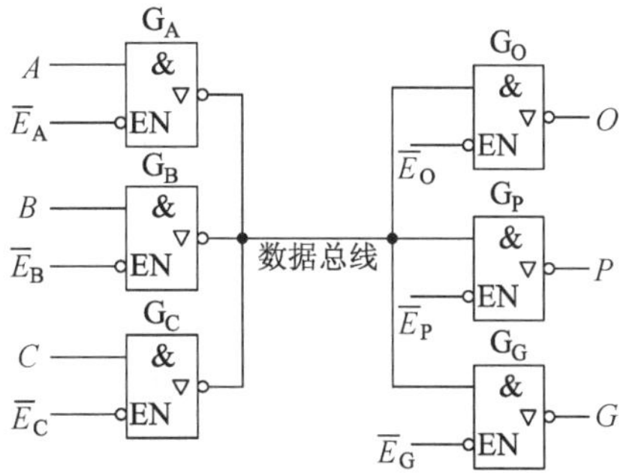

图 6-18　三态门的应用

2. 传输门

传输门相当于受控开关，也是数字电路中常用的器件。图 6-19 是传输门的逻辑符号。传输门有两个控制端，两个控制信号为 C 和 $\overline{C}$。当 $C=1$ 且 $\overline{C}=0$ 时，传输门的输入与输出之间像开关接通一样，输入电压 u_i 几乎可以无衰减地传送到输出端；而当 $C=0$ 且 $\overline{C}=1$ 时，输入与输出之间像开关断开一样，信号通路被隔断。传输门具有双向传输特性，也能传输模拟信号，故又称为双向模拟开关。

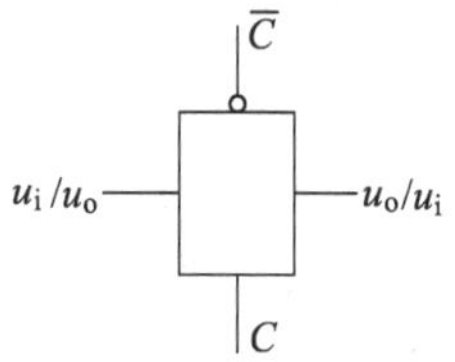

图 6-19　传输门逻辑符号

练习与思考

1. 图 6-9 二极管组成的门电路，用负逻辑表示，是什么逻辑功能？

2. 与门的一个输入端可当作控制端来用，如果要封锁与门，应加什么电平？或门、与非门、或非门呢？

3. 怎样从电路的输出电平与输入电平的对应关系确定电路的真值表？

4. 试用真值表证明反演律、分配律。

6.4 集成门电路

集成电路按处理信号的不同，可分为模拟集成电路、数字集成电路和混合集成电路等。

数字集成电路可分为双极型和单极型两大类，双极型数字集成电路以晶体管为基本元件，单极型数字集成电路以 MOS 管为基本元件。

应用最普遍的集成电路是 TTL 电路和 CMOS 电路。TTL 电路的分类如表 6-8 所示。目前国内只有 CT54/74（早期命名为 CT1000）、CT54/74H（CT2000）、CT54/74S（CT3000）、CT54/74LS（CT4000）等系列的产品与表 6-8 中相应的系列对应。C 代表中国，也可省略；T 表示 TTL；54 系列为军用品，74 系列为民用品，两者参数基本相同，主要是电源范围和工作环境温度的范围不同。54 系列电源范围为 4.50～5.50 V，工作温度范围为－55～＋125 ℃，74 系列分别为 4.75～5.25 V 和 0～70 ℃。

表 6-8　TTL 逻辑系列

系列名称	符号	特性
标准	CT54/74	标准功耗和速度
低功耗	CT54/74L	功耗是标准系列的 1/10，速度低于标准系列
高速	CT54/74H	速度高于标准系列，功耗大于标准系列
肖特基	CT54/74S	速度比标准系列的快 3 倍，功耗大于标准系列
低功耗肖特基	CT54/74LS	速度与标准系列相同，功耗为标准系列的 1/5
先进肖特基	CT54/74AS	速度比标准系列快 10 倍，功耗低于标准系列
先进低功耗肖特基	CT54/74ALS	速度比标准系列快 2 倍，功耗是标准系列的 1/10
快速	CT54/74F	速度比标准系列快近 5 倍，功耗比标准系列低

CMOS 电路的分类如表 6-9 所示。国产的 CMOS 集成电路有 CC4000 系列等。第一个 C 代表中国，第二个 C 表示 CMOS 电路。

表 6-9　COMS 逻辑系列

系列名称	符号	特性
标准 CMOS	CC4000	微功耗，低速
有缓冲 CMOS	CC4000B	微功耗，低速，扇出比标准 CMOS 大
高速 CMOS	CC74HC	功耗低，速度达到 LS TTL 的水平
高速 CMOS(TTL 兼容)	CC74HCT	类似 74HC，可直接与 TTL 接口
先进 CMOS	CC74AC	高速，可代替 74HC
先进 CMOS(TTL 兼容)	CC74ACT	高速，可代替 74HCT

6.4.1　TTL 与非门电路

TTL 与非门电路如图 6-20 所示，电路由输入级、倒相级和输出级 3 部分组成。

1. TTL 与非门的工作原理

设输入信号的高、低电平分别为 $U_{iH}=3.6$ V，$U_{iL}=0.3$ V。

1) 输入 A、B 至少有一个低电平

TTL 与非门电路的工作情况如图 6-21(a)所示。D_1、D_2 是钳位保护二极管，分析时可暂不考虑。多发射极三极管可以等效为一个二极管组成的与门电路。

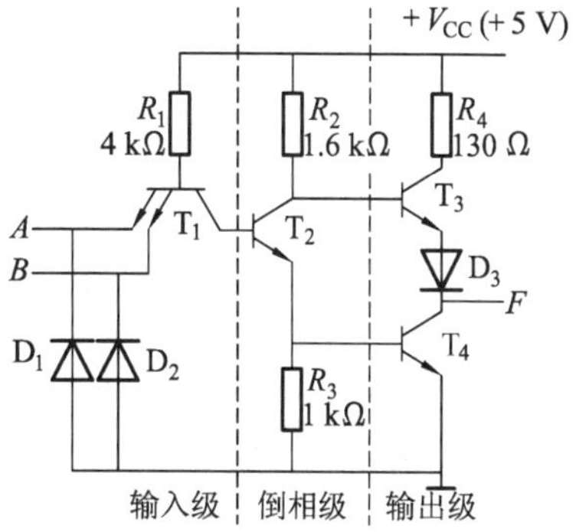

图 6-20　TTL 与非门电路

由于输入端 A、B 中至少有一个为低电平 0.3 V，因此二极管 D_4、D_5 中至少有一个导通，使 P 点电位为 1 V，这时 D_6、T_2、T_4 截止，而 T_3、D_3 导通，输出电压 $u_F=V_{CC}-u_{R2}-u_{BE3}-u_{D3}\approx 5-0-0.7-0.7=3.6$ V，为高电平。

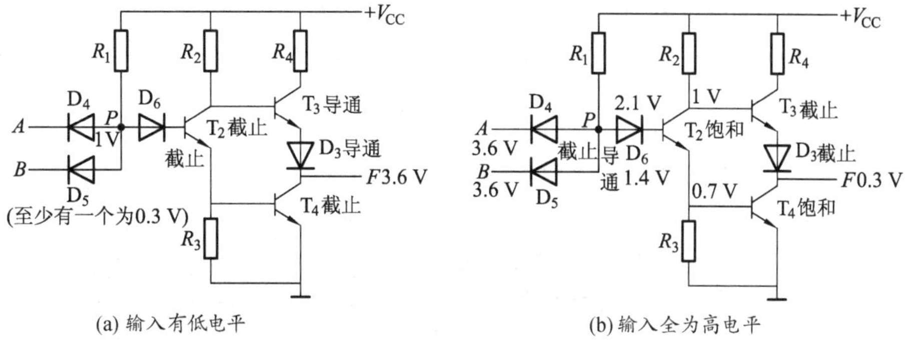

图 6-21　TTL 与非门的工作情况

2) 输入端 A、B 全为高电平

电路的工作情况如图 6-21(b)所示。高电平刚加上时，P 点电位为 4.3 V，使 D_6 导通，T_2 和 T_4 饱和导通，致使 P 点电位被钳制在 2.1 V，D_4、D_5 截止，输出电压 $u_F=0.3$ V，为低电平。

综上所述，该电路的输出与输入之间的逻辑关系为 $F=\overline{AB}$。

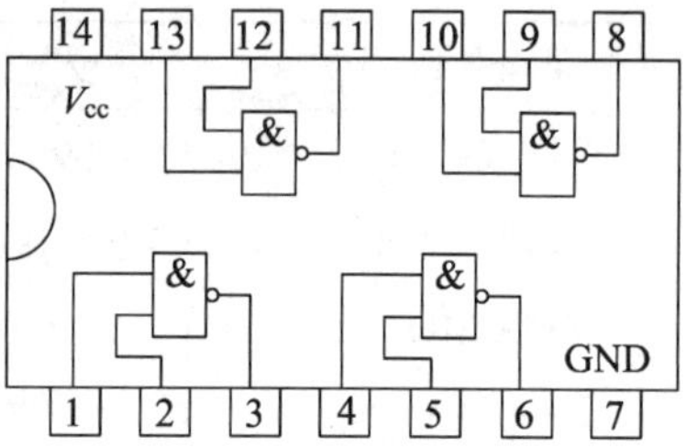

图 6-22　74LS00 与非门管脚图

在图 6-21 中，当某个输入端悬空时，对应的发射结不能导通，相当于接高电平。集成电路与非门 74LS00 内部有 4 个二输入的与非门，外部管脚排列如图 6-22 所示。使用集成电路组件时应将电源和"地"接好。

2. 电压传输特性及主要参数

图 6-23 是 TTL 与非门的电压传输特性，它是将与非门的一个输入端接输入电压 u_i，其余输入端接高电平，当 u_i 自零逐渐增大时，测得的输出电压 u_o 与输入电压 u_i 之间的关系曲线。

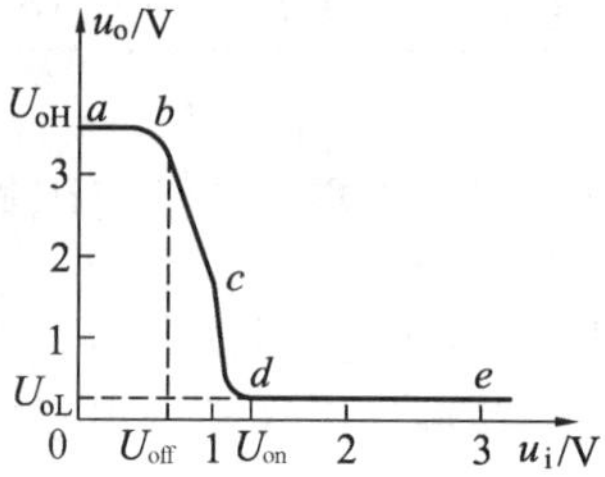

图 6-23　TTL 与非门的电压传输特性

(1) 输出高电平 U_{oH}：传输特性上 ab 段的电压值。典型值为 3.6 V，产品规定的最小值为 2.4 V。

(2) 输出低电平 U_{oL}：传输特性上 de 段的电压值。典型值为 0.3 V，产品规定的最大值为 0.4 V。

(3) 输入低电平 U_{iL}：输入逻辑 0 对应的输入电平。典型值为 0.3 V，产品规定的最大值为 0.8 V。最大值又称关门电平，记为 U_{off}，实际电路 $U_{off} \geqslant 0.8$ V。当输入低电平受正向干扰而增加时，只要不大于关门电平 U_{off}，输出仍能保持高电平。关门电平愈大，电路抗正向干扰能力愈强。

(4) 输入高电平 U_{iH}：输入逻辑 1 对应的输入电平。典型值为 3.6 V，产品规定的最小值为 2.0 V。最小值又称开门电平，记为 U_{on}，实际电路 $U_{on} \leqslant 1.8$ V。当输入高电平受负向干扰而降低时，只要不小于开门电平 U_{on}，输出仍然保持低电平。开门电平愈小，电路抗负向干扰能力愈强。

(5) 扇出系数 N：表示输出端能带动的同类型与非门的个数。典型值 $N \geqslant 8$，它反映了门电路的带负载能力。

(6) 平均传输延迟时间 t_{pd}：如图 6-24 所示，从输入脉冲上升沿达 50%到输出脉冲下降沿达 50%所经过的时间称为上升延迟时间 t_{pd1}；从输入脉冲下降沿达 50%到输出脉冲上升沿达 50%所经过的时间称为下降延迟时间 t_{pd2}，门电路的平均传输延迟时间为

$$t_{pd}=(t_{pd1}+t_{pd2})/2$$

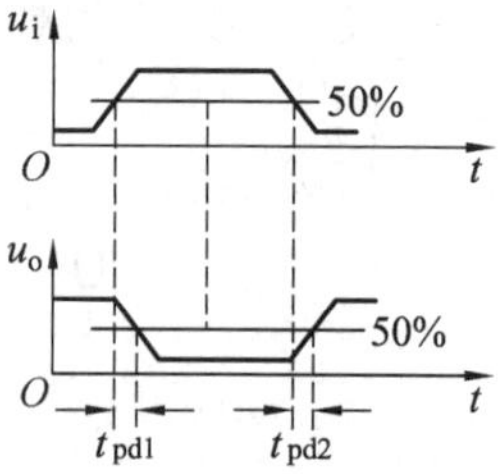

图 6-24　与非门电路输出波形的延迟情况

门电路的 t_{pd} 越小，说明它工作速度越快，一般 TTL 与非门的平均传输延迟时间为十几纳秒。

3. 集电极开路与非门

将普通的 TTL 门电路的输出端连在一起，当有的门输出低电平，有的门输出高电平时，不仅因无法判断逻辑状态导致逻辑混乱，而且还会烧坏器件，因此，普通 TTL 门

电路的输出端不能直接相连。

集电极开路与非门又称 OC 门，如图 6-25 所示。OC 门的输出端可以直接相连，并可实现“线与”功能，如图 6-26 所示，其逻辑功能为

$$F=\overline{AB}\cdot\overline{CD}$$

OC 门可以用来直接驱动负载。图 6-25(a)中，当 V_{CC} 与 V'_{CC} 不同时，可实现逻辑电平转换，用作接口电路。一般情况下，V_{CC} 与 V'_{CC} 采用同一电源。

必须指出，OC 门只有在外接 R_L 和 V_{CC} 后，才能正常工作并实现逻辑关系。

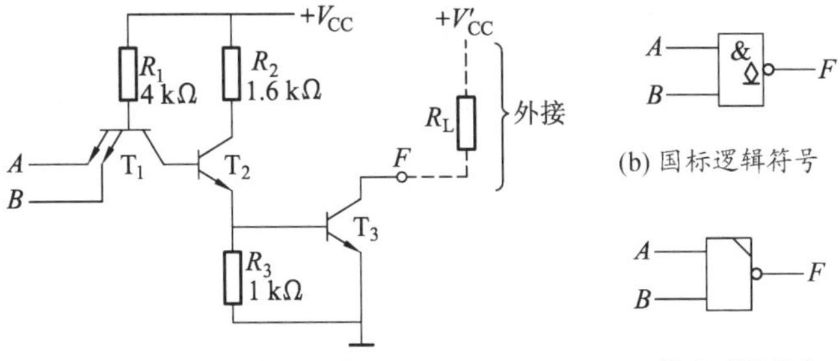

(a) 电路结构　(b) 国标逻辑符号　(c) 传统逻辑符号

图 6-25　集电极开路与非门

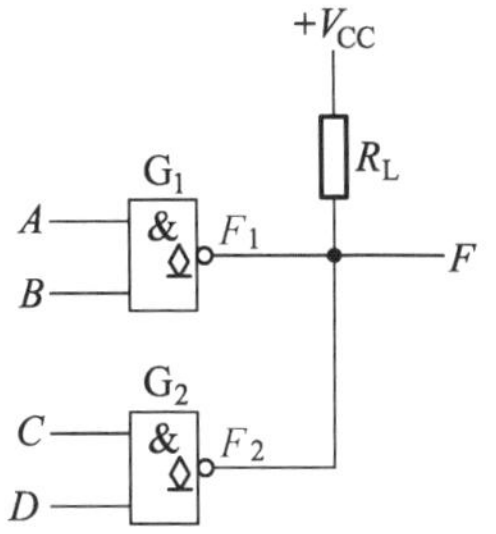

图 6-26　OC 门实现线与逻辑

▶6.4.2　CMOS 门电路

1. CMOS 非门

CMOS 非门电路如图 6-27(a)所示。V_1 为 P 沟道增强型 MOS 管，衬底与源极相连、接 V_{DD}。当栅源电压小于它的开启电压 $U_{GS1\,(TH)}$($U_{GS1\,(TH)}<0$ V)时导通。而 V_2 为 N 沟道增强型 MOS 管，衬底也与源极相连、接地。当栅源电压大于它的开启电压 $U_{GS2(TH)}$($U_{GS2\,(TH)}>0$ V) 时导通。

当输入端 A 为高电平时($V_A\approx V_{DD}$)，V_1 截止、V_2 导通，输出端 F 为低电平，如图 6-27(b)所示；当输入端 A 为低电平时($V_A\approx 0$ V)，V_1 导通、V_2 截止，输出端 F 为高电平，如图 6-27(c)所示。因此，电路输出与输入之间的逻辑关系为 $F=\overline{A}$。

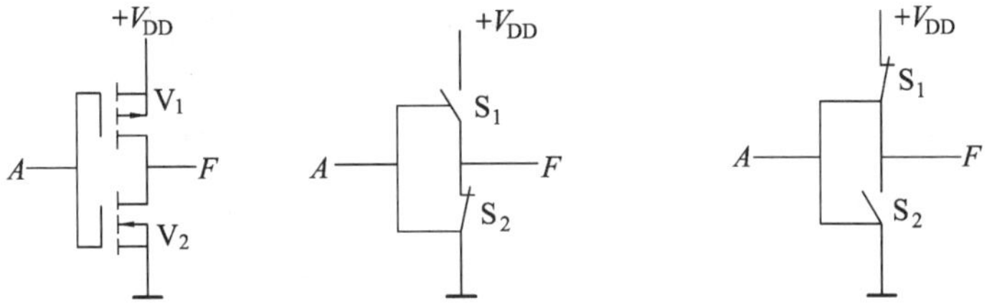

(a) 电路　(b) 高电平输入　(c) 低电平输入

图 6-27　CMOS 非门电路

2. CMOS 与非门

图 6-28 是 CMOS 与非门电路，从单个输入的结构看，类似于非门电路，只是 V_1、V_2 并联，V_3、V_4 串联。当输入 A 为低电平时，V_1 导通，V_4 截止，输出 F 为高电平。同理，当输入 B 为低电平时，V_2 导通，V_3 截止，输出 F 为高电平。只有当输入 A、B 都为高电平时，V_1、V_2 截止，V_3、V_4 导通，输出才为低电平。所以，电路的输出与输入之间的逻辑关系为 $F=\overline{AB}$。

3. CMOS 或非门

图 6-29 是 CMOS 或非门电路,与 CMOS 与非门电路不同的是,上面的 V_1、V_2 串联,下面的 V_3、V_4 并联。当输入 A 为高电平时,V_1 截止,V_4 导通,输出 F 为低电平。同理,当输入 B 为高电平时,V_2 截止,V_4 导通,输出 F 为低电平。只有当输入 A、B 都为低电平时,V_1、V_2 导通,V_3、V_4 截止,输出 F 才为高电平。所以,电路的输出与输入之间的逻辑关系为 $F=\overline{A+B}$。

4. CMOS 三态门

图 6-30 是低电平有效的 CMOS 三态非门电路。当 $\overline{EN}=1$ 时,V_1 和 V_4 截止,不论 A 为何种状态,输出端 F 均为高阻状态。当 $\overline{EN}=0$ 时,V_1 和 V_4 导通,这时电路为非门电路,$F=\overline{A}$。

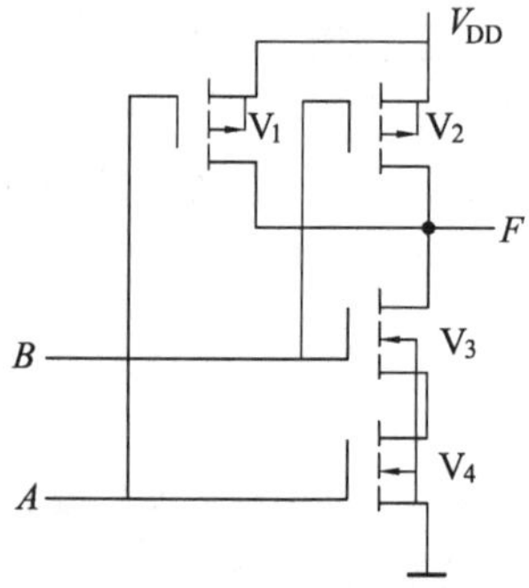

图 6-28 CMOS 与非门电路

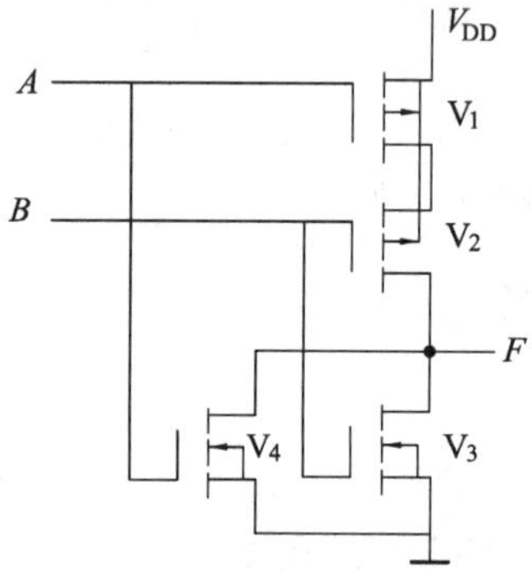

图 6-29 CMOS 或非门电路

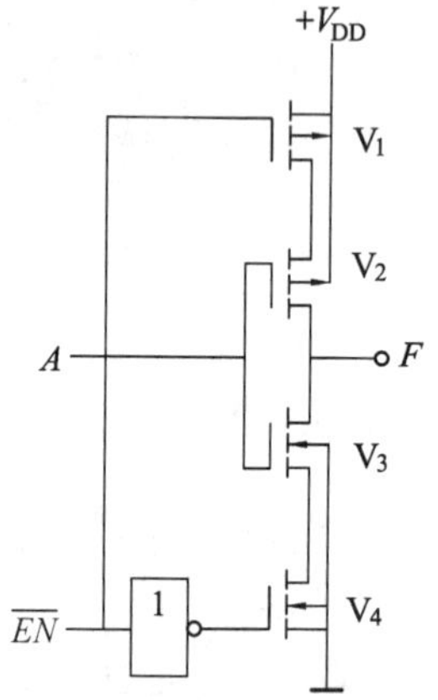

图 6-30 CMOS 三态门电路

5. CMOS 门电路的特点

图 6-31 是 CMOS 反相器的电压和电流传输特性。由电压传输特性可知,输出高电平 $U_{oH}\approx V_{DD}$,输出低电平 $U_{oL}\approx 0$ V。开门电平 U_{on} 和关门电平 U_{off} 都接近 $V_{DD}/2$,而且 CMOS 门电路工作电压范围宽,4000 系列为 3~15 V,74HC 系列为 2~6 V,当电源电压愈大时,CMOS 门电路的抗干扰能力愈强。由电流传输特性可知,静态时无论是处于高电平还是低电平状态,门电路的电流都很小,因此,CMOS 门电路的功耗小,特别适合于由电池供电的场合,如手表、计算机、航天设备等。CMOS 门电路的输入电阻大,输入电流极小,因此扇出系数 N 较大,$N\geqslant 50$,一般取 $N=20$。CMOS 门电路的工作速度低于 TTL 门电路,但在逐渐向 TTL 门电路靠拢。

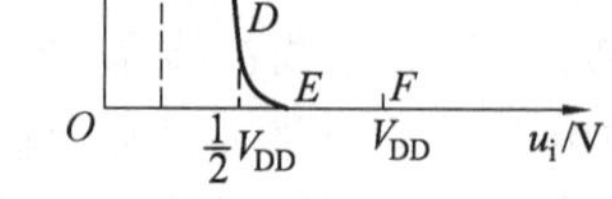

(a) 电压传输特性

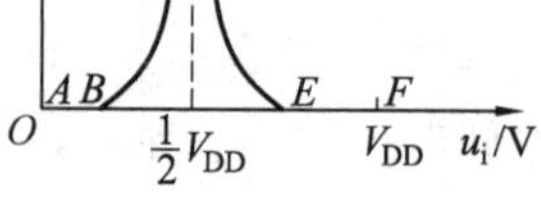

(b) 电流传输特性

图 6-31 CMOS 反相器的电压和电流传输特性

6.4.3　TTL 门电路与 CMOS 门电路之间的接口电路

你知道吗?

TTL 与 CMOS 逻辑门的区别及接口匹配方法

在数字系统中,不同类型的集成电路常混合使用。由于输入逻辑电平、输出逻辑电平、带负载能力等参数不同,不同类型的集成电路相互连接时,需要使用接口电路。接口电路就是连接在驱动门与负载门之间的电平转换电路。

1. 三极管组成的接口电路

TTL 门电路与 CMOS 门电路电源电压不相同时,TTL 门电路的逻辑电平显然不能与 CMOS 门电路的逻辑电平兼容,这时就需要接口电路。图 6-32 是由三极管组成的接口电路,选择适当的 R_B 和 R_C,就能满足 TTL 门电路和 CMOS 门电路的逻辑电平的要求。

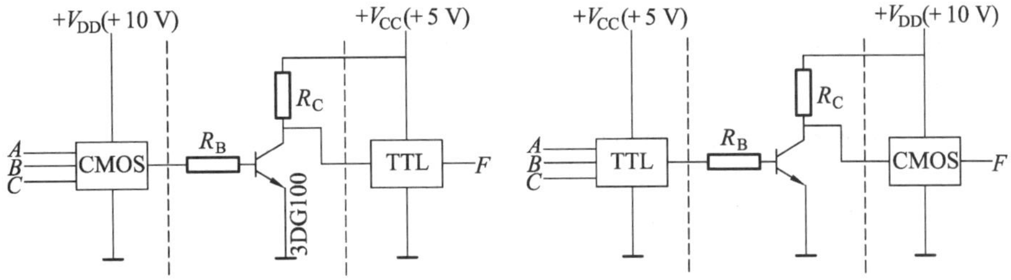

(a) CMOS驱动TTL　　(b) TTL驱动CMOS

图 6-32　三极管组成的接口电路

2. 其他接口电路

若 CMOS 门电路采用+5 V 电源,高电平接近 5 V,低电平接近 0 V。而 TTL 门电路输出高电平的最小值为 2.4 V,低电平的最大值为 0.8 V,显然,两者的逻辑电平是不兼容的,TTL 门电路输出的高电平相当于 CMOS 门电路的低电平。图 6-33 所示的电路很好地解决了这一问题,电阻 R_{UP}(几千欧姆)的作用是将 TTL 门电路输出的高电平上拉到 5 V,满足 CMOS 门电路对高电平电压值的要求。

CMOS 门电路输出逻辑电平与 TTL 门电路的输入逻辑电平可以兼容,但 CMOS 门电路的带负载能力差。图 6-34 是提高 CMOS 门驱动能力的一种方法,将几个非门并联使用。

必须注意,接口电路的引入可能会改变逻辑关系,设计时应考虑这一点。此外,实际使用中可选用集成接口电路、带有缓冲或驱动的门电路、OC 门等。

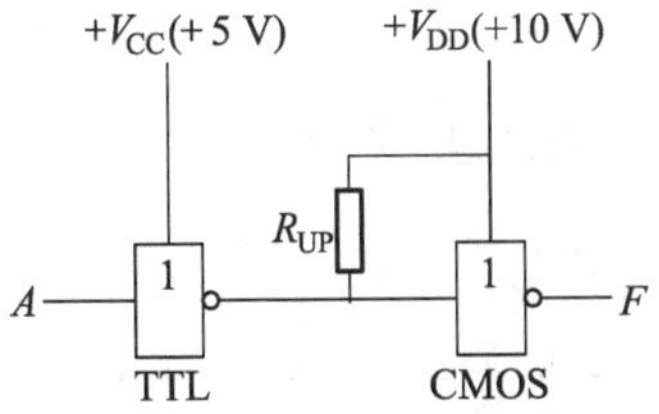

图 6-33　TTL 驱动 CMOS

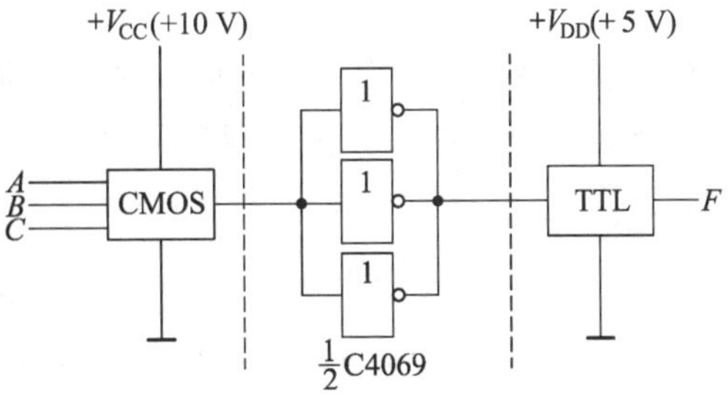

图 6-34　CMOS 驱动 TTL

练习与思考

1. 为什么说门电路的平均传输延迟时间越小，它的工作速度越高？

2. 为什么普通门电路的输出端不能直接连在一起，而 OC 门可以？使用 OC 门时，应注意什么？

3. 门电路的带负载能力用什么参数表示？

4. CMOS 门电路与 TTL 门电路为何不能直接连在一起？接口电路的作用是什么？

6.5 组合逻辑电路的分析与设计

经典的组合逻辑电路是由小规模集成门电路组合而成。本节主要介绍这类电路的手工分析和设计方法。掌握这类电路的手工分析和设计方法，有助于理解中规模集成电路组件构成的组合逻辑电路和现代数字电路自动化设计方法。

6.5.1 组合逻辑电路的分析

组合逻辑电路的分析是指给出逻辑电路图的逻辑功能。分析步骤为：

(1) 根据逻辑电路图，写出各输出的逻辑表达式，并化简；

(2) 由最简逻辑表达式，列出真值表；

(3) 分析真值表，指出逻辑功能。

【例 6-6】 分析例 6-6A 图电路的逻辑功能。

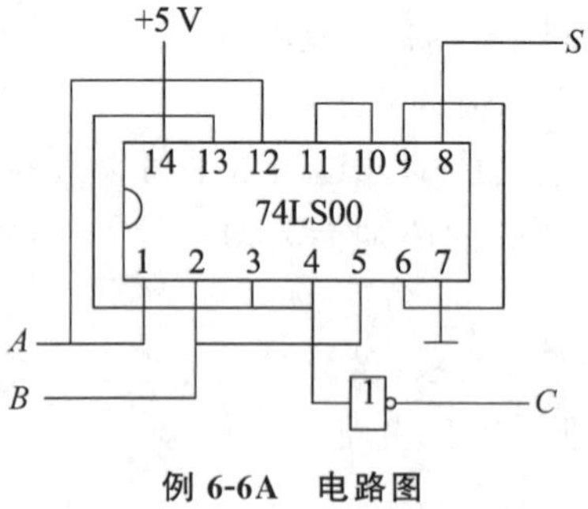

例 6-6A 电路图

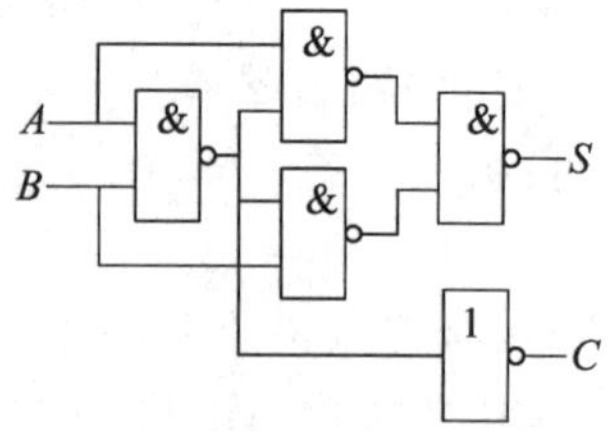

例 6-6B 电路图

解： 依据图 6-22 所示 74LS00 二输入与非门管脚排列图，画出等效电路如例 6-6B 图。按组合逻辑电路的分析步骤进行：

(1) 逐个写出各门电路的输出，直至得到输出的逻辑表达式，并化简。

$$
\begin{aligned}
S &= \overline{\overline{\overline{A\cdot B}\cdot A}\cdot\overline{\overline{A\cdot B}\cdot B}} \\
&= \overline{AB}\cdot A+\overline{AB}\cdot B=\overline{AB}(A+B) \\
&= (\overline{A}+\overline{B})(A+B)=\overline{A}B+A\overline{B}=A\oplus B
\end{aligned}
$$

$$C=\overline{\overline{AB}}=AB$$

(2) 列出真值表如例 6-6 表所示。

例 6-6 真值表

A	B	S	C
0	0	0	0
0	1	1	0
1	0	1	0
1	1	0	1

(3) 分析真值表，归纳出逻辑功能。

电路为两个一位二进制数 A、B 相加，和为 S，进位输出为 C。该加法电路没有考虑低位进位输入，故称为半加器。

半加器的逻辑符号如例 6-6C 图所示。

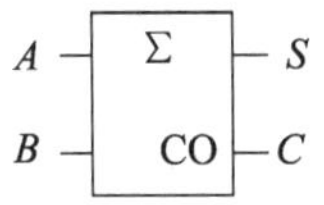

例 6-6C　半加器逻辑符号图

【例 6-7】 分析例 6-7A 图电路的逻辑功能。

解：(1) 写出每个输出的逻辑表达式，其中 F_1、F_2、F_3 是中间量。

$$F_1=A_i\oplus B_i\text{，}F_2=A_i\cdot B_i$$

$$F_3=F_1\cdot C_{i-1}=(A_i\oplus B_i)C_{i-1}$$

$$S_i=F_1\oplus C_{i-1}=A_i\oplus B_i\oplus C_{i-1}$$

$$C_i=F_2+F_3=A_i\cdot B_i+(A_i\oplus B_i)C_{i-1}$$

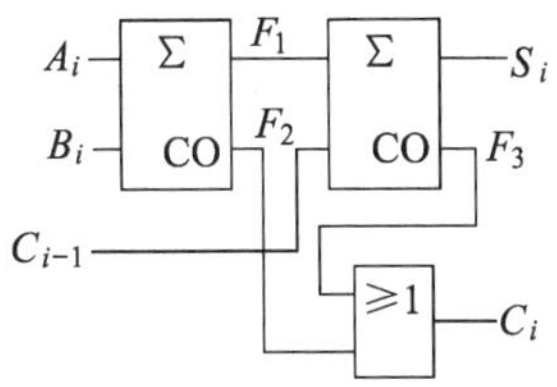

例 6-7A　电路图

(2) 列出真值表如例 6-7 表所示。

例 6-7 真值表

A_i	B_i	C_{i-1}	S_i	C_i
0	0	0	0	0
0	0	1	1	0
0	1	0	1	0
0	1	1	0	1
1	0	0	1	0
1	0	1	0	1
1	1	0	0	1
1	1	1	1	1

(3) 分析真值表，归纳出逻辑功能。

该电路是考虑低位进位信号 C_{i-1} 的全加器，两个一位二进制数 A_i 和 B_i 相加，本位和为 S_i，进位信号为 C_i。

全加器是数字电路的基本运算单元，它的逻辑符号如例 6-7B 图所示，也是一种常用的中规模集成电路组件。

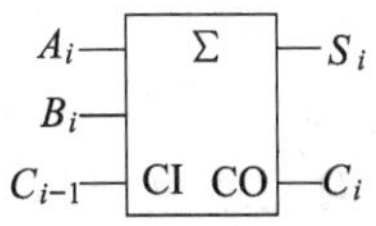

例 6-7B　全加器逻辑符号图

6.5.2 组合逻辑电路的设计

组合逻辑电路的设计是根据给定的任务要求，得到满足逻辑功能的逻辑电路图。设计步骤大致为：

(1) 分析要求，设定输入、输出变量，定义 1 和 0；

(2) 根据逻辑关系，列出真值表；

(3) 由真值表写出各输出的逻辑表达式，并化简、转换；

(4) 根据逻辑表达式画出逻辑电路图。

【例 6-8】 设计一个 3 人表决电路。

解： 按组合逻辑电路的设计步骤进行：

(1) 分析要求，设定输入、输出变量，定义 1 和 0。

3 人表决，应有 3 人发表意见，对应地应有 3 个输入，用 A、B、C 表示；表决结果为输出，只有一个，用 F 表示。

对于输入，1 表示“同意”，0 表示“反对”；对于输出，1 表示“通过”，0 表示“否决”。

(2) 根据逻辑关系，写出真值表。

根据少数服从多数的表决原则，多数同意时，通过表决；少数同意时，否决。由此逻辑关系，列出例 6-8 真值表。

例 6-8 真值表

A	B	C	F
0	0	0	0
0	0	1	0
0	1	0	0
0	1	1	1
1	0	0	0
1	0	1	1
1	1	0	1
1	1	1	1

(3) 写出逻辑表达式，并化简、转换。

由真值表可知，有 4 种输入状态，F 为 1，即只要满足这 4 种输入状态中的任一种，输出就为 1，所以这 4 种输入状态作为条件与输出为 1 这个结果之间是逻辑或的关系。4 种输入状态中的任一种，如真值表倒数第二行，$A=1$，$B=1$，$C=0$ 时，即 3 个输入必须同时满足要求，F 才为 1，所以 3 个输入之间是逻辑与的关系。如果将 A、B、C 直接相与，则得不到 1，因此，应写成 $AB\overline{C}$。即 1 对应原变量，0 对应反变量。另外 3 种输入状态对应地为：$\overline{A}BC$、$A\overline{B}C$ 和 ABC。

像这样由 3 个输入变量组成的与项共有 8 个，每个变量以原变量或反变量的形式出现、且仅出现一次，这样的与项称为最小项。

由真值表写出由最小项组成的与-或表达式：$F=\overline{A}BC+A\overline{B}C+AB\overline{C}+ABC$。

化简得 $F=AB+AC+BC$；

转化成与非-与非式：$F=\overline{\overline{AB+AC+BC}}=\overline{\overline{AB}\cdot\overline{AC}\cdot\overline{BC}}$。

(4) 根据逻辑表达式，画出逻辑电路图，如例 6-8 图所示。

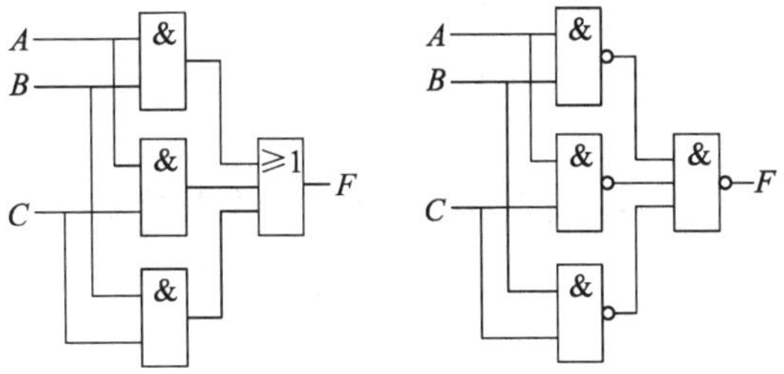

例 6-8 图

【例 6-9】 用与非门设计一个简易交通灯故障报警电路。交通信号灯有红、黄、绿 3 盏灯。正常工作状态有 3 种情况，即绿灯亮，红、黄灯暗；绿、黄灯亮，红灯暗；红灯亮，绿、黄灯暗。当出现其他情况时，就表明控制电路出现了故障，这时故障报警电路发出信号。

解：(1) 设 $R=1$ 表示红灯亮，$Y=1$ 表示黄灯亮，$G=1$ 表示绿灯亮，$F=1$ 表示报警。

(2) 列出例 6-9 真值表。

例 6-9 真值表

R	Y	G	F
0	0	0	1
0	0	1	0
0	1	0	1
0	1	1	0
1	0	0	0
1	0	1	1
1	1	0	1
1	1	1	1

(3) 写出逻辑表达式：$F=\overline{R}\overline{Y}\overline{G}+\overline{R}Y\overline{G}+R\overline{Y}G+RY\overline{G}+RYG$。

化简逻辑表达式得 $F=\overline{R}\overline{G}+RY+RG$；

转换成与非-与非式为 $F=\overline{\overline{\overline{R}\overline{G}}\cdot\overline{RY}\cdot\overline{RG}}$。

(4) 画出逻辑电路图如例 6-9 图所示。

本例中 F 为 1 时有多种状态，而 F 为 0 的状态占少数，这时也可以针对 F 为 0 的少数状态写出逻辑表达式 $\overline{F}$，方法同上。

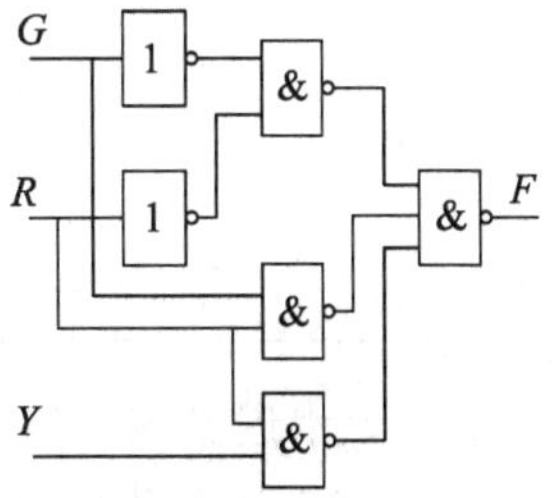

例 6-9 图

练习与思考

1. 逻辑功能可用真值表、逻辑函数和逻辑电路图表示，它们之间如何转换？哪种表达方式是唯一的？

2. 组合逻辑电路分析与设计的步骤各是什么？

3. 组合逻辑电路设计过程中，定义的1和0不同，对结果有什么影响？

6.6 常用集成组合逻辑电路

6.6.1 编码器

你知道吗?

生活中编码和译码应用有哪些

将具有特定意义的信息用对应的二进制代码表示的过程称为编码。实现编码功能的逻辑电路，称为编码器。编码器可分为普通编码器和优先编码器两类。

1. 普通编码器

任何时刻，普通编码器只允许输入一个信号，否则输出将发生混乱。

1）二进制编码器

用 n 位二进制代码对 $N(N=2^n)$ 个信号进行编码的电路称为二进制编码器。

三位二进制编码器输入有8个逻辑变量 $I_0, I_1, \cdots, I_7$，输出有3个，为 C、B、A，故又称为8线-3线编码器。由于普通编码器任何时刻只允许一个输入信号有效，所以，真值表可用简化形式——编码表表示，如表6-10所示。逻辑表达式可简化为

$$C=I_4+I_5+I_6+I_7$$

$$B=I_2+I_3+I_6+I_7$$

$$A=I_1+I_3+I_5+I_7$$

由表达式画出三位二进制编码器的逻辑电路如图6-35所示。

表 6-10 三位二进制编码器编码表

I	C	B	A
I_0	0	0	0
I_1	0	0	1
I_2	0	1	0
I_3	0	1	1
I_4	1	0	0
I_5	1	0	1
I_6	1	1	0
I_7	1	1	1

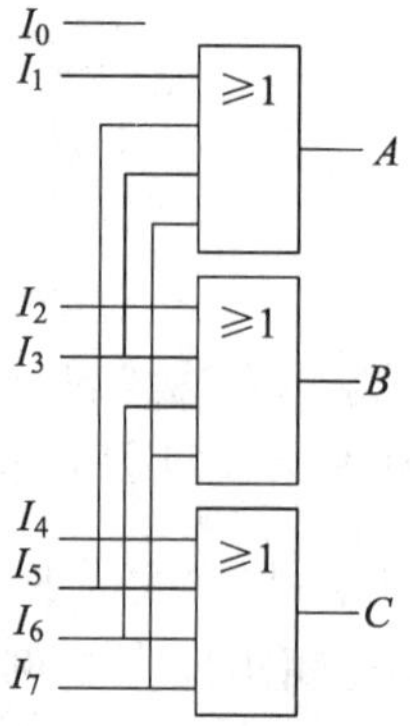

图 6-35 三位二进制编码器逻辑图

2）二-十进制编码器

用4位二进制代码表示十进制数码0～9的编码器称为二-十进制编码器。4位二

进制代码有 16 个，取其中 10 个表示 0～9，可以形成多种 BCD(binary coded decimal)码。常用的 BCD 码如表 6-11 所示。

表 6-11　常用二-十进制编码

十进制数	8421 码	余 3 码	2421 码	5421 码	余 3 码循环码	格雷码
0	0000	0011	0000	0000	0010	0000
1	0001	0100	0001	0001	0110	0001
2	0010	0101	0010	0010	0111	0011
3	0011	0110	0011	0011	0101	0010
4	0100	0111	0100	0100	0100	0110
5	0101	1000	0101	1000	1100	0111
6	0110	1001	0110	1001	1101	0101
7	0111	1010	0111	1010	1111	0100
8	1000	1011	1110	1011	1110	1100
9	1001	1100	1111	1100	1010	1101

最常用的 BCD 码是形如 4 位二进制数的 8421 码。图 6-36 是一种常用的键控二-十进制编码器，其中的 10 个按键 $A_0, A_1, \cdots, A_9$ 代表 0～9 共 10 个数码，按下按键表示输入对应的数码，输入为低电平有效。输出端 F_4、F_3、F_2、F_1 输出 10 个对应的 8421 码。图中 S 为输出有效标志，当 S 为高电平时，指示灯 EL 亮，表明输出有效；否则，输出无效。读者可自行分析其逻辑功能。

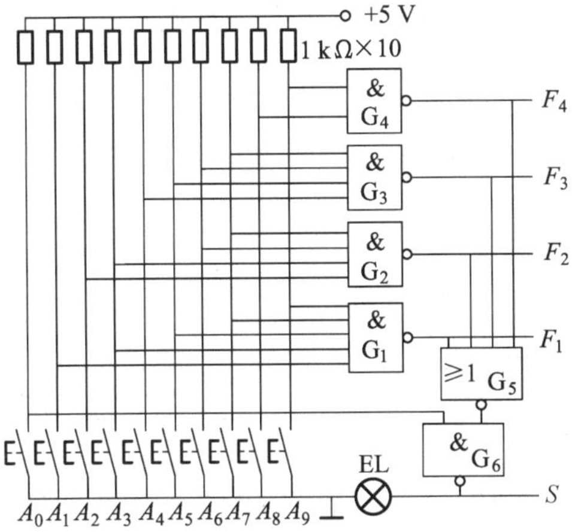

图 6-36　一种二-十进制编码器电路

2. 优先编码器

优先编码器允许多个输入同时有效，由于每个输入的优先权不同，优先编码器只对优先级别最高的输入进行编码。目前常用的中规模集成电路编码器都是优先编码器。集成 8 线-3 线优先编码器 74HC148 的引脚图、逻辑符号和功能分别如图 6-37 和表 6-12 所示。

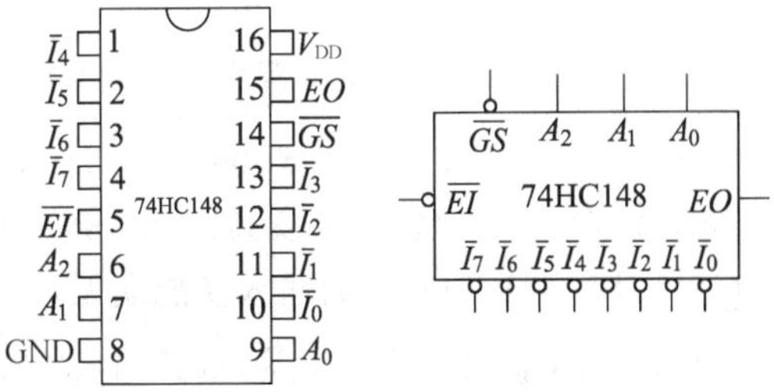

图 6-37　74HC148 的引脚图、逻辑符号

表 6-12 74HC148 的功能表

输入									输出				
$\overline{EI}$	$\overline{I}_0$	$\overline{I}_1$	$\overline{I}_2$	$\overline{I}_3$	$\overline{I}_4$	$\overline{I}_5$	$\overline{I}_6$	$\overline{I}_7$	A_2	A_1	A_0	$\overline{GS}$	EO
1	×	×	×	×	×	×	×	×	1	1	1	1	1
0	1	1	1	1	1	1	1	1	1	1	1	1	0
0	×	×	×	×	×	×	×	0	0	0	0	0	1
0	×	×	×	×	×	×	0	1	0	0	1	0	1
0	×	×	×	×	×	0	1	1	0	1	0	0	1
0	×	×	×	×	0	1	1	1	0	1	1	0	1
0	×	×	×	0	1	1	1	1	1	0	0	0	1
0	×	×	0	1	1	1	1	1	1	0	1	0	1
0	×	0	1	1	1	1	1	1	1	1	0	0	1
0	0	1	1	1	1	1	1	1	1	1	1	0	1

注:×表示任意状态。

由表 6-12 可知,该编码器有 8 个信号输入端 $\overline{I}_0 \sim \overline{I}_7$(低电平有效),且$\overline{I}_7$优先权最高,$\overline{I}_0$优先权最低,3 个代码输出端 A_2、A_1、A_0,1 个输入使能端$\overline{EI}$(低电平有效),1 个输出使能端 EO(高电平有效)和 1 个扩展输出端$\overline{GS}$(低电平有效)。

当$\overline{EI}=1$时,无论输入是否有效,输出端均为高电平,编码器处于"非工作状态"。当$\overline{EI}=0$时,编码器处于"工作状态"。若无输入信号,则$\overline{GS}=1$,$EO=0$,输出端 $A_2A_1A_0=111$;若有输入信号,则$\overline{GS}=0$,$EO=1$,输出端输出代码。

【例 6-10】 用两片集成 8 线-3 线优先编码器 74HC148 扩展构成的 16 线-4 线优先编码器如例 6-10 图所示,试分析其工作原理。

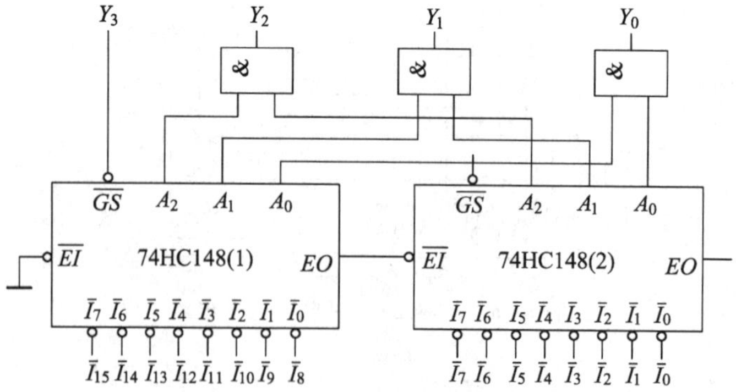

例 6-10 两片 74HC148 构成的 16 线-4 线优先编码器图

解: 由表 6-12 和图 6-37 可知,74HC148(1)的输入使能端始终有效,处于编码工作状态,其中输入$\overline{I}_{15}$优先权最高。当 74HC148(1)有信号输入时,$\overline{GS}=0$,输出使能端 $EO=1$,使 74HC148(2)的输入使能端无效,74HC148(2)的输出 $A_2A_1A_0=111$,使上面 3 个与门打开,输出 $Y_2Y_1Y_0$ 为 74HC148(1)对应的输出 $A_2A_1A_0$,此时,$Y_3=\overline{GS}=0$。当 74HC148(1)无信号输入时,$\overline{GS}=1$,输出使能端 $EO=0$,使 74HC148(2)的输入使能

端有效，74HC148(2)处于编码工作状态。由于此时 74HC148(1)的输出 $A_2A_1A_0=111$，打开上面 3 个与门，使输出 $Y_2Y_1Y_0$ 为 74HC148(2)对应的输出 $A_2A_1A_0$，这时 $Y_3=\overline{GS}=1$。

综上所述，当 $\overline{I}_{15}\sim\overline{I}_8$ 有输入信号时，74HC148(1)工作，输出 $Y_3=0$，$Y_2Y_1Y_0$ 为 74HC148(1)对应的输出 $A_2A_1A_0$；只有当 $\overline{I}_{15}\sim\overline{I}_8$ 无信号输入时，74HC148(2)才工作，这时，输出 $Y_3=1$，$Y_2Y_1Y_0$ 为 74HC148(2)对应的输出 $A_2A_1A_0$。该电路能将 $\overline{I}_{15}\sim\overline{I}_0$ 的 16 个低电平信号依次编为 0000～1111 共 16 个二进制代码。

二-十进制编码器也有优先编码器，常见的中等规模集成电路型号有 74HCT147 等，其工作原理与二进制优先编码器类似。

6.6.2　译码器和数字显示

译码是编码的逆操作，就是把二进制代码转换成高、低电平信号输出。实现译码功能的逻辑电路称为译码器。译码器可分为二进制译码器、二-十进制译码器和显示译码器等。

1. 二进制译码器

输入为 N 位二进制代码，输出信号为 2^N 个的译码器称为二进制译码器，也称为 N 线-2^N 线译码器。

集成双 2 线-4 线译码器 74HC139 逻辑符号电路如图 6-38 所示，真值表如表 6-13 所示。

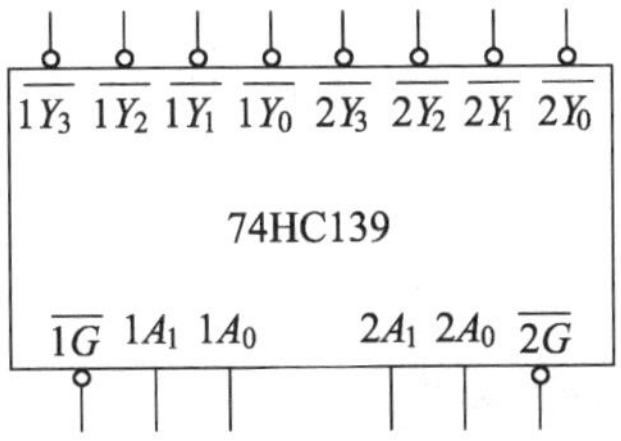

图 6-38　74HC139 译码器逻辑符号

表 6-13　74HC139 真值表

输入			输出			
$\overline{1G}$	$1A_1$	$1A_0$	$\overline{1Y_3}$	$\overline{1Y_2}$	$\overline{1Y_1}$	$\overline{1Y_0}$
1	×	×	1	1	1	1
0	0	0	1	1	1	0
0	0	1	1	1	0	1
0	1	0	1	0	1	1
0	1	1	0	1	1	1

由表 6-13 可知，该译码器有 4 个输出端，低电平有效；2 个代码输入端；1 个控制端，低电平有效。每个集成组件中有 2 个相同的 2 线-4 线译码器。

用 74HC139 中的 2 个 2 线-4 线译码器扩展为 3 线-8 线译码器的电路如图 6-39 所示。读者可以试着分析其工作原理，列出真值表。

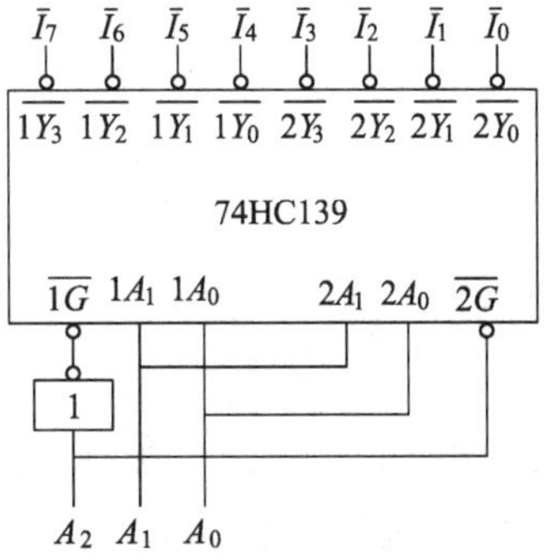

图 6-39　扩展为 3 线-8 线译码器

2. 二-十进制译码器

二-十进制译码器输入的是 4 位二进制代码，输出有 10 个，也称为 4 线-10 线译码器。集成 4 线-10 线译码器 74HC42 逻辑符号电路如图 6-40 所示，真值表如表 6-14 所示。

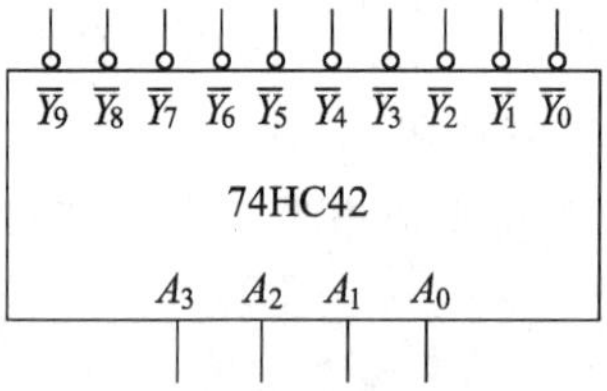

图 6-40 译码器 74HC42 逻辑符号

表 6-14 译码器 74HC42 真值表

输入				输出									
A_3	A_2	A_1	A_0	$\overline{Y}_9$	$\overline{Y}_8$	$\overline{Y}_7$	$\overline{Y}_6$	$\overline{Y}_5$	$\overline{Y}_4$	$\overline{Y}_3$	$\overline{Y}_2$	$\overline{Y}_1$	$\overline{Y}_0$
0	0	0	0	1	1	1	1	1	1	1	1	1	0
0	0	0	1	1	1	1	1	1	1	1	1	0	1
0	0	1	0	1	1	1	1	1	1	1	0	1	1
0	0	1	1	1	1	1	1	1	1	0	1	1	1
0	1	0	0	1	1	1	1	1	0	1	1	1	1
0	1	0	1	1	1	1	1	0	1	1	1	1	1
0	1	1	0	1	1	1	0	1	1	1	1	1	1
0	1	1	1	1	1	0	1	1	1	1	1	1	1
1	0	0	0	1	0	1	1	1	1	1	1	1	1
1	0	0	1	0	1	1	1	1	1	1	1	1	1
其他				1	1	1	1	1	1	1	1	1	1

由表 6-14 可知，该译码器输入 $A_3A_2A_1A_0$ 从 0000 到 1001，输出为低电平有效。若输入为 1010～1111，输出均为高电平。如果把 A_3 看成输入选通端，以 $A_2A_1A_0$ 作为输入端，输出取用$\overline{I_7}\sim\overline{I_0}$，则可当成常用的 3 线-8 线译码器。

3. 显示译码器

显示译码器驱动显示器，使显示器显示数字或符号。显示译码器必须与显示器配套使用。常用显示器有荧光数码管、液晶数码管和半导体数码管等。

(1) LED 7 段数码管由 a，b，…，g 7 个发光二极管组成"日"字形状（dp 为显示小数点的 LED），分为共阴极和共阳极两种，如图 6-41 所示。显然，对于共阴极数码管，只有输入高电平才能点亮 LED；而对于共阳极数码管，则需要输入低电平才能使 LED 点亮，显示不同的数码。

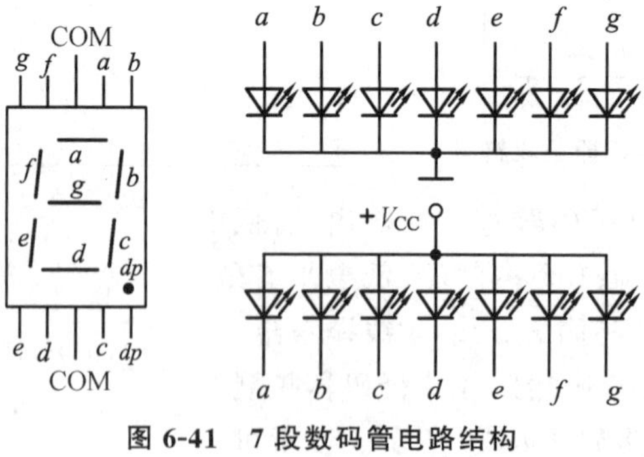

图 6-41 7 段数码管电路结构

(2) 7 段显示译码器的输入为 8421BCD 码，输出为 a，b，…，g 共 7 个高、低电平信号，也称为 4 线-7 线译码器。显示译码器 74LS49 的管脚如图 6-42 所示，功能表如表 6-15 所示。I_B 为消隐输入端，高电平有效，即 $I_B=1$，译码器可以正常工作；$I_B=0$，显示器熄灭，不工作。输出端为高电平有效、与共阴极数码管组成的数字显示电路如图 6-43 所示。

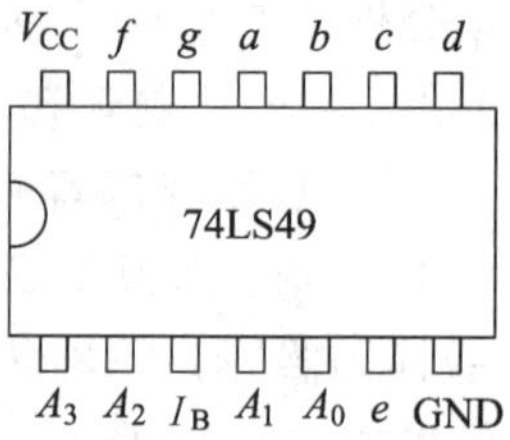

图 6-42 74LS49 的管脚

由于 74LS49 是集电极开路输出，输出端必须通过上拉电阻接电源构成驱动电路。

表 6-15　显示译码器 74LS49 功能表

I_B	A_3	A_2	A_1	A_0	a	b	c	d	e	f	g	数码
0	×	×	×	×	0	0	0	0	0	0	0	
1	0	0	0	0	1	1	1	1	1	1	0	0
1	0	0	0	1	0	1	1	0	0	0	0	1
1	0	0	1	0	1	1	0	1	1	0	1	2
1	0	0	1	1	1	1	1	1	0	0	1	3
1	0	1	0	0	0	1	1	0	0	1	1	4
1	0	1	0	1	1	0	1	1	0	1	1	5
1	0	1	1	0	1	0	1	1	1	1	1	6
1	0	1	1	1	1	1	1	0	0	0	0	7
1	1	0	0	0	1	1	1	1	1	1	1	8
1	1	0	0	1	1	1	1	1	0	1	1	9

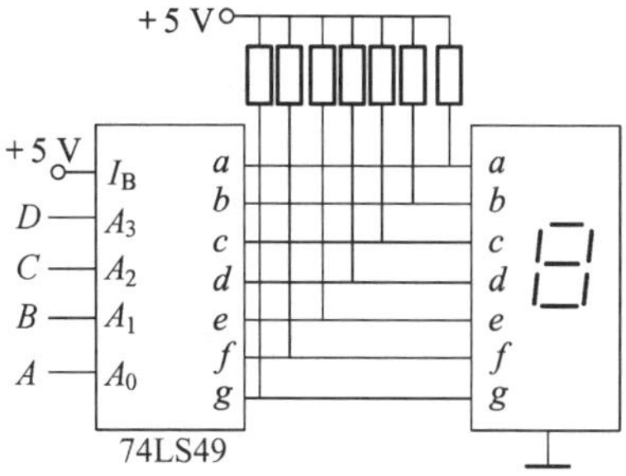

图 6-43　数字显示电路

6.6.3　数据分配器与数据选择器

1. 数据分配器

根据输入地址码的不同，将一个输入数据传送到多个不同输出通道的电路称为数据分配器，又称多路分配器。如一台计算机的数据要分时传送到打印机、绘图仪和监控终端中去，就要用到数据分配器。

如果地址输入端有 n 个，这 n 个地址输入端组成 n 位二进制代码，则输出端最多可有 2^n 个，但数据输入端却只有一个。

图 6-44 是 1 路-4 路数据分配器的结构框图。其中，D 是数据输入端；A_1、A_0 是 2 个地址输入端；Y_0、Y_1、Y_2、Y_3 是 4 个输出端。表 6-16 是其数据分配器真值表。

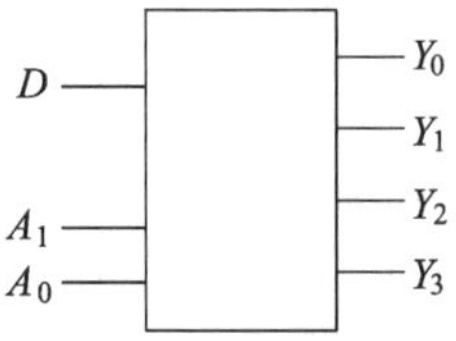

图 6-44　数据分配器框图

表 6-16　数据分配器真值表

A_1	A_0	Y_0	Y_1	Y_2	Y_3
0	0	D	0	0	0
0	1	0	D	0	0
1	0	0	0	D	0
1	1	0	0	0	D

2. 数据选择器

根据输入地址码的不同，从多路输入数据中选择一路输出的电路称为数据选择器，又称多路开关。在数字系统中，经常利用数据选择器将多条传输线上的不同数字信号按要求选择其中之一送到公共数据线上。数据选择器的作用与数据分配器的作用正好相反。

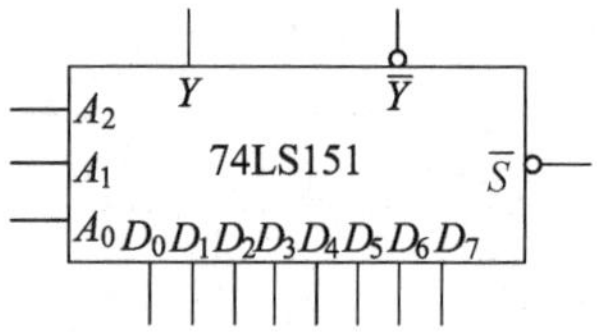

图 6-45　74LS151 的逻辑符号

8 选 1 集成数据选择器 74LS151 的逻辑符号如图 6-45 所示。地址输入变量有 3 个，为 A_2、A_1、A_0；有 8 个数据输入端 $D_0 \sim D_7$；选通输入端 $\overline{S}$，低电平有效；有一对互补输出 Y、$\overline{Y}$。

输出 Y 的表达式为

$$Y=\overline{A}_2\overline{A}_1\overline{A}_0D_0+\overline{A}_2\overline{A}_1A_0D_1+\overline{A}_2A_1\overline{A}_0D_2+\overline{A}_2A_1A_0D_3+$$
$$A_2\overline{A}_1\overline{A}_0D_4+A_2\overline{A}_1A_0D_5+A_2A_1\overline{A}_0D_6+A_2A_1A_0D_7$$

利用数据选择器可以方便地实现与-或表达式。

【例 6-11】 试用数据选择器实现逻辑函数 $F=AB+BC+AC$。

解： 将函数表达式 F 整理成最小项之和的形式

$$F=\overline{A}BC+A\overline{B}C+AB\overline{C}+ABC$$

比较逻辑表达式 F 和 8 选 1 数据选择器的逻辑表达式 Y，若使 $F=Y$，则 $A=A_2$，$B=A_1$，$C=A_0$，Y 中包含 F 的最小项时，对应的 $D_n=1$，未包含最小项时，$D_n=0$。于是可得

$$D_0=D_1=D_2=D_4=0;\ D_3=D_5=D_6=D_7=1$$

根据上面分析，画出连线图，如例 6-11 图所示。

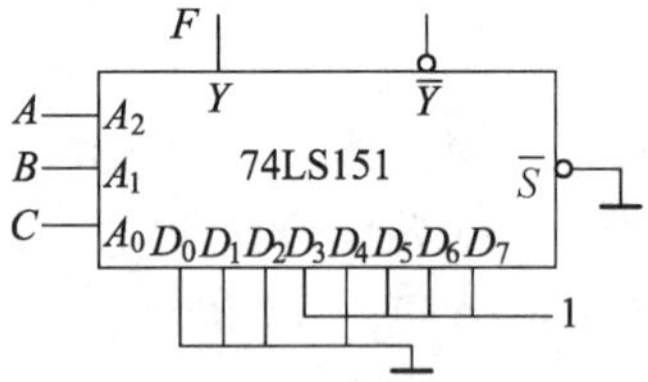

例 6-11 图

练习与思考

1. 普通编码器的真值表为什么能用简化编码表代替？

2. 二进制译码器的每个输出代表了输入状态的一种组合，如何利用它们实现与-或表达式？

3. 试列出数据选择器 74LS151 的简化真值表。

6.7 组合逻辑电路的 Multisim 仿真

6.7.1 加法器

图 6-46 是 2 个 4 位二进制数加法电路，图中采用了 4 个全加器，用 8 个开关来模拟 2 个 4 位二进制数，按键 I 作低位进位。2 个加数分别用显示器显示，和用两个显示器显示。仿真时，只要点击键盘上 A 至 I 的键，就可模拟数据输入，从而可以观察显示器中数字的变化。

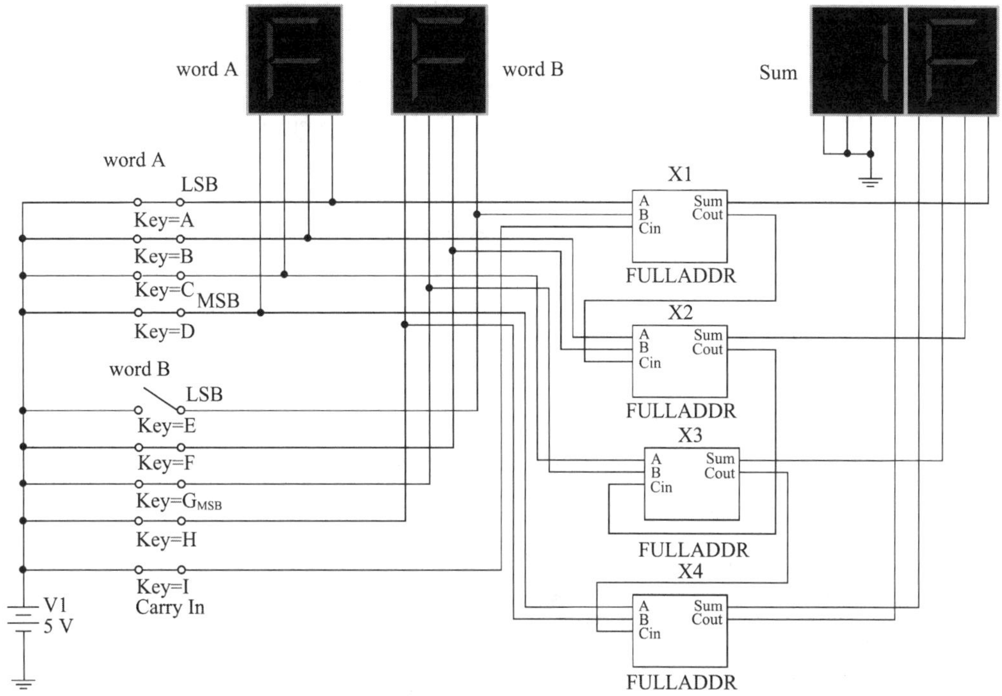

图 6-46　加法器电路

6.7.2 数据分配器

图 6-47 是一个由 3-8 译码器 74LS138 构成的数据分配器电路。用 3 个开关作为代码输入，在控制端 G1 加上一个方波信号后，被选中的一条电路中发光二极管闪烁，即可认为是方波信号被分配到这条电路输出。

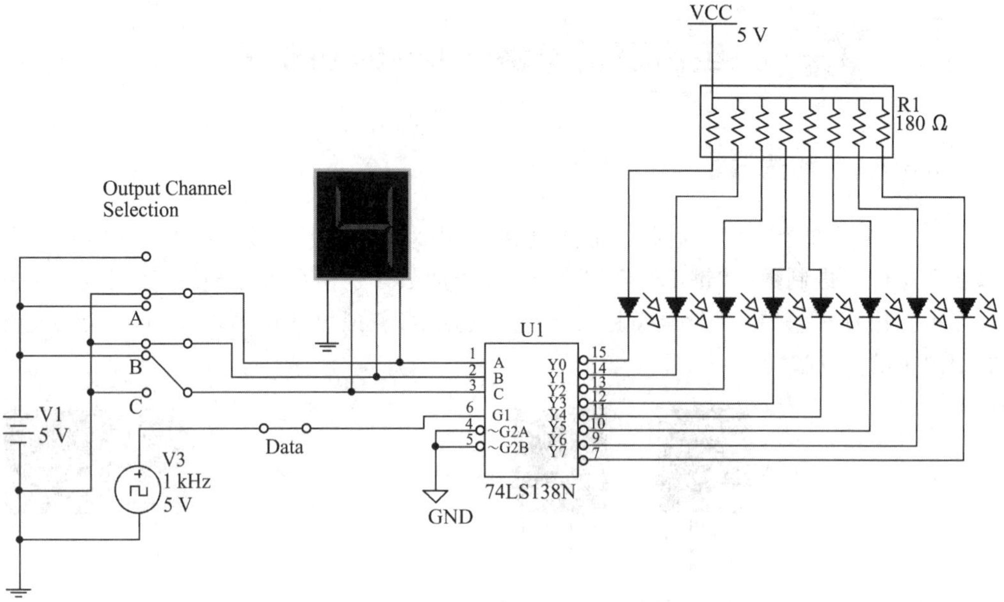

图 6-47 数据分配器电路

小 结

1. 组合逻辑电路的输出状态取决于当时的输入状态。在组合逻辑电路中,信号是单方向传递的。门电路是组成组合逻辑电路的基本单元。

2. 逻辑代数是研究逻辑电路的数学工具,其中的1、0只表示两种不同的逻辑状态,无大小之分。要注意逻辑代数与普通代数的区别。

3. 常用门电路的逻辑功能可总结为:

与门:有0则0,全1才1;

或门:有1则1,全0才0;

非门:有0则1,有1出0;

与非门:有0则1,全1才0;

或非门:有1则0,全0才1。

4. TTL集成门电路与MOS集成门电路制造工艺不同,电源电压、高低电平等也不相同,必须通过电平转换电路才能连在一起使用。

5. 组合逻辑电路的分析步骤:

(1) 根据逻辑电路图,写出各输出的逻辑表达式,并化简;

(2) 由最简逻辑表达式列出真值表;

(3) 分析真值表,指出逻辑功能。

6. 组合逻辑电路的设计步骤:

(1) 分析要求,设定输入、输出变量,定义1和0;

(2) 根据逻辑关系,列写真值表;

(3) 写出逻辑函数式，并化简、转换；

(4) 画出逻辑电路图。

7. 编码器、译码器、全加器等是常用的集成组合逻辑电路。显示译码器与 7 段显示数码管常用于数字显示。

第 6 章　习　题

6-1　应用逻辑代数化简下列各式：

(1) $F=AB+A\overline{B}+\overline{A}\overline{B}$；

(2) $F=A+ABC+A\overline{BC}+CB+C\overline{B}$；

(3) $F=A\overline{B}+C+\overline{A}\overline{C}D+B\overline{C}D$；

(4) $F=(AB+A\overline{B}+\overline{A}B)(A+B+D+\overline{A}\overline{B}\overline{D})$。

6-2　试证明 $(A\oplus B)\oplus C=A\oplus(B\oplus C)$。

6-3　输入信号 A、B 如习题 6-3 图所示，试画出异或门输出 F_1、同或门输出 F_2 的信号波形；如果 B 作为控制信号，说明在 $B=1$，$B=0$ 时，F_1、F_2 与 A 的关系。

6-4　试分析习题 6-4 图所示密码锁电路的密码。

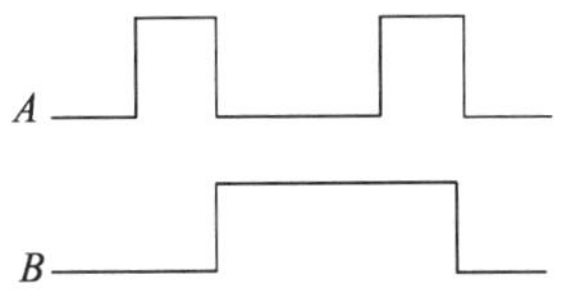

习题 6-3 图

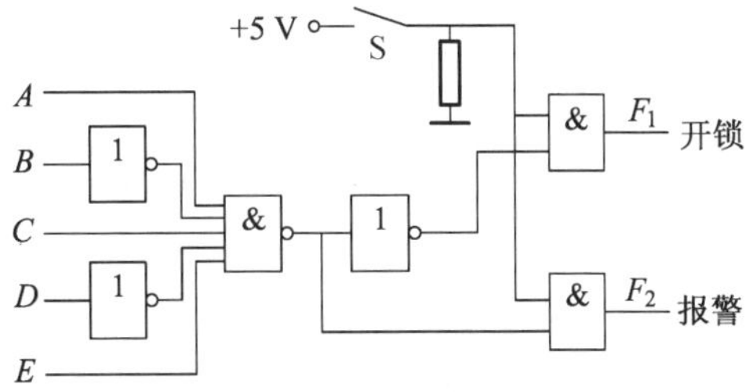

习题 6-4 图

6-5　试证明习题 6-5 图中的两电路具有相同的逻辑功能。

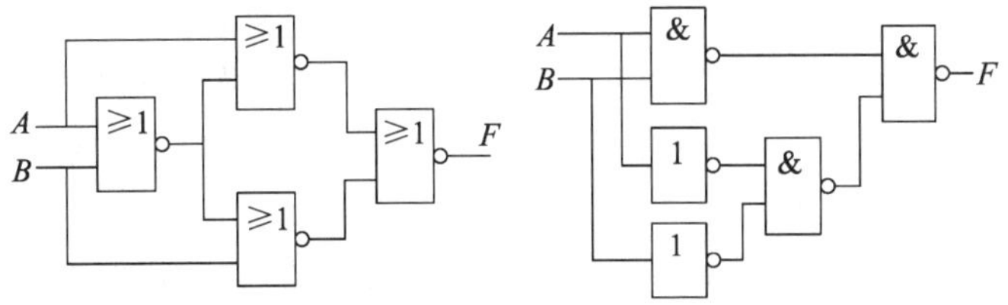

习题 6-5 图

6-6　分析习题 6-6 图所示电路的逻辑功能。

6-7　分析习题 6-7 图所示电路的逻辑功能。

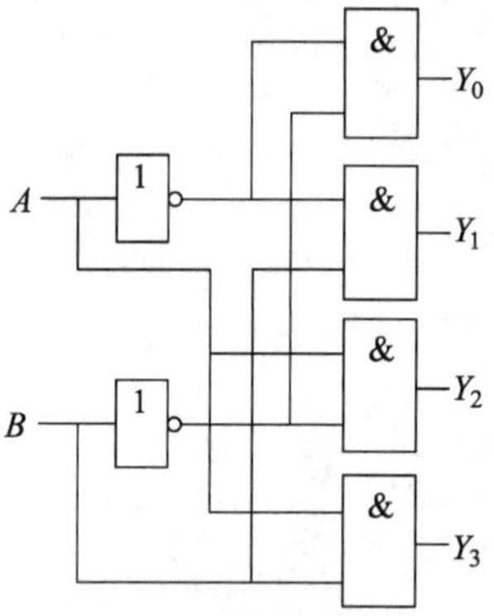

习题 6-6 图

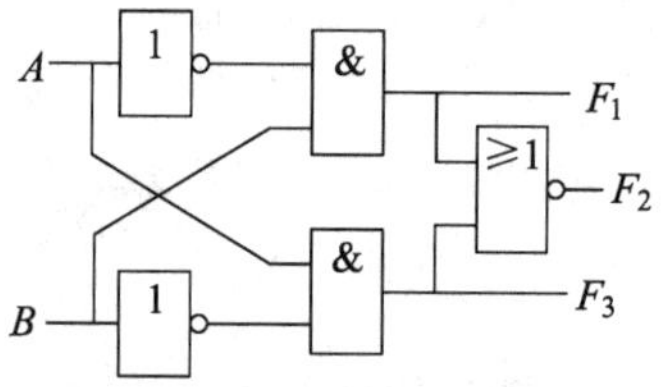

习题 6-7 图

6-8 化简下列各式，并用与非门实现：

(1) $F=AD+A\overline{D}+AB+\overline{A}C+BD$；

(2) $F=AB+\overline{A}C+\overline{B}C$；

(3) $F=\overline{AB}+(A+B)C$。

6-9 用 74LS00 集成与非门实现逻辑函数 $F=AB+C$，画出接线图。

6-10 集成电路与非门 74LS00 的接线图如习题 6-10 图所示，分析该电路实现的逻辑功能。

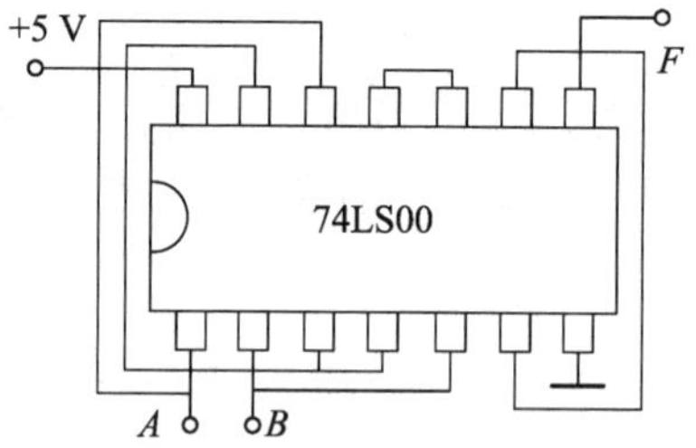

习题 6-10 图

6-11 分析习题 6-11 图所示电路的逻辑功能。

6-12 分析习题 6-12 图所示电路的逻辑功能。

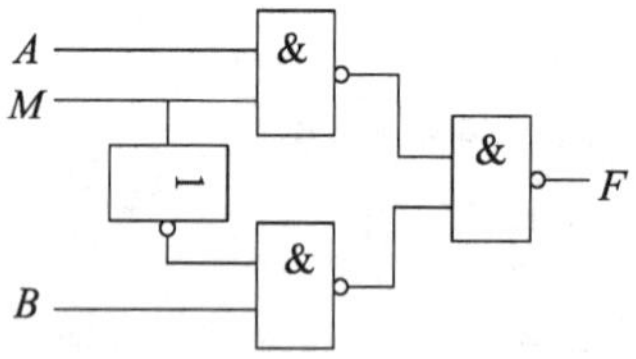

习题 6-11 图

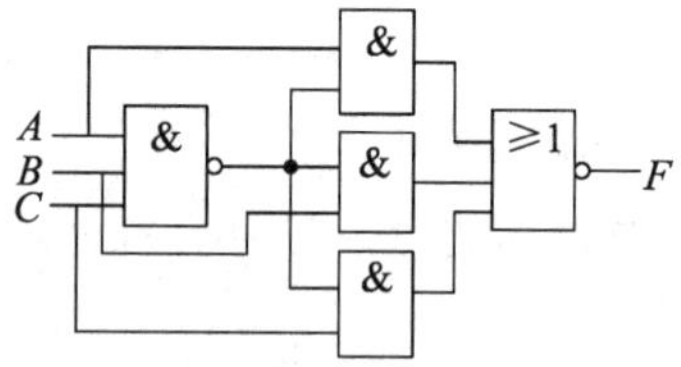

习题 6-12 图

6-13 试用与非门设计一个组合逻辑电路，输入是 3 位二进制数，当该数不小于 5 时，输出为 1；否则，输出为 0。

6-14 设 3 台设备 A、B、C 工作时，要求：① A 开机，则 B 必须开机；② B 开机，则 C 也必须开机。如不满足要求，报警电路发出信号。试设计用于报警的逻辑电路。

6-15 试设计逻辑电路控制 T 形走廊相会处的路灯。进入走廊的 3 个地方各有一个开关，每个开关都能独立控制路灯。任意闭合一个开关，灯亮；任意闭合 2 个开关，灯灭；3 个开关同时闭合，灯亮。试设计这个控制电路。

6-16 试设计组合逻辑电路，输入为 2 个两位二进制数，输出是两数的乘积。

6-17 试用 2 输入与非门设计一个 4 位的奇偶校验器，即当 4 位数中 1 的个数为奇数时，输出为 1；否则为 0。

6-18　画出用 4 个一位全加器组成的 4 位二进制数加法器。

6-19　习题 6-19 图所示的多路分配器，可以根据地址码 A、B 将输入数据分配给不同的输出，试分析其工作过程。

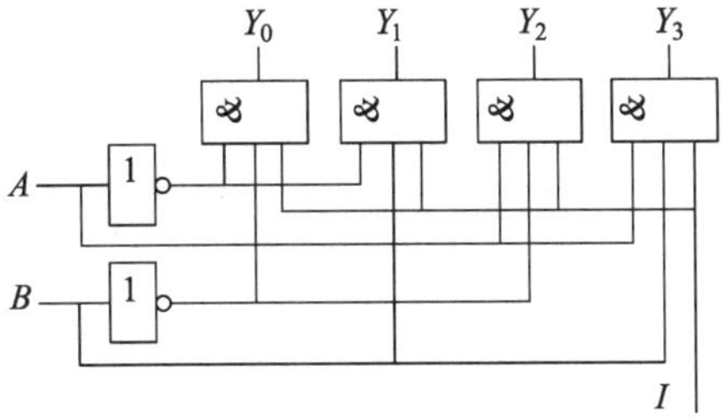

习题 6-19 图

6-20　习题 6-20 图所示的数据选择器，可以根据地址码 A、B 从 4 个输入数据中选择一个，试分析它是怎样选择的？

6-21　用 2 只单刀双掷开关 A、B 对灯进行两地控制的电路如习题 6-21 图所示，试写出灯亮与开关之间的逻辑函数。

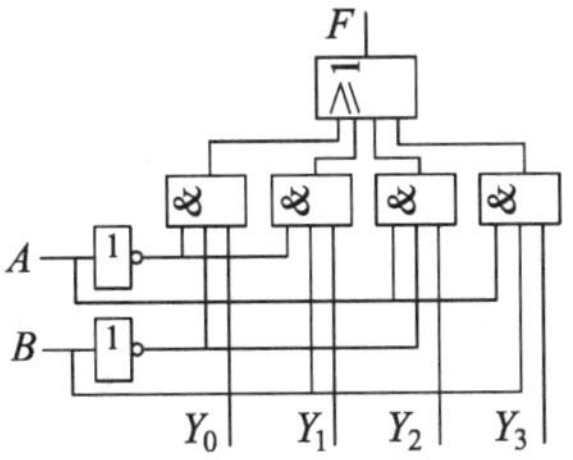

习题 6-20 图

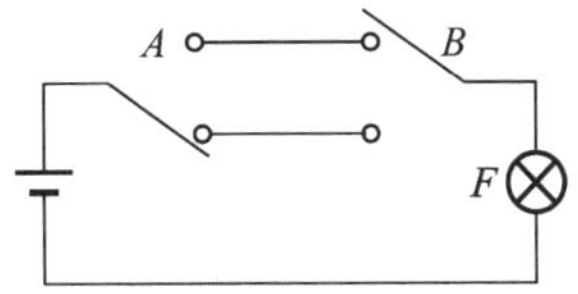

习题6-21图

6-22　试写出习题 6-22 图所示电路的逻辑函数。

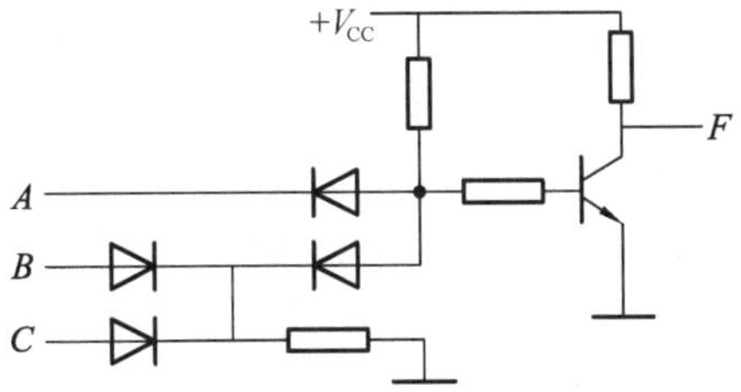

习题 6-22 图

第 7 章

触发器和时序逻辑电路

时序逻辑电路的输出状态不仅取决于当时的输入状态，还与电路原来的状态有关。时序逻辑电路具有记忆功能，其基本单元是触发器。

本章先介绍双稳态触发器，然后介绍寄存器和计数器，最后介绍 555 定时器及其应用。

对于本章的学习，应在掌握双稳态触发器的基础上，理解寄存器和计数器的组成、工作原理及分析方法，掌握集成电路寄存器、集成电路计数器的典型应用电路；理解 555 定时器构成的单稳态触发器、无稳态触发器和施密特触发器应用电路。

学习本章时，注意其中蕴含的思维方式、思想方法，思考本章内容与国家社会经济发展之间的关系，提高社会责任意识、培养工匠精神。譬如，适当改接 JK 触发器的输入端以实现 D 触发器、T 触发器的功能，蕴含着“没有条件，创造条件也要上”的钻研精神，注重将所学的理论知识转化为实际工程应用能力。

通过分析由双稳态触发器构成的寄存器、计数器，可以很好地理解寄存器、计数器的工作原理。同步时序逻辑电路中的每个触发器，在时钟信号的控制下有条不紊地工作，才能保证整个电路功能正确实现，这中间蕴含了个体与整体的辩证关系，个体在统一指挥下才能在团队中充分发挥作用，个体只有与国家、人民群众的需求相结合，才能在实现中华民族伟大复兴的中国梦过程中贡献自己的一份力量。

思维导图

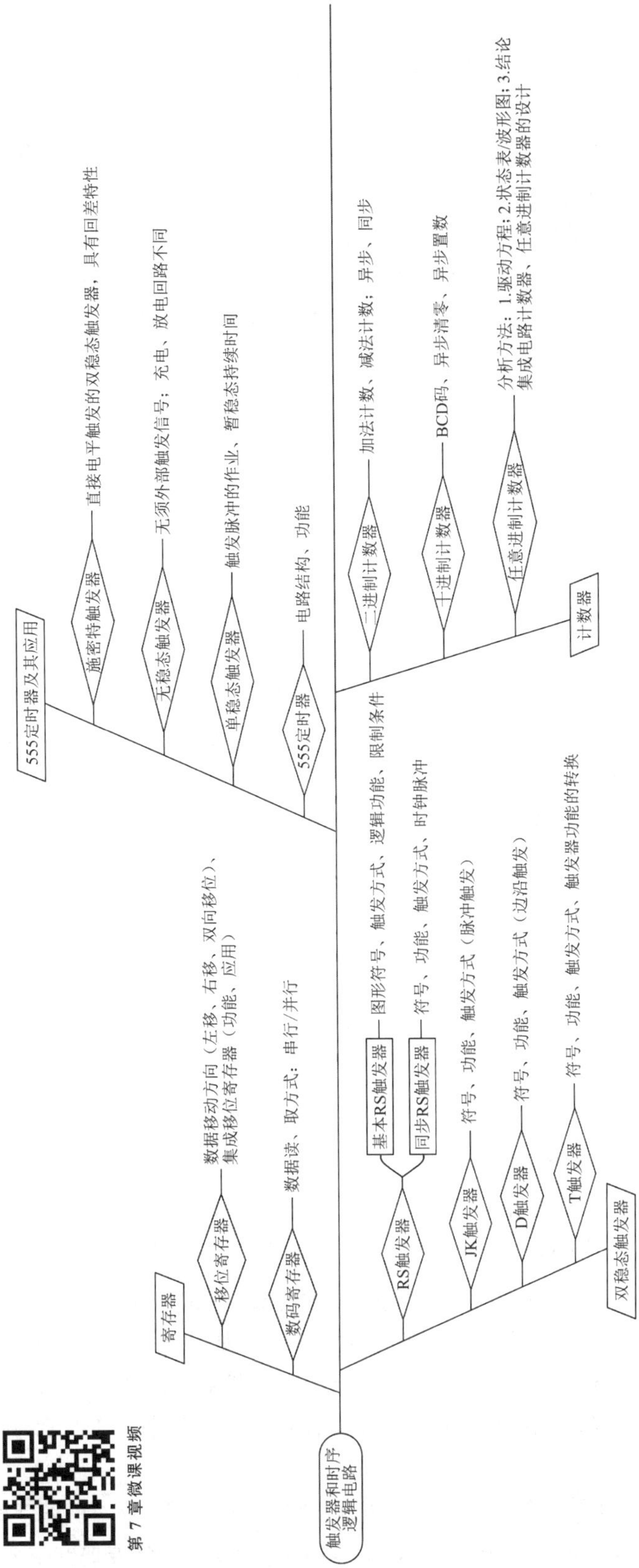

第 7 章微课视频

7.1 双稳态触发器

触发器按稳定工作状态可分为双稳态触发器、单稳态触发器和无稳态触发器(多谐振荡器)等；按电路的结构形式可分为基本触发器、同步触发器、主从触发器和边沿触发器等。不同结构形式的触发器，触发方式不同，这些触发方式分为直接电平触发方式、电平触发方式、脉冲触发方式和边沿触发方式等。触发器状态的改变受外部触发信号控制。对于触发器，应掌握触发器的逻辑符号、逻辑功能和触发方式，这样才能确定触发器的状态何时发生变化以及如何变化。

双稳态触发器有两个稳定的输出状态：0 态和 1 态，可存储一位二进制代码，并具有置位、复位、计数和记忆(存储)等功能。按逻辑功能分类，双稳态触发器可以分为 RS 触发器、JK 触发器、D 触发器和 T 触发器等。

7.1.1 RS 触发器

1. 基本 RS 触发器

图 7-1(a)是基本 RS 触发器的逻辑电路，图 7-1(b)是它的逻辑符号。逻辑电路由两个与非门交叉连接而成，$\bar{R}$ 和 $\bar{S}$ 是两个输入端，$\bar{R}$ 称为复位端(Reset)或置 0 端，$\bar{S}$ 称为置位端(Set)或置 1 端。Q 和 $\bar{Q}$ 是两个输出端，在正常情况下，Q 和 $\bar{Q}$ 的状态相反，是一种互补逻辑关系。一般以 Q 的状态作为触发器的状态，$Q=0$ ($\bar{Q}=1$)，称触发器为 0 状态，也称复位状态；$Q=1$($\bar{Q}=0$)，称触发器为 1 状态，也称置位状态。

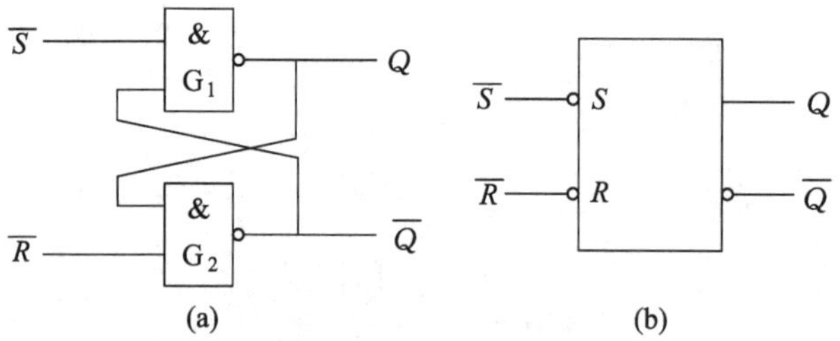

图 7-1 基本 RS 触发器

输出与输入的逻辑关系分析：

(1) $\bar{R}=0, \bar{S}=1$ 时，无论触发器原来状态如何，这时与非门 G_2 的输出为 1，即 $\bar{Q}=1$，而与非门 G_1 的两个输入全为 1，所以 $Q=0$，触发器为 0 状态。

(2) $\bar{R}=1, \bar{S}=0$ 时，由于电路的对称性，这时 $Q=1, \bar{Q}=0$，触发器为 1 状态。

(3) $\bar{R}=1, \bar{S}=1$ 时，触发器保持原来状态不变。如果触发器原来的状态为 0 状态，则 $Q=0$ 反馈到 G_2，使 G_2 的输出 $\bar{Q}=1$；而 $\bar{Q}=1$ 反馈到 G_1，使 G_1 的两个输入全为 1，G_1 的输出 Q 维持 0 状态不变。同理，如果触发器原来的状态为 1 状态，则 Q 维持 1 状态不变。

(4) $\bar{R}=0, \bar{S}=0$ 时，与非门 G_1、G_2 均有 0 输入，输出 $Q=\bar{Q}=1$，这种情况破坏了触发器所规定的 Q 与 $\bar{Q}$ 的互补逻辑关系，是一种非正常状态，触发器既不属于 0 状态，也不属于 1 状态。而且当 $\bar{R}$ 和 $\bar{S}$ 同时由 0 变成 1 时，与非门 G_1 和 G_2 的两个输入端都变成了 1 态。如果与非门 G_1 先翻成 0 态，这个 0 反馈到与非门 G_2 的输入，迫使 G_2 输出为 1，则 $Q=0$，$\bar{Q}=1$；如果与非门 G_2 先翻成 0 态，则 $Q=1$，$\bar{Q}=0$。这种由随机因素决定而事先不能确定的状态称为不定状态，使用中应当避免出现 $\bar{R}=\bar{S}=0$ 的现象。

从上述分析看出，基本 RS 触发器的输出状态随时随输入状态的变化而变化，是由输入端直接以低电平的方式触发改变触发器的状态，是直接电平触发方式。逻辑符号中，输入端靠近矩形框处的小圆圈"○"，表示输入信号是低电平有效，即输入信号为低电平就可以改变触发器的状态。

基本 RS 触发器的逻辑功能如表 7-1 所示。图 7-2 表示基本 RS 触发器在初始状态为 0 时的工作波形。从波形图上可以看到，当输入 $\bar{R}=\bar{S}=0$ 时，输出 $Q=\bar{Q}=1$，Q 与 $\bar{Q}$ 的互补逻辑关系被破坏；而当 $\bar{R}$、$\bar{S}$ 同时由 0 变成 1 时，Q 和 $\bar{Q}$ 的状态是不定状态，图中用虚线表示，特别指出：$\bar{R}=\bar{S}=0$ 时，触发器输出 $Q=\bar{Q}=1$，实际使用时是不允许的。

表 7-1　基本 RS 触发器的逻辑功能

$\bar{R}$	$\bar{S}$	Q	功能
1	1	不变	记忆
1	0	1	置位
0	1	0	复位
0	0	不定	不允许

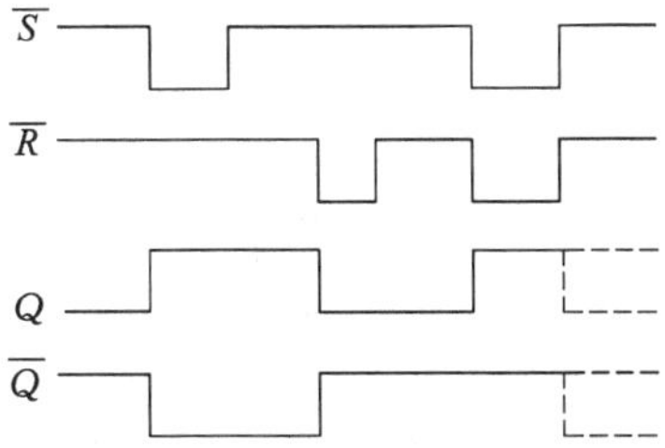

图 7-2　基本 RS 触发器的工作波形图

【例 7-1】　用基本 RS 触发器组成单脉冲发生器。

用复合按钮 SB 与两个电阻 R 组成输入信号产生电路，使输入信号 $\bar{R}$、$\bar{S}$ 相反，如例 7-1(a)图所示，未按下按钮 SB 时，$\bar{R}=0$，$\bar{S}=1$，触发器输出 $Q=0$，$\bar{Q}=1$；按下 SB 时，$\bar{R}=1$，$\bar{S}=0$，触发器输出 $Q=1$，$\bar{Q}=0$，松开 SB，又使输出 $Q=0$，$\bar{Q}=1$，这样，在 Q 端与 $\bar{Q}$ 端分别产生一个正脉冲和负脉冲。用该电路可以有效地消除由于普通机械按键的抖动在单脉冲上产生的"毛刺"现象，如例 7-1(b)图所示，该电路作为理想的单脉冲发生器得到了广泛的应用。

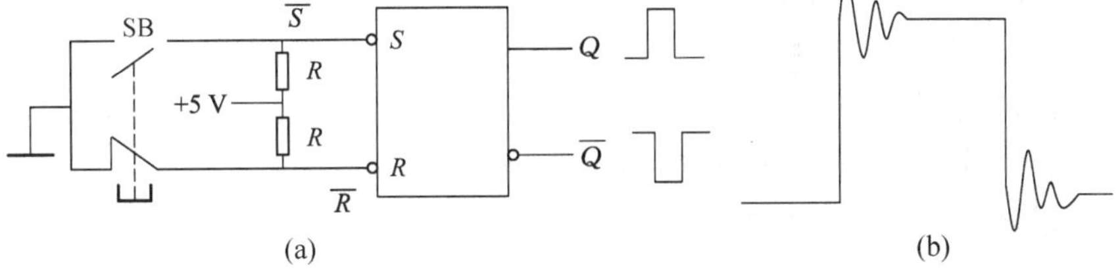

例 7-1 图

2. 同步 RS 触发器

基本 RS 触发器的输出是由输入信号直接控制的，即输入端 $\bar{R}$、$\bar{S}$ 一旦出现低电平，输出就随之改变，在时间上无法控制 Q 状态的变化。实际上，有时要求触发器状态的改变由某一时钟脉冲 CP(clock plus)信号控制，只有在时钟脉冲出现时，触发器才能改变状态，即触发器输出状态的变化与时钟脉冲同步，这样的触发器称为同步触发器或钟控触发器。

图 7-3(a)是同步 RS 触发器的逻辑电路，图 7-3(b)是它的逻辑符号。与非门 G_1 和 G_2 组成基本 RS 触发器，G_3 和 G_4 是两个输入控制门，R 和 S 是信号输入端，CP 是同步时钟脉冲输入端。$CP=0$ 时，与非门 G_3 和 G_4 被封锁，不论 R 和 S 为何种状态，G_3 和 G_4 的输出始终为 1，触发器的状态保持不变。在 $CP=1$ 期间，与非门 G_3 和 G_4 打开，输入信号 R 和 S 经控制门 G_3 和 G_4 反相后作用到基本 RS 触发器的输入端，使触发器的状态跟随输入信号 R 和 S 的变化而变化。也就是说，同步 RS 触发器是电平触发方式，即在 CP 的高电平期间，触发器的输出状态才会变化；在 CP 的低电平期间，触发器的状态保持不变。由于控制门的倒相作用，同步 RS 触发器的输入端 R、S 是高电平有效。

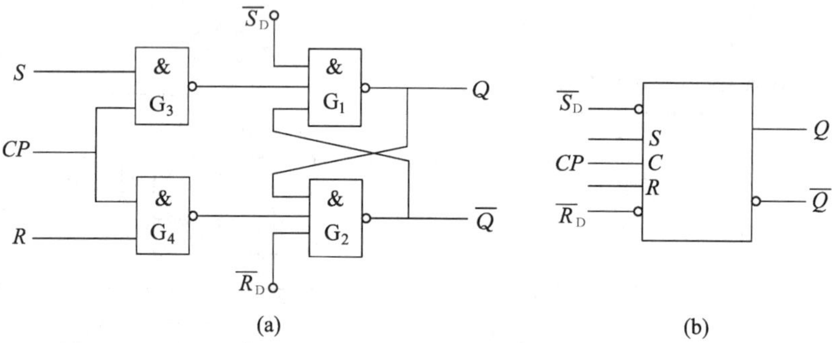

图 7-3 同步 RS 触发器

用现态 Q^n、次态 Q^{n+1} 分别表示第 n 个 CP 脉冲作用前、后触发器的状态。同步 RS 触发器的逻辑功能如表 7-2 所示。在 $CP=1$ 期间，当输入信号 R 和 S 都为 1 时，与非门 G_3 和 G_4 的输出均为 0，使触发器输出 $Q=\overline{Q}=1$，Q 与 $\overline{Q}$ 的互补逻辑关系遭破坏。而且在 $CP=1$ 期间，R 和 S 同时从 1 变成 0，触发器的输出状态将不能确定；在 $CP=1$ 期间，R 和 S 虽然保持 1 状态不变，而当 CP 从 1 变成 0 时，这时 G_3 和 G_4 输出全为 1，其作用相当于 R 和 S 同时从 1 变成 0，这时触发器的输出状态也是不定的，因而实际使用时，不允许 R 和 S 同为高电平。

表 7-2 同步 RS 触发器的逻辑功能

CP	R	S	Q^{n+1}	功能
0	×	×	Q^n	记忆
1	0	0	Q^n	记忆
1	0	1	1	置位
1	1	0	0	复位
1	1	1	不定	不允许

图 7-3(b)中，$\overline{R}_D$ 是直接复位端，$\overline{S}_D$ 是直接置位端，它们优先级别最高，不受 CP 和其他输入信号的控制就可以用低电平直接使触发器复位或置位。一般在电路工作之初使用，以确定触发器的初始状态。通常情况下，它们应处于无效状态(1 状态)。逻辑符号中，控制信号输入端 C 接时钟信号 CP，矩形框外无小圆圈表示高电平有效，即在时钟信号 CP 为高电平时，触发器才会根据输入信号改变触发器的输出状态。

【例 7-2】 已知图 7-3 的钟控 RS 触发器的输入信号 R、S 和 CP 波形如例 7-2(a)图，试画出 Q、$\overline{Q}$的输出波形。设触发器初始状态为 0。

分析： 图中未给出 $\overline{R}_D$、$\overline{S}_D$ 的波形，说明触发器不进行直接复位、直接置位操作，此时，$\overline{R}_D=\overline{S}_D=1$。根据给定的 R、S 和 CP 的波形，由钟控 RS 触发器的逻辑功能表可知，第 1 个 CP 高电平期间，$R=S=0$，触发器保持原状态 0。第 2 个 CP 高电平期间，$R=0$，$S=1$，触发器翻转为 1 状态。第 3 个 CP 高电平期间，$R=1$，$S=0$，触发器翻转为 0 状态。第 4 个 CP 高电平期间，$R=S=1$，触发器输出端 $Q=\overline{Q}=1$，这种情况下，当 CP 脉冲过去后，触发器的状态可能为 1，也可能为 0(由 G_3、G_4 门的翻转速度决定)。根据以上分析，画出 Q、$\overline{Q}$ 的波形如例 7-2(b)图所示，图中虚线表示状态不定。

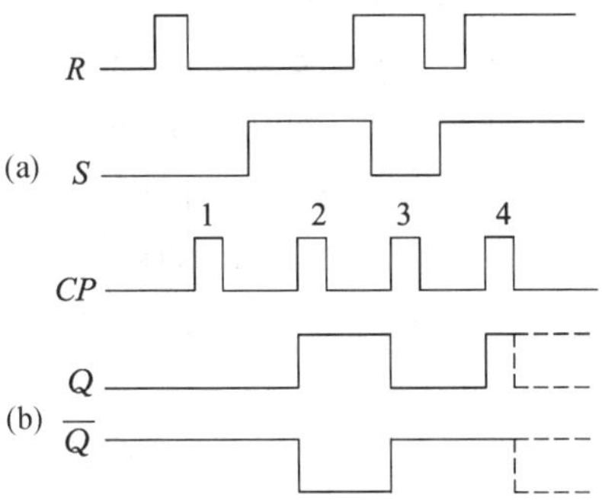

例 7-2　同步 RS 触发器的工作波形图

同步 RS 触发器是电平触发方式，在时钟脉冲作用(高电平)期间，触发器的输出随时随输入信号的变化而变化，这就要求，在这期间输入信号保持不变；否则，如果输入信号受到干扰发生变化，将会使触发器在一个时钟脉冲 CP 作用期间发生两次或多次状态变化(触发器状态变化称为翻转)，这种现象称为“空翻”。空翻现象将造成触发器动作混乱。为防止出现空翻现象，对触发器电路结构进行改进，从而出现了边沿触发器。

▶7.1.2　JK 触发器

1. JK 触发器的逻辑功能

JK 触发器是一种功能十分完善的触发器，不会出现输出状态不定的问题，应用广泛。JK 触发器的逻辑功能如表 7-3 所示。图 7-4 是 JK 触发器的逻辑符号，其中图 7-4(a)为正边沿触发的 JK 触发器，图 7-4(b)为负边沿触发的 JK 触发器。这种触发器仅仅在时钟脉冲 CP 的有效边沿(下降沿或上升沿)到来前才能接收输入数据，并据此改变触发器触发后的输出状态，否则，触发器的状态都保持不变。逻辑符号中 C 输入端的“>”表示正边沿触发，如方框外靠近方框处再加小圆圈“○”则表示负边沿触发。

表 7-3　JK 触发器逻辑功能

J	K	Q^{n+1}	功能
0	0	Q^n	记忆
0	1	0	复位
1	0	1	置位
1	1	$\overline{Q^n}$	计数

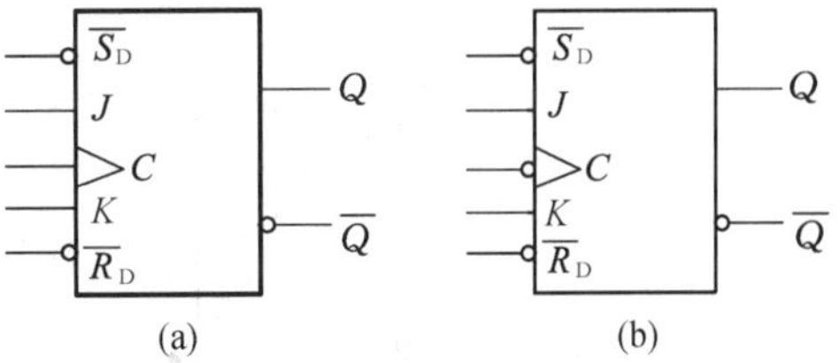

图 7-4　JK 触发器的逻辑符号

【例 7-3】 已知负边沿触发的 JK 触发器 J、K 和 CP 的波形如例 7-3(a)图所示,试画出其输出端 Q 和 $\overline{Q}$ 的波形,设初始状态为 0。

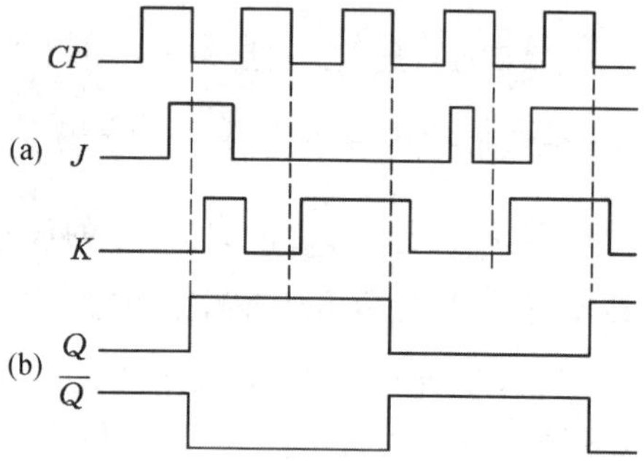

例 7-3 图

解: 负边沿触发器只可能在时钟脉冲的下降沿时刻改变输出状态,因此,先确定 CP 下降沿出现的时刻,用虚线在图中画出,再根据 CP 下降沿时刻(之前)的 J、K 的状态和触发器的现态 Q^n,由 JK 触发器的逻辑功能表,确定 CP 下降沿后的触发器的次态 Q^{n+1}。如第一个 CP 下降沿时刻,$J=1,K=0,Q^0=0$,在第一个 CP 下降沿的作用下,JK 触发器置位,即 $Q^1=1$。照此依次画出 Q 和 $\overline{Q}$ 的波形如例 7-3(b)图所示。

为提高使用灵活性,有些集成电路 JK 触发器的输入端不止一对,如图 7-5 所示。这种情况表示 J_1、J_2 之间是逻辑与的关系,相当于 $J=J_1\cdot J_2, K=K_1\cdot K_2$。

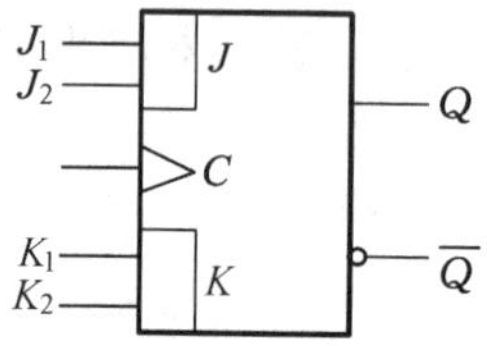

图 7-5 多输入端 JK 触发器

7.1.3 D 触发器

图 7-6 是一种正边沿触发的 D 触发器。逻辑功能如表 7-4 所示。

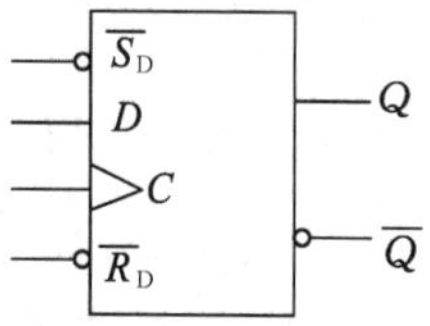

图 7-6 D 触发器

表 7-4 D 触发器的逻辑功能

D	Q^{n+1}
0	0
1	1

【例 7-4】 图 7-6 所示的 D 触发器,输入波形如例 7-4(a)图所示,试画出 Q 端的波形。

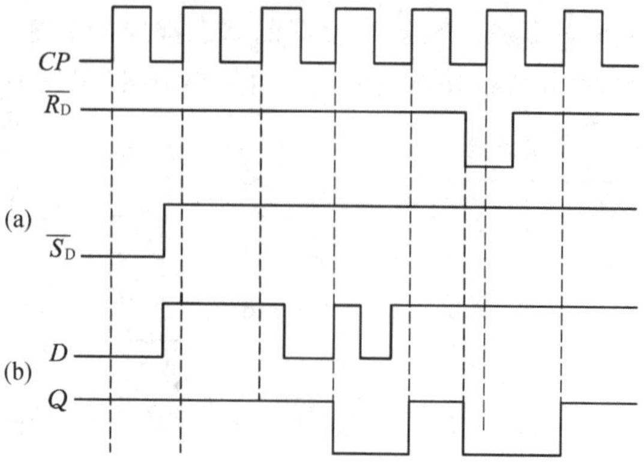

例 7-4 图

解：每个 CP 脉冲上升沿到来前瞬间输入信号 D 的状态，决定上升沿到来后 D 的状态。但 $\bar{R}_D$ 是直接复位信号，$\bar{S}_D$ 是直接置位信号，低电平有效，它们具有优先权。Q 端的波形如例 7-4(b)图所示。

▶7.1.4 T触发器

T 触发器的逻辑功能如表 7-5 所示。由表可知，当触发信号到来时，若 $T=0$，触发器保持原状态不变；若 $T=1$，触发器输出状态翻转。

表 7-5 T触发器的逻辑功能

T	Q^{n+1}
0	Q^n
1	$\overline{Q^n}$

【例 7-5】 分析例 7-5(a)图所示逻辑电路的功能。已知输入信号 D 和 CP 的波形如例 7-5(b)图所示，画出输出端 Q 的波形。

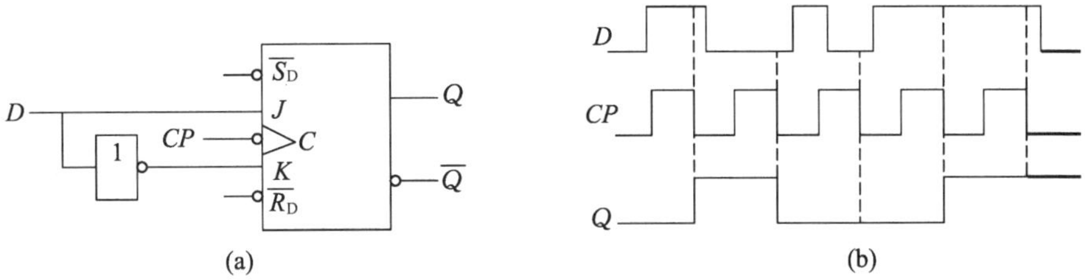

例 7-5 图

分析：图中的 JK 触发器是下降沿触发，由于在输入端附加了一个非门，故 JK 触发器的输入端 J、K 的状态总是相反的，所以，当 $D=0$，即 $J=0$，$K=1$ 时，在 CP 下降沿到来时，$Q=0$；当 $D=1$，即 $J=1$，$K=0$ 时，在 CP 下降沿到来时，$Q=1$。由此可见，该电路的逻辑功能等同 D 触发器的逻辑功能，因此，可将该电路看作是一个下降沿触发的 D 触发器。设初始状态为 0，画出 Q 端的波形如例 7-5(b)图所示。

【例 7-6】 分析例 7-6 图中两个电路的逻辑功能。

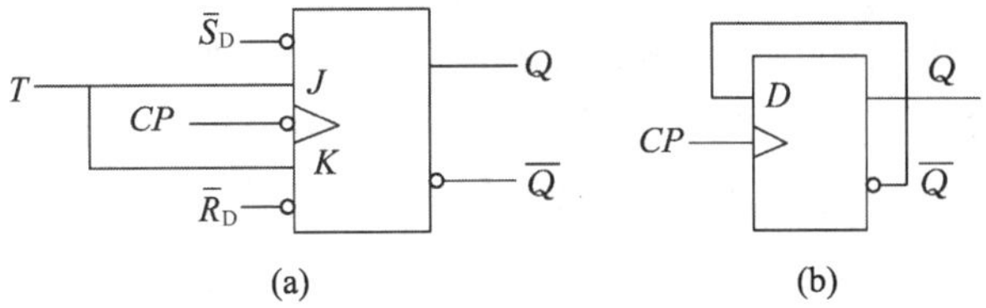

例 7-6 图

分析：例 7-6(a)图中，JK 触发器的输入端 J 和 K 连在一起，根据 JK 触发器的逻辑功能，当 $T=0$ 时，即 $J=K=0$，Q 保持不变；当 $T=1$ 时，即 $J=K=1$，Q 翻转，因此，该电路的逻辑功能等同 T 触发器，因而该电路可看作是一个下降沿触发的 T 触发器。

例 7-6(b)图中，D 触发器的 $\bar{Q}$ 与其输入端相连，若初始状态为 0，即 $Q=0$，$\bar{Q}=1$，在 CP 上升沿到来时，Q 翻转为 1，$\bar{Q}$ 翻转为 0；下一个 CP 上升沿到来时，Q 翻转为 0，$\bar{Q}$ 翻转为 1，即每来一个 CP 脉冲，触发器的状态翻转一次，它具有计数功能，这样的触发器称为 T′触发器。

由以上两例可知，根据需要，可通过在触发器的输入端进行适当连接或附加逻辑门的方式，将某种功能的触发器电路转换成另一种功能的触发器电路。

练习与思考

1. 组合逻辑电路与时序逻辑电路有何区别？
2. 双稳态触发器的触发方式有哪几种？它们对触发器的逻辑功能和翻转时刻有无影响？
3. 如何确定双稳态触发器的输出状态？
4. 为何 RS 触发器的应用有局限性，而 JK 触发器和 D 触发器的应用较广？
5. $\overline{R}_D$、$\overline{S}_D$ 这两个输入端的作用是什么？一般情况下，这两个输入端应为何种状态？
6. 什么是触发器的空翻现象？
7. 如何将钟控 RS 触发器转换成 D 触发器？这个 D 触发器的触发方式是什么？

7.2 寄存器

寄存器主要用来暂时存放数据或代码，它由双稳态触发器和若干逻辑门电路组成。一个触发器只能存放一位二进制数，N 个触发器可组成存放 N 位二进制数的寄存器。逻辑门电路主要用来控制数码的存入、取出。

数码存入寄存器或从寄存器中取出的方式各有两种：并行方式和串行方式。在一个时钟脉冲的控制下，各位数码同时存入寄存器或从寄存器中取出，称为并行输入或并行输出；在一个时钟脉冲的控制下，只移入（存入）或移出（取出）一位数码，N 位数码必须用 N 个时钟脉冲才能全部移入或移出的，称为串行输入或串行输出。并行方式存取速度快，但需要的数据线多；串行方式存取速度慢，但需要的数据线少。

并行输入、并行输出的寄存器称为数码寄存器，数码寄存器只有存、取数码和清除原有数码的功能。能串行输入或串行输出的寄存器称为移位寄存器，移位寄存器不仅能存放数码，而且还具有运算功能。比如，数码左移一位，相当于乘以 2；数码右移一位，相当于除以 2。

7.2.1 数码寄存器

图 7-7 是由 4 个 D 触发器和 4 个与门组成的 4 位数码寄存器，4 个数据输入端 d_3、d_2、d_1、d_0 分别与 4 个触发器的 D 端相连，当存数脉冲到来时，4 个 D 触发器的状态分别与 4 个输入数码相同，实现数码存入操作。当需要取出该数码时，发出一个取数脉冲，打开 4 个与门，4 个数码分别经 4 个与门输出。只要不存入新数码，原来的数码可重复取出，并一直保持下去。当需清除寄存器中的原有数码时，发出清零负脉冲即可。

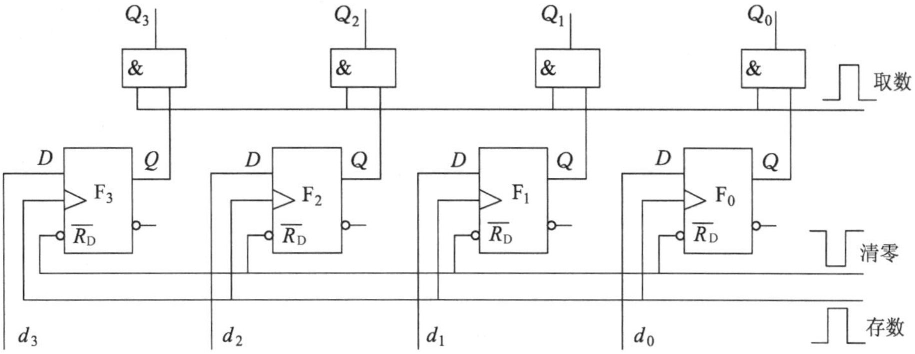

图 7-7　4 位数码寄存器

【例 7-7】 画出用 RS 触发器构成的 4 位数码寄存器电路图,并说明其工作原理。

解: 用 4 个基本 RS 触发器构成的 4 位数码寄存器电路如例 7-7 图所示。

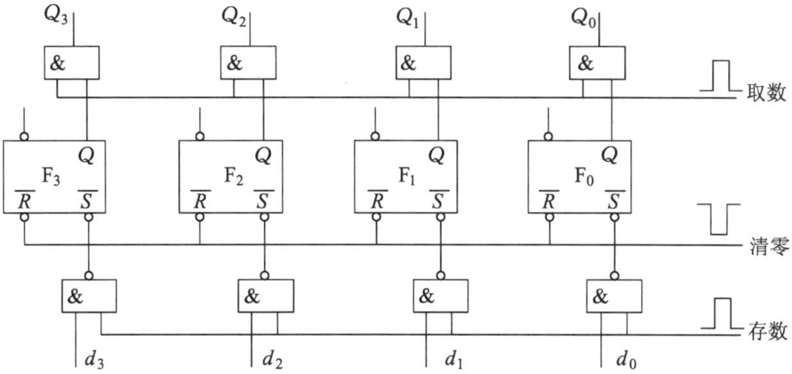

例 7-7 图

数据输入端 d_3、d_2、d_1、d_0 分别经 4 个与非门与 4 个基本 RS 触发器的置位端相连,寄存器的数据经 4 个与门输出。存入数据前,清零负脉冲通过 4 个基本 RS 触发器的复位端,使触发器直接复位清零。在存数正脉冲的作用下,数据存入触发器,当 $d=1$ 时,$\overline{S}=0$,$\overline{R}=1$,触发器置 1;当 $d=0$ 时,$\overline{S}=1$,$\overline{R}=1$,触发器保持原状态 0,相当于将 $d=0$ 置入触发器。当取数正脉冲到来时,4 个与门开启,数据输出端 Q_3、Q_2、Q_1、Q_0 就得到寄存器中暂存的数据 d_3、d_2、d_1、d_0。

▶7.2.2　移位寄存器

移位寄存器不仅能存取数码,而且还有移位功能。所谓移位,是指寄存器中的数码可以在移位脉冲(时钟脉冲)的控制下依次移动位置。根据移动方向的不同,可分为右移寄存器、左移寄存器和双向移位寄存器。

1. 单向移位寄存器

图 7-8 是由 3 个 D 触发器组成的右移寄存器。一个触发器的输出端接下一个触发器的输入端,在移位脉冲的作用下,待存入数码 d_2、d_1、d_0 依次向右移位,需用 3 个

移位脉冲才能将数码全部移入。在存放数码前,一般先用清零负脉冲将触发器清零。注意:存放数码时,必须按高位到低位的顺序将数码依次连续地(串行)送到数码输入端。如寄存的数码为 110,当第 1 个移位脉冲到来时,待存入数码的最高位 1 存入 Q_0,同时 3 个触发器的数码也右移一位,寄存器原存数码的最高位从 Q_2 溢出。当第 2 个移位脉冲到来时,待存入数码的次高位 1 和 3 个触发器的数码又同时右移一位,待存入数码的次高位 1 存入 Q_0。依此类推,移位一次,存入一位新数码,直到第 3 个移位脉冲作用后,3 位数码 110 便全部存入寄存器,存数操作结束。表 7-6 所示的状态表列出了上述移位过程。这时,可从 3 个触发器的输出端并行输出数码。要串行输出数码,还必须再输入 3 个移位脉冲,并将 D_0 接地,才能从 Q_2 端逐位输出。

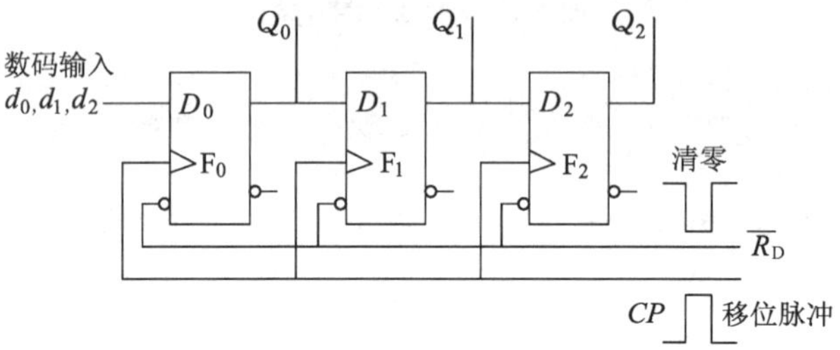

图 7-8 由 3 个 D 触发器组成的右移寄存器

表 7-6 右移寄存器的状态表

CP	Q_0	Q_1	Q_2	移位过程
0	0	0	0	清零
1	1	0	0	右移 1 位
2	1	1	0	右移 2 位
3	0	1	1	右移 3 位

图 7-9 所示的移位寄存器,可以并行输入(输入端为 d_3、d_2、d_1、d_0)/串行输出(输出端为 Q_0),也可以串行输入(输入端为 D)/串行输出。并行输入数据时,工作情况与例 7-7 图所示的寄存器相似。串行输入/串行输出时,存数正脉冲不出现,4 个与非门均被封锁,各触发器的状态与 d_3、d_2、d_1、d_0 无关,此时工作情况与图 7-8 所示的寄存器类似。读者可自行分析。

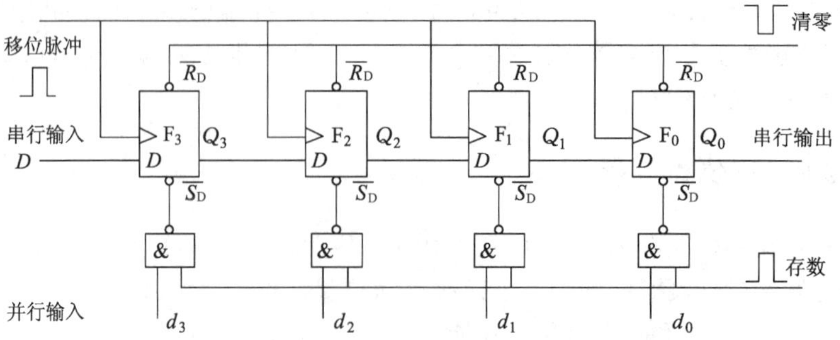

图 7-9 并行、串行输入/串行输出的移位寄存器

2. 双向移位寄存器

在数字系统中,寄存器得到了广泛的应用。图 7-10 给出了 4 位中规模集成电路寄存器 74LS194 的管脚排列和逻辑功能，它是一种具有左移、右移、清零，数据并入、并出、串入、串出等多种功能的双向移位寄存器。图中 M_1、M_0 用于工作方式选择；$\overline{CR}$ 是复位端，低电平有效；DSL、DSR 分别是左移和右移数据输入端。通过适当连接，可构成循环移位寄存器。该寄存器功能强，使用灵活方便。

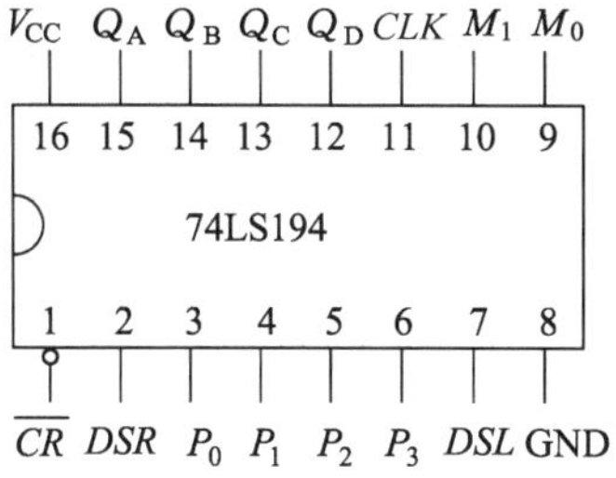

工作方式	输入				输出			
	CLK	M_1	M_0	$\overline{CR}$	Q_A	Q_B	Q_C	Q_D
保　持	↑	0	0	1	Q_A	Q_B	Q_C	Q_D
左　移	↑	1	0	1	Q_B	Q_C	Q_D	DSL
右　移	↑	0	1	1	DSR	Q_A	Q_B	Q_C
并行置数	↑	1	1	1	P_0	P_1	P_2	P_3
复　位	×	×	×	0	0	0	0	0

图 7-10　74LS194　4 位双向移位寄存器

【例 7-8】 用单片 74LS194 构成的 4 位顺序脉冲分配器(又称环形计数器)和自启动脉冲分配器(又称扭环形计数器、环形分配器)，分别如例 7-8A 图(a)和(b)所示。试分别分析其工作原理，画出工作波形。

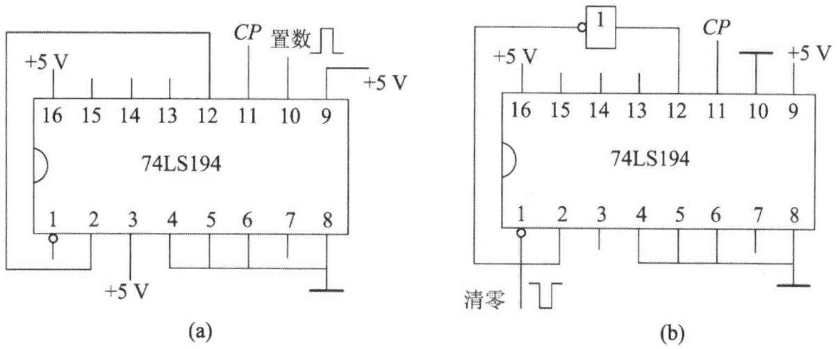

例 7-8A 图

解： 对于例 7-8A 图(a)，先在 M_1 加置数正脉冲，使 $M_1M_0=11$，寄存器并行置数，在时钟脉冲 CP 的作用下，将数码 1000 并行存入 $Q_AQ_BQ_CQ_D$。置数脉冲过后，$M_1M_0=01$，寄存器处于右移工作方式，且 $DSR=Q_D$，每来一个时钟脉冲，$Q_AQ_BQ_CQ_D$ 循环右移一位，工作波形如例 7-8B 图(a)所示，从 Q_A、Q_B、Q_C、Q_D 都可输出系列脉冲。

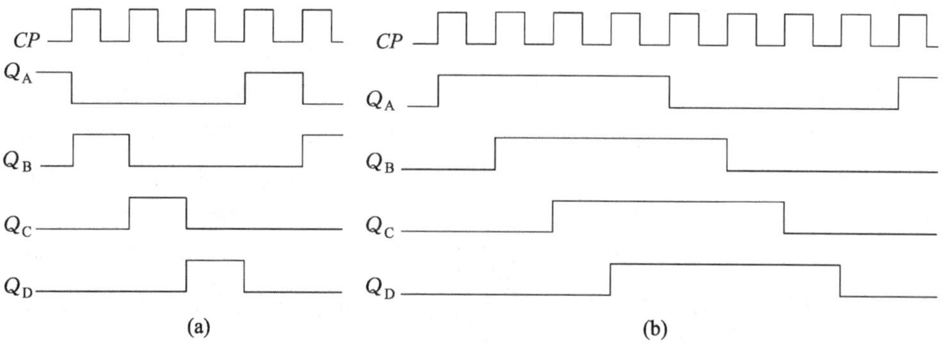

例 7-8B 波形图

对于例 7-8A 图(b)，先在 $\overline{CR}$ 端加清零负脉冲，使输出端$Q_A Q_B Q_C Q_D=0000$。因 $M_1M_0=01$，寄存器处于右移工作方式，在第一个时钟脉冲 CP 的作用下，使$\overline{Q_D}$即数码 1 通过 DSR 移入 Q_A，000 移入 $Q_B Q_C Q_D$，随后，每来一个时钟脉冲，使 $\overline{Q}_D$ 即数码 1 移入 Q_A，$Q_B Q_C Q_D$ 循环右移一位，直到 $Q_A Q_B Q_C Q_D=1111$，这时，再来一个时钟脉冲，使 $\overline{Q}_D$ 即数码 0 移入 Q_A，$Q_B Q_C Q_D$ 循环右移一位，直到 $Q_A Q_B Q_C Q_D=0000$，如此周期性变化。工作波形如例 7-8B 波形图(b)所示。

练习与思考

1. 数据寄存器与移位寄存器有什么区别？

2. 数据寄存器、移位寄存器的数据被取走后，寄存器内容是否变化？

3. 用同步 RS 触发器、JK 触发器怎样构成数码寄存器？

4. 继续列出表 7-6 的状态表，说明再经过 3 个移位脉冲，数码 110 如何逐位从 Q_2 端串行输出。

5. 用两片 74LS194 组成一个 8 位循环左移寄存器，能否使它成为 8 位顺序脉冲发生器？经过几个脉冲，寄存器的内容才重复出现一次？

7.3 计数器

你知道吗？

计数器的典型应用场景

计数器是用作累计脉冲个数的逻辑器件，还可以用作分频器和定时器，在数字系统和计算机中得到广泛应用。计数器按脉冲作用的方式，可分为同步计数器和异步计数器；按累计方式，可分为加法计数器、减法计数器和可逆计数器等；按计数容量（或称模数），可分为二进制计数器、十进制计数器和任意进制计数器等。

7.3.1 二进制计数器

1. 异步二进制加法计数器

双稳态触发器有 0 和 1 两个稳定状态，一个双稳态触发器可存放一位二进制数。因此，要表示 n 位二进制数，就需 n 个触发器。按照二进制加法“逢二进一”的运算法则，即 $0+0=0$，$0+1=1$，$1+1=10$，当本位为 1，再加 1 时，本位变为 0，向高位进 1，使高位加 1。据此，列出 4 位二进制加法计数器的状态如表 7-7 所示。由该表可知，最低位触发器，每来一个脉冲就翻转一次。而其他位的触发器只在邻近的低位触发器进位时，即从 1 变为 0 时，才翻转一次。图 7-11(a)是由 4 个 D 触发器构成的 4 位二进制加法计数器。每个触发器都处在计数状态。最低位的触发器的时钟输入端 C 接计数脉冲 CP，低位触发器的输出 Q 端接高位触发器的 C 端，当低位触发器由 1 变 0，即有进位时，相应的高位触发器的状态才翻转一次。在计数前，在触发器的直接复位端加负脉冲清零，使计数器的初始状态为零。图 7-11(b)是它的工作波形。

表 7-7　4 位二进制加法计数器状态表

计数脉冲	二进制数				十进制数	计数脉冲	二进制数				十进制数
	Q_3	Q_2	Q_1	Q_0			Q_3	Q_2	Q_1	Q_0	
0	0	0	0	0	0	9	1	0	0	1	9
1	0	0	0	1	1	10	1	0	1	0	10
2	0	0	1	0	2	11	1	0	1	1	11
3	0	0	1	1	3	12	1	1	0	0	12
4	0	1	0	0	4	13	1	1	0	1	13
5	0	1	0	1	5	14	1	1	1	0	14
6	0	1	1	0	6	15	1	1	1	1	15
7	0	1	1	1	7	16	0	0	0	0	0
8	1	0	0	0	8						

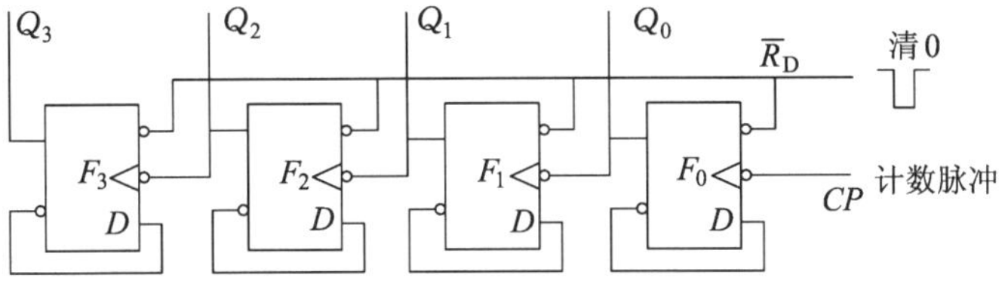

(a)

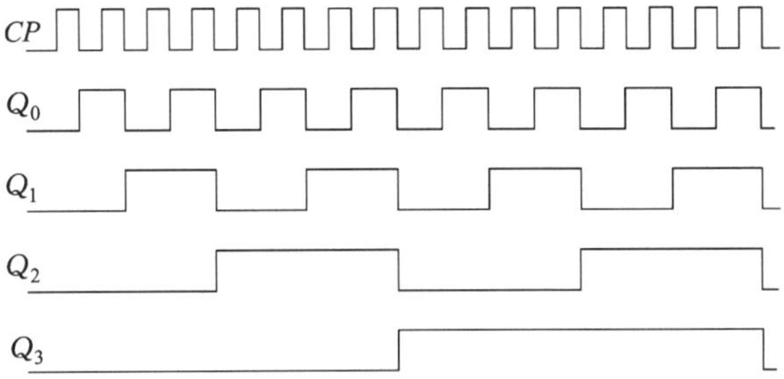

(b)

图 7-11　异步二进制加法计数器

从该计数器的工作波形可以看出，每经过一个触发器，脉冲的周期就增加一倍，频率就减少一半。相对于 CP 的频率，图中 Q_0、Q_1、Q_2、Q_3 的波形频率分别为 2 分频、4 分频、8 分频和 16 分频。

图 7-11(a)中，每个触发器的触发信号都不相同，因而触发器的翻转时刻不同，即各触发器不是同时发生状态翻转的，故称为异步计数器。异步计数器结构简单，但工作速度慢。

如果图 7-11(a)中的触发器的触发方式改为上升沿触发，则该电路变为减法计数器。如果图 7-11(a)中的高位触发器的触发信号不是接在低位触发器的 Q 端，而是接在 $\overline{Q}$ 端，该电路也变为减法计数器。读者可自行分析其工作原理。

2. 同步二进制减法计数器

图 7-12(a)是由 3 个 JK 触发器构成的二进制减法计数器，图中 JK 触发器采用国标符号。因各个触发器都受同一时钟脉冲——输入计数脉冲 CP 的控制，它们状态的更新几乎是同时的，故称为同步计数器。图 7-12(b)是同步 3 位二进制减法计数器的工作波形。

图 7-12(a)中最左边的 JK 触发器，其信号输入端 J、K 悬空，相当于接电平，即 J、

K 都为 1。

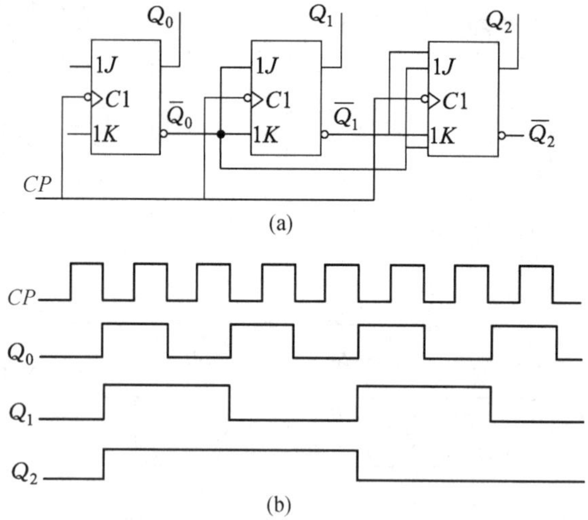

图 7-12　同步 3 位二进制减法计数器

7.3.2　十进制计数器

二进制计数器结构简单，应用广泛。但在许多场合，常使用十进制计数器，更符合人们的习惯。

十进制加法计数器工作波形和状态转换表如图 7-13 和表 7-8 所示。由表 7-8 看出，十进制的 10 个数码 0,1,2,…,9，用 8421BCD 码表示，因此，十进制计数器也可称为二-十进制计数器。

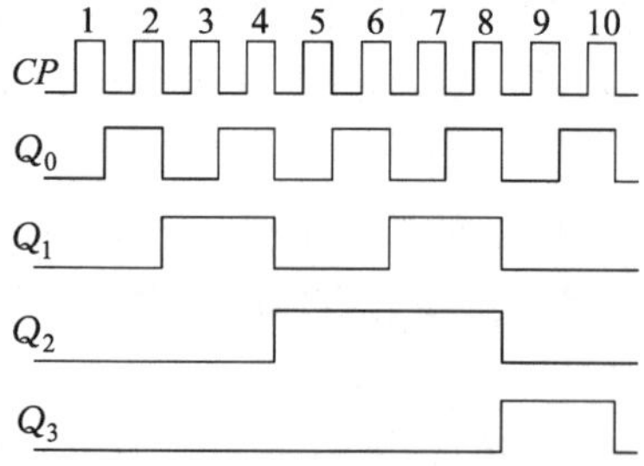

图 7-13　十进制加法计数器的工作波形图

表 7-8　十进制加法计数器状态表

计数脉冲	二进制数 Q_3	Q_2	Q_1	Q_0	十进制数
0	0	0	0	0	0
1	0	0	0	1	1
2	0	0	1	0	2
3	0	0	1	1	3
4	0	1	0	0	4
5	0	1	0	1	5
6	0	1	1	0	6
7	0	1	1	1	7
8	1	0	0	0	8
9	1	0	0	1	9
10	0	0	0	0	0

集成电路计数器功能齐全，使用方便，因而得到了广泛应用。

集成电路计数器 74LS290 是具有计数、异步清零、异步置 9 功能的二-十进制异步加法计数器，其管脚排列、逻辑功能和内部电路分别如图 7-14(a)、(b)、(c)所示。该计数器内部有两个相互独立的计数器，一个是一位二进制计数器，计数脉冲从 CP_A 端输入，输出为 Q_A；另一个是异步五进制计数器，计数脉冲从 CP_B 端输入，

输出为 Q_D、Q_C、Q_B。两个计数器均为下降沿触发。R_{0A}、R_{0B}是两个复位端，由功能表可知，当两端同为高电平时，4 个触发器清零，使 $Q_DQ_CQ_BQ_A=0000$。清零操作与 CP 无关，为异步清零。置 9 端有两个：S_{9A}、S_{9B}。两端同为高电平时，异步置 9，使 $Q_DQ_CQ_BQ_A=1001$。

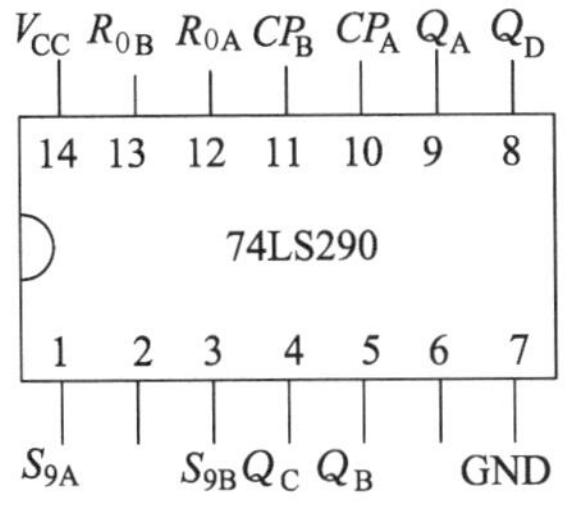

(a)

输入					输出			
CP	R_{0A}	R_{0B}	S_{9A}	S_{9B}	Q_D	Q_C	Q_B	Q_A
×	1	1	0	×	0	0	0	0
×	1	1	×	0	0	0	0	0
×	0	×	1	1	1	0	0	1
×	×	0	1	1	1	0	0	1
↓	×	0	×	0	计数			
↓	0	×	0	×	计数			
↓	0	×	×	0	计数			
↓	×	0	0	×	计数			

(b)

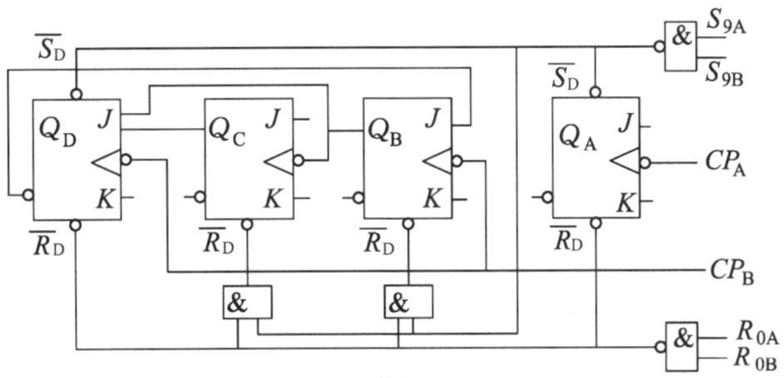

(c)

图 7-14　二-十进制异步加法计数器 74LS290

计数脉冲从 CP_A 端输入，并将 Q_A 端与 CP_B 端相连，以 Q_D、Q_C、Q_B、Q_A 为输出，这时 74LS290 就为 8421 码十进制计数器。

▶7.3.3　任意进制计数器

除了二进制、十进制计数器外，有时还需用到其他进制的计数器。任意进制计数器是指 N 进制计数器，必须要有 N 种不同的状态分别对应表示 N 个不同的数码，当输入 N 个计数脉冲后，它能返回到初始状态。

1. 用双稳态触发器构成的任意进制计数器

对于用双稳态触发器构成的计数器，触发器的个数 n 必须满足 $2^n \geqslant N$。这种计数器的分析步骤一般是：(1) 列出各触发器的驱动方程，并标出触发条件。(2) 根据驱动方程和触发条件，列出状态表或画出波形图。(3) 判断是几进制的计数器、是同步计数器还是异步计数器、是加法计数器还是减法计数器等。举例说明如下。

【例 7-9】 试分析例 7-9A 图电路的逻辑功能，设初始状态 $Q_2Q_1Q_0=000$。

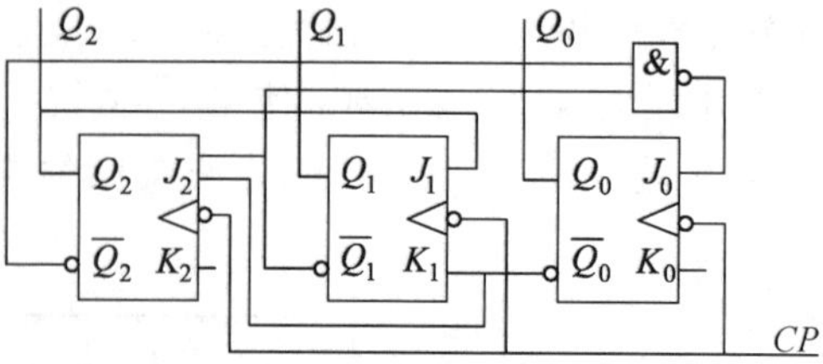

例 7-9A 图

解：(1) 由电路图，写出各触发器的驱动方程，并标出触发条件。

$$J_0=\overline{\overline{Q}_2\cdot\overline{Q}_1}=Q_2+Q_1 \qquad K_0=1 \qquad (CP\downarrow)$$

$$J_1=Q_2 \qquad K_1=\overline{Q}_0 \qquad (CP\downarrow)$$

$$J_2=\overline{Q}_1\cdot\overline{Q}_0 \qquad K_2=1 \qquad (CP\downarrow)$$

(2) 根据触发条件和驱动方程，列出例 7-9 状态表，或画出波形图如例 7-9B 图。

例 7-9 状态表

CP	Q_2	Q_1	Q_0	十进制数
0	0	0	0	0
1	1	0	0	4
2	0	1	1	3
3	0	1	0	2
4	0	0	1	1
5	0	0	0	0

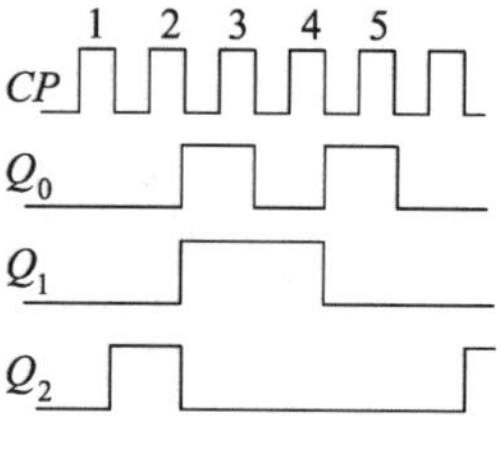

例 7-9B 图

由于每个触发器的触发信号都相同，都是计数脉冲 CP，在计数脉冲的作用下，应该翻转的触发器都会同时翻转，因此该电路是同步时序逻辑电路。

列状态表的过程是：先定初始状态，根据各触发器的驱动方程确定各触发器的输入信号 J 和 K 的状态，再根据 JK 触发器的逻辑功能，列出在 CP 脉冲作用后的触发器输出状态。如本例中，已知初始状态 $Q_2Q_1Q_0=000$，第 1 个 CP 脉冲到来前，$J_0=0$，$K_0=1$；$J_1=0$，$K_1=1$；$J_2=1$，$K_2=1$，第 1 个 CP 脉冲作用后，Q_2 翻转为 1，Q_1 和 Q_0 置 0，即计数器的状态变为 100。照此继续判断下去，直到第 5 个脉冲到来后，计数器的状态又回到初始状态。画波形图的过程与列状态表过程相似。

(3) 由状态表或波形图可知，该电路经过 5 个 CP 脉冲后，又回到初始状态，是五进制计数器；且数字是递减的，是减法计数器，因此，该电路是同步五进制减法计数器。

【例 7-10】 电路如例 7-10 图所示，试分析其逻辑功能。设初始状态为 000。

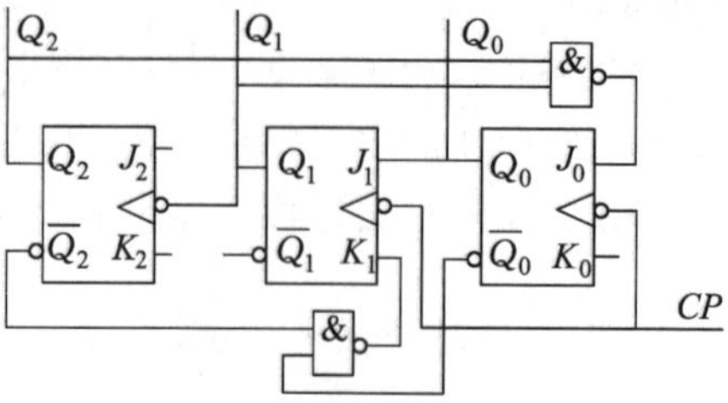

例 7-10 图

解：(1) 写出各触发器的驱动方程，并标出触发条件。

$$J_0=\overline{Q_1 \cdot Q_2} \qquad K_0=1 \qquad (CP\downarrow)$$

$$J_1=Q_0 \qquad K_1=\overline{\overline{Q_2}\cdot\overline{Q_0}}=Q_2+Q_0 \qquad (CP\downarrow)$$

$$J_2=1 \qquad K_2=1 \qquad (Q_1\downarrow)$$

(2) 根据触发条件和驱动方程，列出例 7-10 状态表。

例 7-10 状态表

CP	Q_2	Q_1	Q_0	十进制数
0	0	0	0	0
1	0	0	1	1
2	0	1	0	2
3	0	1	1	3
4	1	0	0	4
5	1	0	1	5
6	1	1	0	6
7	0	0	0	0

(3) 由例 7-10 状态表可知，该电路经过 7 个 CP 脉冲后，又回到初始状态，且数字是递增的，每个触发器的触发信号不尽相同，触发器状态的翻转不是同步的，所以该电路是异步七进制加法计数器。

在列状态表或画波形图时，由于同步计数器中各触发器的时钟信号都相同，只需依据触发器的功能，根据其驱动方程决定的输入信号状态判断触发器的次态。而异步计数器就必须先看各触发器的触发脉冲是否出现，如触发脉冲出现，再依据触发器的功能由触发器的驱动方程判断其次态；如触发脉冲不出现，触发器则保持原状态不变。应特别注意：确定 Q^{n+1} 时，驱动方程中的 Q 均指 Q^n。

你知道吗?

异步计数器电路与同步计数器电路的区别及设计难点

2. 用集成电路计数器构成的任意进制计数器

运用 K 进制集成电路计数器和门电路可以快速、简单地构成任意进制计数器。假定已有 K 进制集成电路计数器，若要得到 N 进制计数器，可按以下方法实现。

(1) 当 $N<K$ 时，需要去掉 $(K-N)$ 个状态，有两种实现方法。

方法一：清零法（也称复位法、置零法），即当计数器从零初始状态计数运行到第 $(N-1)$ 个稳定状态后，再来一个计数脉冲时将计数器清零，这是同步清零。集成电路计数器若是异步清零，则在 N 状态出现时立即将计数器清零。

方法二：置数法，即当计数器计数运行到某状态时，利用预置数功能将计数器强制转到某特定状态，使计数器减少 $(K-N)$ 个状态。置数法又分置最小数法、置最大数法和置中间数法。注意：集成电路计数器若为同步预置数应该在 $(N-1)$ 状态时使预置数端有效；若为异步预置数则应该在 N 状态预置。同步预置数也是由时钟脉冲触发实现预置数的。

(2) 当 $N>K$ 时，采用“级联法”。

方法一：如果 N 可分解成 2 个小于 K 的自然数相乘的形式，即 $N=K_1\times K_2$，则可采用同步或异步方式将一个 K_1 进制计数器和一个 K_2 进制计数器连接起来，构成 N 进制计数器。同步方式级联是指两个计数器的时钟端连接到一起，用低位计数器进位信号控制高位计数器的计数使能端。异步方式级联是指将低位计数器的进位信号、输出信号适当组合后作为高位计数器的时钟信号，应注意保证高位计数器时钟沿的正确。

方法二：用 n 片 K 进制计数器级联起来构成 K^n 进制计数器（$N<K^n$），再以此 K^n 进制计数器为基础，用清零法或置数法构成 N 进制计数器。

实际上，74LS290 就是用二进制计数器和五进制计数器异步方式级联的方法实现十进制计数器的。用异步方式级联法实现任意进制计数器时，需注意，每级计数器的计数脉冲信号应取用前级计数器的最高位输出信号。若以五进制计数器最高位 Q_D 接 CP_A，以 Q_A、Q_D、Q_C、Q_B 为输出，则 74LS290 为 5421 码十进制计数器。

【例 7-11】 试用集成电路计数器实现六十进制计数器，将秒脉冲（周期为 1 s 的矩形脉冲序列）分频，得到周期为 1 min 的分脉冲。

解： 实现六十进制计数器的方案有很多，这里用两片二-十进制异步加法计数器 74LS290 通过异步方式级联法实现，如例 7-11 图所示。

根据 74LS290 的管脚排列和逻辑功能表可知，个位用一片 74LS290 构成十进制计数器，十位上的一片 74LS290 采用“复位法”构成六进制计数器，再用异步方式级联法组成六十进制计数器。秒脉冲从个位计数器的 CP_A 输入，最高位 Q_D 接十位计数器的 CP_A 端，即十位计数器的计数脉冲为个位计数器的 Q_D，它的脉冲周期为 10 s。

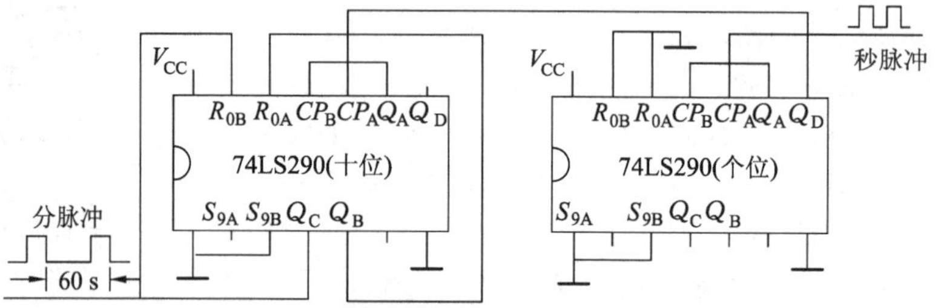

例 7-11 图

每来一个秒脉冲，个位上的十进制计数器就加 1，当第 10 个脉冲到来后，Q_D 由 1 变为 0，这个下降沿使十位上的六进制计数器计数。个位计数器经过第一次 10 个秒脉冲，十位计数器的计数为 0001，个位计数器经过 20 个秒脉冲，十位计数器的计数为 0010；依此类推，经过 60 个秒脉冲，个位上的十进制计数器为 0000 状态，十位上的六进制计数器的计数为 0110，即刻复位清零，整个计数器为 0 状态，从十位计数器 74LS290 的 Q_C 输出分脉冲。这就是六十进制计数器。

【例 7-12】 分析例 7-12 图所示电路的逻辑功能。

分析： 对照集成电路计数器 74LS290 的管脚排列和逻辑功能可知，74LS290 处在计数状态，输出 $Q_DQ_CQ_BQ_A$ 为 8421 码。电路开始工作时，先用正脉冲清零，使 $Q_DQ_CQ_BQ_A=0000$。每来一个计数脉冲 CP，计数器的输出 $Q_DQ_CQ_BQ_A$ 就加 1，直到第 6 个脉冲到来后，输出 $Q_DQ_CQ_BQ_A=0110$ 时，计数器立即置数，使 $Q_DQ_CQ_BQ_A=1001$，当第 7 个脉冲到来后，计数器回到 0000 状态，计数器的状态在 0000→0001→0010→0011→0100→0101→(0110)1001→0000 之间循环，跳过了 0110、0111、1000 这 3 个状态。0110 是一个暂时的过渡状态，而非稳定状态，一旦出现，计数器立即进入 1001 状态，所以只有 7 个稳定状态，因此该电路是以十进制计数器为基础，用置最大数法构成的一个异步七进制加法计数器。

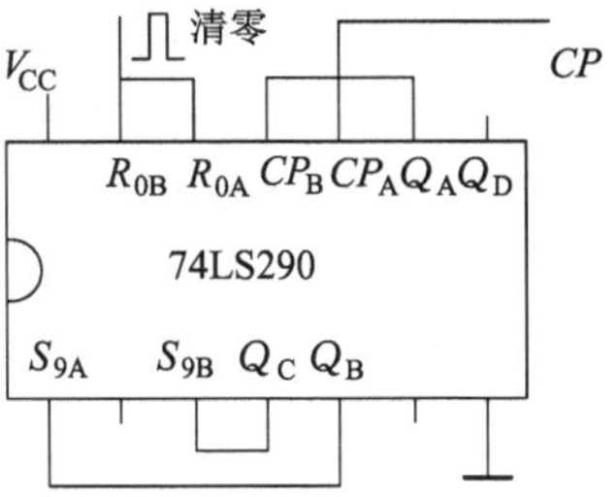

例 7-12 图

练习与思考

1. 何为同步计数器？何为异步计数器？两者有何区别？
2. 二进制计数器都有 2 分频、4 分频等功能，如果要进行 10 分频，应如何实现？
3. 例 7-11 图 7-18 的电路，如改用置位法，应是几进制计数器？
4. 例 7-11 图的六十进制计数器电路，分脉冲为何从 Q_C 输出？脉冲宽度是多少？
5. 74LS11290 能否当作 4 位二进制计数器使用？为什么？

7.4　555 定时器及其应用

555 定时器是一种模拟电路和数字电路相结合的双列直插式中规模集成器件，有 TTL 型和 CMOS 型，两种类型的定时器管脚号及其功能均一致。555 定时器工作可靠，能与 TTL 电路和 CMOS 电路兼容，可组成各种波形的脉冲振荡器、定时延时电路、检测电路、电源变换电路等，且使用灵活、方便，应用极为广泛。

7.4.1　555 定时器

图 7-15 是 555 定时器内部电路结构框图，图中 1,2,…,8 是管脚号。555 定时器含有两个电压比较器、一个基本 RS 触发器、一个放电三极管 T 以及由 3 个电阻组成的分压器。组成分压器的 3 个电阻的阻值均为 5 kΩ，“555”由此得名。比较器 A_1 的参考电压为 $\frac{2}{3}U_{CC}$，加在同相输入端。比较器 A_2 的参考电压为 $\frac{1}{3}U_{CC}$，加在反相输入端。比较器 A_1、A_2 的输出端分别接基本 RS 触发器的输入端 $\overline{R}$、$\overline{S}$；基本 RS 触发器的输出 Q 即为 555 定时器的输出。

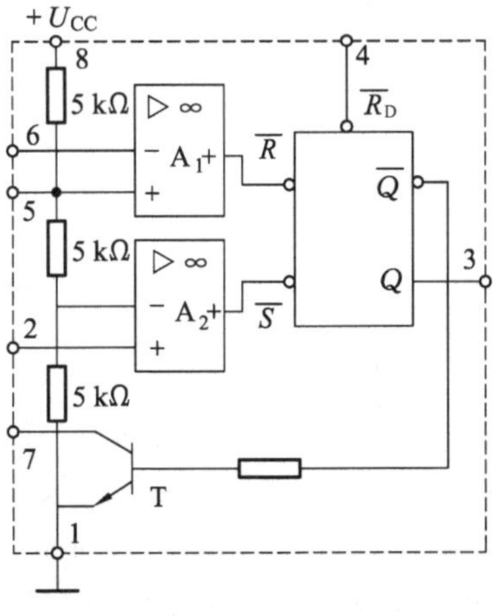

图 7-15　555 定时器内部电路图

555 定时器的功能如表 7-9 所示。

表 7-9 555 定时器的功能

输入			中间状态		输出
直接复位端	高触发输入	低触发输入	$\bar{R}$	$\bar{S}$	
0	×	×	×	×	0
1	$<\frac{2}{3}U_{CC}$	$<\frac{1}{3}U_{CC}$	1	0	1
1	$<\frac{2}{3}U_{CC}$	$>\frac{1}{3}U_{CC}$	1	1	不变
1	$>\frac{2}{3}U_{CC}$	$>\frac{1}{3}U_{CC}$	0	1	0

各管脚功能是：

管脚 6 为高触发端，由此输入触发脉冲时，为高电平触发。输入电压低于$\frac{2}{3}U_{CC}$时，比较器 A_1 输出 1；输入电压高于$\frac{2}{3}U_{CC}$时，比较器 A_1 输出 0，使 RS 触发器复 0。

管脚 2 为低触发端，由此输入触发脉冲时，为低电平触发。输入电压高于$\frac{1}{3}U_{CC}$时，比较器 A_2 输出 1；输入电压低于$\frac{1}{3}U_{CC}$时，比较器 A_2 输出 0，使 RS 触发器置 1。

管脚 3 为输出端，双极型 555 定时器输出电流可达 200 mA，可直接驱动继电器、发光二极管、指示灯、扬声器等。输出高电平约低于电源电压 1～3 V。

管脚 4 为直接复位端，低电平有效，通常情况下，应为高电平。

管脚 5 为电压控制端，若在该端外加一个电压，就可改变比较器的参考电压，高、低触发端的触发电压也随之改变。此端不用时，一般经 0.01 μF 的电容接地，以防止外部高频干扰电压的影响。

管脚 7 为放电端，当 555 定时器输出为 1，即 RS 触发器的输出 $Q=1$ 时，$\bar{Q}=0$，三极管 T 截止；定时器输出为 0，$Q=0$，$\bar{Q}=1$ 时，三极管 T 导通，外接电容即可通过 T 放电。

管脚 8 为电源端，电源电压范围：双极型 5～15 V，单极型 3～18 V。

管脚 1 为接地端。

555 定时器有单稳态触发器、无稳态触发器和施密特触发器 3 种基本应用方式，掌握了基本应用方式，便不难分析由 555 定时器组成的其他电路。

7.4.2 单稳态触发器

单稳态触发器在没有外界触发信号作用时，触发器处于某种稳定状态，而在触发信号作用下，触发器翻转到另一种状态，但维持一定时间 t_p 后，会自动返回到原来的稳定状态。因此，单稳态触发器只有一个稳定状态，另一种状态称为暂稳态。单稳态触发器的逻辑符号如图 7-16(c)所示，触发方式为边沿触发，有正边沿触发，也有负边沿触发。单稳态触发器常被用于定时、延时、波形整形和消除噪声等。单稳态触发器电路构成形式很多，有积分型、微分型等。

下面介绍 555 定时器构成的单稳态触发器。

图 7-16(a)为 555 定时器构成的单稳态触发器，其中 R、C 为外接元件，触发信号 u_i 接低触发端，电路工作原理如下：

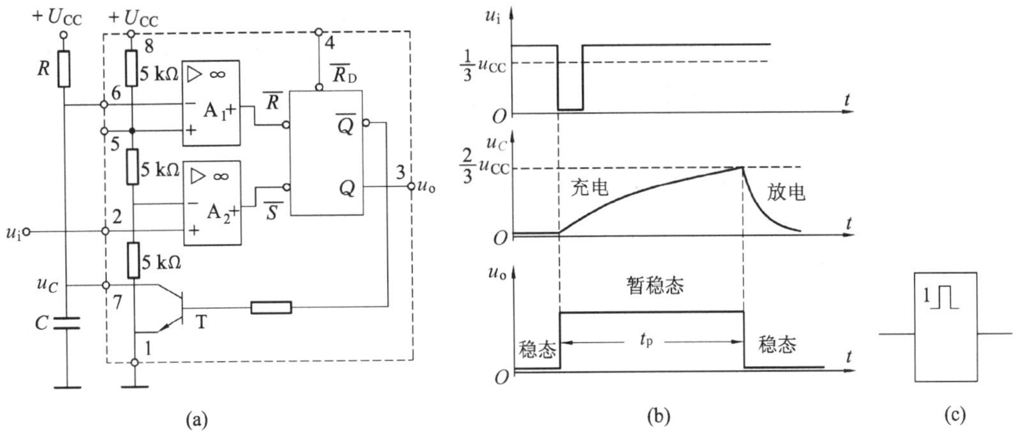

图 7-16　555 定时器构成的单稳态触发器

接通电源，未加触发负脉冲时，$u_i>\frac{1}{3}U_{CC}$，这时 $\overline{S}=1$。若触发器初始状态为 0，则三极管 T 导通，$u_C\approx0$，$\overline{R}=1$，电路处于稳态，输出 $u_o=0$，为低电平。若触发器初始状态为 1，则三极管 T 截止，U_{CC}经电阻 R 对电容C 充电。当 $u_C>\frac{2}{3}U_{CC}$时，$\overline{R}=0$，使触发器输出 $Q=0$，$\overline{Q}=1$，三极管导通，电容 C 经三极管 T 迅速放电，使 $\overline{R}=1$，电路进入稳态，输出 u_o 为低电平。也就是说，无论触发器状态如何，未加触发负脉冲时，电路终将进入稳态，使输出为低电平。

当负脉冲触发信号出现时，$u_i<\frac{1}{3}U_{CC}$，使 $\overline{S}=0$，这时 $u_C\approx0$ V，$\overline{R}=1$，触发器置 1，输出 u_o 为高电平，三极管 T 截止，电容 C 开始充电，电路进入暂稳态。当 $u_C>\frac{2}{3}U_{CC}$时(在此之前，u_i 的触发负脉冲已超过$\frac{1}{3}U_{CC}$，$\overline{S}=1$)，$\overline{R}=0$，使触发器输出 $Q=0$，$\overline{Q}=1$，三极管 T 导通，电容 C 经三极管 T 迅速放电，使 $\overline{R}=1$，电路进入稳态，输出 u_o 为低电平。

图 7-16(b)为该单稳态触发器的工作波形。显然，暂稳态持续的时间就是电容从 0 充电至$\frac{2}{3}U_{CC}$所需的时间，由外接电阻、电容的大小决定。RC 电路零状态响应为

$$u_C=U_{CC}(1-e^{-\frac{t}{\tau}})$$

式中，$\tau=RC$。

将 $u_C=\frac{2}{3}U_{CC}$代入上式，可得脉冲宽度

$$t_p=RC\ln 3\approx1.1RC$$

调整外接电阻 R、电容 C 的值，即可调整输出的正脉冲宽度 t_p，可用于定时控制。

7.4.3 无稳态触发器

无稳态触发器没有稳定状态，无须外加触发信号就能输出周期性矩形脉冲。由于矩形脉冲含有丰富的谐波，故又称多谐振荡器，常用作时钟脉冲发生器。

多谐振荡器的电路形式多种多样，有 RC 环形振荡器、RC 耦合式振荡器、石英晶体多谐振荡器等，单稳态触发器、施密特触发器、运算放大器等也都能组成多谐振荡器。

下面介绍由 555 定时器组成的多谐振荡器。

图 7-17(a)是由 555 定时器组成的多谐振荡器电路。R_1、R_2、C 为外接元件。设接通电源时，电容器初始电压 $u_C=0$，这时 $\bar{R}=1$，$\bar{S}=0$，定时器输出 u_o 为高电平，三极管 T 截止，电源经 R_1、R_2 开始对电容 C 充电。当 $u_C>\frac{2}{3}U_{CC}$ 时，$\bar{R}=0$，$\bar{S}=1$，定时器输出低电平，三极管 T 导通，电容 C 经 R_2、T 放电。当 $u_C<\frac{1}{3}U_{CC}$ 时，又使 $\bar{R}=1$，$\bar{S}=0$，定时器输出 u_o 为高电平，三极管截止，电源又经 R_1、R_2 开始对电容 C 充电，如此周而复始，输出矩形脉冲序列。波形如图 7-17(b)所示。

t_1 是电容 C 从 $\frac{1}{3}U_{CC}$ 充电至 $\frac{2}{3}U_{CC}$ 所需的时间，t_2 是电容 C 从 $\frac{2}{3}U_{CC}$ 放电至 $\frac{1}{3}U_{CC}$ 所需的时间。充电时间常数为 $(R_1+R_2)C$，放电时间常数为 R_2C。矩形波的周期

$$T=t_1+t_2=(R_1+R_2)C\ln 2+R_2C\ln 2\approx 0.7(R_1+2R_2)C$$

占空比为

$$\delta=\frac{t_1}{t_1+t_2}=\frac{R_1+R_2}{R_1+2R_2}$$

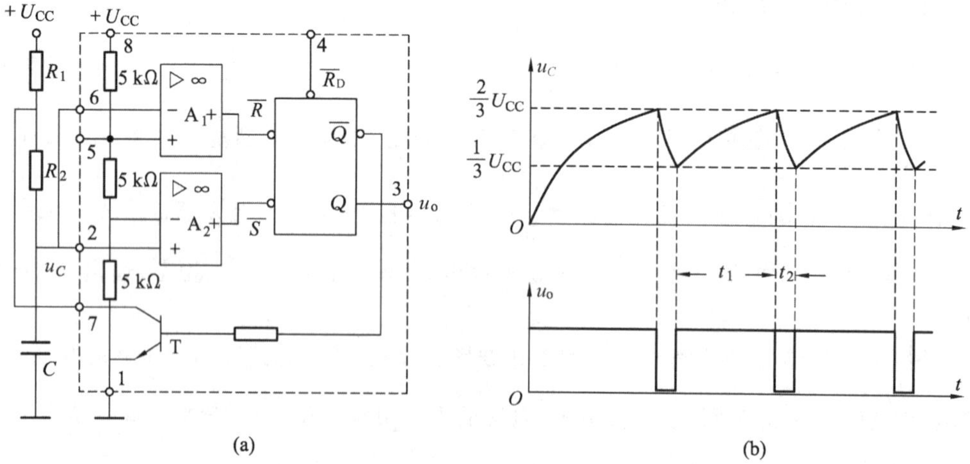

图 7-17 555 定时器构成的无稳态触发器

适当改变 R_1、R_2 和 C 的数值，即可改变输出脉冲的周期和频率，当 $R_2\gg R_1$ 时，$t_1\approx t_2$，输出的高、低电平的时间间隔近似相等。由 555 定时器构成的多谐振荡器受电源电压和温度的影响较小，最高工作频率可达 300 kHz。

【例 7-13】 试分析例 7-13 图所示门铃电路的工作原理。

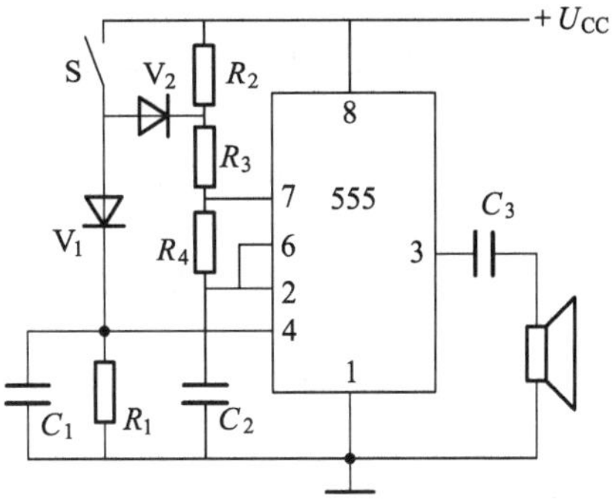

例 7-13 图

解：555 定时器接成多谐振荡器，当按钮 S 断开时，电容器 C_1 未充电，555 定时器直接复位端(管脚 4)处于低电平，555 定时器输出低电平，扬声器不发声。按下按钮 S(闭合)，电源经 V_1 迅速给电容器 C_1 充电，当管脚 4 达到高电平时，多谐振荡器开始工作，充电时间常数为 $(R_3+R_4)C_2$，放电时间常数为 R_4C_2，扬声器发出"叮叮"声。松开按钮 S(断开)，电容 C_1 经 R_1 缓慢放电，管脚 4 仍处于高电平，555 定时器维持振荡，但充电电路串入了 R_2，振荡频率降低，扬声器发出"咚咚"声，直到 C_1 放电至低电平时，555 定时器停止振荡，扬声器不发出声音。

7.4.4 施密特触发器

施密特触发器有两个重要特性：

(1) 施密特触发器是一种直接电平触发的双稳态触发器，能将变化缓慢的模拟信号(如正弦波、三角波及各种周期性的不规则波形)转换成矩形脉冲。

(2) 对正向和负向增长的输入信号，电路的触发电平(称阈值电平)是不同的，即电路具有回差特性(迟滞电压传输特性)，稳态的维持依赖于外加触发信号。

图 7-18(a)为施密特触发器(反相器)的逻辑符号，图(b)是其电压传输特性，由图可知，施密特触发器的两个阈值电平为：上限触发电平 $V_T(+)$ 和下限触发电平 $V_T(-)$。当输入电压 u_i 增大到 $V_T(+)$时，输出由高电平变成低电平；当输入电压 u_i 减小至 $V_T(-)$时，输出由低电平变成高电平。由此可见，施密特触发器的输出不仅与输入信号的大小有关，而且还与输入信号的变化方向有关。上限、下限触发电平之差称为回差电压。

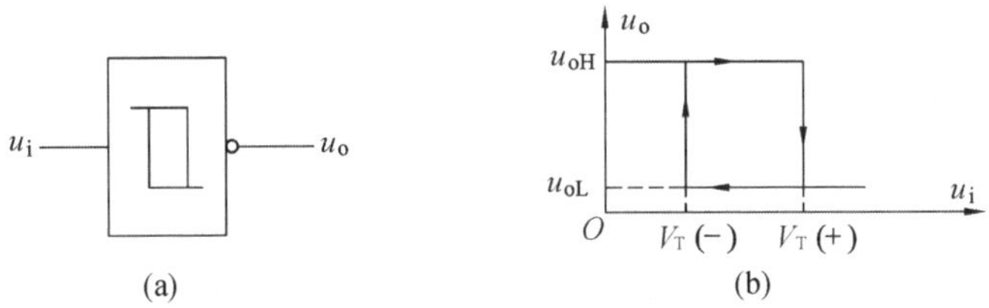

图 7-18　施密特触发器

图 7-19(a)是由 555 定时器构成的施密特触发器，高触发端与低触发端连在一起，接输入信号 u_i。假设输入信号波形如图 7-19(b)所示。由表 7-9 可知，在 u_i 从 0 增大到 $\frac{1}{3}U_{CC}$的过程中，输出 u_{o1} 为高电平。在 u_i 增大到$\frac{2}{3}U_{CC}$的过程中，输出 u_{o1} 保持不变，仍为高电平。当 $u_i>\frac{2}{3}U_{CC}$时，输出翻转为低电平。在 u_i 从$\frac{2}{3}U_{CC}$减小到$\frac{1}{3}U_{CC}$的过程中，输出

u_{o1}保持不变，仍为低电平。u_i 减小到$\frac{1}{3}U_{CC}$以下时，输出 u_{o1} 又翻转为高电平。也就是说，u_i 增大过程中达到上限触发电平 $V_T(+)=\frac{2}{3}U_{CC}$时，或者 u_i 减小过程中达到下限触发电平 $V_T(-)=\frac{1}{3}U_{CC}$时，触发器的状态才发生变化。图 7-19(b)给出了输出信号波形。

要对输出信号进行电平转换，可用 u_{o2} 作为输出端。在 555 定时器的电压控制端(管脚 5)外接一电源，可改变上、下限触发电平值和回差电压。

施密特触发器抗干扰能力强，常用作整形、幅度鉴别、波形转换、电平转换等。

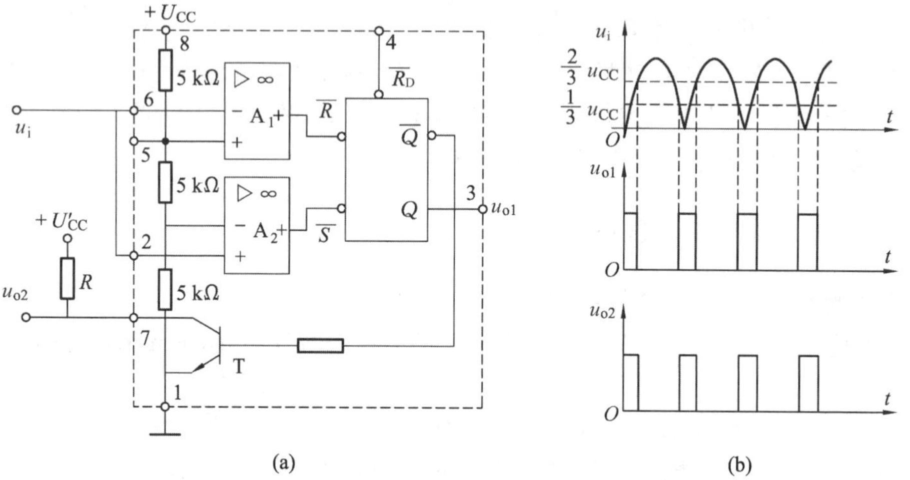

图 7-19 555 定时器构成的施密特触发器及信号波形

单稳态触发器、无稳态触发器和施密特触发器都有集成器件，使用时可查阅有关手册。

练习与思考

1. 555 定时器的电压控制端有何作用？对输出信号有何影响？

2. 单稳态触发器与一般的双稳态触发器有何异同点？

3. 555 定时器按单稳态触发器方式工作时，触发信号如何输入？加在哪个管脚上？是什么触发方式？

4. 单稳态触发器一般用尖脉冲触发，如果触发脉冲的宽度过大（大于 t_p），会出现什么后果？

5. 如果以 555 定时器的高触发端和低触发端作为输入构成双稳态触发器，输入端是高电平有效，还是低电平有效？对输入的高、低电平有何要求？

7.5 时序逻辑电路的 Multisim 仿真

7.5.1 移位寄存器

图 7-20 是由双向移位寄存器 74LS194 实现的彩灯控制电路。时钟脉冲设置为 1 Hz，指示灯电压设置为 5 V，与 TTL 电压相同，开关用来控制数据输入。感兴趣的读者还可以连成循环移位。

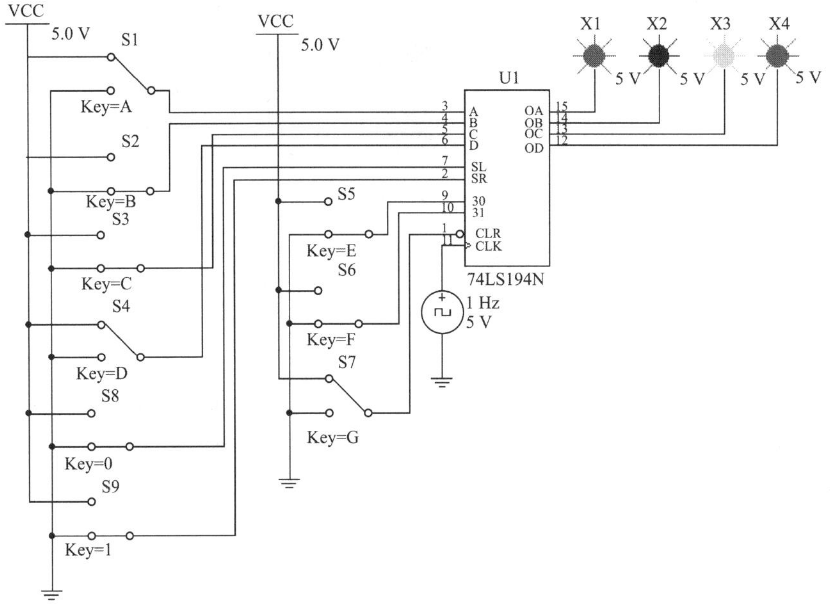

图 7-20　移位寄存器

7.5.2 计数器

在 Multisim 元件库中调出相应的元件，搭建出如图 7-21 所示电路，信号发生器取 1 Hz 的方波信号，电阻选择 1 kΩ，发光二极管工作电流选择1 mA。图中的集成电路分别为 74LS163 和 74LS08。可先进行仿真，观察发光二极管工作情况，再判断出电路实现的逻辑功能并画出电路原理图。

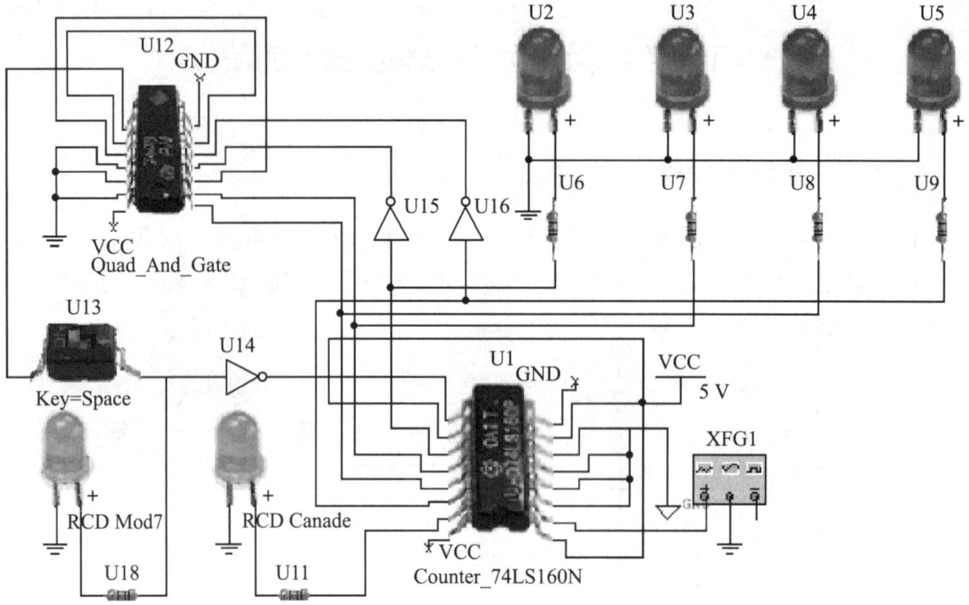

图 7-21 计数电路

7.5.3 555 定时器应用

555 定时器可以构建成双稳态触发器、单稳态触发器和无稳态触发器(多谐振荡器)。在 Multisim 元件库中调出相应的元件,搭建出如图 7-22 所示的多谐振振荡器电

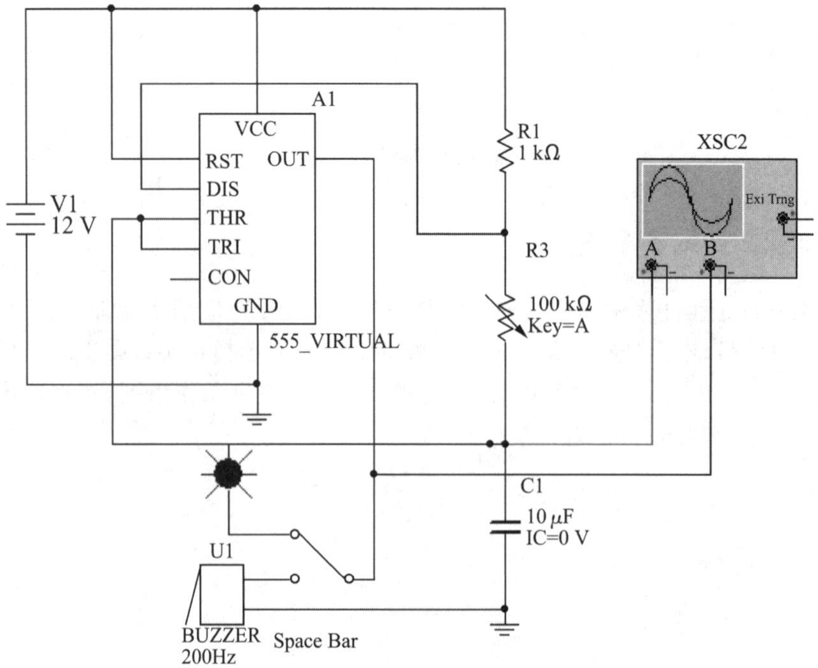

图 7-22 555 定时器组成的多谐振荡器

路。通过示波器，可以观察电容充放电情况和输出信号的波形；通过开关控制，可以观察指示灯的亮、灭和蜂鸣器的叫声；通过调节可变电阻，可以改变振荡频率，蜂鸣器发出的声音也就随之改变。

555 定时器有广泛的应用，读者可阅读相关资料并通过 Multisim 进行仿真体验。

小　结

1. 时序逻辑电路的输出状态不仅取决于当时的输入状态，还与电路的原状态有关。

2. 双稳态触发器，在触发条件满足时才会根据输入状态和电路原来的状态改变输出；否则输出保持不变。触发器的触发方式取决于电路结构，有直接电平触发方式、电平触发方式、脉冲触发方式和边沿触发方式。有 RS 触发器、JK 触发器、D 触发器和 T 触发器等。

3. 寄存器是一种常用的时序逻辑器件，分为数码寄存器和移位寄存器两种。

4. 计数器也是最常用的时序逻辑器件。计数器用于计算脉冲个数，还常用于分频、定时、产生节拍脉冲等。可用级联法、复位法、置位法等实现任意进制计数器。

5. 时序逻辑电路分析的一般步骤：逻辑图→驱动方程(触发条件)→状态转换图或波形图→逻辑功能。

6. 555 定时器是一种混合器件，可实现单稳态触发器、无稳态触发器和施密特触发器等应用。

第 7 章　习　题

7-1　基本 RS 触发器如习题 7-1(a)图所示，试根据习题 7-1(b)图的输入波形画出输出 Q 和 $\overline{Q}$ 的波形。

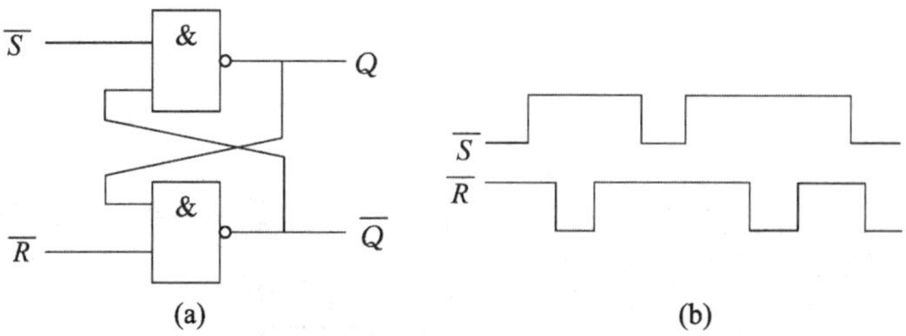

习题 7-1 图

7-2　由或非门组成的 RS 触发器如习题 7-2(a)图所示，试列出其逻辑功能表，并根据习题 7-2(b)图所示的输入波形画出输出 Q 的波形。

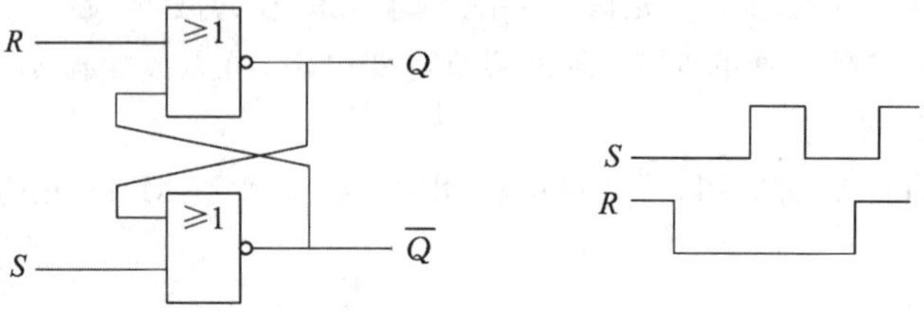

(a)　　　　(b)

习题 7-2 图

7-3　钟控 RS 触发器输入信号 R、S 和 CP 如习题 7-3 图所示，试画出 Q 初始状态为 1 时的输出波形。

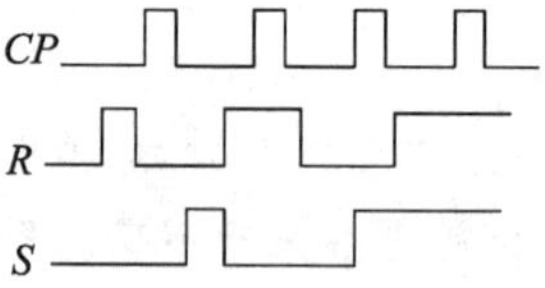

习题 7-3 图

7-4　各触发器电路如习题 7-4 图所示，试分别画出在 4 个时钟脉冲作用下各触发器输出端 Q 的波形。设初始状态为 0。

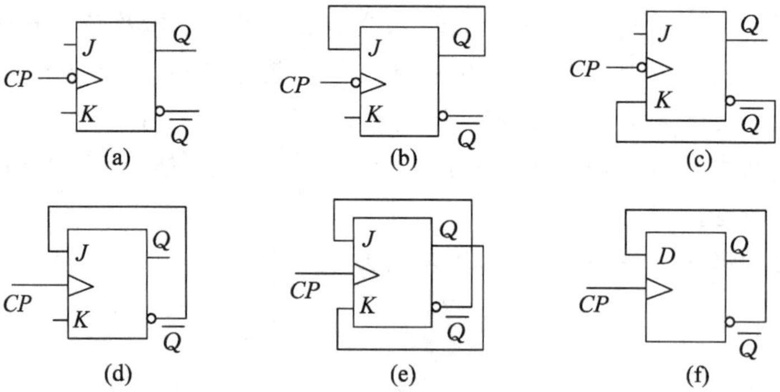

习题 7-4 图

7-5　根据给定的逻辑符号和输入波形，分别画出习题 7-5 图中各触发器输出端的波形。设初始状态为 0。

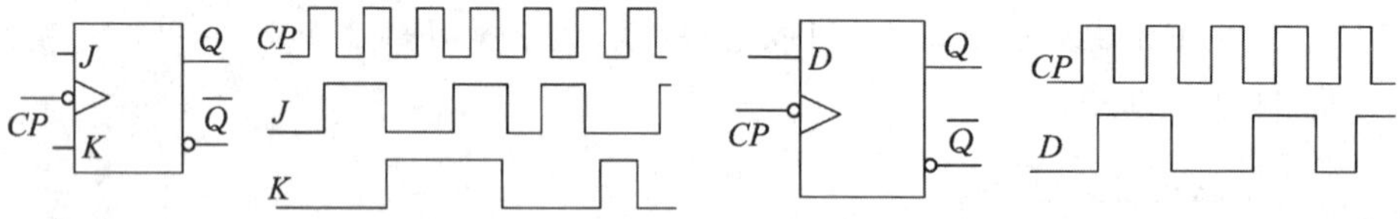

(a)　　　　(b)

习题 7-5 图

7-6　电路如习题 7-6 图所示，试画出 Q_1 和 Q_2 的波形，设初始状态都为 0。

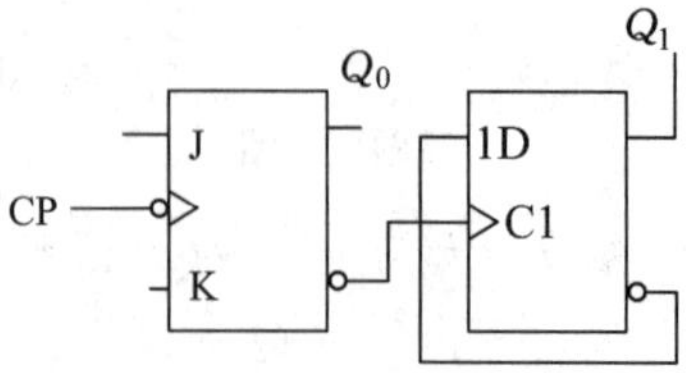

习题 7-6 图

7-7　证明习题 7-7 图所示电路具有 JK 触发器的功能。

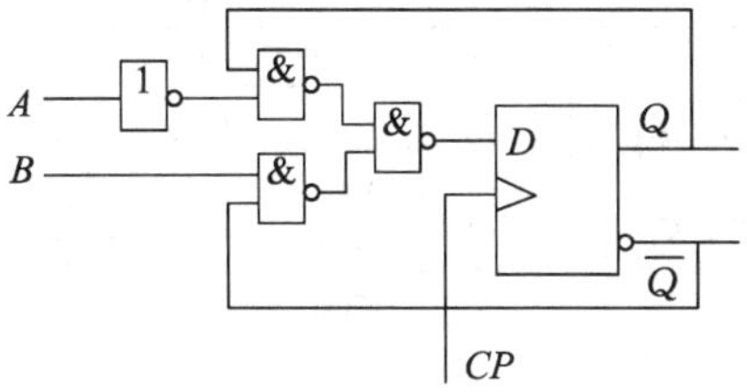

习题 7-7 图

7-8　试画出用 JK 触发器组成 4 位数码寄存器的电路，并说明其工作原理。

7-9　习题 7-9 图是由 4 个 JK 触发器组成的 4 位串行输入移位寄存器，可以把串行输入数据转换成并行输出。若输入数据为 1001，分别说明第 1 个到第 4 个 CP 脉冲作用后触发器的状态。设电路工作前已清零。

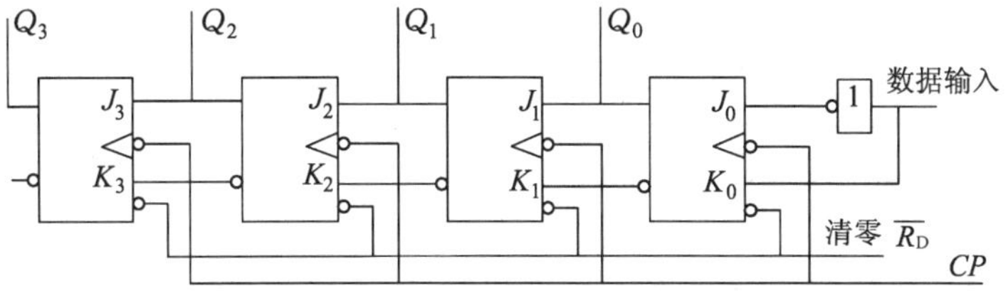

习题 7-9 图

7-10　习题 7-10 图是由 74LS194 构成的自启动脉冲分配器，试列出 Q_D、Q_C、Q_B、Q_A 的状态表，并画出波形。

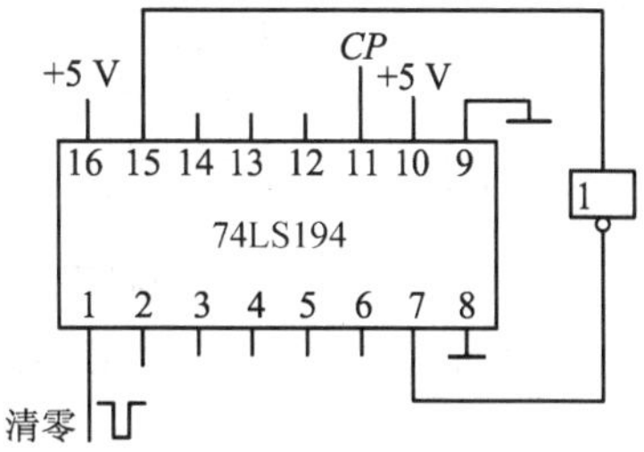

习题 7-10 图

7-11　试画出用上升沿触发的 JK 触发器组成的 4 位二进制加法计数器。

7-12　试画出用下降沿触发的 D 触发器组成的 4 位二进制减法计数器。

7-13　试分析习题 7-13 图所示电路的逻辑功能。设初始状态为 111。

7-14　试分析习题 7-14 图所示电路的逻辑功能。

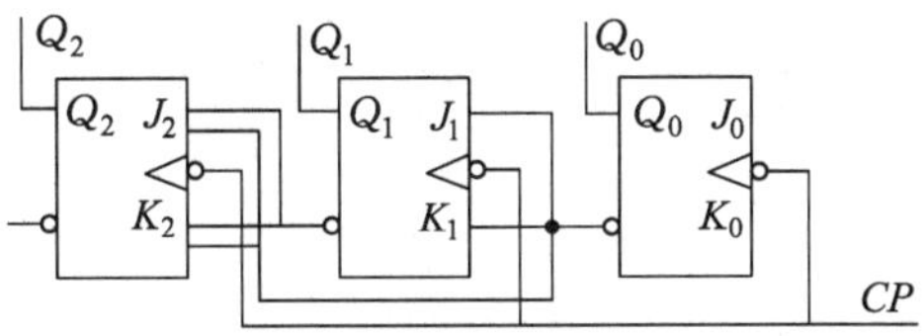

习题 7-13 图

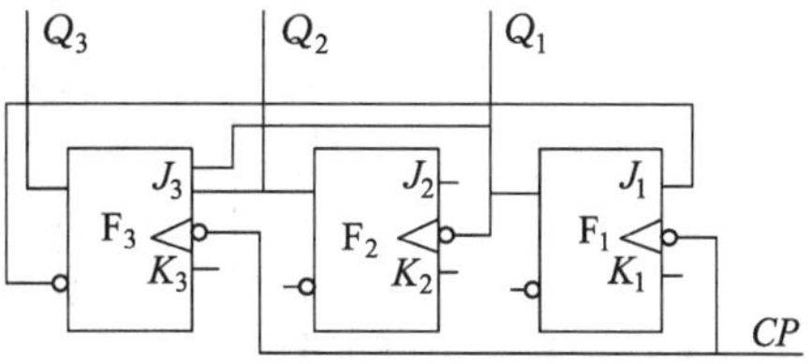

习题 7-14 图

7-15　试分析习题 7-15 图所示电路的逻辑功能。

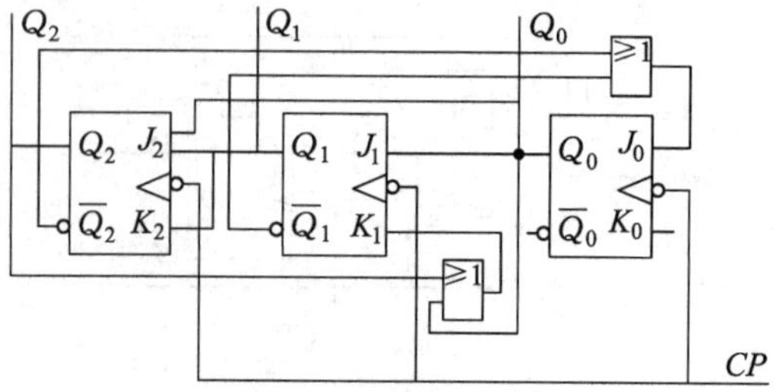

习题 7-15 图

7-16　试分析习题 7-16 图所示电路的逻辑功能。

7-17　试分析习题 7-17 图所示电路的逻辑功能。

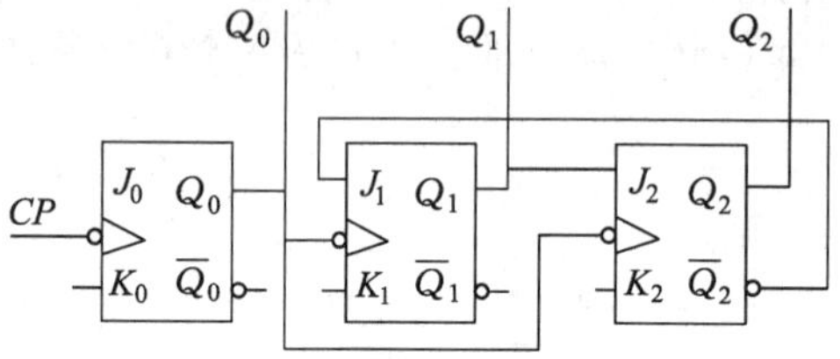

习题 7-16 图

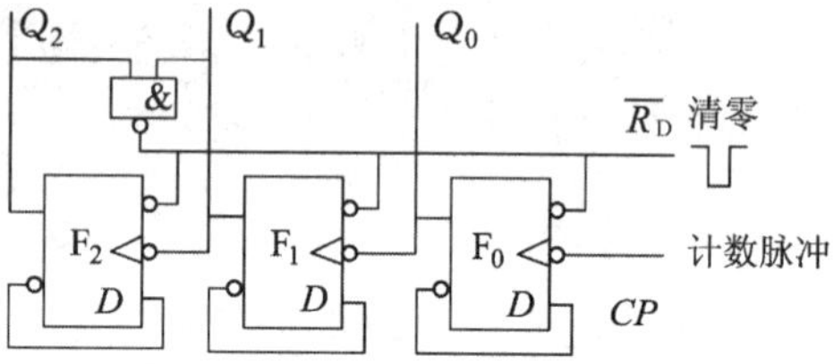

习题 7-17 图

7-18　试分析习题 7-18 图所示电路的逻辑功能。

7-19　试分析如习题 7-19 图所示由 74LS290 构成的计数器。

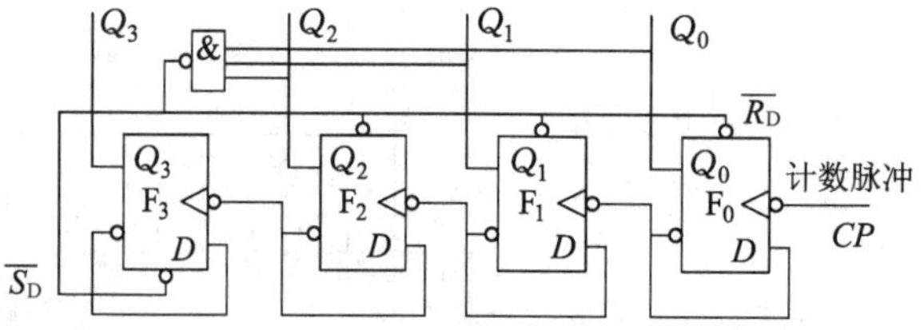

习题 7-18 图

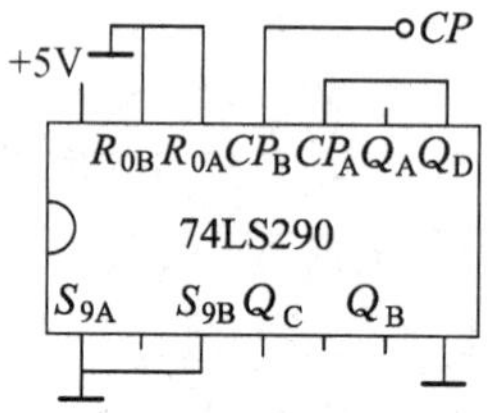

习题 7-19 图

7-20　试用两片 74LS290 组成 24 进制计数器。

7-21　试用置数法(置 9)将 74LS290 改接成六进制计数器。

7-22　试用复位法将 74LS290 改接成六进制计数器。

7-23　试用集成器件组成两位十进制计数、译码、显示电路，并作简要说明。

7-24　555 定时器接法如习题 7-24 图所示，图中 $R=500\ \mathrm{k\Omega}$，$C=10\ \mu\mathrm{F}$，画出 u_o 的波形，并计算 u_o 的下降沿比 u_i 下降沿延迟了多长时间。

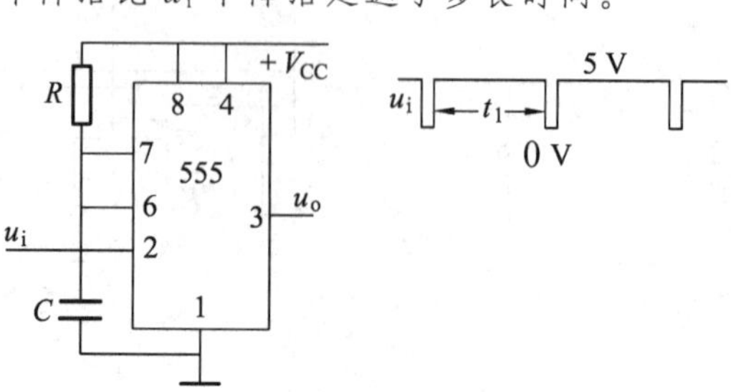

习题 7-24 图

7-25　555 定时器接成的多谐振荡器如习题 7-25 图所示，已知 $R_1=18\ \text{k}\Omega$，$R_2=56\ \text{k}\Omega$，$C=0.022\ \mu\text{F}$，求输出矩形波的周期、频率。

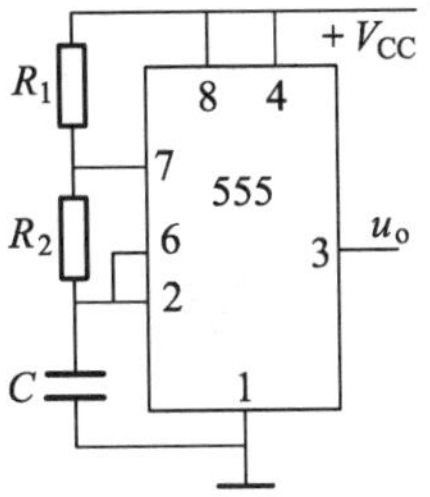

习题 7-25 图

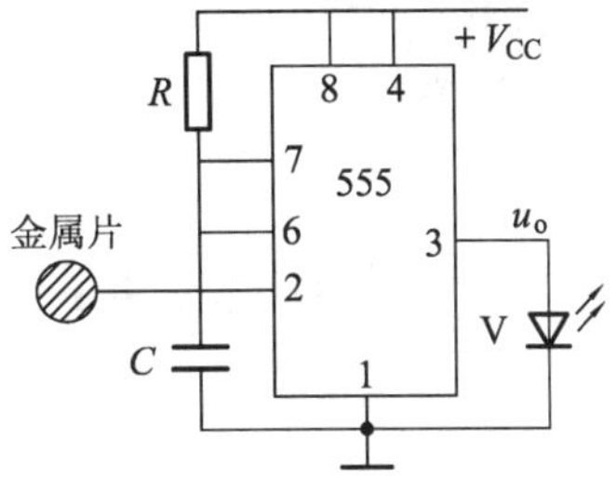

习题 7-27 图

7-26　用一块 555 定时器、一块 4 位双向寄存器 74LS194、4 只发光二极管 V_1、V_2、V_3、V_4（红、橙、黄、绿）及其他元件，组成一个流动彩灯控制电路；灯亮的规律为 $V_1V_2V_3 \rightarrow V_2V_3V_4 \rightarrow V_3V_4V_1 \rightarrow V_4V_1V_2 \rightarrow V_1V_2V_3$，循环变化，灯灭的时间为 1.5 s。

7-27　用一块 555 定时器构成的简易触摸开关如习题 7-27 图所示，手触摸金属片时，发光二极管亮一段时间，然后自动熄灭。试说明其工作原理。

7-28　分析由四位二进制同步加法计数器 74LS163 构成的应用电路。74LS163 是具有同步清零、同步置数功能的集成计数器，功能如习题 7-28 表所示。

习题 7-28 表

P	T	$\overline{\text{LOAD}}$	$\overline{\text{CLR}}$	CP	功能
1	1	1	1	↑	计数
×	×	0	1	↑	并行输入
0	1	1	1	×	保持
1	0	1	1	×	保持(RC=0)
×	×	×	0	↑	清零

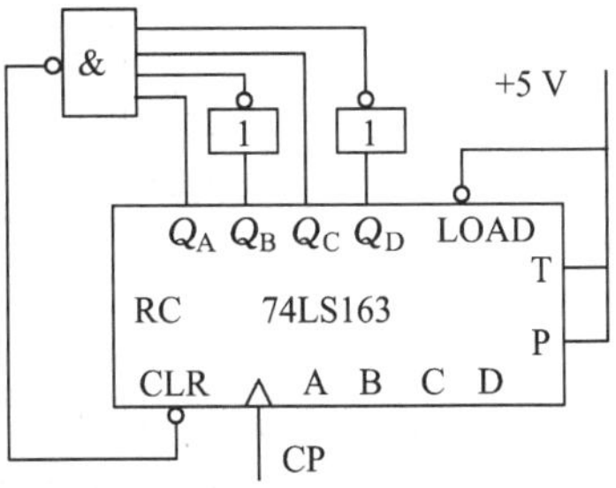

习题 7-28 图

第 8 章

模拟量与数字量的转换

数模转换器(DAC)和模数转换器(ADC)是现代电子器件的基本组件,能够对连续模拟信号和数字信号进行转换。在计算机控制系统中,被测信号如电压、电流、温度、压力、流量和速度等,一般为模拟信号,必须先通过模数转换器转换成数字信号,才能由计算机进行处理。计算机处理后输出的数字量,也必须通过数模转换器转换为模拟量,才能控制被控对象。

本章首先介绍数模转换器,DAC是一种将二进制数字量形式的离散信号转换成以标准量(或参考量)为基准的模拟量信号的转换器。DAC广泛应用于音频播放、图像显示、仪器测量、自动控制等领域,如将数字音频信号转换为模拟音乐信号,或者将数字图像信号转换为画面显示。然后介绍模数转换器,ADC是一种将连续变化的模拟量信号转换为二进制数字量形式的离散信号的转换器。ADC广泛应用于音频与图像处理、传感器检测、自动控制等领域,如音乐的数字化可以提高音乐的质量,图像的数字化可以让视频更清晰。由ADC和DAC的转换特性可知,数字量的位数越多,转换的精度越高。这就好比做一件事,投入的时间和精力越多,就会做得越好越完美。所以,无论做什么事情,要有精益求精、追求完美的精神,只有具备这种工匠精神,才能够成为一名优秀且卓越的工程师。

思维导图

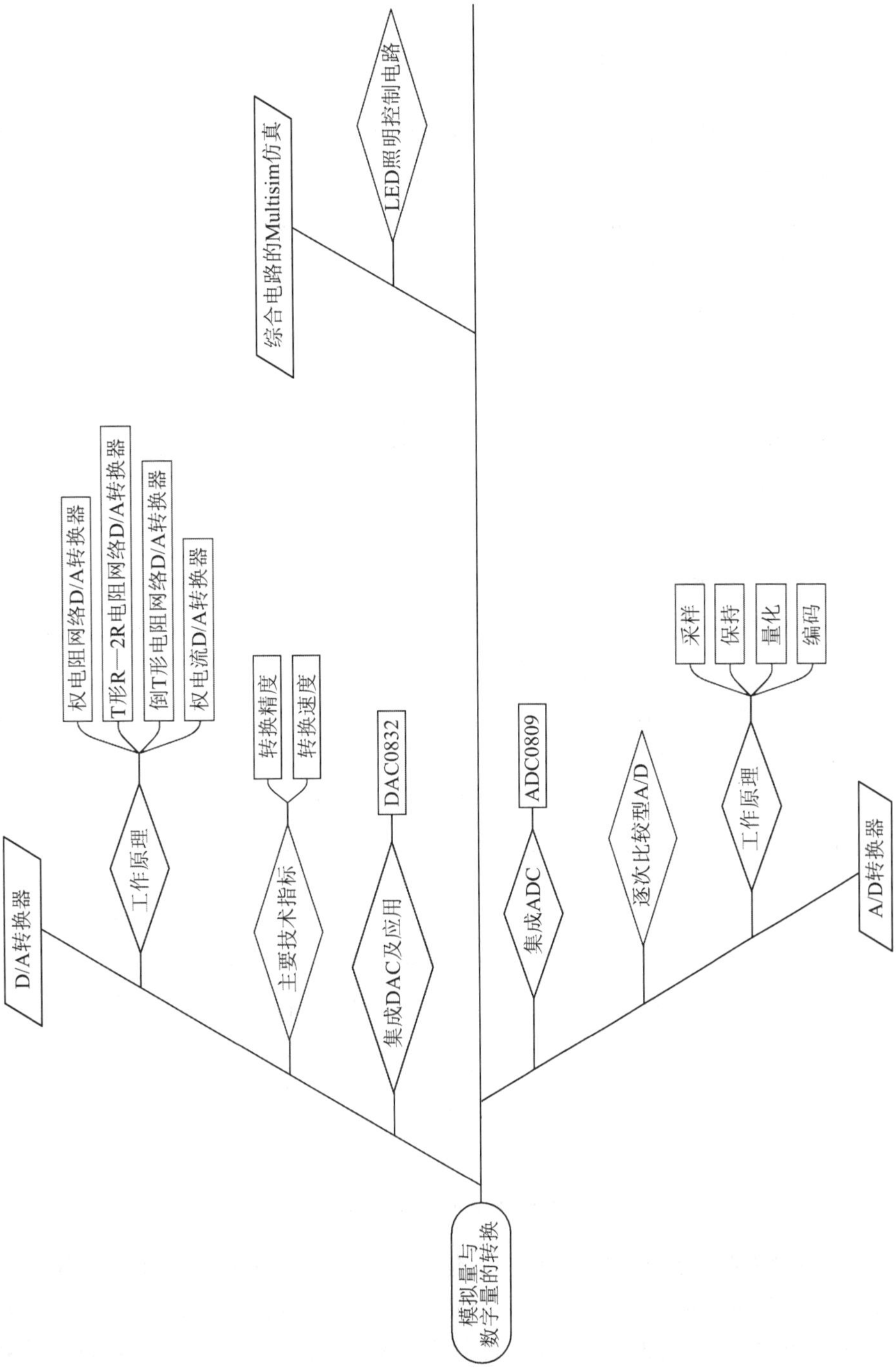
模拟量与数字量的转换
D/A转换器
工作原理
权电阻网络D/A转换器
T形R−2R电阻网络D/A转换器
倒T形电阻网络D/A转换器
权电流D/A转换器
主要技术指标
转换精度
转换速度
集成DAC及应用
DAC0832
综合电路的Multisim仿真
LED照明控制电路
A/D转换器
工作原理
采样
保持
量化
编码
逐次比较型A/D
集成ADC
ADC0809

8.1 D/A 转换器

8.1.1 D/A 转换器的工作原理

数模转换的基本思想是将数字量转换成与其等值的十进制数成正比的模拟量。

n 位 D/A 转换器的基本结构如图 8-1 所示。它由数码寄存器、模拟电子开关、解码网络、求和电路和基准电压组成。数字量存储在数码寄存器中，寄存器输出的每位数码决定该位对应的电子开关的状态，解码网络将相应数位权值送入求和电路，求和电路的输出就是与数字量对应的模拟量。

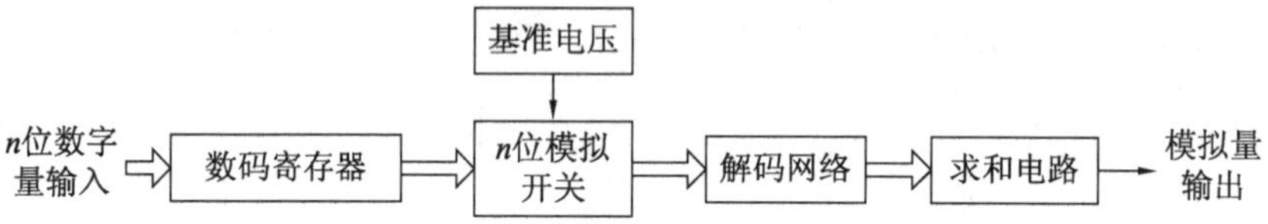

图 8-1　n 位 D/A 转换器框图

D/A 转换器按解码网络的不同，分为权电阻网络 D/A 转换器、T 形 R－2R 电阻网络 D/A 转换器、倒 T 形电阻网络 D/A 转换器以及权电流 D/A 转换器等。下面主要介绍 T 形 R－2R 电阻网络 D/A 转换器。

4 位 T 形 R－2R 电阻网络 D/A 转换器如图 8-2 所示，该电路的电阻网络仅由 R 和 $2R$ 两种阻值的电阻构成，输入数字量为 $D_3D_2D_1D_0$，输出模拟量为 u_o，U_R 为基准电压。S_3、S_2、S_1、S_0 为 4 位电子模拟开关。当某位数码为"1"时，该位的开关将电阻 $2R$ 接至基准电压 U_R；当数码为"0"时，开关将电阻接地。

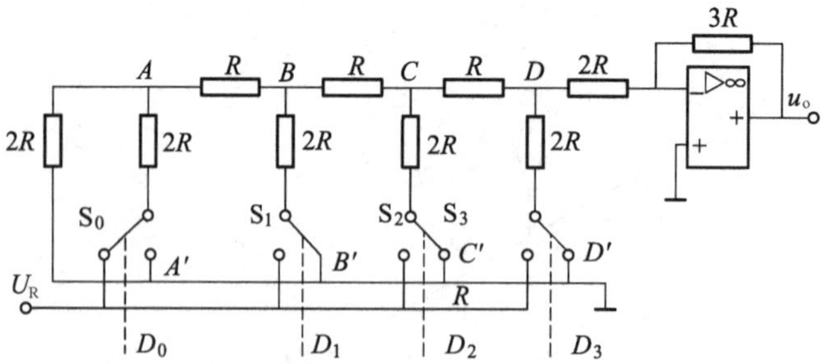

图 8-2　T 形电阻网络 D/A 转换器原理图

根据戴维南定理，图 8-2 中左边包括基准电压在内的整个 T 形电阻网络可以等效为一个电压源，如图 8-3 中虚线内所示。等效电压源的内阻即为图 8-2 中 DD' 端口的等效输出电阻，其值为 R，与输入数字信号无关，这是 T 形网络的特点。等效电压源的源电压大小为电阻网络 DD' 端的开路电压 $U_{DD'}$，由 $D_3D_2D_1D_0$ 控制。例如，当 $D_3D_2D_1D_0=0001$ 时，开关 S_0 接基准电压 U_R，开关 S_3、S_2、S_1 全部接地，此时 T 形电阻网络如图 8-4(a) 所示。

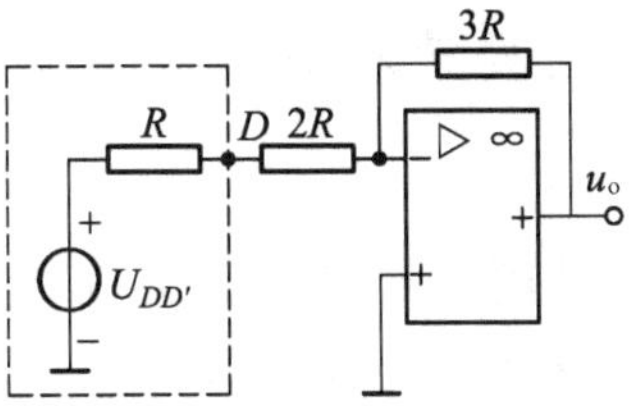

图 8-3 T 形电阻网络 D/A 转换器的等效电路图

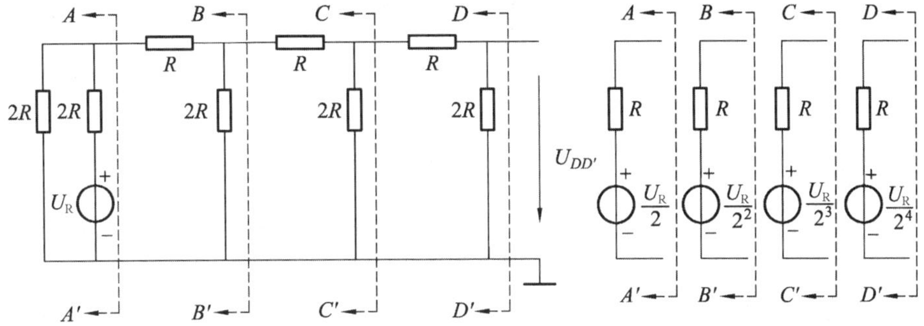

(a) T 形电阻网络的等效电路

(b) 自 AA' 逐级化简至 DD' 端

图 8-4 $D_3D_2D_1D_0=0001$ 时的 T 形电阻网络及其等效电路

应用戴维南定理自 AA' 端向右逐级化简，每经过一个节点后基准电压 U_R 都要衰减 1/2，如图 8-4(b)所示，这是 T 形网络的又一特点。这样，U_R 加到 S_0 上时，在 DD' 端得到$\frac{U_R}{2^4}$的电压。同理，当 U_R 加到 S_1、S_2、S_3 上时，在 DD' 端得到的电压分别为$\frac{U_R}{2^3}$、$\frac{U_R}{2^2}$、$\frac{U_R}{2}$。根据叠加原理，T 形电阻网络的等效输出电压为

$$U_{DD'}=D_3\times\frac{U_R}{2^1}+D_2\times\frac{U_R}{2^2}+D_1\times\frac{U_R}{2^3}+D_0\times\frac{U_R}{2^4}$$

$$=\frac{U_R}{2^4}(D_3\times2^3+D_2\times2^2+D_1\times2^1+D_0\times2^0)$$

这样，图 8-3 中的模拟输出量为

$$u_o=-\frac{3R}{2R+R}U_{DD'}=-\frac{U_R}{2^4}(D_3\times2^3+D_2\times2^2+D_1\times2^1+D_0\times2^0)$$

上式表明，输出电压与输入的数字量成正比。一般地，对于 n 位 T 形电阻网络 D/A 转换器有

$$u_o=-\frac{U_R}{2^n}(D_{n-1}\times2^{n-1}+D_{n-2}\times2^{n-2}+\cdots+D_1\times2^1+D_0\times2^0)$$

T 形电阻网络 D/A 转换器的缺点是电阻较多，当位数较多时将影响D/A转换器的速度。为提高转换速度和精度，常采用倒 T 形电阻网络、权电流 D/A 转换器等，读者可参阅其他相关资料。

▶8.1.2 D/A 转换器的主要技术指标

1. 转换精度

转换精度一般用分辨率来描述。分辨率表征 D/A 转换器对输入微小变化的敏感程度，一般定义为转换器的最小输出电压 U_{omin}（输入数字量最低位为 1，其余各位都为 0 时）与最大输出电压 U_{omax}（输入量各位都为 1 时）之比，即 $\frac{1}{2^n-1}$。可见，分辨率大小由转换器位数 n 决定，位数越多，分辨率越高，所以经常直接用转换器的位数来表示转换精度。例如：8 位二进制D/A转换器，其分辨率为 $\frac{1}{2^8-1}$，也可以说分辨率为 8 位。

2. 转换速度

当 D/A 转换器输入的数字量发生变化时，输出的模拟量并不能立即变化，它需要一段时间才能达到所对应的量值。这个时间通常称为建立时间 t_s，一般定义为 D/A 转换器输入的数字量从全 0 变为全 1 时，输出电压达到稳定所需的时间。D/A 转换器的建立时间体现了其转换速度。按照建立时间 t_s 的长短，D/A 转换器可分成以下几挡：超高速：$t_s<100$ ns；较高速：$t_s=1$ μs～100 ns；高速：$t_s=10\sim1$ μs；中速：$t_s=100\sim10$ μs；低速：$t_s\geqslant100$ μs。

▶8.1.3 集成 D/A 转换器及其应用

你知道吗？

D/A 转换器选择指标及应用

集成 D/A 转换器产品种类很多，性能指标各异。按照制作工艺分，有双极型和 CMOS 型两类。按照转换精度分，有 8 位、10 位、12 位、16 位等。按其内部电路结构分，一般分为两类：一类芯片内只集成了解码网络和模拟电子开关；另一类集成了组成 D/A 转换器的全部电路。目前市场上常见的生产厂家有美国 AD 公司、Motorola 公司、NS 公司等。

下面通过常用的集成芯片 DAC0832 介绍集成 D/A 转换器的应用。

DAC0832 最早是 NS 公司生产的 8 位较高速 CMOS 工艺集成 D/A 转换器，采用双列直插式 20 脚封装，如图 8-5 所示。它是目前微机控制系统中常用的 D/A 转换器，其内部设有两个 8 位数据缓冲寄存器和一个 8 位 D/A 转换器，可进行两次缓冲操作。因此该芯片可使用双缓冲、单缓冲和直通 3 种操作方式。其内部逻辑电路及外部引脚功能如图 8-6 所示。

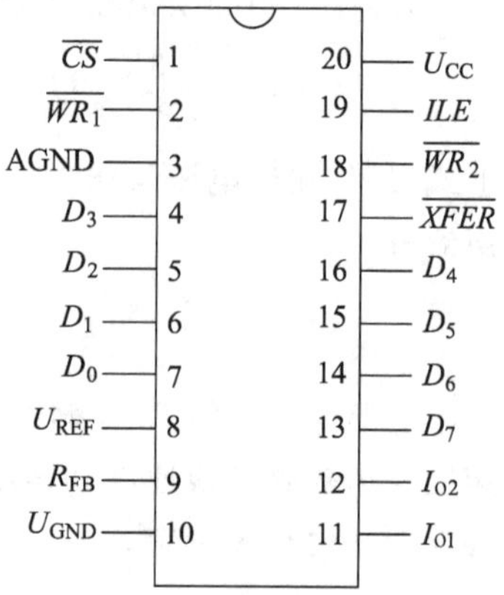

图 8-5 DAC0832 外部封装引脚图

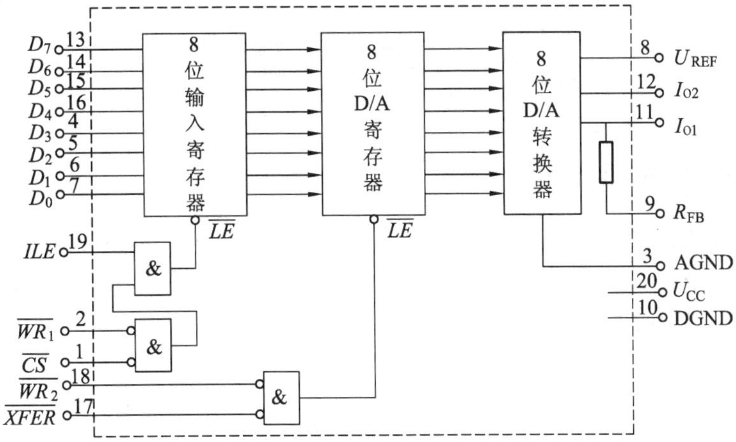

图 8-6　DAC0832 内部结构与引脚图

ILE：输入锁存选通(高电平有效)，与$\overline{CS}$组合选通$\overline{WR_1}$。

$\overline{CS}$：输入寄存器选择信号，低电平有效。

$\overline{WR_1}$：写信号 1(低电平有效)，用来将输入数据送到锁存器中，当$\overline{WR_1}$为高电平时，输入到锁存器的数据被锁定。

$\overline{WR_2}$：写信号 2(低电平有效)，与$\overline{XFER}$组合可以使输入到锁存器的 8 位数据传送到 D/A 寄存器中。

$\overline{XFER}$：传送控制信号(低电平有效)，它将选通$\overline{WR_2}$。

$D_0, D_1, \cdots, D_7$：数字量输入，D_0 是最低位，D_7 为最高位。

I_{o1}：D/A 转换器电流输出 1，它是 D/A 寄存器中为“1”的各位全电流汇集输出端。当 D/A 寄存器中全为“1”时，此电流最大；全为“0”时，此电流为 0。

I_{o2}：D/A 转换器电流输出 2，它是 D/A 寄存器中为“0”的各位全电流汇集输出端。当 D/A 寄存器中全为“0”时，此电流最大；全为“1”时，此电流为 0。

R_{FB}：反馈电阻，用作外部输出运算放大器的反馈电阻，它与内部 R－2R 电阻网络匹配。

U_{REF}：参考电压输入端，可在＋10～－10 V 范围内选择，对于四象限乘法型 D/A 转换器的应用，它也是模拟输入端。

U_{CC}：数字电源端，可以在＋5～＋15 V 范围内选用，用＋15 V 工作最佳。

AGND：模拟地。

DGND：数字地。

练习与思考

1. 简述 T 形 R－2R 电阻网络 D/A 转换器电路的特点以及实现数模转换的过程。

2. 图 8-2 中，当 $U_R=-4$ V，数字量 $D_3D_2D_1D_0$ 分别为 1010 和 1100 时，输出模拟电压 u_o 的大小为多少？

3. 一个 10 位 D/A 转换集成器的分辨率是多少？

8.2 A/D 转换器

8.2.1 A/D 转换器的工作原理

将时间、幅值连续的模拟量转换为时间离散、幅值也离散的数字信号称为 A/D 转换,一般需经过采样、保持、量化及编码 4 个过程。实际上,采样和保持、量化和编码都是在转换过程中同时实现的。

1. 采样和保持

采样是将模拟量在时间上离散化的过程。采样信号的频率必须满足香农采样定理的要求,即 $f_S \geqslant 2f_{imax}$。

f_S 为采样信号 $S(t)$ 的频率,f_{imax} 为输入模拟信号 $u_i(t)$ 的最高频率。

采样电路每次取得的模拟信号必须保持一段时间,以完成量化编码过程。一般地,采样与保持同时完成。采样保持电路实质上是一种模拟信号存储器,根据采样信号控制传输门 S 的通、断,对输入信号进行采样、保持。采样保持电路及输出波形如图 8-7 所示,电路由输入放大器 A_1、输出放大器 A_2、存储电容 C_H 组成。放大器 A_1、A_2 是集成运算放大器构成的电压跟随器,输入阻抗高,输出阻抗低,使存储电容 C_H 快速充电、放电。输出放大器 A_2 在存储电容和输出端之间起缓冲作用。传输门 S 由采样脉冲信号 $S(t)$ 控制,$S(t)=1$,传输门导通,对存储电容 C_H 充电。C_H 一般取 0.01~0.1 μF。

结合图 8-7(b)所示波形分析其工作原理:在 $t=t_0$ 时,S 闭合,输入电压被采样,输出$u_o=u_i$,同时,电容被迅速充电,因此在 $t_0 \sim t_1$ 时间间隔内被称为采样阶段。当$t=t_1$ 时,S 断开,若 A_2 的输入阻抗为无穷大,电容 C_H 没有放电回路,其两端电压保持为 u_o 不变,因此 $t_1 \sim t_2$ 就是保持阶段。

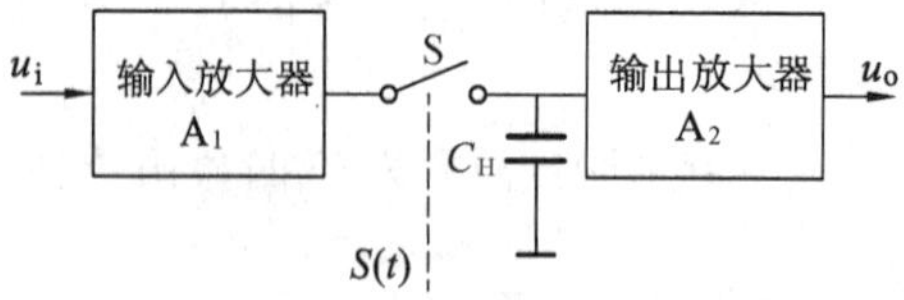

(a) 原理图

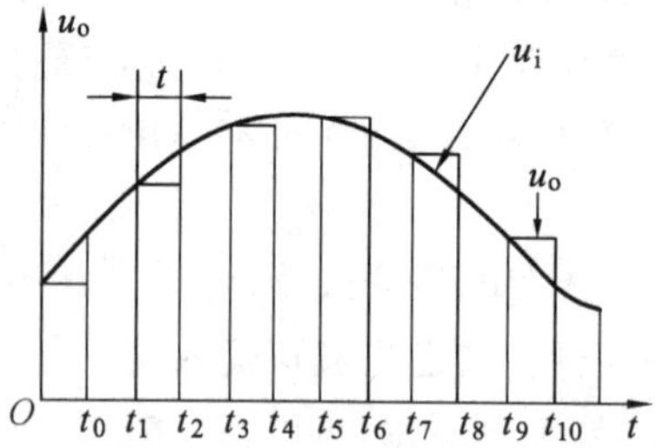

(b) 波形图

图 8-7 采样保持电路及输出波形

2. 量化与编码

1) 量化

量化就是把采样保持后的电压信号在数值上离散化,将其表示为量化单位 Δ 的整数倍。

量化单位是数字信号最低位为 1 时所对应的模拟量,也称为量化当量或量化间隔。一般采用两种方法量化,即取整法和四舍五入法。

取整法是当采样电压 u_o 介于两个量化值之间时,采取只舍不入的方法,将 u_o 中不

足一个 Δ 的尾数部分舍去，取其整数。例如：若 Δ=1 V，采样电压 u_o=2.6 V，则量化值为 2 V=2Δ。

四舍五入法是当 u_o 的尾数不足 $\frac{1}{2}\Delta$ 时，舍尾取整得到量化值；当 u_o 的尾数大于 $\frac{1}{2}\Delta$ 时，则取尾入整，即在原整数上加 1 个 Δ。例如：若 Δ=1 V，采样电压 u_o=2.4 V，则量化值为 2 V=2Δ；采样电压 u_o=2.6 V，则量化值为 3 V=3Δ。

量化是按某种近似方式进行取整的，不可避免地存在无法消除的量化误差。量化误差用 ε 表示。由上面分析可知：量化误差 ε 与量化单位的选取有关，若要减小量化误差，应减小量化单位。当输入模拟电压最大值 u_{max} 一定时，二进制位数 n 越大，即 A/D 转换器的位数越多，量化误差越小。量化方法不同，最大量化误差也不同，用取整法量化时，$\varepsilon_{max}=\Delta$；用四舍五入法时，$\varepsilon_{max}=\frac{1}{2}\Delta$。用四舍五入法量化时，最大量化误差较小，因此绝大多数 A/D 集成转换器采用此量化方式。

量化单位 Δ 的选取，主要取决于输入模拟电压最大值 u_{max}、输出二进制的位数 n 及量化方式。

取整量化方式：$\Delta=\frac{u_{max}}{2^n}$；四舍五入量化方式：$\Delta=\frac{2u_{max}}{2^{n+1}-1}$。

2）编码

将量化后的数字量用相应的二进制代码表示，称为编码。这些二进制代码就是 A/D转换器的输出。

【例 8-1】 设输入的模拟信号电压 u_i 的变化范围为 0～8 V，A/D 转换器输出的数字量用 3 位二进制数表示。对 u_i 采用四舍五入法进行量化与编码，并估算量化误差。

解： 按四舍五入法量化，取 $\Delta=\frac{2u_{max}}{2^{n+1}-1}=\frac{2\times 8}{2^{3+1}-1}=\frac{16}{15}$ V。

量化与编码过程中将不足半个量化单位的部分舍弃，将大于等于半个量化单位的部分按一个量化单位处理。

具体如下：

若 0 V$\leqslant u_i<\frac{1}{2}\Delta=\frac{8}{15}$ V，量化后当作 0Δ，编码为二进制数 000；

若 $\frac{1}{2}\Delta=\frac{8}{15}$ V$\leqslant u_i<\frac{3}{2}\Delta=\frac{24}{15}$ V，量化后当作 1Δ，编码为二进制数 001；

若 $\frac{3}{2}\Delta=\frac{24}{15}$ V$\leqslant u_i<\frac{5}{2}\Delta=\frac{40}{15}$ V，量化后当作 2Δ，编码为二进制数 010；

依次类推…

若 $\frac{13}{2}\Delta=6\frac{14}{15}$ V$\leqslant u_i<\frac{15}{2}=8$ V，量化后当作 7Δ，编码为二进制数 111；

量化误差$|\varepsilon_{\max}|=\frac{1}{2}\Delta=\frac{8}{15}$ V。

▶8.2.2 逐次比较型 A/D 转换器

A/D 转换器的种类很多，按工作原理可分为直接 A/D 转换器和间接 A/D 转换器。前者可将模拟信号直接转换为数字信号，转换速度快，典型电路有并行比较型和逐次比较型等；后者则先将模拟信号转换成某一中间量（如时间或频率），然后再将中间量转换为数字量输出，此类转换器速度较慢，但是性能稳定，典型电路是双积分型和电压频率转换型等。此分类可大致归纳如下：

- A/D 转换器
  - 直接型
    - 并行比较型
    - 反馈比较型
      - 计数型
      - 逐次比较型
  - 间接型
    - 电压时间变换（V-T）型-积分型
    - 电压频率变换（V-F）型

下面主要介绍逐次比较型直接 A/D 转换器。

逐次比较型直接 A/D 转换器的转换过程类似于天平称物的过程，其原理框图如图 8-8 所示，它由D/A转换器、数据寄存器、逻辑控制电路、顺序脉冲发生器及电压比较器组成。

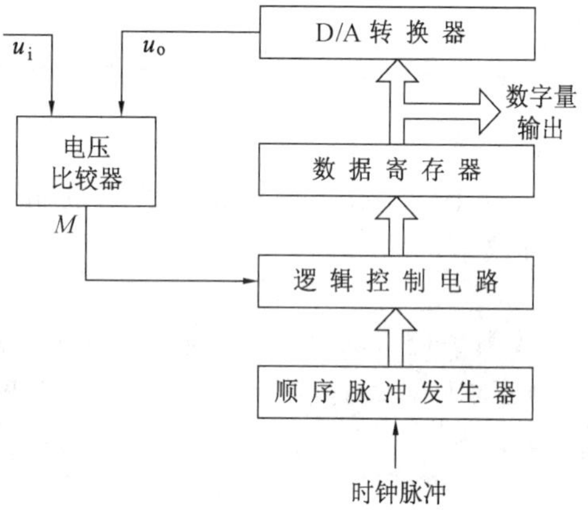

图 8-8 逐次比较型直接 A/D 转换器原理框图

转换开始前先将寄存器清零，开始转换时，在第一个时钟脉冲作用下，控制电路使数据寄存器的最高位置 1（相当于加重量最大的砝码），这样寄存器的输出为 100…00。这个数字量经 D/A 转换器转换成相应的模拟电压 u_o，送到比较器与模拟输入信号 u_i 比较（比较器相当于天平）。如果$u_o>u_i$，说明数字量过大了，则将这个最高位的 1 清除（相当于去掉最大的砝码）；如果 $u_o<u_i$，说明数字量不够大，最高位的 1 要保留。然后再用同样的方法将次高位置 1（相当于加质量为最大砝码一半的砝码），并经过比较 u_o 与 u_i 的大小决定这一位的 1 是否保留。这样逐位比较下去，直到最低位为止。比较完毕后，数据寄存器里的数码就是所求的输出数字量。

三位逐次比较型直接 A/D 转换器的逻辑电路如图 8-9 所示，其中顺序脉冲发生器在时钟脉冲 CP 作用下其输出端 $Q_1Q_2Q_3Q_4Q_5$ 顺次循环为 1，即顺次发出脉冲使各触发器的置位端置 1。由 3 个主从 RS 触发器组成 3 位数码寄存器 F_A、F_B、F_C，下降沿触发。G_A、G_B、G_C 3 个与门构成逻辑控制电路，其输入受电压比较器的输出以及顺序脉冲信号控制。数模转换器的输出模拟电压 u_o 加到电压比较器的同相输入端，输入模拟电压 u_i 加在比较器的反相输入端，两者的比较结果决定电压比较器的输出 M 为 1 或

0。转换结束后的数字量 Q_A、Q_B、Q_C 在脉冲控制下通过三态门输出三位二进制数 B_2、B_1、B_0。

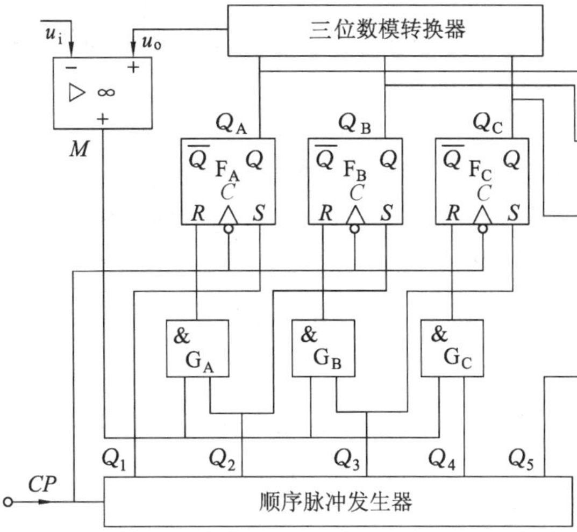

图 8-9　三位逐次比较型直接 A/D 转换器逻辑电路

具体过程如下：

工作前，各触发器先清零，此时 $Q_AQ_BQ_C=000$，数模转换后，$u_o=0$。

当第 1 个 CP 脉冲信号上升沿到达后，顺序脉冲发生器的输出 $Q_1Q_2Q_3Q_4Q_5=10000$，即 F_A 的置位端为 1，其他两个寄存器置位端为 0，又 $u_o<u_i$，$M=0$，各触发器复位端 R 为 0。所以当 CP 下降沿到来后，使 $Q_AQ_BQ_C=100$，经数模转换后输出 u_o。

当第 2 个 CP 脉冲信号上升沿到达后，$Q_1Q_2Q_3Q_4Q_5=01000$，这时 F_B 的置位端为 1，其他两个寄存器置位端为 0。由逻辑电路看出：F_B、F_C 的复位端都为 0；F_A 的复位端则由前面 u_o 与 u_i 的比较结果决定。当 $u_o<u_i$ 时，$M=0$，F_A 的复位端为 0，这样当第 2 个 CP 下降沿到来后，F_A 的输出 Q_A 即最高位保留 1 不变，从而 $Q_AQ_BQ_C=110$。当 $u_o>u_i$ 时，$M=1$，F_A 的复位端为 1，这样当 CP 下降沿到来后，F_A 复位，即去掉最高位 1，从而 $Q_AQ_BQ_C=010$。

如此继续下去，直到第 4 个 CP 下降沿到来后，决定最低位 1 的去留，转换结束。当第 5 个 CP 上升沿到来时，$Q_5=1$，三态门打开，输出转换结果为 $B_2B_1B_0$。

三位逐次比较 A/D 转换器完成一次转换需要 5 个 CP 周期时间，N 位的A/D转换器，完成一次转换所需的时间为$(N+2)$个时钟周期。

8.2.3　A/D 转换器的主要技术指标

1. 转换精度

转换精度常用分辨率和转换误差来描述。分辨率习惯上以输出二进制数的位数表示，说明 A/D 转换器对输入信号的分辨能力。例如 ADC0809 的分辨率为 8 位，则该转换器的输出数据可以用 2^8 个二进制数进行量化，如果最大输入电压为 5 V，那么这个转换器能区分出输入电压信号 $\frac{5}{2^8}$ V=19.5 mV 的差异。

转换误差通常以相对误差的形式表示,它表示 A/D 转换器实际输出的数字量和理想输出的数字量之间的差别。例如相对误差$\leqslant \frac{1}{2}LSB$,表明实际输出的数字量和理论上应得到的数字量之间误差不大于最低位 1 的一半。提高分辨率即位数可以减小转换误差。

2. 转换速度

转换速度一般用转换时间来描述。转换时间指完成一次转换所需的时间,即从控制信号到来开始,到输出端得到稳定的数字信号所经过的时间。转换时间主要取决于转换电路的类型,不同类型的转换器转换速度相差悬殊。例如逐次比较型直接 A/D 转换器的转换速度远高于双积分型间接 A/D 转换器。ADC0809 的转换时间为 100 μs,而高速模数转换器的转换时间可达 20 ns。

【例 8-2】 某信号采集系统要求用一片 A/D 转换集成芯片在 1 s 内对 16 个热电偶输出电压分时进行 A/D 转换。已知热电偶的输出电压范围为 0~0.025 V(对应于0~450 ℃温度范围),需要分辨的温度为 0.1 ℃,试问应选择多少位的 A/D 转换器,其转换时间为多少?

解: 对 0~450 ℃温度范围,分辨温度为 0.1 ℃,这相当于要求 A/D 转换器具有$\frac{0.1}{450}=\frac{1}{4\ 500}$的分辨率。12 位 A/D 转换器的分辨率为$\frac{1}{2^{12}}=\frac{1}{4\ 096}$,所以必须选用 13 位及以上的 A/D 转换器。

系统采样速率为每秒 16 次,采样周期为$\frac{1}{16}$ s=62.5 ms。一般 A/D 转换器的转换时间都小于此,因此对于这样慢速的采样,A/D 转换器几乎都可以满足要求。

8.2.4 集成电路 A/D 转换器

你知道吗?

A/D 转换器选择指标及应用

集成 A/D 转换器产品、种类很多,集成双积分型的有 ICL7106、MC14433 等;集成逐次比较型的有 ADC0804、ADC0809 等;按位数有 8 位、12 位、20 位等;另外有并行输入型、串行输入型;按生产厂家不同,有 AD 公司的、NS 公司的、TI 公司的等。下面以常用的集成芯片 ADC0809 为例,介绍集成 A/D 转换器的应用。

如图 8-10(a)、(b)为 ADC0809 的结构框图和外引线排列。它有 8 路模拟量输入 $IN_0, IN_1, \cdots, IN_7$,由地址码输入端 A、B、C 选通,其对应关系如图 8-10(c)所示。

数字量输出端为 $B_7, B_6, \cdots, B_0$ 共 8 位,其他主要引脚功能如下:

START:启动转换脉冲输入端。该脉冲的上升沿使 ADC 中的数据寄存器清零,下降沿使 ADC 开始进行模数转换。

U_{DD}、GND:分别为电源端和接地端。

REF_+、REF_-:基准电压正、负输入端。一般情况下,REF_+ 接+5 V 电源,REF_-

接地。

ALE：地址锁存有效控制端，高电平有效。当该输入端为高电平时，8 选 1 模拟开关才能根据地址码选通对应的通道。

CLOCK：时钟脉冲输入端，一般接入 640 kHz 时钟。

OE：输出控制端，高电平有效。当 $OE=1$ 时，三态输出锁存器中的数据被送上数据总线 $B_7, B_6, \cdots, B_0$ 端；当 *OE* 为低电平时，$B_7, B_6, \cdots, B_0$ 端处于高阻状态。该引线也可以接收来自 CPU 的读信号，使数据输入 CPU。

EOC：转换结束脉冲输出端。转换结束时，该端将自动由低电平变为高电平，并将转换结果送入三态输出锁存器。它可以作为 A/D 转换的状态信号，也可以作为对 CPU 的中断请求信号。

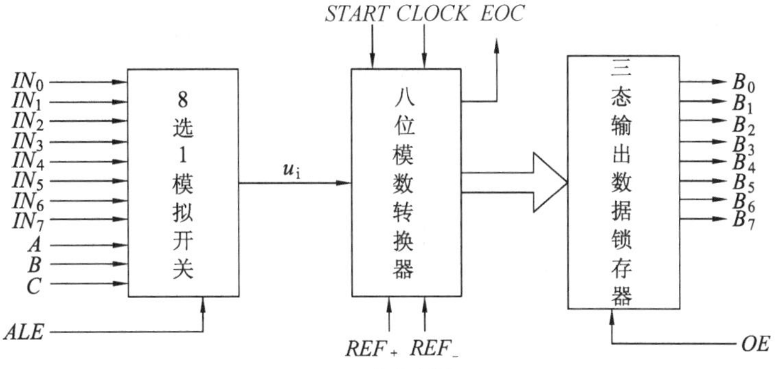

(a) 结构框图

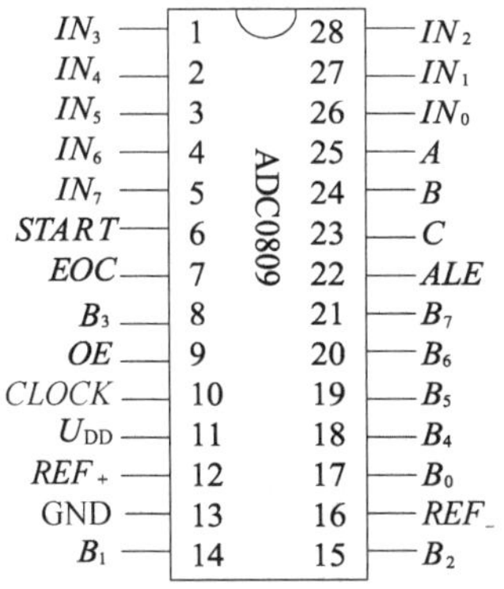

(b) 外引线排列

地址码			选通通道
C	*B*	*A*	
0	0	0	IN_0
0	0	1	IN_1
0	1	0	IN_2
0	1	1	IN_3
1	0	0	IN_4
1	0	1	IN_5
1	1	0	IN_6
1	1	1	IN_7

(c) 八路模拟开关地址码对应选通通道

图 8-10　ADC0809 集成芯片

练习与思考

1. 实现模数转换一般要经过哪 4 个过程？按工作原理不同进行分类，A/D 转换器可分为哪两种？

2. 不经过采样、保持可以直接进行 A/D 转换吗？为什么？

3. 逐次比较型直接 A/D 转换器转换速度与时钟脉冲的频率有何关系？

8.3 综合电路的 Multisim 仿真

本节以 LED 照明控制电路为例，介绍 ADC 和 DAC 在数据采集处理系统中的应用，在 Multisim 环境下对综合了模拟量与数字量的电路进行仿真和验证。

8.3.1 测量系统原理

智能 LED 照明电路能够根据外界光照的强弱自动改变 LED 灯的亮度，并通过数码管显示数值大小反映光照强弱，测量系统原理框图如图 8-11 所示。光敏电阻作为传感器，探测外界光照强度，其值随光照强度的增加而减小；通过光敏电阻把光照强度转换成电压模拟信号，经过放大器电路调理后由 A/D 转换器将模拟信号转换为数字信号；对数字信号进行处理，用数码管显示数值；由 D/A 转换器将数字信号转换成模拟信号，并经放大后驱动 LED 灯发光。

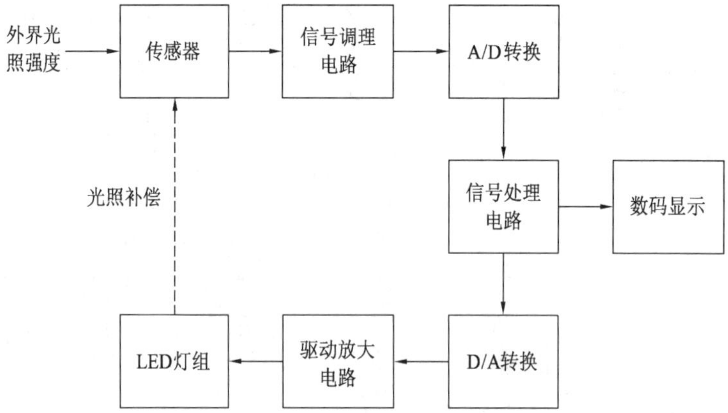

图 8-11　LED 照明控制系统原理框图

8.3.2 Multisim 仿真

图 8-12 是在 Multisim 元件库中调出相应的元件和仪器，修改参数连接而成的电路。下面对各部电路分别进行说明。

1. 信号调理电路

光敏电阻是利用半导体的光电效应制成的一种电阻值随入射光的强弱而改变的电阻器。入射光强，电阻减小；入射光弱，电阻增大。仿真时使用一个可调电阻 R1 模拟光敏电阻。

从可调电阻 R1 上得到的电压信号在 0～1 V 范围内变化，为提高输入信号的动态范围，需要对微弱信号进行放大。A/D 转换器的输入模拟信号电压一般不超过 3 V，因此信号调理电路的放大倍数设计为 3 倍。

运算放大器选用常用型号 OP07，第一级运放构成电压跟随器，提高了输入阻抗，第二级运放构成同相比例放大电路，放大倍数为 3，这样得到的输出信号电压范围在 0～3 V 之间变化。

2. A/D 转换

图 8-12 中的元件 ADC 是 A/D 转换器，可通过 Multisim 混合元件库 Mixed 调出，它是一个理想的虚拟器件，8 位数字量输出。

ADC 的参考电压接 3 V，由于输入模拟信号的最大值为 3 V，所以 ADC 的输出数字量的范围为 0～FFH，转换分辨率为 3/256。

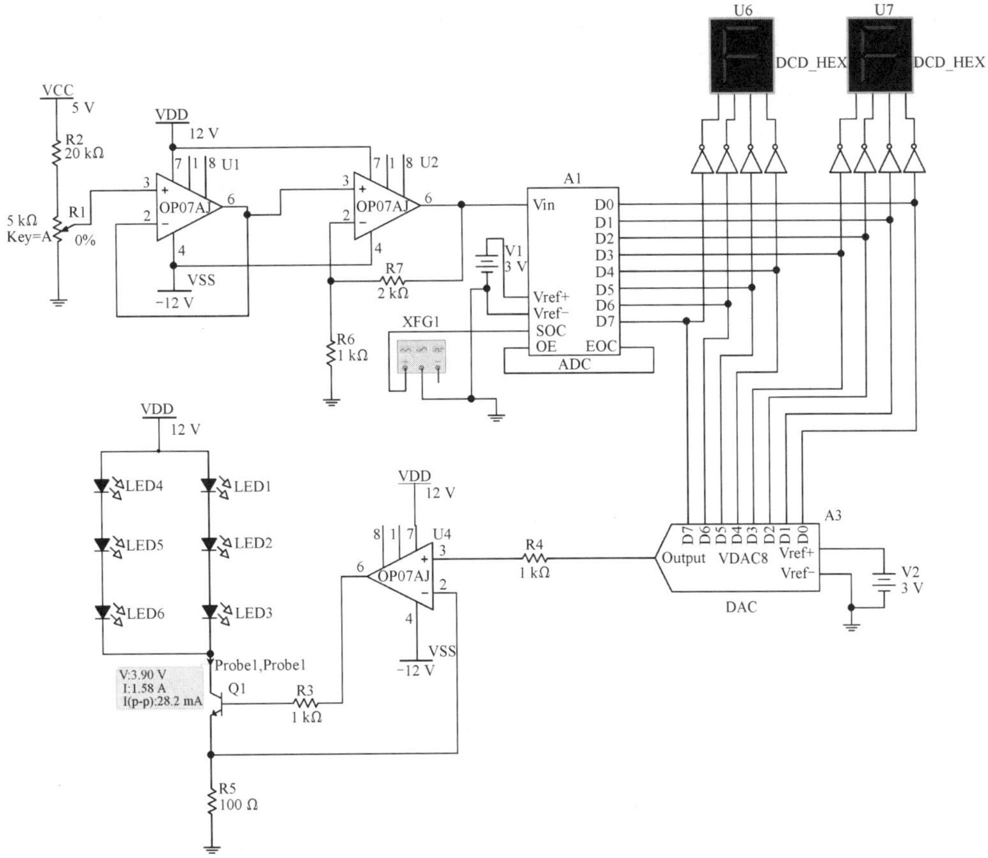

图 8-12　光照控制电路

3. 信号处理与数码显示

使用两位数码管显示光照强度的变化，其中 00 代表光照最弱，FF 代表光照最强。由于光照强度与 A/D 转换器的输出数字量成反比，所以在 A/D 转换器输出端加反相器，对数字量取反后送给数码管显示，使光照强度与显示的数值同方向增加。使用函数信号发生器产生的方波模拟 ADC 的转换触发信号。

4. D/A 转换

使用 8 位的 D/A 转换器将数字量转换为模拟量，在 Multisim 混合元件库 Mixed 中同样调用 8 位的理想的虚拟 D/A 转换器 DAC，参考电压同样设为 3 V。

5. 驱动放大电路

对 LED 灯的驱动使用三极管和运放构成一个负反馈电路，三极管为共射极电路结构，LED 灯组结成串并联的形式，每个 LED 灯的导通电压设置为 2.7 V，3 个 LED 灯串联后总的压降为 8.1 V，导通时三极管的集电极电压为 3.9 V，工作在放大区。

在用 Multisim 仿真时，当光照变弱时（即可变电阻阻值增加时），LED 灯变亮，数码管显示的数值减小；当光照变强时，数码管显示数值增大，LED 灯变暗。

小 结

1. D/A 转换器和 A/D 转换器是模拟电路与数字电路之间重要的接口电路，广泛应用于计算机控制、信号检测与处理系统中。

2. D/A 转换器是将数字量转换成与其等值的十进制数成正比的模拟量。

3. A/D 转换将模拟量经过采样、保持、量化及编码 4 个过程，转换为数字量，存在量化误差。

4. D/A 转换器和 A/D 转换器的主要技术指标是转换精度和转换速度；转换精度一般都用分辨率和转换误差描述，而转换速度则分别用建立时间和转换时间表征。

5. 集成 A/D 转换器和集成 D/A 转换器种类很多，应用广泛，选用时应注意性能指标及引脚描述。

第 8 章 习 题

8-1 已知 T 形 R-2R 电阻网络 D/A 转换器的基准电压 $U_R=5$ V，求：(1) $D_3D_2D_1D_0$ 中每一位分别为 1 时的输出电压 u_o；(2) 输入 $D_3D_2D_1D_0$ 全为 1 时的 u_o。

8-2 对于一个 8 位 D/A 转换器：(1) 若最小输出电压增量为 0.02 V，试问当输入代码为 01001101 时，输出电压 u_o 为多少伏？(2) 若用百分数表示，其分辨率是多少？(3) 若要求 D/A 转换器的精度小于 25%，试问能否应用这个 D/A 转换器？

8-3 已知某个 D/A 转换器满刻度输出电压为 10 V，试问要求 1 mV 的分辨率，其输入数字量位数 n 至少为多少？

8-4 习题 8-4 图所示为一个 4 位权电流型 D/A 转换器，电路中用恒流源代替 T 形电阻网络，恒流源从高位到低位电流的大小依次为 $I/2$、$I/4$、$I/8$、$I/16$。当输入数字量某一位代码 $D_i=1$ 时，相应开关 S_i 将恒流源接入，当代码 $D_i=0$ 时，相应开关 S_i 接地。试分析该电路，并求输出电压 u_o 与输入数字量 $D_3D_2D_1D_0$ 的关系式。

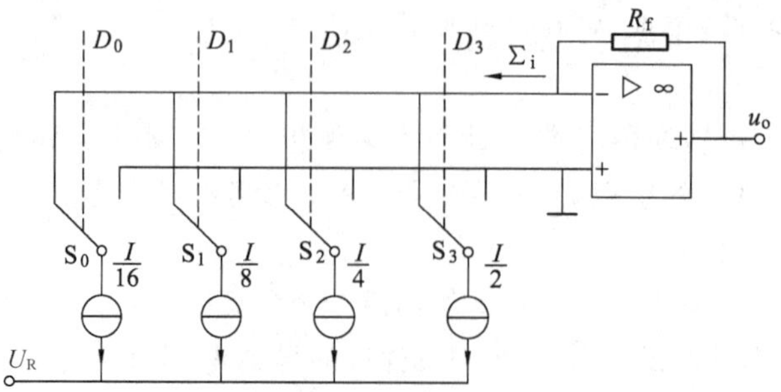

习题 8-4 四位权电流型 D/A 转换器图

8-5　简述在 A/D 转换过程中产生量化误差的原因以及减小量化误差的方法。

8-6　一个 10 位逐次比较型直接 A/D 转换器，若时钟频率为 100 kHz，试计算完成一次转换所需要的时间。如果要求一次转换所需的时间小于 100 μs，问时钟频率应选多少？

8-7　已知双积分型间接 A/D 转换器中，计数器为 8 位二进制计数器，时钟频率为 10 kHz，求完成一次转换所需要的时间。（关于双积分型间接 A/D 转换器内容，读者可自行参考相关书籍）

8-8　习题 8-8 图所示为一种转换速度较高的并行式 A/D 转换器，由分压电路、电压比较器和编码器组成。习题 8-8(a)图中的编码器如习题 8-8(b)图所示，U_R 为参考电压，u_i 为输入模拟电压。试分析当 u_i 为 5.1 V、5.9 V 和 6 V 时，输出的数字量 $F_2F_1F_0$ 各为何值？该 ADC 的最大转换误差是多大？

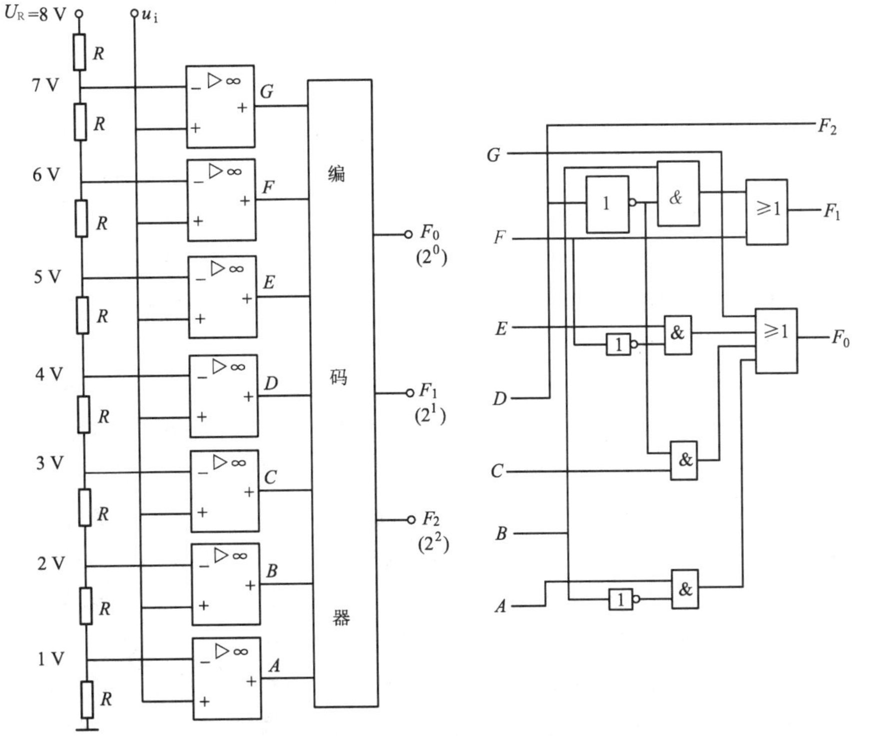

习题 8-8　并行式 A/D 转换器图

第 9 章

存储器和可编程逻辑器件

存储器是用来存储程序和各种数据信息的记忆部件，其不仅能大量存放数据、资料和运算程序等二进制数码，而且可以大量存放文字、声音和图像等二元信息代码。

可编程逻辑器件是作为一种通用集成电路而产生的，用户可通过计算机使用专门的开发软件对其进行编程，使之成为具有特定功能的芯片而广泛应用。

本章主要讲解半导体存储器中的只读存储器和随机存取存储器，简要介绍快闪存储器、铁电存储器和相变存储器，并阐述可编程逻辑器件的结构和工作原理。存储器是构成计算机系统的关键部件，当前我国半导体存储器供应高度依赖进口，市场几乎被国外公司垄断，这主要是因为我国受限于先进制造工艺和关键材料供应；在可编程逻辑器件领域，美国 Xilinx 公司（后被 AMD 收购）和 Altera 公司（后被 Intel 收购）一直以来掌握着世界领先技术，由于可编程逻辑器件在人工智能和大数据计算方面具有特殊的优势，我国近些年也在不断加强国产可编程逻辑器件的自主研发投入。若想突破这些“卡脖子”技术，我们在今后的学习和工作中，不仅要做到技术上与时俱进，更要做到思想上创新进取，只有这样才可让我国的科技水平走在世界前列。

思维导图

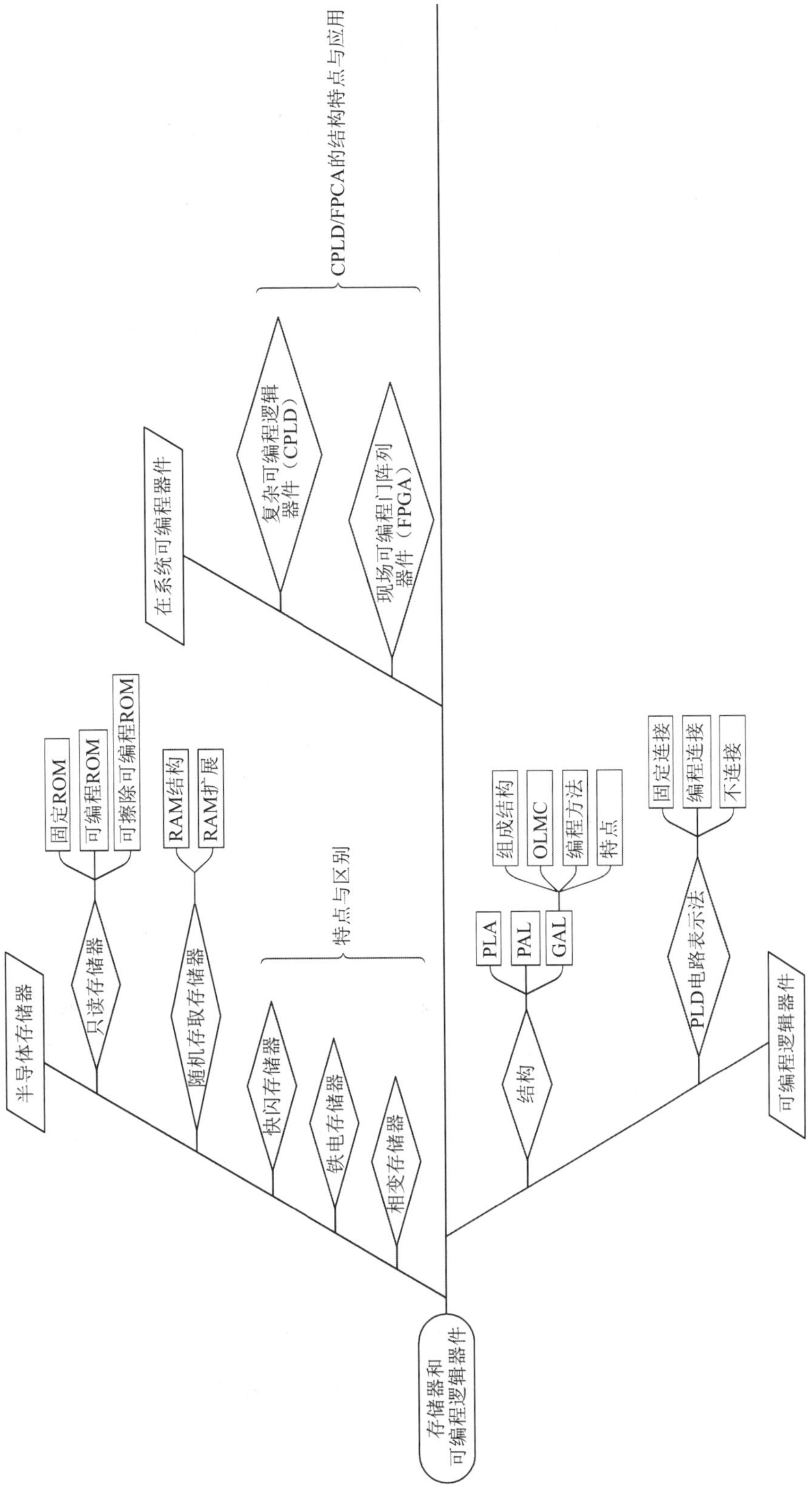
存储器和可编程逻辑器件
半导体存储器
只读存储器
固定ROM
可编程ROM
可擦除可编程ROM
随机存取存储器
RAM结构
RAM扩展
快闪存储器
铁电存储器
相变存储器
特点与区别
在系统可编程器件
复杂可编程逻辑器件（CPLD）
现场可编程门阵列器件（FPGA）
CPLD/FPCA的结构特点与应用
可编程逻辑器件
结构
PLA
PAL
GAL
组成结构
OLMC
编程方法
特点
PLD电路表示法
固定连接
编程连接
不连接

9.1 半导体存储器

存储器常用来存放以二进制代码表示的数据、信息等，是计算机等数字系统不可缺少的组成部分。

把信息存入存储器的过程称为“写入”或写操作；将信息从存储器取出的过程称为“读出”或读操作，这两个过程或操作通称为“访问”。

存储器主要由存储单元组成。每个存储单元存放一位二进制代码 0 或 1，用来存储 n 位二进制代码的 n 个存储单元编为一组，称为字单元。每个字单元都有一个编号，称为地址，表示该字单元在存储器中的位置。

存储器的容量常用字数（即字单元的个数）和位数的乘积来表示，如 1024×8 位，表示可存储 1024 个 8 位二进制代码。存储容量和存取时间是衡量存储器的重要指标。存储容量越大意味着存储的信息越多；存取时间的长短则反映了存取的速度。

半导体存储器集成度高、体积小、可靠性高、价格低，应用普遍。

半导体存储器可分为双极型（TTL）和单极型（MOS）型。由于 MOS 型存储器具有集成度高、功耗低等优点，目前使用的存储器多为 MOS 型存储器。

按数据存取方式的不同，半导体存储器分为顺序存取存储器 SAM（sequential access memory）、只读存储器 ROM（read only memory）和随机存取存储器 RAM（random access memory）。顺序存取存储器 SAM 是一种按顺序串行写入或读出的存储器，也称为串行存储器，实质上就是移位寄存器。

9.1.1 只读存储器

只读存储器 ROM 因正常工作时只能读取其内容而得名。根据数据写入方式的不同，ROM 可分为固定 ROM、可编程 ROM 和可擦除可编程 ROM。

1. 固定 ROM

固定 ROM 也称为掩膜 ROM。图 9-1 是固定 ROM 的电路结构框图，包含地址译码器、存储单元矩阵和输出缓冲器 3 部分。$A_{n-1} \sim A_0$ 为 n 条地址输入线，地址译码器的输出为 2^n 条字线，每条字线（一个地址）对应的存储字单元存储一个 m 位二进制数，位线有 m 条。m 位二进制数经由输出缓冲器输出至输出端 $D_{m-1} \sim D_0$。因此，该固定 ROM 存储 2^n 个 m 位二进制数，其存储容量为字数×位数，即 $2^n \times m$。

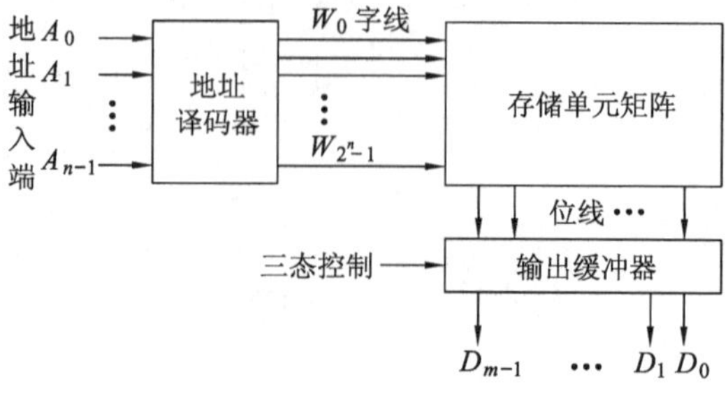

图 9-1　固定 ROM 的电路结构框图

图 9-2 是一个 4×4 的二极管 ROM。地址输入线为 A_1、A_0，译码器的输出为 4 条字线，分别用 W_0、W_1、W_2、W_3表示。存储矩阵中有 4 条位线 D_3'、D_2'、D_1'、D_0'，字线和位线相交的地方，就是存储单元，存储单元中有二极管者存储内容为 1，无二极管者存储内容为 0。存储单元可由二极管构成，也可用三极管或 MOS 管构成。

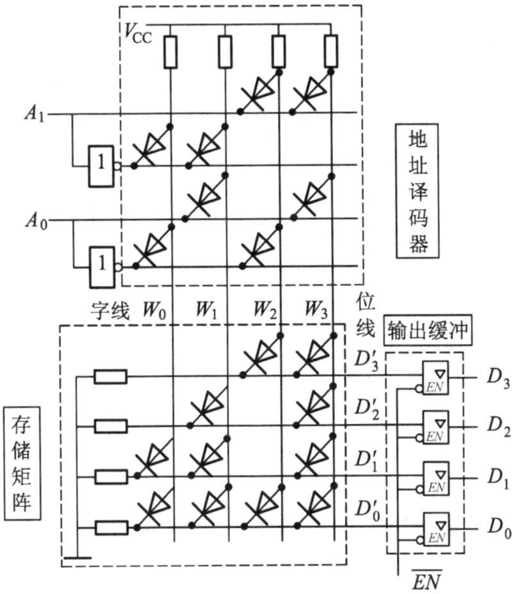

图 9-2　二极管 ROM

读数据时，地址译码器根据输入的地址代码 A_1、A_0选中字线 W_0、W_1、W_2、W_3中的一条，使该字线为高电平，从而使接在这条字线上的二极管导通，相应位线为高电平，表示该位为 1；而无二极管的位线为低电平，表示该位为 0。该存储字单元存储的数据经 4 条位线通过缓冲器输出。例如当 $A_1A_0=00$ 时，字线 W_0为高电平，存储字单元存储的数据 0011 经缓冲器传送至输出端输出。输出缓冲器用三态缓冲器，可以提高负载能力，便于与数据总线相连。各个地址与对应存储数据如表 9-1 所示。

图 9-2 中，地址译码器部分可看作是由与门构成的与阵列，存储矩阵和输出缓冲器部分可看作是由或门构成的或阵列，相当于一种特殊的编码器。这个存储器还可看作是一个广义的译码器。

表 9-1　图 9-2 二极管 ROM 真值表

A_1	A_0	W_3	W_2	W_1	W_0	D_3	D_2	D_1	D_0
0	0	0	0	0	1	0	0	1	1
0	1	0	0	1	0	0	1	1	1
1	0	0	1	0	0	1	0	0	1
1	1	1	0	0	0	1	1	1	1

2. 可编程 ROM

可编程 ROM 也称为 PROM。固定 ROM 中存储的数据在产品出厂时就已确定，用户不能改变。当用户需要自行确定存储内容时，可用 PROM 来实现。PROM 的结构与固定 ROM 基本相同，不同的是 PROM 有读写控制电路，并且所有的存储单元都有存储元件，相当于每个存储单元都存入了 1(或 0)，只是每个存储元件都串联了一个熔丝，用户可根据自己的需要，通过专用的编程器将某些存储单元中的熔丝烧断，改变所存数据。这种是熔丝工艺，此外还有反熔丝工艺。一般这样的 PROM 只能写入一次，一旦写入，存储数据就不能修改。

3. 可擦除可编程 ROM

可擦除可编程 ROM 可多次修改存储数据，其可分为紫外光擦除的 UVEPROM (简称 EPROM)和电擦除的 EEPROM(或 E^2PROM)。UVEPROM 经过一定时间(约 20 min)的紫外光照射后，存储数据将被全部擦除；而电擦除的 EEPROM，一次只能擦除一个字。与 PROM 一样，可擦除可编程 ROM 也需要通过专用编程器写入数据。

ROM 属于组合逻辑电路，特点是结构简单，具有非易失性，即停电后数据不丢失。随着集成电路技术的发展、集成度的提高，ROM 制作成本降低，作为大规模集成电路的 ROM 应用也更广泛，不再仅仅用作存储器存放数据和专门程序，还可用于实现代码转换、波形产生等。例如事先将三角函数在一定范围内取值的自变量和对应的函数值制成表格，即把角度值作为地址码，对应的函数值作为存放在该地址内的数据，写入 ROM 中。在需要时只要给出规定地址(如角度)，就可快速得到对应的函数值。

9.1.2 随机存取存储器

随机存取存储器 RAM 也称为读/写存储器，其功能和数码寄存器相似，但存储容量比寄存器大得多。与 ROM 相比，RAM 读写方便，使用灵活，但所存数据存在易失性，一旦掉电则所存数据便会丢失。

RAM 的电路结构框图如图 9-3 所示，由存储矩阵、地址译码器和读/写控制电路 3 部分构成。

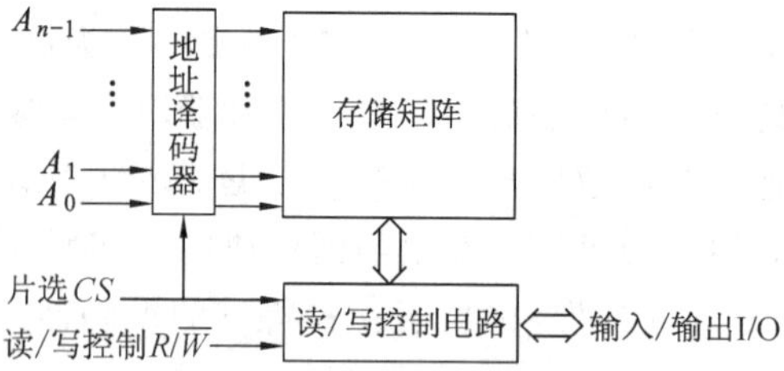

图 9-3 RAM 的电路结构框图

存储矩阵是 RAM 的核心，由若干存储单元排列而成，在地址译码器和读/写控制电路的控制下，既可以写入 1 或 0，又可以将所存储的数据读出。

RAM 的地址译码方式也称寻址方式，有一元寻址和二元寻址两种寻址方式。一元寻址方式与 ROM 的地址译码方式相同，只用一个地址译码器。地址译码器根据地址总线上输入的地址信号，译码后得到一个字单元的地址码，即"选中"这个地址的字单元，在读/写控制电路的控制下，实现对这个字单元的读或写操作。容量为 8×8 位的 RAM，其地址译码器的输出，即字选择线有 8 条，输入地址 3 位，是全译码方式，如图 9-4 所示。

二元寻址方式的地址译码器分行译码器和列译码器，只有行及列共同选中的单元，才能进行读、写。这种寻址方式所需要的行线和列线的总数较少。例如要存储 256 字×1 位的容量，采用一元寻址就需要 256 条字线，若采用二元寻址只需 32 条线即可，如图 9-5 所示。

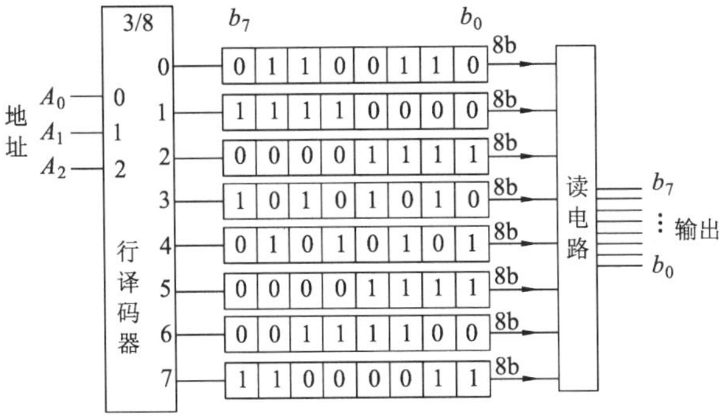

图 9-4　RAM 阵列中的读操作

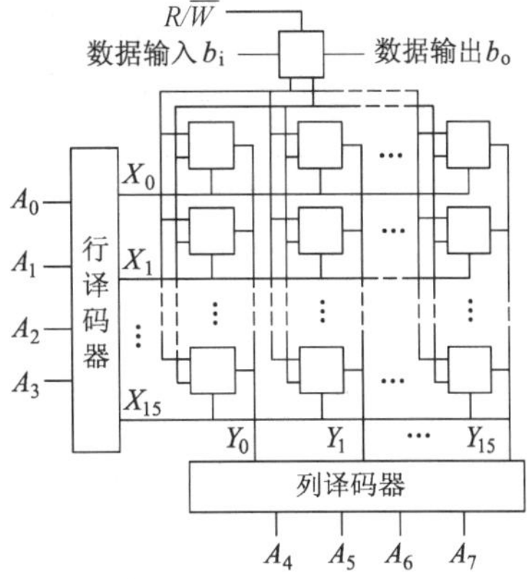

图 9-5　二元寻址的 256×1RAM 结构图

对存储单元进行“读”还是“写”，由读/写控制信号决定。当读/写控制信号 $R/\overline{W}$ 为 1 时，执行“读”操作，将存储单元里的内容送到输入/输出端上。当读/写控制信号 $R/\overline{W}$ 为 0 时，执行“写”操作，将输入/输出端上的数据写入存储器中。

根据存储单元的工作原理不同，RAM 可分为静态随机存储器（SRAM）和动态随机存储器（DRAM）两大类。静态存储单元是在静态触发器的基础上附加控制线或门控管构成的，它们是靠电路状态的自保功能存储数据的。动态存储单元是利用 MOS 管栅极电容能够存储电荷的原理制成的，与静态存储单元不同的是，动态存储单元必须定时地给栅极电容补充电荷，通常把这种操作叫作刷新或再生。

由于单片存储器的容量有限，经常需要将多片 RAM 组合起来扩展成大容量的 RAM 存储器系统（也称存储体）。扩展方式有位扩展和字扩展两种。位扩展如图 9-6 所示，是指字数不变，增加位数。字扩展如图 9-7 所示，是指位数不变，增加字数。

图 9-6 中片选线、读/写线、地址线 $A_0 \sim A_9$ 是并联起来的。$I/O_0 \sim I/O_7$ 形成位扩展。

图 9-7 中输入/输出线、读/写线、地址线 $A_0 \sim A_9$ 是并联起来的，高位地址码 A_{10}、A_{11} 和 A_{12} 经 74LS138 译码器的 8 个输出端分别控制 8 片 1 K×8 位 RAM 的片选端，以实现字扩展。读者可自行分析其工作原理。

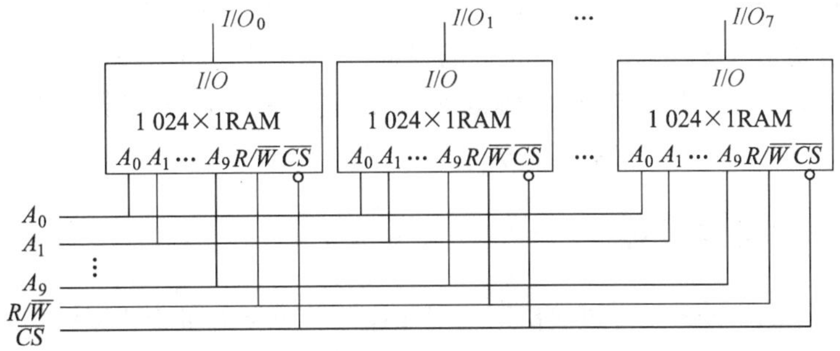

图 9-6　1 K×1 位 RAM 扩展成 1 K×8 位 RAM

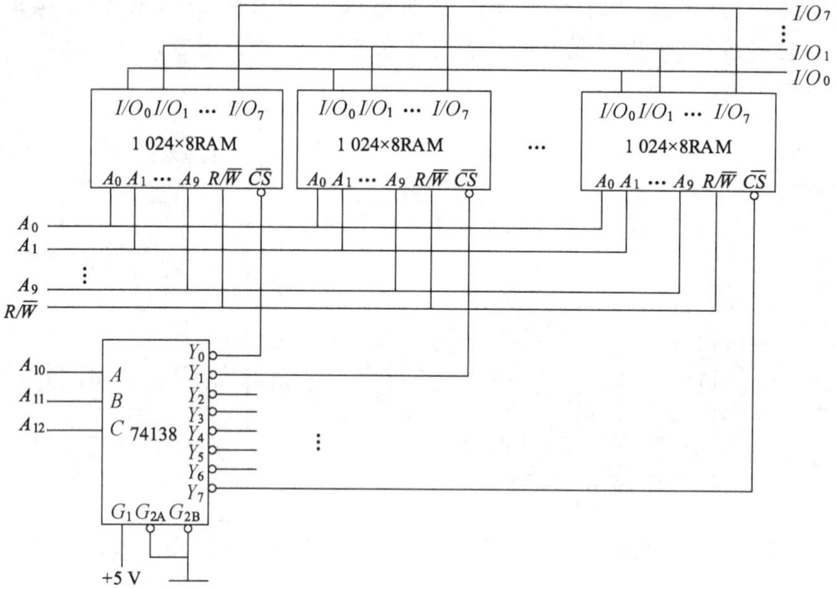

图 9-7　1 K×8 位 RAM 扩展成 8 K×8 位 RAM

9.1.3　快闪存储器

快闪存储器(flash memory)简称闪存，1984 年由东芝公司提出，现在市场上两种主要的非易失闪存技术分别是 Intel 公司于 1988 年首先开发出的 NOR flash 技术和 1989 年东芝公司发布的 NAND flash 技术。

NAND 型闪存的擦除操作十分简单，在 NAND 型闪存中，存贮单元被分成页，由页组成块。NAND 型闪存存储单元的读写是以块和页为单位进行的，更类似于硬盘。它在读和擦文件、特别是连续的大文件时，速度比 NOR 型闪存存储器快。但 NAND 型闪存的不足在于随机存取速度较慢，且没有办法按字节写。而 NOR 型闪存随机存取速度较快，而且可以随机按字节写。从成本、容量及寿命上来看，NOR 型闪存成本较高，容量为1～16 MB，擦写次数约 10 万次；NAND 型闪存成本较低，单元尺寸约为 NOR 型闪存的一半，生产过程简单，同样尺寸可以做更大的容量，容量为 8 MB～1 GB，擦写次数约 100 万次。因而 NAND 型闪存适用于大容量的数据存储应用，NOR 型闪存适合应用在数据/程序存储应用中。

快闪存储器实际上是一种快速擦除的 E^2PROM。闪存的出现，改变了原先由 EPROM 和普通的 EEPROM 一统天下的局面。由于工艺和结构的改进，快闪存储器比普通 E^2PROM 的擦除速度更快，集成度更高，且兼有 ROM 的非易失性和与 RAM 类似的读写便捷性，因此具有更广泛的应用前景。

9.1.4　铁电存储器

1993 年美国 Ramtron 公司推出第一个 4 K 位的铁电存储器 FRAM 产品。FRAM 是采用人工合成的铅锆钛(PZT)材料制成的一种崭新的非易失性随机存取存储器，铁电存储器具有以下特点：

(1) 非易失性：在掉电后数据能保存 10 年；

(2) 高速度：没有写等待时间，时钟频率高达 20 MHz；

(3) 低功耗：静态电流小于 1 mA，写入电流小于 150 mA；

(4) 擦写能力强：5 V 工作电压芯片的擦写次数为 100 亿次，低电压工作芯片的擦写次数为 1 亿亿次；

FRAM 主要分两大类：串行 FRAM 和并行 FRAM。串行 FRAM 又分 I^2C 两线方式和 SPI 三线方式。串行 FRAM 与传统的 E^2PROM 引脚及时序兼容，可直接替换，但各项性能要好得多。并行 FRAM 价格较高，不能直接替换传统的 SRAM，但速度快。

FRAM 具有 RAM 和 ROM 优点，读写速度快，可像非易失性存储器一样使用。FRAM 访问次数是有限的，超出了限度，FRAM 就不再具有非易失性，但仍可像普通 RAM 一样使用。

9.1.5 相变存储器

相变存储器(phase change memory，PCM)是一种新兴的非易失性存储器，是利用硫族化合物在晶态和非晶态之间巨大的导电性差异来存储数据的。它不仅工作速度比闪存快得多，更容易缩小到较小尺寸，而且复原性更好，能实现一亿次以上的擦写，可能在将来替代快闪存储器。

练习与思考

1. 掩膜 ROM、PROM、EPROM 之间有什么相同点、不同点？
2. 比较 E^2PROM 和 RAM 的区别。
3. 可编程 ROM 的“编程”是什么意思？与用 C 语言编程有什么不同？
4. 快闪存储器和铁电存储器有什么特点？

9.2 可编程逻辑器件

可编程逻辑器件 PLD(programmable logic device)诞生于 20 世纪 70 年代，以后相继出现了 PROM、可编程逻辑阵列 PLA(programmable logic array)、可编程阵列逻辑 PAL(programmable array logic)、通用阵列逻辑 GAL(general array logic)、复杂可编程阵列逻辑 CPLD(complex programmable logic device)、现场可编程门阵列 FPGA (field programmable gate array)等。

9.2.1 可编程逻辑器件结构

PLD 的结构基本相似，其结构框图如图 9-8 所示。主要由输入缓冲、与阵列、或阵列和输出结构 4 部分组成，核心部分是与阵列和或阵列，由与阵列产生乘积项，由或阵列实现乘积项的相或，实现“与-或”形式的逻辑函数。输出信号还可以通过内部通路反馈到与阵列的输入端。为了适应各种输入情况，与阵列的每个输入端（包括内部反馈信号输入端）都有输入缓冲电路（如图 9-9 所示）以降低对输入信号的要求，使之具有足够的驱动能力，并产生原变量（A）和反变量（$\overline{A}$）两个互补的信号。

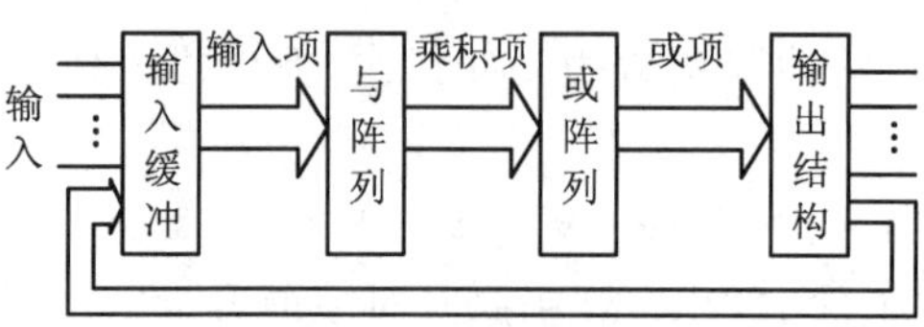

图 9-8　PLD 的基本结构框图

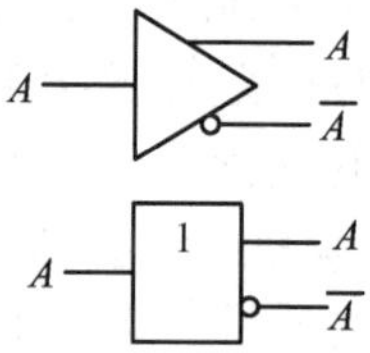

图 9-9　PLD 缓冲器表示法

有些 PLD 的输入电路还包含锁存器（latch），甚至是一些可以组态的输入宏单元，可对信号进行预处理。输出结构对于不同的 PLD 差异很大，有些是组合输出结构，有些是时序输出结构，还有些是可组态的输出结构，可以实现各种组合逻辑和时序逻辑功能。PLD 的结构特点如表 9-2 所示。

表 9-2　PLD 的结构特点

类型	与阵列	或阵列	输出电路
PROM	固定	可编程	固定
PLA	可编程	可编程	固定
PAL	可编程	固定	固定
GAL	可编程	固定	可组态

9.2.2　PLD 电路表示法

PLD 的与、或阵列规模大，用传统表示方法极不方便，通常采用 PLD 电路表示法。图 9-10 给出了 PLD 的 3 种连接方式。连线交叉处有实点的表示固定连接，即硬线连接，用户不可改变；有符号“×”的表示可编程连接，表示此点目前是互连的；若连线交叉点上既没有实点也没有“×”，表示不连接或者表示是擦除单元。

图 9-10　PLD 的 3 种连接方式

图 9-11 是与门的传统表示法和 PLD 表示法的一个示例。显然，在输入量很多的情况下，PLD 表示法更简洁。由图 9-11 可看出，PLD 表示法的三输入端与门的输入线只有一根线，一般称为乘积线，3 个输入变量分别由 3 根与乘积线垂直的竖线送入，其中固定连接或编程连接的相应输入为乘积项的一个元素。

图 9-12 所示为 3 输入变量 A、B、C 分别通过具有互补输出端的输入缓冲器输入原变量和反变量构成的与阵列。第 1 个与门的输出 $D=\overline{A}B$；第 2 个与门的输出 $E=A\overline{A}B\overline{B}C\overline{C}D\overline{D}=0$，这种状态称为与门的缺省状态，为了表示方便，可以在相应与门符号中加一个“×”，以表示所有输入项所对应的都是“×”。如第 3 个与门所表示的那样，

$F=0$；第 4 个与门与所有输入都不接通，它的输入是悬空的，此时 $G=1$，一般称其为“悬浮 1”状态。

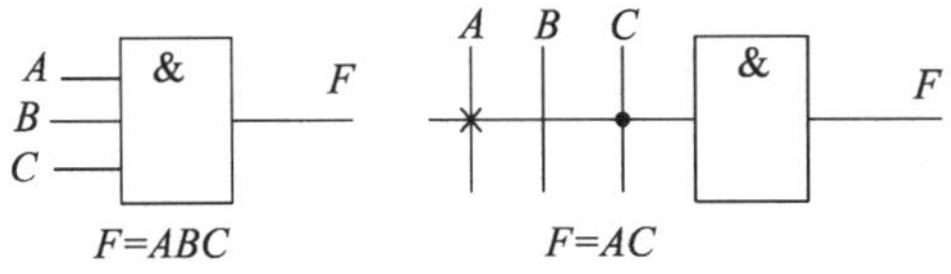

(a) 传统表示法　　(b) PLD表示法

图 9-11　与门的不同表示法示例

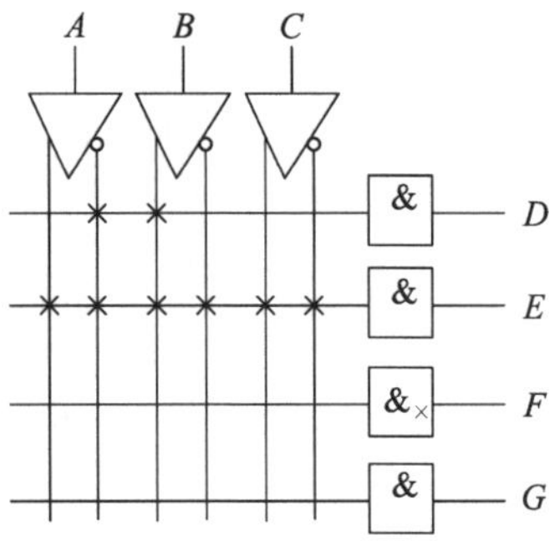

图 9-12　3 输入的与阵列

9.2.3　PLA 和 PAL 简介

PROM 的结构与固定 ROM 基本相同，实现简单的与或式逻辑函数十分方便。由于地址译码器采用全译码方式，输出所有的最小项，字线多。而实际上，大多数组合逻辑函数的最小项不超过 40 个，这导致 PROM 芯片的利用率不高，功耗增加。为解决这一问题，将与阵列也设计成可编程形式，这就是可编程逻辑阵列 PLA。用 PLA 实现多输入、多输出的复杂逻辑函数较 PROM 有优势，可提高芯片的利用率。PLA 除了能实现各种组合电路外，还可以实现时序逻辑电路，但由于缺少高质量的开发工具、价格较高，使用不广泛。

PAL 出现于 20 世纪 70 年代后期，采用与阵列可编程、或阵列固定的结构。输出电路可分为简单组合逻辑、可编程 I/O 和带反馈的寄存器输出 3 种。PAL 可实现加密功能，防止非法复制。时序型 PAL 具有上电复位功能。PAL 使用方便，可用编程器现场编程，很受用户欢迎，但其输出方式固定、不能重新组态，且编程是一次性的，因此应用时限制较多，局限性仍较大。

9.2.4　GAL 简介

GAL 是在 PAL 的基础上发展起来的，常用型号有 GAL16V8、GAL22V10 等。它采用了 E^2PROM 工艺，实现了电擦除、电改写，其输出结构是可编程的逻辑宏单元，用户可根据需要自行组态输出方式，因而功能更强，使用更灵活，应用更广泛。

GAL 器件按门阵列的可编程性分为两大类：一类是普通型，与 PAL 相似，与阵列可编程、或阵列固定，如 20 引脚的 GAL16V8；另一类与 PLA 相似，与、或阵列都可编程，称为新一代 GAL 器件，常见的有 GAL39V18。根据其他特点，GAL 器件还可分为通用型、异步型、在系统可编程型。其中在系统可编程 GAL 器件是 PLD 的发展方向。

GAL 器件的型号定义与 PAL 器件型号的定义规则一样，例如 GAL22V10 型号的含义：22 表示与阵列的输入变量数，10 表示输出端数，而“V”则表示输出方式可以改变。

下面以 GAL16V8（图 9-13）为例介绍 GAL 器件的基本结构。

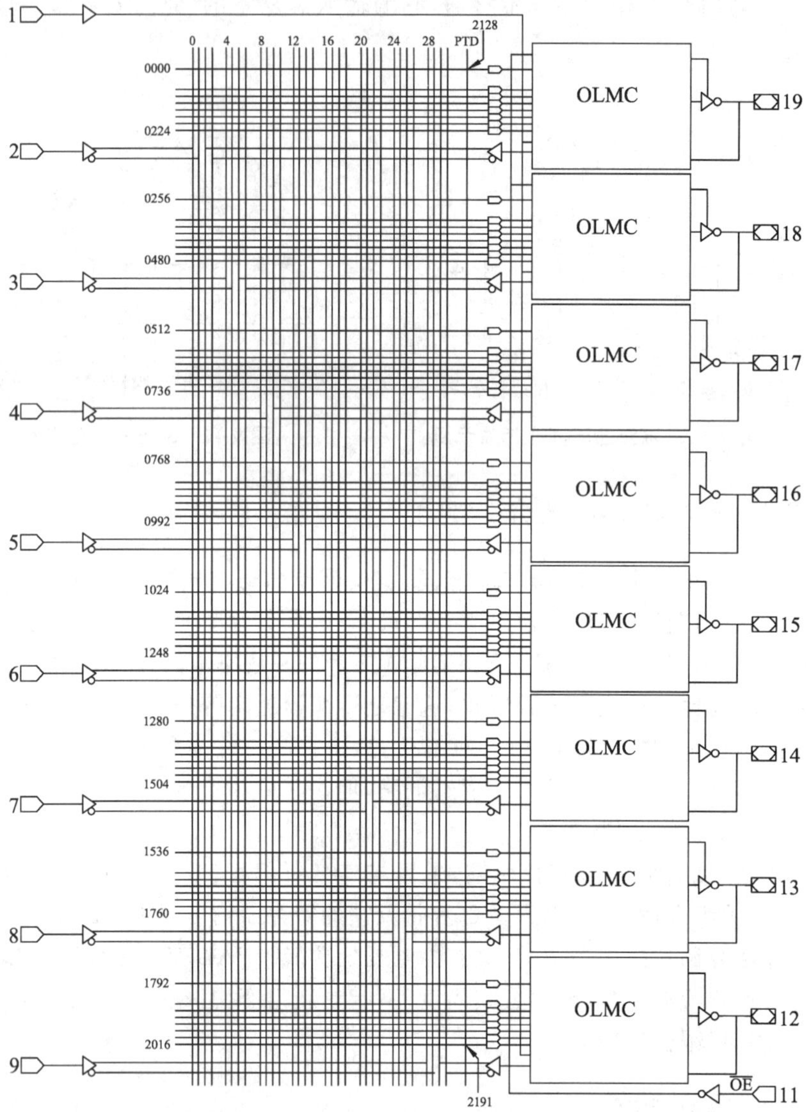

图 9-13 GAL16V8 逻辑结构图

1. 基本组成

(1) 16 个具有互补输出的缓冲器，其中 8 个是输入缓冲器，另 8 个是从输出逻辑宏单元反馈到输入阵列的缓冲器。

(2) 8 个三态输出缓冲器，它们由同一控制端 $\overline{OE}$ 使能。

(3) 8 个输出逻辑宏单元 OLMC(output logic macrocell)。

(4) 可编程与阵列有 32 列、64 行，共 2 048 个编程单元，即在与阵列中隐含了一个 2 K 的 E^2PROM。

(5) 一个系统时钟端 CP、电源端 U_{CC} 接 5 V 电源和一个接地端 GND。

2. 输出逻辑宏单元 OLMC

OLMC 逻辑电路如图 9-14 所示，由 8 输入或门、异或门、D 触发器、4 个多路选择器 MUX、时钟控制、使能控制和编程元件等组成。用户可根据不同需求，通过编程软件设置 GAL 结构控制字的相应位的数码，将 OLMC 配置成 OLMC 专用输入模式、OLMC 专用组合输出模式、选通组合输出模式、时序电路中的组合输出模式、OLMC 寄存器输出模式等不同组态。因而，通过编程可灵活地用 GAL 器件实现各种组合逻辑和时序逻辑电路。

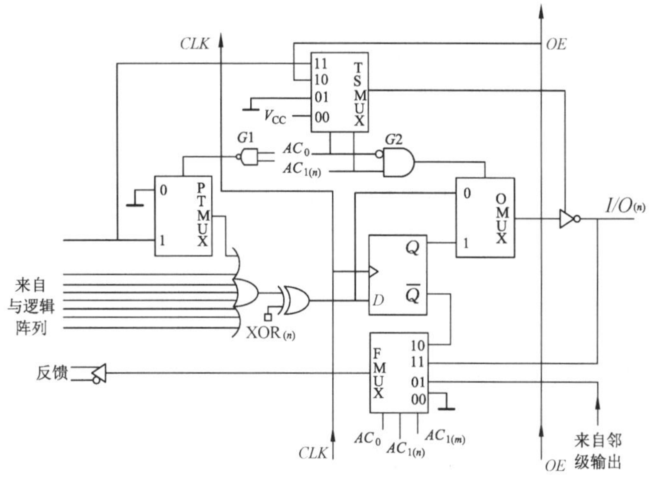

图 9-14　GAL16V8 的 OLMC 逻辑电路图

3. GAL 器件的编程方法

GAL 器件的编程除了对与阵列进行编程之外，还要对逻辑宏单元进行编程，以实现预定的输出逻辑关系。

对 GAL 编程应具备 GAL 编程的开发系统：软件开发平台和硬件编程设备，而软件开发平台是不可缺少的。编程是 GAL 器件开发的最后一个环节。

GAL 的编程方法目前有两种：一种是通过专门的编程器进行编程，即对早期的 GAL 器件，将需要编程的 GAL 器件插入专门的编程器进行编程，然后将编程后的 GAL 器件用在设计系统中。另一种是对新一代的 GAL 器件，则无需专用编程器，设计者可直接在电路系统上对 GAL 进行编程，称为在系统编程(in system programmable, ISP)。

4. GAL 的特点

除与 PAL 器件一样有上电复位、可加密功能外，GAL 器件还具有以下优点：

(1) 高通用性和灵活性。这是 GAL 的首要优点，每个宏单元均可根据需要任意组态，使用十分灵活。

(2) 100%可编程。GAL 器件一般采用 E^2CMOS 工艺制成，可反复编程，通常可擦写百次以上，甚至千次，设计者风险几乎为零。

(3) 100%可测试。GAL 器件的宏单元接成时序状态，测试软件可对状态方便地进行预置，缩短测试过程。

但 GAL 和 PAL 器件一样都属低密度器件，规模小，远达不到 LSI 和 VLSI 专用集成电路的要求，由于规模小，其加密功能也不理想。另外，各宏单元中触发器时钟信号公用，且只能外加，因此 GAL 和 PAL 器件只能作为同步时序电路使用，各宏单元的同步预置端和异步清零端也分别连在一起，大大限制了GAL的应用。每个宏单元只有一条通道反馈至与阵列，导致OLMC利用率很低。这些不足之处，在后面介绍的高密度可编程器件中都得到了较好的解决。

练习与思考

1. PLD与其他专用集成电路的区别是什么？能否用PLD来实现存储器？
2. 比较GAL与PAL的主要区别。

9.3 在系统可编程器件CPLD和FPGA

9.3.1 概述

复杂可编程逻辑器件(CPLD)和现场可编程门阵列器件(FPGA)是在PAL、GAL等器件的基础上发展而来的。同PAL、GAL相比，FPGA/CPLD的规模更大，编程也更灵活。一块FPGA/CPLD可以替代几十甚至几千块通用IC芯片，实现一个数字系统。经过多年的发展，许多公司都开发出了多种可编程逻辑器件。比较典型的有，美国Xilinx公司的FPGA器件系列和Altera公司的CPLD器件系列，它们开发较早，占有较大的市场份额。

FPGA/CPLD将PLD的概念扩展到更高层次的集成度范畴，进一步缩小了印制电路板(PCB)面积，降低了成本，提高了可靠性，改善了系统的性能。FPGA是Xilinx公司于1984年首先开发的一种通用型用户可编程器件，由掩膜可编程门阵列和可编程逻辑器件两者演变而来，因此FPGA既有门阵列器件的高集成度和通用性，又有可编程逻辑器件可由用户编程的灵活性，FPGA与其他PLD相比，速度更快，功耗更低，功能更强，适应性更广。

大部分FPGA采用基于SRAM的查找表(look up table，LUT)结构，如Altera公司的FLEX、ACEX、APEX系列，Xilinx公司的Spartan、Virtex系列等，LUT是可编程的最小逻辑构成单元。FPGA的编程逻辑单元主要是SRAM，它的可编程逻辑颗粒比较细，即以一个D触发器为核心的逻辑宏单元为一个颗粒，相互间都存在可编程布线区，因而逻辑设计比较灵活。相比较而言，CPLD的逻辑颗粒就粗得多，它是以多个宏单元构成的逻辑宏块的形式存在的，如ispLSI中的通用逻辑块。CPLD的基本工作原理与GAL器件十分相似，可以看成是由许多GAL器件合成的逻辑体，只是相邻块的乘积项可以相互借用，且每一逻辑单元都能单独引入时钟，从而可实现异步时序逻辑。

对于普通规模且产量不大的产品项目，通常使用CPLD比较好。因为中小规模(1 000门至50 000门)的CPLD价格较便宜，可选范围宽，能直接用于系统，上市速度快，市场风险小。目前最常用的CPLD多为在系统可编程ISP器件，其编程极为便捷，且有良好的器件加密功能。Lattice公司所有的ispLSI系列、Altera公司的7000S和9000系列、Xilinx公司的XC9500系列等是较常用的器件。对于大规模的逻辑设计、

ASIC 设计或单片系统设计，则多采用 FPGA。在逻辑规模上，FPGA 覆盖了大、中规模范围，逻辑门数从 5 000 门到 200 万门，甚至上千万门。

9.3.2 CPLD 与 FPGA 的常用结构

CPLD 常采用基于乘积项的内部结构，Lattice 公司的 ispLSI1016 是电可擦除 CMOS 器件，其芯片为 44 引脚的塑料有引线片式载体(PLCC)封装，如图 9-15 所示。其中包括 32 个 I/O 引脚，4 个专用输入引脚，集成密度为 2 000 门，每片含 96 个寄存器，信号从引脚到引脚延时为 10 ns。

图 9-16 是 ispLSI1016 的功能框图，包含 I/O 单元、全局布线区 GRP (global routing pool)、万能逻辑块 GLB (generic logic block) 和输出布线区 ORP(output routing pool)几部分。

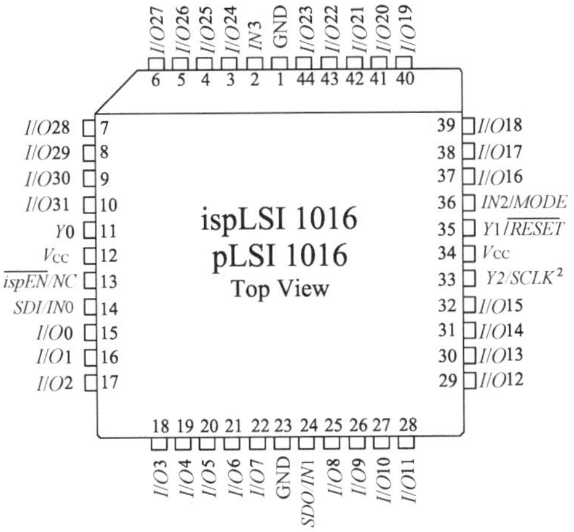

图 9-15 ispLSI1016 引脚图

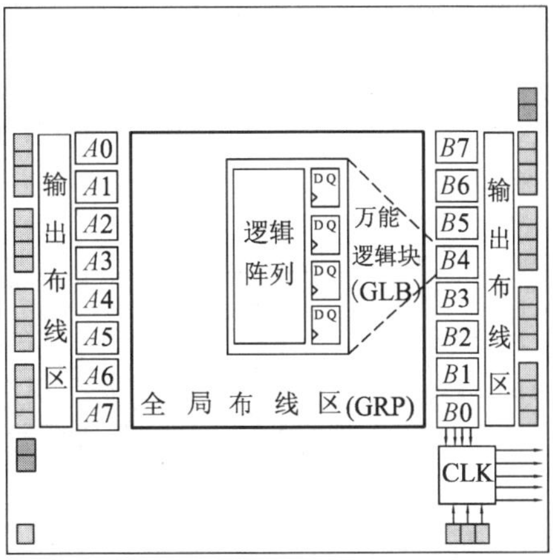

图 9-16 ispLSI1016 功能框图

外部信号通过 I/O 单元引到全局布线区；全局布线区完成任意 I/O 端到任意 GLB 的互连、任意 GLB 之间的互连，以及各输入 I/O 信号到输出布线区的连接；器件的所有逻辑功能可由一个 GLB 或多个 GLB 级联共同完成。输入 I/O 单元的输出信号和 GLB 的输出信号通过输出布线区将各输出信号连接到被定义为输出端的 I/O 单元的输入端。ispLSI1016 各部分功能分别介绍如下：

1. 全局布线区(GRP)

GRP 位于芯片的中央。它的作用是将片内所有逻辑联系在一起，供设计者使用，其特点是各输入、输出之间的延迟是恒定、可预知的，这个特点使片内互联性日臻完善，使用者可以方便地实现各种复杂的设计。

2. 万能逻辑块(GLB)

GLB 是 Lattice 公司高密度 ispLSI 器件中的基本逻辑单元，在图 9-16 中显示为两边的小方块，每边 8 块，共 16 块。图 9-17 是 GLB 的结构图，它由逻辑阵列、乘积项共享阵列、4 个输出逻辑宏单元等组成。

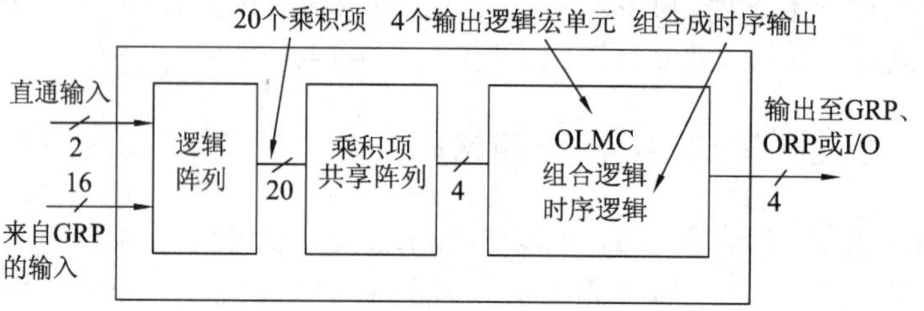

图 9-17 万能逻辑块 GLB 的结构

3. 输出布线区(ORP)

ORP是介于GLB和输入输出单元(IOC)之间的可编程互联阵列，如图9-18所示。阵列的输入是$A0\sim A7$共8个GLB的32个输出端，阵列有16个输出端，分别与同一侧的16个IOC相连。通过对ORP的编程，可以将任一个GLB输出灵活地送到16个I/O端的任一个，也就是说，GLB与IOC之间并非一一对应关系。通过编程，可将一个GLB输出对应4个I/O端，在布线时可以接到任意一个外部管脚上，因此使用者在不改变外部引脚排列的情况下，就可修改芯片内部的逻辑设计。

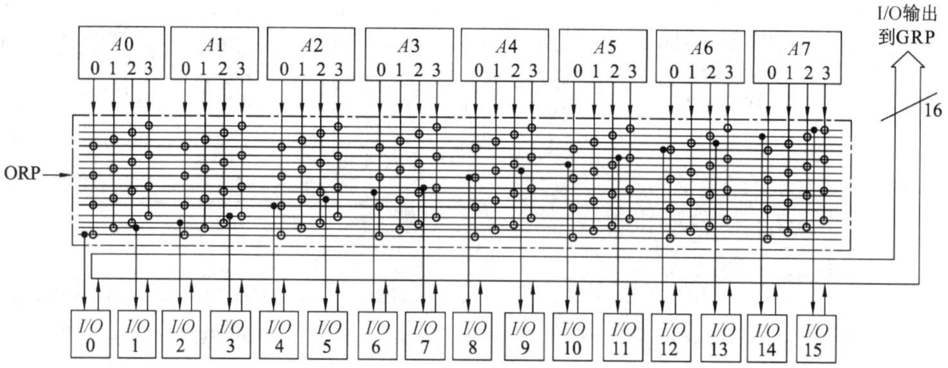

图 9-18 输出布线区(ORP)逻辑图

FPGA通常采用基于查找表的内部结构，查找表LUT本质上就是一个RAM，目前FPGA中多使用4输入的LUT，所以每个LUT可以看成一个有4位地址线的16×1的RAM，当用户通过原理图或硬件描述语言描述了一个逻辑电路以后，开发软件会自动计算所有可能的结果，并把结果事先写入RAM，这样每输入一个信号进行逻辑运算，就等于输入一个地址进行查表，找出地址对应的内容，然后输出即可。

表9-3清楚地表明了使用实际逻辑电路实现4输入与门与使用LUT实现4输入与门之间的区别。对于4输入的与门逻辑电路，共有16个输入状态，在LUT中也就需要16个存储单元，如果事先计算出每个输入状态对应的输出结果，然后把结果放入地址所对应的存储单元，那么当输入发生变化时，对于LUT而言，就相当于地址发生了变化。

表 9-3　使用 LUT 实现 4 输入与门与使用实际逻辑电路比较

实际逻辑电路	LUT 的实现方式
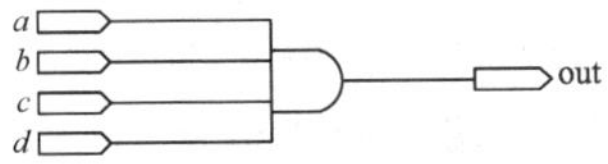	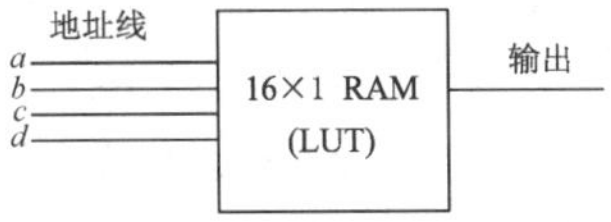

a、b、c、d 输入	逻辑输出	地址	RAM 中存储的内容
0000	0	0000	0
0001	0	0001	0
⋮	0	⋮	0
1111	1	1111	1

9.3.3　CPLD/FPGA 的在系统编程

目前大规模可编程逻辑器件 CPLD/FPGA 都支持在系统编程，即不需要专用编程器，用户在相应的软硬件开发平台上，通过专用的下载电缆把编程、配置文件下载到目标器件中即可。整个下载过程一般只需几秒即可完成。下载完成后，该可编程器件就成为一个具有用户赋予特定功能的专用集成电路。

对于基于乘积项技术、E^2PROM 或 FLASH 工艺的 CPLD(如 Altera 公司的 MAX 系列，Lattice 公司的大部分产品，Xilinx 公司的 XC9500 系列)，下载过程一般被称为编程。

对于基于查找表技术、SRAM 工艺的 FPGA(如 Altera 的所有 FLEX、ACEX、APEX系列；Xilinx 的 Spartan、Virtex)，下载过程一般被称为配置。由于工艺上的特点，掉电后配置数据会消失，因此调试期间可用下载电缆配置 FPGA 器件，调试完成后，需要将配置数据固化在一个专用的 E^2PROM 中。在 FPGA 上电时，由这片配置 E^2PROM先对 FPGA 加载配置数据，十几毫秒后，FPGA 即可正常工作。

在 CPLD/FPGA 未编程前，就可先把芯片安装、焊接在电路板上，这样可以减少对器件的机械损伤，而且对器件的封装形式也无特殊要求。然后便可通过下载电缆对器件进行在系统编程，这样既方便样机的制作，也支持生产和测试流程中的修改。当在使用过程中需要对硬件升级来增加某些功能时，不必重新更换器件和电路板，可以在现场重新编程进行硬件升级。这样就可以迅速、方便地提升系统功能。

9.3.4　CPLD/FPGA 的应用

随着微电子技术、计算机技术、软件技术等的发展，由半导体厂商独立设计与制造集成电路的一体化生产方式被打破了，使集成电路的设计、制造、测试和封装任务由不同的厂商承担。

电子系统设计师更愿意自己设计专用集成电路(application specific integrated circuit，ASIC)芯片，而且希望 ASIC 的设计周期尽可能短，最好是在实验室里就能设计出合适的 ASIC 芯片，立即投入实际应用之中。大规模可编程逻辑器件 CPLD/FPGA 的问世，以及各种开发软件平台的出现满足了电子系统设计师的需求，甚至有一定电子技术基础的非电子专业技术人员也能进行 ASIC 设计。因为设计者只需要在计算机上用专门的软件进行设计，通过开发装置将所需要的功能“写”入 CPLD/FPGA 中，就可使这一块 CPLD/FPGA 成为被设计者赋予特定功能的 ASIC。现在可以将一个数字系统“装入”一块大规模 CPLD/FPGA 芯片中，成为系统芯片 SOC(system on a chip)或片上系统。这样的设计开发方式周期短、成本低、无风险。这种现代电子电路设计方法不同于前面章节中介绍的基于中小规模集成电路的设计方法，称为电子设计自动化技术，将在下一章介绍。

CPLD/FPGA 是一种由用户编程以实现各种逻辑功能的大规模集成电路。用一片 CPLD/FPGA 器件就可实现数字系统的部分或全部逻辑功能，并且通用性强，保密性好。用 CPLD/FPGA 实现数字系统，与通用型中、小规模集成电路相比，具有集成度高、速度快、可靠性高、功耗小等优点；与大规模专用集成电路 ASIC 相比，具有设计周期短、先期投资少、修改设计逻辑方便、小批量应用成本低等优势，因而 CPLD/FPGA 应用广泛。

CPLD/FPGA 等大规模集成电路在计算机、通讯、工业仪表和消费类电子产品等领域应用普遍，它可以使设备体积减小，质量减轻，功耗降低，速度和可靠性提高，如应用于手机、掌上电脑、数码相机等，适应了信息时代人们对电子产品存储容量和工作速度越来越高的要求。

练习与思考

1. 比较 CPLD 和 FPGA 器件的基本原理，当 CPLD 和 FPGA 器件在使用过程中突然掉电时，其内部的逻辑电路会不会受影响？

2. 在系统编程技术的含义是什么？它有哪些特点？与传统的 PLD 编程方法相比，有何优点？

小　结

1. 半导体存储器可分为只读存储器 ROM、随机存取存储器 RAM、FLASH 存储器和铁电存储器等。与可编程逻辑器件一样，半导体存储器属于大规模集成电路。

2. 只读存储器 ROM 具有结构简单和非易失性特点，分为掩膜 ROM、可编程 ROM 和可擦除可编程 ROM。只读存储器主要由地址译码器、存储单元矩阵和输入/输出电路等组成。

3. 随机存取存储器 RAM 读写方便，但有易失性，分为动态随机存取存储器(DRAM)和静态随机存取存储器(SRAM)两种。随机存取存储器主要由地址译码器、存储矩阵、读/写控制电路等组成。通过字扩展、位扩展的方式，可将多片 RAM 组成大容量的 RAM 存储器系统(也称存储体)。

4. 快闪存储器 FLASH 和铁电存储器 FRAM 都是新型存储器，具有非易失性、比普通 E^2PROM的擦除速度更快、读写更便捷、集成度更高等优点。

5. 可编程逻辑器件(PLD)的核心部分是与阵列、或阵列及可组态的宏单元等。用户可通过编程使其实现各种逻辑功能。PLD 先后经历了 PROM、PLA、PAL、GAL、CPLD/

FPGA 阶段。

6. CPLD/FPGA 可在系统中重复编程、配置，具有集成度更高、速度更快、可靠性和保密性更好等特点。

第 9 章　习　题

9-1　半导体存储器可分为哪几种类型，分类依据分别是什么？

9-2　只读存储器 ROM 的特点是什么？可以分为哪几类？

9-3　随机存储器 RAM 有什么特点？可以分为哪几种类型？与 ROM 相比，它们之间的区别是什么？

9-4　考虑图 9-4 中的 8×8RAM 阵列。每一行的内容如下：

行 0：1000 1101

行 1：0010 1011

行 2：1110 0110

行 3：1001 1001

行 4：0110 0111

行 5：1010 1111

行 6：1011 0001

行 7：0100 1111

当下列地址被输入行译码器时，输出的十进制值是多少？

① $A_2A_1A_0=101$

② $A_2A_1A_0=011$

③ $A_2A_1A_0=100$

④ $A_2A_1A_0=110$

9-5　有一个用双向译码寻址 4 096×1 位存储器，问：

(1) 在单元矩阵中有多少行？多少列？

(2) 加在行和列译码器上的地址位数是多少？

9-6　某存储器具有 6 条地址线和 8 条双向数据线，问存储容量是多少？

9-7　ispLSI1016 的结构主要由哪几部分构成？它们之间有何联系？

9-8　目前市场上的 U 盘用什么作为其存储数据的载体？和其他存储介质相比，它有什么样的优点？

9-9　PLD 是什么？先后经历了哪几代的发展？谈谈你对 PLD 未来发展趋势的看法。

9-10　简述 CPLD 和 FPGA 的各自特点和区别。

9-11　在系统编程是如何实现的？有什么优点？

第 10 章

电子设计自动化

电子工程领域的技术重点正在由模拟电路向数字电路、由功能固定的器件向可编程器件转移，从而使系统的特征发生了根本性的变化，设计中的关键问题变成了人们对任务或应用的理解，以及设计成本最低或者上市时间最短。电子设计自动化（EDA）主要通过计算机辅助设计（CAD）软件，对超大规模集成电路芯片进行设计。电子设计自动化技术的发展，使非电类专业学生在计算机的帮助下，既能够设计出高性能的电子产品，也能对电子技术在本专业中的作用有更多的理解。

随着集成电路制造技术越来越复杂，相关要求标准也越来越高，手工操作已经无法满足需求，只有依靠 EDA 工具才能满足先进芯片的设计需求。从集成电路设计和制造流程来看，无论是工艺平台开发，还是集成电路设计和制造，每一个阶段的关键环节都离不开 EDA 的支撑。因此，EDA 工具有着广阔的市场应用空间，在芯片产业链中的重要性也越来越突出。从 EDA 产业的发展历程来看，20 世纪 60 年代开始，受到计算机辅助交互式图形设计系统发展的带动，自动化集成电路设计开始兴起，到了 20 世纪 80 年代，商业专用集成电路（ASIC）行业开始全面崛起，EDA 行业也正式进入发展黄金期。我国本土 EDA 产业发展起步于 20 世纪 90 年代初，由于产业基础薄弱，并且长期受“卡脖子”技术影响，产业发展极为缓慢，市场主流产品基本被海外品牌所垄断。尤其是在高端市场，国际三大 EDA 巨头 Synopsys、Cadence 和 Mentor Graphics（被西门子收购）占据绝对主导地位。所以，同学们在学习中要注意基础知识的积累，一步一个脚印，踏实做事，持之以恒，厚积薄发。

本章首先介绍电子设计自动化的基本概念，然后介绍可编程器件的设计开发流程，简单介绍 Verilog HDL 硬件描述语言，并用 Verilog HDL 描述数字电路，最后通过实例介绍 Xilinx 公司的 EDA 软件工具 ISE 的使用方法。

思维导图

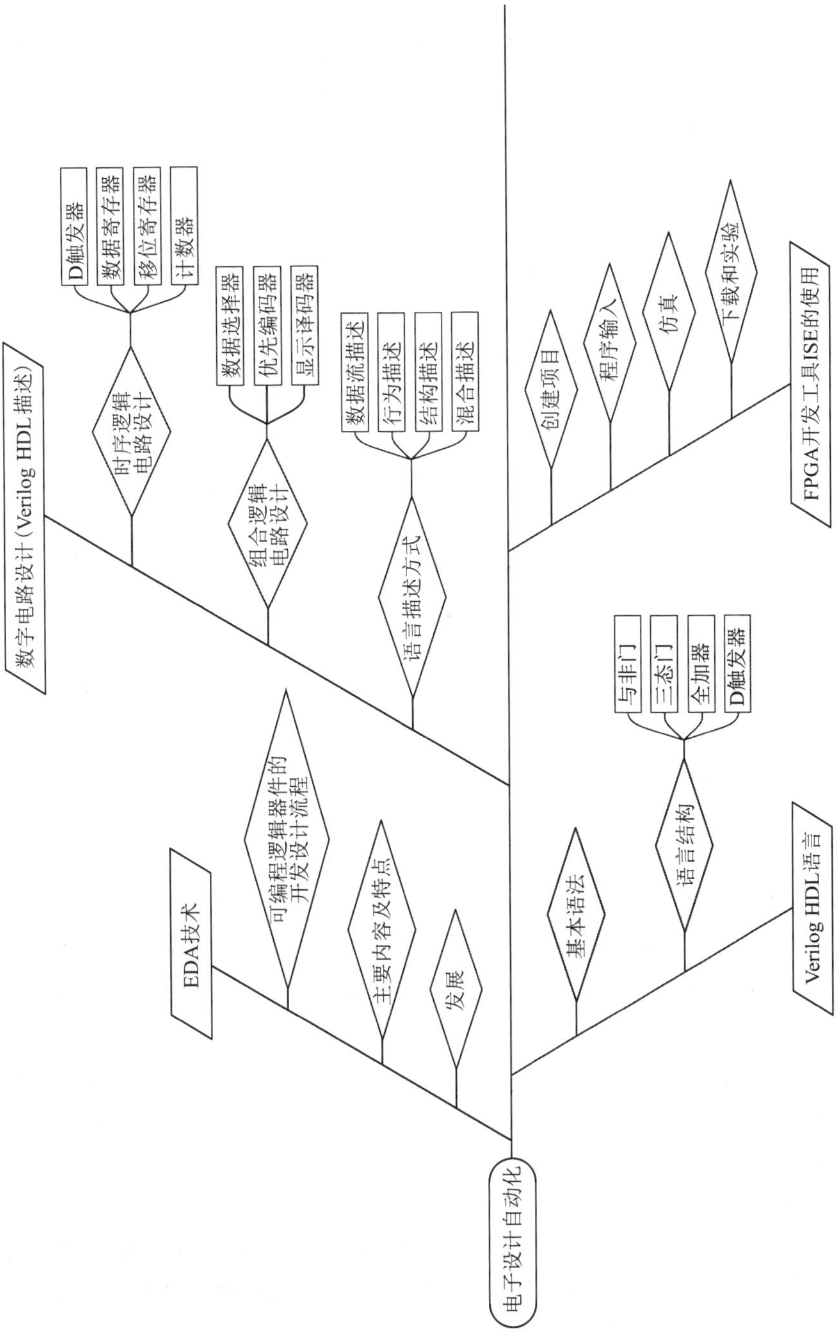
电子设计自动化
EDA技术
可编程逻辑器件的开发设计流程
主要内容及特点
发展
数字电路设计（Verilog HDL描述）
时序逻辑电路设计
D触发器
数据寄存器
移位寄存器
计数器
组合逻辑电路设计
数据选择器
优先编码器
显示译码器
语言描述方式
数据流描述
行为描述
结构描述
混合描述
Verilog HDL语言
基本语法
语言结构
与非门
三态门
全加器
D触发器
FPGA开发工具ISE的使用
创建项目
程序输入
仿真
下载和实验

10.1 电子设计自动化概述

电子设计自动化（electronics design automation，EDA）技术是以计算机科学和微电子技术发展为先导，集计算机图形学、数据库、图论和拓扑逻辑学、计算数学、优化理论等多学科最新成果于一体的先进技术，核心是在计算机工作平台上应用的一整套进行电子系统设计的通用开发软件工具。

10.1.1 EDA 技术的发展

EDA 技术随着计算机、集成电路、电子系统设计方法的不断发展，经历了 20 世纪 70 年代的计算机辅助设计（computer assist design，CAD）阶段、80 年代的计算机辅助工程（computer assist engineering，CAE）阶段和 90 年代以后的电子设计自动化 EDA 等发展阶段。

1. 计算机辅助设计（CAD）

早期的电子系统硬件设计采用分立元件，按照自下而上的设计思想，应用试探法进行设计。一般先根据指标要求，设计出各部分电路和系统电路图，再实际连接调试，反复修改，直到满足性能指标。这种方式设计效率低，花费时间长。

随着中小规模集成电路的出现，设计者大量使用不同型号的标准集成电路芯片，并将器件焊接在印制电路板（printed circuit board，PCB）上进行调试。这时，低效率的手工布线已无法满足电子系统复杂性的要求，于是出现了用二维图形编辑与分析 CAD 工具替代设计师自动完成布图布线等高重复性繁杂劳动的布线软件，其中 Tango 最具代表性。PCB 布图布线工具受计算机性能的限制，能支持的设计工作有限且性能比较差，效率也较低。

2. 计算机辅助工程（CAE）

随着大规模集成电路如微处理器、存储器，以及可编程逻辑器件（PAL、GAL）等相继出现，用少数几种通用标准芯片已可以实现电子系统。20 世纪 80 年代初，以逻辑模拟、定时分析、故障仿真、自动布图布线为主要工具；80 年代后期，已经可以进行设计描述、综合与优化和设计结果验证，重点解决电路设计没有完成之前的功能验证等问题。这些 CAE 工具代替了设计师的部分设计工作，对保证设计、成功制造出最佳的电子产品起着关键作用。但是，大部分从原理图出发的 CAE 工具仍然不能适应复杂电子系统的设计要求，而且具体化的元件图形制约着优化设计。

3. 电子设计自动化阶段（EDA）

20 世纪 90 年代，随着可编程逻辑器件的发展，设计师逐步从使用硬件转向设计硬件。设计者可以用各种不同规模的可编程逻辑器件创造性地实现复杂的电子系统，从单个电子产品的开发转向系统级电子产品的开发（即片上系统 SOC）。这时的 EDA 工具是以系统级设计为核心，包括系统行为级描述和结构级综合、系统仿真与测试验证等一整套的电子系统设计自动化工具。它能提供独立于工艺和厂家的系统级设计能力，可以代替设计师完成设计前期的许多高层次设计，如可将用户的要求转换为设计技术规范；能有效地处理可用的设计资源与理想的设计目标之间的矛盾；能按具体的硬件、软件算法分解设计等。设计师可以在不熟悉各种半导体工艺的情况下，利用计算机和 EDA 工具，通过一些简单的标准化设计过程，高效、快速、方便地完成电子系统的设计。

随着可编程器件(包括可编程逻辑器件、可编程模拟器件和可编程数-模混合器件)品种不断增加、功能不断完善，基于 EDA 技术的 SOC 设计技术的发展，软、硬核库的建立，电子系统的设计不再是电子工程师的专利，广大技术人员(包括非电子专业人员)将更多地利用 EDA 技术自己设计电子电路和产品。

目前，EDA 工具正朝着具有数字/模拟混合信号处理能力、仿真工具更为有效、设计综合工具更为理想的方向发展。今后的 EDA 工具将功能更加强大、使用更加方便、更加简单易学。EDA 技术也将在科研、新产品开发、专用集成电路开发、传统机电设备的升级换代和技术改造等方面发挥重要作用。有专家认为，21 世纪将是 EDA 技术快速发展的时期，并将成为对 21 世纪产生重大影响的十大技术之一。

10.1.2 EDA 技术的主要内容及特点

广义 EDA 技术的研究对象是电子设计的全过程，包括系统级、电路级和物理级各个层次的设计，研究的范畴非常广泛，内容丰富。广义 EDA 技术，除了包括计算机辅助分析 CAA 技术(如 PSPICE、Multisim、MATLAB 等)、印刷电路板计算机辅助设计 PCB-CAD 技术(如 PROTEL、ORCAD 等)、其他高频和射频设计及分析的工具等外，还包括狭义的 EDA 技术。狭义 EDA 技术即以大规模可编程逻辑器件为设计载体，以硬件描述语言为系统逻辑描述的主要表达方式，以计算机、大规模可编程逻辑器件的开发软件及实验开发系统为设计工具，通过有关的开发软件，自动完成用软件方式设计的电子系统到硬件系统的逻辑编译、逻辑化简、逻辑分割、逻辑综合及优化、逻辑布局布线、逻辑仿真，直至对特定目标芯片的适配编译、逻辑映射、编程下载等工作，最终形成集成电子系统或专用集成芯片的技术，也称为 IES/ASIC 自动设计技术。EDA 软件工具发展到今天，已从数字系统扩展到模拟、微波等多个领域。

狭义 EDA 技术，即大规模可编程逻辑器件的开发技术。学习 EDA 技术必须学习大规模可编程逻辑器件、硬件描述语言、EDA 开发软件及实验开发系统 4 个方面的内容。

近年来，许多生产可编程逻辑器件的公司都相继推出了自己的 EDA 工具，如 Altera、Lattice、Xilinx、Actel，AMD 等公司都有各自的专用 EDA 工具。目前较流行的主流厂家的开发工具有：Altera 的 QuartusII、Xilinx 的 ISE 等等。此外，一些专门的 EDA 软件公司，如 Cadence、Mentor、Graphic、Viewlogic、Synopsys 等提供具有特色的 EDA 工具。

EDA 技术是电子设计的发展趋势。用 EDA 技术设计数字电子系统，具有以下几个特点：(1) 可用软件的方式设计硬件，即硬件设计“软件化”，用硬件描述语言编写一段“程序”来描述系统的逻辑功能；(2) “程序”到硬件系统的转换由开发工具自动完成；(3) 设计过程中可用相关软件进行各种仿真；(4) 系统可现场编程，在线升级；(5) 整个系统可用一个芯片实现，体积小、功耗低、可靠性高；(6) 设计效率高、速度快。

10.1.3 可编程逻辑器件的开发设计流程

现代数字系统的设计方法强调系统性、清晰性和可靠性。多采用自上而下（自顶向下）的层次化、模块化设计方法，即从对数字系统的总体要求入手，先将较为复杂的数字系统（模块）划分为多个子系统（子模块），如果子系统仍然较复杂，再对子系统进行划分，层层分解，直到分解为一系列简单的易设计实现的模块。其优点是结构清晰，适合多人同时设计以缩短设计时间，设计质量高，有较好的设计重用性。

可编程逻辑器件的开发设计是在计算机上通过专用的EDA开发软件进行的，包括设计准备、设计输入、设计处理和器件编程4个步骤，以及相应的功能仿真、时序仿真和器件测试3个设计验证过程。开发设计流程如图10-1所示。

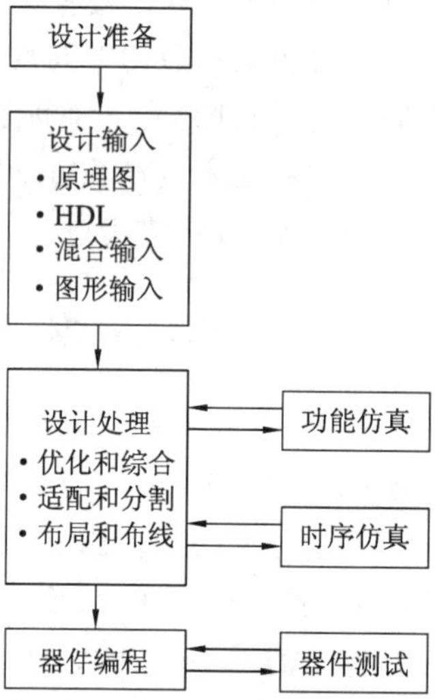

图10-1 可编程逻辑器件的开发设计流程

1. 设计准备

这一步需完成行为分析和结构设计两部分工作，即在顶层进行功能划分，确定系统结构方案。

2. 设计输入

设计输入就是编写描述逻辑功能的源文件，将所设计的系统或电路以开发软件要求的形式输入计算机。一般有以下几种方式：

（1）原理图输入方式。利用EDA开发软件提供的元件库中的元件、连线和用户先前创建的元件画出原理图，形成原理图输入文件。所画原理图与传统的器件连接方式相似，容易被人接受和掌握。但是，当系统较复杂时，原理图输入方式效率低，且修改、移植、交流困难。一般只用于简单电路的设计。

（2）硬件描述语言输入方式。用开发软件支持的硬件描述语言编写源程序文本的方式来描述设计。硬件描述语言输入方式支持逻辑方程、真值表、状态机等逻辑描述方式，且源文件便于修改、移植、交流和复用，是当前非常流行的一种输入方式。

（3）混合输入方式。即同时用原理图和硬件描述语言程序文本进行系统逻辑功能的描述。比如，在顶层用原理图描述，对部分功能模块和自己创建的元件用硬件描述语言描述。

（4）图形输入方式。有些开发软件可以根据输入的波形图，或标有时钟信号名、状态转换条件、状态机类型等要素的状态图自动生成逻辑关系或VHDL程序。

3. 设计处理

设计处理是指用开发软件对设计输入文件进行编译、逻辑化简、优化和综合、适配和分割、布局和布线，最后形成下载用的编程文件。

1）语法检查和设计规则检查

设计输入完成后，对源文件进行编译，先检查语法，如原理图有无漏线、信号有无双重来源，文本输入文件中的关键字有无错输等，如有错误及时给出错误信息；然后进行设计规则检查，检查总的设计有无超出器件资源等，并给出编译报告，指明违反规则的情况，让设计者修改。

2）逻辑化简及优化和综合

化简所有逻辑方程和用户自建的宏，使设计占用资源最少。综合的目的是将多个模块设计文件合并成一个网表文件，并使层次化设计平面化。

3）适配和分割

确定优化后的逻辑能否与器件中的宏单元和 I/O 单元适配，然后将设计分割为多个便于适配的逻辑小块，映射到器件相应的宏单元中。

4）布局和布线

布局和布线工作由开发软件自动完成，它能以最优的方式对逻辑器件布局，并准确地实现信号的互联。布线后，软件会自动生成布线报告，提供设计中各部分资源的使用情况等信息。

5）生成编程数据文件

设计处理的最后一步是产生一个用于器件编程的数据文件。对于 CPLD，产生熔丝图文件，即 JEDEC 文件（简称 JED 文件）；对于 FPGA，则是产生位流数据文件（bitstream generation）。

4. 设计检验

设计检验包括功能仿真和时序仿真，这两项工作是在设计处理过程中进行的。

仿真前需用硬件描述语言编写测试向量文件。功能仿真只是对源文件描述的逻辑功能进行模拟，没有信号延时信息。功能仿真结束后，会给出报告文件和输入输出波形，通过对仿真波形的观察分析，可以检验和改善设计。如果发现错误，就要返回设计输入，修改源文件。

时序仿真是在选定了具体器件并完成了布局和布线之后进行的，仿真模型中包含信号延时的信息，也称为实时仿真，时序仿真的结果基本与器件实际工作情况相同。由于不同器件的内部延时不一样，不同的布局和布线方案对延时的影响也不同。因此，在下载前进行时序仿真是必要的。

5. 器件编程

器件编程就是将编程数据下载到可编程器件中，使该可编程器件成为具有设计方案确定的逻辑功能的集成电路。对于 CPLD，是将 JED 文件“下载”到 CPLD 中；对于 FPGA，则是将位流数据文件“配置”到 FPGA 中。具有在系统编程特性的器件无须专用编程器，用下载电缆连上计算机即可完成对器件的编程操作。

器件编程后，可用实验开发系统进行测试。如果验证电路实现了预期的逻辑功能，就说明设计成功。

练习与思考

1. EDA 技术的发展经历了哪几个阶段？
2. 什么叫电子设计自动化？有什么特点？
3. 可编程逻辑器件设计流程中，何时进行仿真？仿真的作用是什么？

10.2 Verilog HDL 语言

广泛应用的硬件描述语言有 Verilog HDL 和 VHDL 等，它们都是 IEEE 标准，都有大量支持仿真的语句和可综合语句。Verilog HDL 与 C 语言有很多相似之处，书写比较自由。

Verilog HDL 语言的特点：(1) 能在不同层次上，如系统级、功能级、RTL(register transfer level)级、门级和开关级，对系统进行精确而简练的描述；(2) 能在每个层次上对设计描述进行仿真，及时发现问题，改正设计错误，缩短设计周期，并保证整个设计的正确性；(3) 由于代码描述与具体工艺实现无关，设计标准化程度高，设计的可重用性好。

用可综合语句正确设计简单的数字系统是本章学习的重点。

10.2.1 Verilog HDL 语言基础

1. Verilog 语言要素

1) 标识符

标识符用来表示模块、器件、管脚、节点、集合、输入和输出信号、常量、变量等。标识符可以是任意一组字母、数字以及符号“$”和“_”(下划线)的组合，长度小于 1 024 个字符。标识符的第一个字符必须是字母或者下划线。标识符区分大小写，如 oUt、out、OUT、Out 都是不同的标识符。

Verilog HDL 语言内部已经使用的特定的标识符称为保留标识符，又称为关键字，必须小写。

2) 注释

注释方式有两种：

单行注释：以“//”开始到本行结束。

多行注释：以“/ * ”开始，到“ * /”结束。

注释增加了程序的可读性，工程中要求注释要达到 60%以上，在编写程序时，要注意培养书写注释的良好习惯。

3) 逻辑状态

0：表示逻辑 0、逻辑非、低电平、假。

1：表示逻辑 1、逻辑真、高电平、真。

x 或 X：表示不确定的逻辑状态。

z 或 Z：表示高阻态。

在门的输入端或一个表达式中，“z”的值通常解释为“x”。z 和 x 是不区分大小写的。

4) Verilog 中的常量

主要有整数、实数和字符串 3 种类型：

(1) 整数

整数可按简单十进制数格式表示，如 35、－46，与普通十进制数表示相同。整数还

可用基数表示法。表示格式：+/−＜位宽＞′＜基数符号＞＜按基数表示的数值＞

进制有4种：二进制(b或B)、十进制(d或D或缺省)、八进制(o或O)和十六进制(h或H)

3′b000 //3位二进制数000

9′o671 //位宽为9的八进制数

8′h3f //位宽为8的十六进制数

4′B1x_01 //4位二进制数1x01，“_”只是作分隔

5′Hx //5位x(扩展的x)，即xxxxx

4′hZ //4位Z，即ZZZZ

8□′h□2A /*在位宽和′之间，以及进制和数值之间允许出现空格，但′和进制之间，数值间是不允许出现空格，比如8′□h2A、8′h2□A等形式都是不合法的写法*/

(2) 实数

实数可用十进制表示，如：2.0、0.1。也可用科学计数法表示，如：5E-4、9.6E2、43_5.1e2。

(3) 字符串

字符串即双引号内的字符序列，如"INTERNAL ERROR"。字符串不能分成多行书写。字符串的作用主要是仿真时用于显示一些相关的信息，或者指定显示的格式。

5) 数据类型

Verilog HDL语言中主要的数据类型为：线网(net)型，常用的有wire、tri，表示数字电路中的物理连线；variable型，包括reg、integer、real、time等，其中寄存器(reg)型，表示一个抽象的数据存储单元；参数(parameter)型，常用来定义位宽和延迟时间等。

(1) 线网型

线网型数据的特点是输出的值随输入值的变化而变化。线网型有两种驱动方式，一种方式是在结构描述中将其连接到一个门元件或模块的输出端；另一种方式是用持续赋值语句assign对其进行赋值。

wire型是最常用的，定义格式如下：

wire 数据名1，数据名2，…，数据名n；

例如：wire a,b; //定义了两个wire型变量a和b

wire [7:0] databus; //databus的宽度是8位

使用变量前，必须进行类型说明。说明缺省时，表示位宽为1 bit的wire型。wire是基本的、不附带其他功能的连线，也是最常用的连线类型。当用数字表示其逻辑值时，不存在符号位。

(2) variable型

variable型变量必须在过程块(如initial、always)中，通过过程赋值语句赋值；在过程块内被赋值的信号也必须被定义成variable型。

reg型是最常用的。定义格式如下：

reg 数据名1，数据名2，…，数据名n；

例如：reg a,b; //定义了两个reg型变量a、b

reg [7:0] qout; //定义 qout 为 8 位的 reg 型向量

reg 型必须进行类型说明（无缺省状态）。除了 reg 类型以外，其他 integer、real、time 等只有抽象意义，不能综合（即不能用硬件实现，只能用作仿真）。

注意：reg 型变量并不意味着一定对应着硬件上的一个触发器或寄存器等存储元件，在综合时，根据具体情况，reg 型变量会被确定是映射成连线还是映射为触发器或寄存器。

(3) 参数型

在 Verilog 语言中，用参数 parameter 来定义符号常量，参数常用来定义时延和变量的宽度。

定义格式如下：

parameter 参数名 1＝表达式 1，参数名 2＝表达式 2，参数名 3＝表达式 3，…

例如：parameter SL＝8，CODE＝8′ha3；/＊参数 SL 代表十进制 8，参数 CODE 代表十六进制常量 a3＊/

6) 向量

(1) 标量与向量

宽度为 1 位的变量称为标量，如果在变量说明中没有指定位宽，则默认为标量。

例如：wire a; //a 为标量

reg clk; //clk 为 reg 型标量

线宽大于 1 位的变量（包括 net 型和 variable 型）称为向量。向量的宽度用下面的形式定义：

[MSB：LSB]

比如：wire [3:0] bus; //4 位的总线

(2) 位选择和域选择。

在表达式中可任意选中向量的某位或相邻几位，分别称为位选择和域选择。

例如：A＝mybyte[6]; //位选择

B＝mybyte[5:2]; //域选择

再如：reg [7:0] a,b; reg [3:0] c; reg d;

d＝a[7]&b[7]; //位选择

c＝a[7:4]＋b[3:0]; //域选择

2. 运算符

Verilog HDL 的运算符除没有加 1 和减 1 运算符外，其他运算符与 C 语言很相似。

1) 算术运算符

(1) 加法：＋ //实现加法运算，例如 a＋b

(2) 减法：－ /＊实现减法运算，例如 a－b。当写成－b 时，它是单目运算符，表示 b 的补码＊/

(3) 乘法：＊ //实现乘法运算，例如 a＊b

(4) 除法：/ //实现除法运算，例如 a/b，通常综合工具不支持

(5) 取模：% //实现取模运算，例如 a%b，通常综合工具不支持

2）位运算符

按位运算的运算符是位运算符，原来的操作数有几位，结果就有几位，若两个操作数位数不同，则短的操作数左端会自动用 0 补齐。

（1）按位取反运算符：～

（2）按位与运算符：&

（3）按位或运算符：|

（4）按位异或运算符：^

（5）按位同或运算符：^～或～^

例如：a='b0110，b='b0100；则 a|b=0110，a&b=0100。

3）缩位（归约）运算符

缩位运算符是单目运算符，按位进行逻辑运算，结果是一位逻辑值。例如，对a[3]、a[2]、a[1]、a[0]进行缩位运算时，先对 a[3]和 a[2]进行缩位运算符指定的运算，产生一位结果，再将这个结果与 a[1]进行缩位运算，然后再将产生的结果与 a[0]进行缩位运算，产生最后的结果。

（1）与缩位运算符：&

（2）或缩位运算符：|

（3）异或缩位运算符：^

（4）与、或、异或缩位运算符和非操作运算符组成的复合运算符：～&，～|，～^

例如：a='b0110，b='b0100；则|b=1，&b=0，～|a=0。

4）逻辑运算符

（1）逻辑与：&&

（2）逻辑或：||

（3）逻辑非：!

其中逻辑与和逻辑或为双目运算符，逻辑非为单目运算符。

如果操作数是一位的，则 1 代表逻辑真，0 代表逻辑假。如果操作数是多位的，则将操作数看作整体，如果操作数中每一位都是 0，则具有逻辑 0 值，若其中有一位为 1，就把这个操作数看作逻辑 1 值。

5）关系运算符

关系运算符包含：

（1）小于：<

（2）大于：>

（3）小于等于：<=

（4）大于等于：>=

关系运算符都是双目运算符，用于比较两个操作数的大小，比较结果是一位逻辑值，1 代表比较关系成立，0 代表比较关系不成立。

6）相等与全等运算符

（1）相等：==

（2）不等：!=

(3) 全等：===

(4) 不全等：!==

这4个运算符都是双目运算符，结果是一位的逻辑值。

7) 逻辑移位运算符

(1) 逻辑左移：<<

(2) 逻辑右移：>>

设a是操作对象，n是移位位数，则a<<n表示将a左移n位。移位操作时，用0填补移出的空位。

8) 拼接运算符{ }

该运算符可以将两组信号拼接成一个新的信号。例如，{a,b,c,3'b101}，若a、b、c都是一位信号，则该连接运算的结果是6位宽信号。

对于一些重复信号，可用拼接运算符简化表示，例如：{4{w}}表示{w,w,w,w}。

9) 条件运算符

条件运算符是三目运算符，它的格式是：

〈条件表达式〉?〈条件为真时的表达式〉:〈条件为假时的表达式〉

例如，assign tri_bus = (drv_enable)? data:16'bz;

10) 运算符优先级

运算符的优先级如表10-1所示。可以用括号()来改变运算的优先级。

表10-1 运算符的优先级

<table>
<tr><th>运算符</th><th>优先级</th></tr>
<tr><td>! ~</td><td>高优先级</td></tr>
<tr><td>* / %</td><td></td></tr>
<tr><td>+ -</td><td></td></tr>
<tr><td><< >></td><td></td></tr>
<tr><td>< <= > >=</td><td></td></tr>
<tr><td>== != === !==</td><td></td></tr>
<tr><td>& ~&</td><td></td></tr>
<tr><td>^ ^~</td><td></td></tr>
<tr><td>| ~|</td><td></td></tr>
<tr><td>&&</td><td></td></tr>
<tr><td>||</td><td></td></tr>
<tr><td>?:</td><td>低优先级</td></tr>
</table>

3. Verilog行为语句

1) 块语句

由块标志符begin-end或fork-join界定的一组语句，当块语句只包含一条语句时，块标志符可以省略。

begin-end串行块中的语句按顺序执行。fork-join并行块不可综合。

2) 过程语句

always过程语句格式为：

```
always @(敏感信号列表)
  begin
  //过程赋值
  //if-else,case,casex,casez 选择语句
  //while,repeat,for 循环
  //task,function 调用
  end
```

always 过程语句通常是带有触发条件的，触发条件写在敏感信号列表中，只有当触发条件满足时，其后的“begin-end”块语句才能被执行。always 块内的语句可以不断重复执行。

敏感信号列表又称敏感信号表达式，即当该表达式中变量的值改变，就会执行块内语句。因此敏感信号列表中应列出影响块内取值的所有信号。若有两个或两个以上信号时，用“or”连接。例如：

```
@(a or b)                              //当信号 a 或信号 b 的值发生改变时
@(posedge clock)                       //当 clock 的上升沿到来时
@(negedge clock)                       //当 clock 的下降沿到来时
@(posedge clk or negedge reset)        /* 当 clk 的上升沿到来或 reset 信号的下
                                          降沿到来时 */
```

3）赋值语句

（1）assign 为持续赋值语句，主要用于对 wire 型变量的赋值。

比如：assign　c=a&b;

这里 a、b、c 这 3 个变量皆为 wire 型变量，a 和 b 信号的任何变化，都将随时反映到 c 上。

（2）过程赋值语句用于 always 块内，对 reg 型变量进行赋值。分两种：

① 非阻塞赋值

赋值符号为“＜＝”，基本格式是：〈寄存器变量〉＜＝〈表达式〉；如：b＜＝a；

非阻塞赋值 在整个过程块结束时才完成赋值操作，即 b 的值并不是立刻就改变的。

② 阻塞赋值

赋值符号为“＝”，基本格式是：〈寄存器变量〉＝〈表达式〉；如：b＝a；

阻塞赋值在该语句结束时就立即完成赋值操作，即 b 的值在该条语句结束后立刻改变。在一个块语句中，如果有多条阻塞赋值语句，那么在前面的赋值语句没有完成之前，后面的语句就不能被执行，仿佛被阻塞了一样。

4）条件语句

（1）if-else 语句，使用方法有以下 3 种：

① if(表达式)　语句 1；

② if(表达式)　语句 1；
　　else　　语句 2；

③ if(表达式 1) 语句 1；
　　else if(表达式 2) 语句 2；

……

else if(表达式 n) 语句 n;

else 语句 n+1;

第 1 种情况，当表达式的值为 1 时，执行“语句 1”；否则，当表达式的值为 0、x、z 时，不执行语句 1，此时会形成锁存器，保存语句 1 的执行结果。

第 2 种情况，当表达式的值为 1 时，执行“语句 1”，否则执行“语句 2”。这样，在硬件电路上通常会形成多路选择器。

第 3 种情况，依次检查表达式是否成立，根据表达式的值判断执行的语句。由于 if-else 的嵌套，需要注意 if 与 else 的配对关系，以免错误。

(2) case 语句，常用格式如下：

```
case (敏感表达式)
    值 1: 语句 1;        //敏感表达式的值全等于“值 1”时，执行“语句 1”
    值 2: 语句 2;        //敏感表达式的值全等于“值 2”时，执行“语句 2”
    ……
    值 n: 语句 n;        //敏感表达式的值全等于“值 n”时，执行“语句 n”
    default:语句 n+1;   //敏感表达式的值不全等于“值 1”、“值 2”…“值 n”时，
                          执行“语句 n+1”
endcase
```

注意：case 与 endcase 必须配套使用，endcase 后不加“;”，且此时一般不能缺少“default:语句;”。

此外，还有 casez、casex，如果给定的值中有某一位（或某几位）是 z 或 x，则认为该位为“真”，敏感表达式与其比较时不予判断，只需比较其他位。

5) 循环语句

循环语句用来控制语句的执行次数。在 Verilog 的 4 种循环语句中，只有 for 语句是可综合的，格式如下（同 C 语言）：

for(表达式 1;表达式 2;表达式 3)语句;

即：for(循环变量赋初值;循环结束条件;循环变量增值)执行语句;

例如：for (i=0; i<=6; i=i+1) sum=sum+1;

10.2.2 Verilog HDL 语言的结构

Verilog HDL 语言以模块（module）的形式来描述数字电路。模块的结构如图 10-2 所示，从关键字 module 开始，到关键字 endmodule 结束。模块可理解为电路框图中的框，端口就是指电路框的输入、输出。

模块名是设计者定义的，属于标识符。模块名宜反映模块的功能，尽量做到见名知意，以利于交流。端口列表由模块各个输入、输出和双向端口名组成，用“,”分隔。端口名也是标识符。

数据类型说明部分用来指明模块内用到的信号、变量等数据对象为线网型、寄存器型还是参数型。信号、变量等也是标识符，必须先说明后使用。

逻辑功能定义部分是用逻辑功能描述语句来描述具体的逻辑功能。

Verilog HDL 的代码书写与 C 语言的程序类似，一行可以写多条语句，也可以一条语句分成多行书写。Verilog HDL 语句以分号“;”为结束标志（块语句、endmodule 等少数语句除外）。

```
module 模块名(端口列表);
    端口定义
    input 输入端口
    output 输出端口
    in/out 输入/输出端口

    数据类型说明
    wire
    reg
    parameter

    逻辑功能定义
    assign
    always
    function
    task
    ……
endmodule
```

图 10-2　Verilog 中模块的结构

下面几个例子是简单电路的 Verilog 描述。

【例 10-1】　与非门

```
module NAND(in1,in2,out);
    input  in1,in2;                 //端口类型定义
    output  out;                    //端口类型定义
    //wire  in1,in2,out;            /* 由于是 1 位连线类型，所以可以采用缺
                                       省定义，此语句可省略 */
    assign out=~(in1&in2);          //功能描述
endmodule                           //注意：结尾没有“;”
```

【例 10-2】　三态门

```
module likebufif(in, en, out);
    input in;
    input en;
    output out;
    assign out= (en==1) ? in:'bz;       /* 如果 en=1，则输出 out=in，否则输
                                           出 out=z */
endmodule
```

【例 10-3】 4位全加器

```
module adder4(cout,sum,ina,inb,cin);   //模块名为 adder4,表示 4 位全加器
output [3:0] sum;                      //和输出 sum 为 4 位
output cout;                           //进位输出,1 位
input [3:0] ina,inb;                   //输入 ina 和 inb,4 位
input cin;                             //进位输入,1 位
                                       /* 输入、输出信号未加说明,均默认为
                                          wire 型 */
assign {cout,sum}=ina+inb+cin;         /* 功能描述;{ }是位拼接运算符,把
                                       cout 和 sum 拼接在一起,相当于组成
                                       一个 5 位的向量{cout, sum[3],
                                       sum[2],sum[1],sum[0]} */
endmodule
```

【例 10-4】 D触发器

```
module dff (q,d,clk);          //模块名为 dff
    output q;                  //定义输出,q 是寄存器输出
    input d, clk;              //定义输入,d 是寄存器的数据输入端,clk 是时钟
    reg q;                     //说明 q 的数据类型为 reg 型
    always @(posedge clk)      //当 CLK 的上升沿到来的时执行如下语句
    begin
    q=d;                       //d 赋值给 q,阻塞型赋值
    end
endmodule                      //模块结束
```

练习与思考

1. Verilog HDL 中对标识符的书写有什么要求?标识符用在哪些场合?
2. Verilog HDL 语言中有哪几种数值和常量?
3. Verilog HDL 语言中有哪几种赋值运算符?分别用在什么场合?
4. 一个模块由哪几个部分组成?每部分的主要作用是什么?

10.3 数字电路的 Verilog HDL 描述

Verilog HDL 语言描述能力很强,能在各个层次上进行描述。下面主要介绍数字电路的 Verilog 描述。

10.3.1 Verilog HDL 语言描述方式

数字电路的 Verilog HDL 描述方式有：数据流描述、行为描述、结构描述和混合描述。

1. 数据流描述

数据流描述用连续赋值语句 assign 来实现，这种描述方法只能用来描述组合逻辑电路。

【例 10-5】 2 选 1 多路选择电路的数据流描述。

```
module mux1 (out,a,b,sel);              //模块开始
    output   out;
    input a,b,sel;
    assign out=(sel==0)? a : b;    /* 如果 sel 等于 0,则将 a 赋值给 out,否则,
                                         将 b 赋值给 out */
endmodule                               //模块结束
```

2. 行为描述

行为描述用 always 块来实现。一个模块可有多个 always 块，这些 always 块之间相互独立，并行运行。

【例 10-6】 2 选 1 多路选择电路的行为描述。

```
module mux2 (out,sel,a,b);
output out;
input sel, a, b;
reg out;                                //说明 out 为 reg 型
always@(sel or a or b)                  //敏感信号为所有输入信号
  begin
if (sel= =0) out=a;
  else out=b;
  end
endmodule
```

注意：在 always 块中赋值的信号必须是 reg 型，且要事先说明。该例实现的是组合逻辑电路，在敏感信号表中不能有描述时钟边沿的 posedge 和 negedge 关键字。采用阻塞赋值方式赋值。

用行为描述方式可以降低电路设计难度。行为描述只需表达输入与输出之间的关系，不需要包含任何结构方面的信息。设计者只需写出源程序，而电路的实现方案由 EDA 软件自动完成。

3. 结构描述

用 Verilog HDL 中预定义的基本逻辑单元（逻辑门）描述数字电路。

【例 10-7】 2 选 1 多路选择器的结构描述。

2 选 1 多路选择器结构图如例 10-7 图所示。

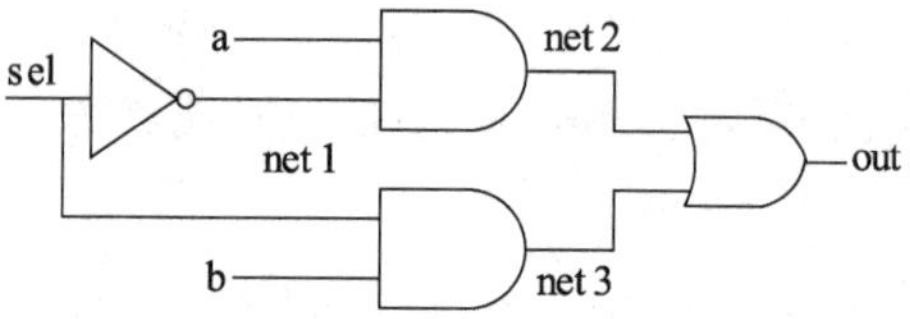

例 10-7　2 选 1 多路选择器结构图

```
module mux (out,a,b,sel);
output  out;
input a,b,sel;
wire net1,net2,net3;          //说明 3 个信号为 wire 型,它们是模块内部的信号
    not (net1,sel);           //非门例化,位置映射
    and (net2,a,net1);        //与门例化,位置映射
    and (net3,b,sel);         //与门例化,位置映射
    or (out,net2,net3);       //或门例化,位置映射
endmodule
```

结构描述只是将电路图形式的连接关系转换成文字表达。该例通过例化语句调用基本门电路,这些基本门电路都在开发软件的元件库中,可以直接调用,也可调用已设计好的模块。被调用的模块为底层模块,而调用底层模块的是顶层模块。例化调用时,端口的对应方法有两种:位置映射法和端口名关联法。例 10-7 即为位置映射,要求端口信号排列顺序必须与元件或模块定义时的端口名列表顺序完全一致。端口名关联法没有顺序要求。

4. 混合描述

对于功能较复杂的数字电路,通常会采用 2 种以上的描述方式进行混合描述。在层次化设计时,顶层模块常采用结构描述,底层模块可根据不同情况采用行为描述与/或数据流描述方式。

▶10.3.2　组合逻辑电路的 Verilog HDL 设计

【例 10-8】 设计 4 选 1 数据选择器。功能如例 10-8 表所示。a、b、c、d 为数据输入,q 为数据输出。s[1]、s[0]为数据选择信号。

例 10-8　4 选 1 数据选择器功能表

数据选择信号		输出信号
s[1]	s[0]	q
0	0	a
0	1	b
1	0	c
1	1	d

```
module mux (a, b, c, d, s, q);
                        /* a、b、c、d 是数据输入;s 是
                           选择信号;q 是输出 */
input a,b,c,d;
```

```
input [1:0] s;
output q;
reg q;
always @(a or b or c or d or s)          // always 块实现组合逻辑电路
begin
if (s==2'b00) q=a;
else if (s==2'b01) q=b;
      else if (s==2'b10) q=c;
         else q=d;
end
endmodule
```

【例 10-9】 设计 8 选 3 优先编码器。功能如例 10-9 表所示。

例 10-9　8 选 3 优先编码器功能表

输入信号								输出信号			
h	g	f	e	d	c	b	a	none_on	out2	out1	out0
1	×	×	×	×	×	×	×	0	1	1	1
0	1	×	×	×	×	×	×	0	1	1	0
0	0	1	×	×	×	×	×	0	1	0	1
0	0	0	1	×	×	×	×	0	1	0	0
0	0	0	0	1	×	×	×	0	0	1	1
0	0	0	0	0	1	×	×	0	0	1	0
0	0	0	0	0	0	1	×	0	0	0	1
0	0	0	0	0	0	0	1	0	0	0	0
0	0	0	0	0	0	0	0	1	0	0	0

```
module encoder1 (noun_on, out2, out1, out0, h, g, f, e, d, c, b, a);
input h, g, f, e, d, c, b, a;              //8 个编码器输入信号
output out2, out1, out0;                   //3 个编码器输出信号
output noun-on;                            //表示输出无效
reg [3:0] outvec;                          //定义一个变量
assign {none_on, out2, out1, out0} = outvec;  //拼接运算
always @(a or b or c or d or e or f or g or h)  /* always 过程块,敏感信号中没
                                                   有边沿描述关键字 */
begin
    if (h)  outvec = 4'b0111;              //如果 h 为 1,则输出 4'b0111
    else  if (g)  outvec = 4'b0110;
        else if (f) outvec = 4'b0101;
            else if (e) outvec = 4'b0100;
```

```
                    else  if (d) outvec = 4'b0011;
                         else  if (c)  outvec = 4'b0010;
                              else if (b) outvec = 4'b0001;
                                   else  if (a) outvec = 4'b0000;
                                        else outvec = 4'b1000;
end
endmodule
```

另一种源代码形式：

```
module  encoder2 (none_on, out2, out1, out0, h, g, f, e, d, c, b, a);
input  h, g, f, e, d, c, b, a;
output none_on, out2, out1, out0;
wire  [3:0] outvec;
assign outvec=h ? 4'b0111: g ? 4'b0110: f ? 4'b0101: e ? 4'b0100: d ? 4'b0011:
                c ? 4'b0010:b? 4'b0001: a ? 4'b0000: 4'b1000;
                                               //条件操作符,有嵌套
assign none_on = outvec[3];                    //正在编码信号,用于编码器级联
assign out2 = outvec[2];
assign out1 = outvec[1];
assign out0 = outvec[0];
endmodule
```

【例 10-10】 设计 3-8 译码器。功能如例 10-10 表所示。

例 10-10 3-8 译码器功能表

输入信号			输出信号							
sel[2]	sel[1]	sel[0]	res[7]	res[6]	res[5]	res[4]	res[3]	res[2]	res[1]	res[0]
0	0	0	0	0	0	0	0	0	0	1
0	0	1	0	0	0	0	0	0	1	0
0	1	0	0	0	0	0	0	1	0	0
0	1	1	0	0	0	0	1	0	0	0
1	0	0	0	0	0	1	0	0	0	0
1	0	1	0	0	1	0	0	0	0	0
1	1	0	0	1	0	0	0	0	0	0
1	1	1	1	0	0	0	0	0	0	0

```
module decoder (sel, res);  //sel 是译码输入,res 是译码输出(高电平有效)
input [2:0] sel;
output [7:0] res;
```

```
reg [7:0] res;
always @(sel)
  begin
    case (sel)
      3'b000 : res = 8'b00000001;
      3'b001 : res = 8'b00000010;
      3'b010 : res = 8'b00000100;
      3'b011 : res = 8'b00001000;
      3'b100 : res = 8'b00010000;
      3'b101 : res = 8'b00100000;
      3'b110 : res = 8'b01000000;
      default : res = 8'b10000000;
    endcase
  end
endmodule
```

【例 10-11】 设计 7 段显示译码器。7 段显示数码管共阳极接法。功能如例 10-11 表所示。

例 10-11　7 段显示译码器功能表

输入信号				输出信号						
bcd[3]	bcd[2]	bcd[1]	bcd[0]	ag[6]	ag[5]	ag[4]	ag[3]	ag[2]	ag[1]	ag[0]
0	0	0	0	0	0	0	0	0	0	1
0	0	0	1	1	0	0	1	1	1	1
0	0	1	0	0	0	1	0	0	1	0
0	0	1	1	0	0	0	0	1	1	0
0	1	0	0	1	0	0	1	1	0	0
0	1	0	1	0	1	0	0	1	0	0
0	1	1	0	0	1	0	0	0	0	0
0	1	1	1	0	0	0	1	1	1	1
1	0	0	0	0	0	0	0	0	0	0
1	0	0	1	0	0	0	0	1	0	0
1	0	1	0	0	0	0	1	0	0	0
1	0	1	1	1	1	0	0	0	0	0
1	1	0	0	0	1	1	0	0	0	1
1	1	0	1	1	0	0	0	0	1	0
1	1	1	0	0	1	1	0	0	0	0
1	1	1	1	0	1	1	1	0	0	0

```
module 7bcd (ag,bcd);       //ag是译码器输出,bcd是译码器输入
output [6:0]  ag;
input [3:0] bcd;            //输入bcd码
reg [6:0]  ag;              //数码管各段排列顺序为abcdefg,即eg[6]代表a
always @ (bcd)
begin
case (bcd)
    4'd0: ag=7'b0000001;     //显示数字0   高位为a段,低位是g段
    4'd1: ag=7'b1001111;     //显示数字1
    4'd2: ag=7'b0010010;     //显示数字2
    4'd3: ag=7'b0000110;     //显示数字3
    4'd4: ag=7'b1001100;     //显示数字4
    4'd5: ag=7'b0100100;     //显示数字5
    4'd6: ag=7'b0100000;     //显示数字6
    4'd7: ag=7'b0001111;     //显示数字7
    4'd8: ag=7'b0000000;     //显示数字8
    4'd9: ag=7'b0000100;     //显示数字9
    4'd10: ag=7'b0001000;    //显示字母A
    4'd11: ag=7'b1100000;    //显示字母b
    4'd12: ag=7'b0110001;    //显示字母c
    4'd13: ag=7'b1000010;    //显示字母d
    4'd14: ag=7'b0110000;    //显示字母E
    4'd15: ag=7'b0111000;    //显示字母F
    endcase
end
endmodule
```

10.3.3 时序逻辑电路的 Verilog HDL 设计

【例 10-12】 设计一个同步清零的D触发器,符号如例10-12图所示。

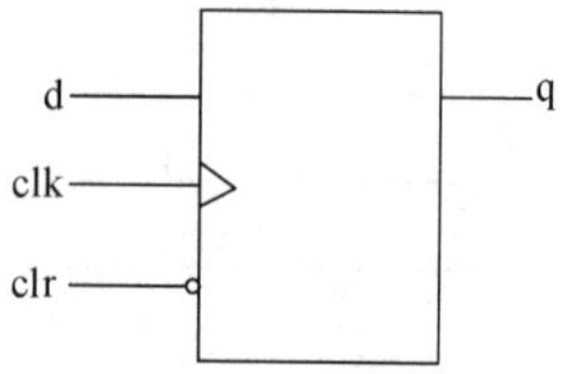

例 10-12 D触发器图

```
module dff (q,d,clr,clk);
output q;
input d,clr,clk;
reg q;
always @ (posedge clk)   //时钟上升沿触发
if (! clr) q<=0;    //在clr为0且时钟clk上升沿时,清零
  else q<=d;
```

```
endmodule
```

【例 10-13】 设计一个 8 位数据寄存器。示意图如例 10-13 图所示。

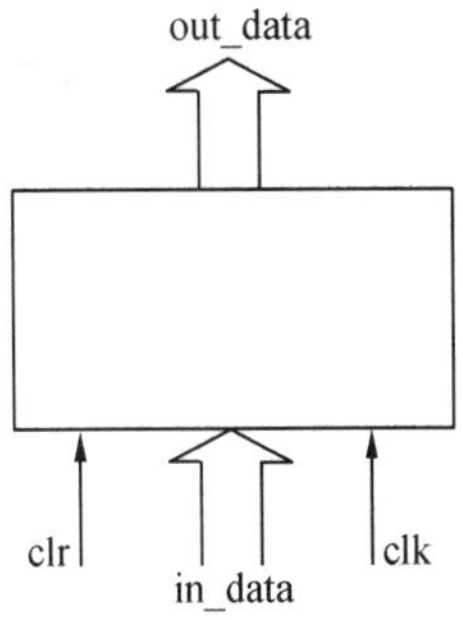

例 10-13　数据寄存器图

```
module reg8(out_data,in_data,clk,clr);
    input[7:0] in_data;
    input clk,clr;
    output[7:0] out_data;
    reg[7:0] out_data;

        always @(posedge clk or posedge clr)
        begin
            if(clr) out_data <=0;                //异步清零,高电平清零
                else out_data <=in_data;         //数据寄存
            end
    endmodule
```

【例 10-14】 设计一个 8 位左移寄存器。示意图如例 10-14 图所示。

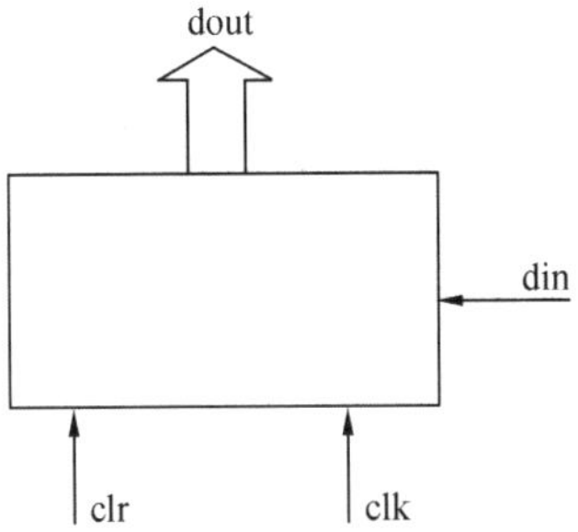

例 10-14　左移寄存器图

```
module shifter(din,clk,clr,dout);
    input din,clk,clr;
    output[7:0] dout;
    reg[7:0] dout;
        always @(posedge clk)
        begin
            if (clr) dout<= 8'b0;              //同步清零,高电平有效
                else
                  begin
                    dout<=dout<<1;             //输出信号左移一位
                    dout[0] <= din;            //数据补入最低位
                  end                          //这里的 begin 与 end 表示块

        end
  endmodule
```

【例 10-15】 设计一个 4 位二进制加法计数器。

```
module count4(out,reset,clk);
      input reset,clk;
      output[3:0] out;
```

```
reg[3:0] out;
    always @(posedge clk)
        begin
            if (reset) out<=0;        //同步复位
            else out<=out+1;          //加法计数
        end
endmodule
```

【例 10-16】 设计一个加、减可逆 8 位二进制计数器。

```
module updown_count(d,clk,clear,load,up_down,qd);
 input[7:0] d;
 input clk,clear,load;
 input up_down;
 output[7:0] qd;                        //8 位输出
 reg[7:0] cnt;                          //采用中间变量,信号类型声明
 assign qd=cnt;                         //将中间变量信号连到模块的输出端
 always @(posedge clk)
   begin
       if (! clear) cnt=8'h00;          //同步清零,低电平有效
                                        //!是一元逻辑非运算
           else if (load) cnt=d;        //同步预置数
                  else if (up_down) cnt=cnt+1;//加法计数
                      else cnt=cnt-1;   //减法计数
   end
endmodule
```

【例 10-17】 带异步清零的六十进制计数器设计。

```
module cnt60 (En,clk,clr,Q);
 input En,clk,clr;
 output reg[5:0] Q;
 always @(posedge clk or negedge clr)
       if (~clr) Q<=0;                  //异步清零,clr 低电平有效
       else if (En) begin               //En 为使能信号,高电平有效
              if (Q>='d59)   Q<=0;
              else   Q<=Q+1'b1;         //加法计数
           end
       else Q<=Q;                       //保持不变
 endmodule
```

练习与思考

1. Verilog HDL 有哪几种描述方式?
2. 用 always 块描述组合逻辑电路与时序逻辑电路有什么不同?
3. 同步清零与异步清零电路描述时,敏感信号表有什么不同?
4. 画出例 10-16 计数器的方框图,标出输入、输出信号。

10.4 FPGA 开发工具 ISE 使用简介

10.4.1 概述

ISE 的全称为 Integrated Software Environment,即集成软件环境,是 Xilinx 公司的硬件设计工具。其主要功能包括设计输入、综合、仿真、适配和下载。目前最新版本是 ISE Design Suite 14.7。下面以一个实例介绍 ISE 的使用方法。

10.4.2 创建项目

首先安装 ISE Design Suite 14.7 软件,通过 Xilinx 公司的官网下载教育版软件,安装时只需要根据提示进行操作。

1. 软件启动

启动 ISE Design Suite 14.7。在开始菜单下找到 Xilinx Design Tools—32/64-bit Project Navigator(根据自己使用的计算机系统位数选择 32-bit 或 64-bit),单击后进入主界面,如图 10-3 所示。从左侧界面或 File 栏可创建或打开项目(【New】/【Open Project】)。

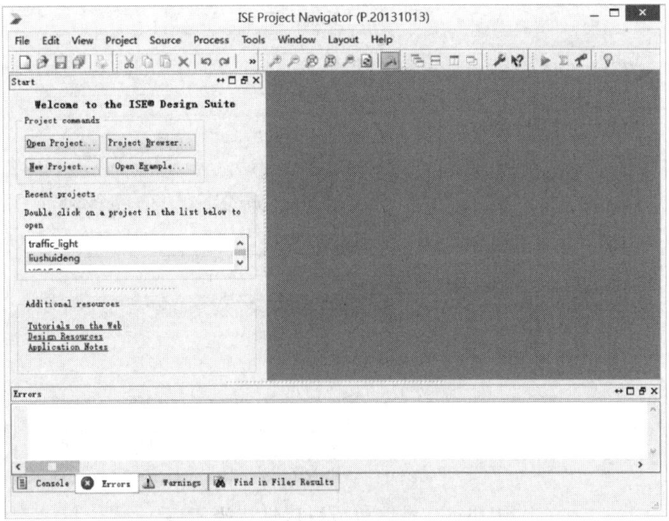

图 10-3　ISE Design Suite 14.7 主界面

2. 创建新项目和器件选择

新建项目，点击左侧【New Project】或者【File】/【New Project】，进入图 10-4 所示界面，在 Name 栏中输入项目名称，Location 栏通过右侧按钮来选择项目文件存储位置，Working Directory 栏会跟踪 Location 栏自行确定，不必修改。然后，点击【Next】进入如图 10-5 所示界面。

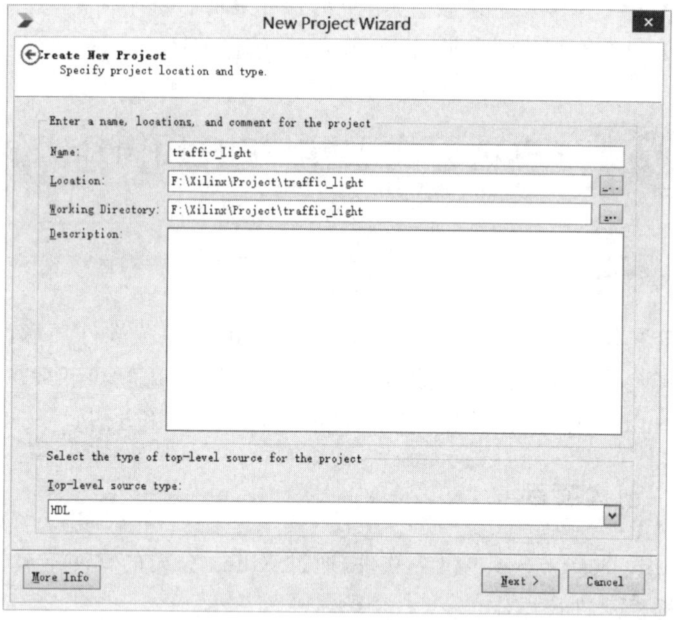

图 10-4　新建项目窗口

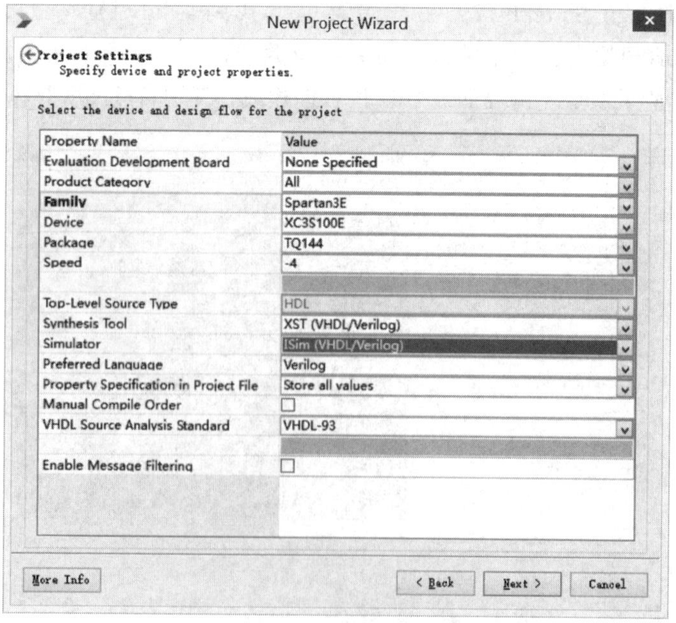

图 10-5　器件和项目属性选择窗口

接下来进行器件和项目属性选择。使用的开发板是 DIGILENT 的 BASYS 板，它的主芯片是 Spartan3E 的 XC3S100E。Evaluation Development Board 选 None Specified，Product Category 选 ALL，Family 选 Spartan3E，Device 选 XC3S100E，Package 选 TQ144，Speed 选－4。

然后是项目属性的选择。综合工具 Synthesis Tool 选 XST（VHDL/Verilog），仿真工具选 ISE 内置仿真工具 ISim（VHDL/Verilog），Preferred Language 选 Verilog，Property Specification in Project File 选 Store all values，Manual compile order 不选，VHDL Source Analysis Standard 选 VHDL-93，Enable Message Filtering 不选，完成后点击【Next】即可。在接下来的界面确认之前的配置和选择，确认后点击【Finish】，开始项目设计。

10.4.3　程序输入

1. 新建文档

项目设计开始后首先进入如图 10-6 所示设计主界面，右键点击左上方 Hierarchy 窗口内的芯片型号，选择 New Source，进入如图 10-7 所示界面，主程序使用的是 verilog 语言，所以选择 Verilog Module 类型文档，File name 输入 main（一般不用中文名称），Location 默认即可。下方勾选 Add to project，然后点击【Next】，直到【Finish】，完成文档新建。

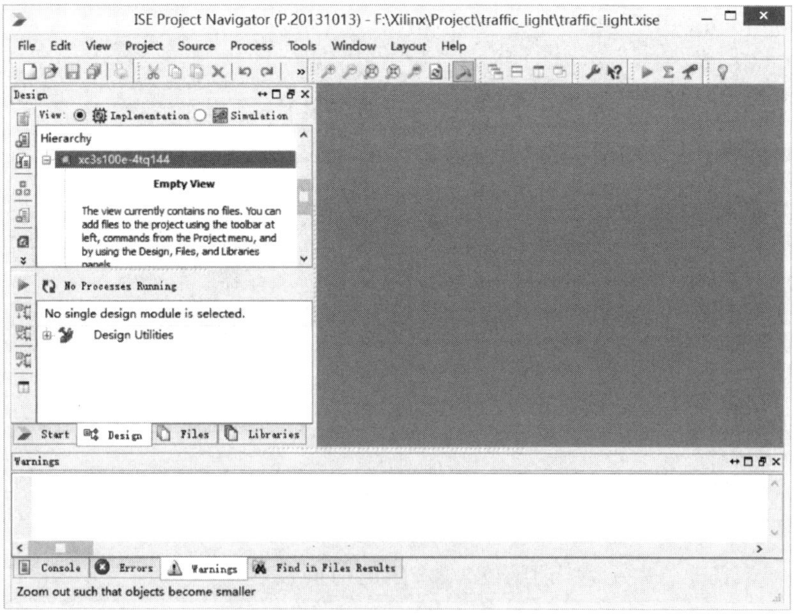

图 10-6　项目设计主界面

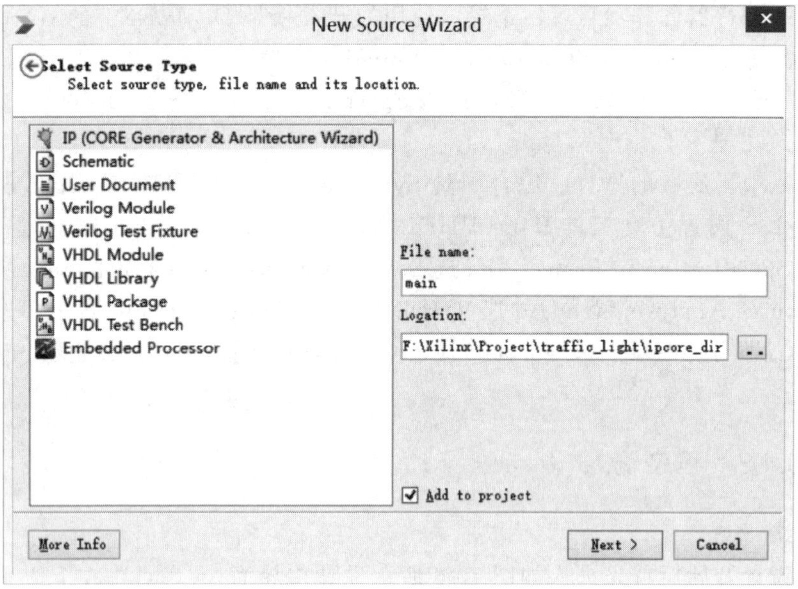

图 10-7　New Source 窗口

2. 程序输入

将程序主体键入到新建好的文档 main.v 中。注意模块名与文件名相同，都用 main。

```
module main(clk, led, rst_n, led_dir);
    input          clk;            //主板时钟，25 MHz、50 MHz、100 MHz 可选
    input          rst_n;          //计数器复位，低电平有效
    input          led_dir;        //左右移位控制
    output   [7:0]    led;         //8 个输出，可接 LED 灯
    reg    [23:0]   cnt;           //定义 24 位二进制加法计数器，用于定时
    reg    [7:0]    led_r ;        //定义 8 位寄存器

    // ——累加计数
    always @(posedge clk or negedge rst_n)
    begin
        if(! rst_n)                //异步复位，低电平复位
            cnt<=24'd0;
        if(cnt == 24'hffffff)      //定时时间设置
                cnt<=24'd0;
            else
                cnt<= cnt + 1'b1;
    end

    //控制 LED 状态
```

```
    always @(posedge clk or negedge rst_n)
    begin
        if(! rst_n)
            led_r<=8'b1111_1110;                    //寄存器置初值
        else if(cnt==24'hffffff )   //定时时间到达时,对寄存器进行移位
        begin
            if(led_dir)
                led_r<={led_r[0],led_r[7:1]};       //循环右移
            else
                led_r<={led_r[6:0],led_r[7]};       //循环左移
        end
    end
    assign led = led_r;      //寄存器值送至输出端
endmodule
```

3. 编译

程序键入后要检验是否有语法和逻辑错误,通常称之为编译,ISE 可以自动编译,如图 10-8 所示。右键点击左下方窗口内的【Synthesize-XST】,然后点击【Run】,ISE 就会自行开始编译。如果编译成功,该选项前边会有一个绿色小勾;如果有错误,则会显示红色小叉,这时需要进行查错,否则无法继续之后的操作;出现黄色感叹号表明有警告,一般不会影响后续操作。错误信息出现在下面的信息栏中,有的可以定位到程序行。检查程序无误后就可以继续下面的操作。

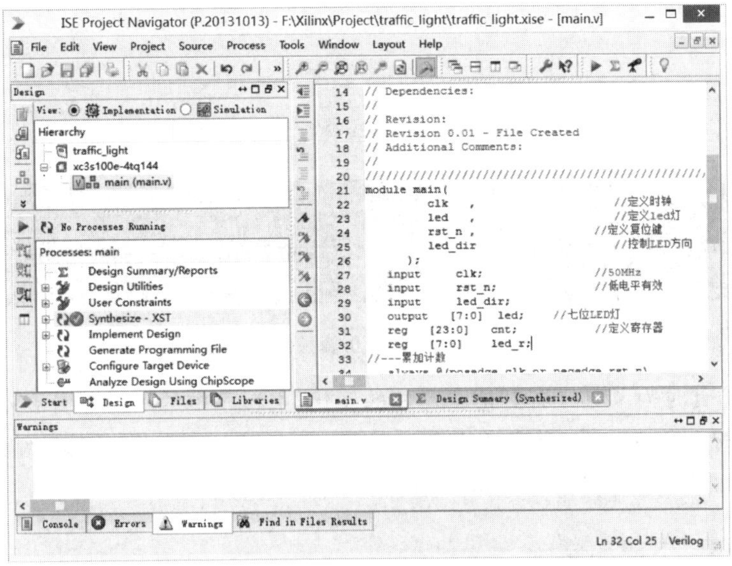

图 10-8　程序编辑界面

▶10.4.4 仿真

1. 建立仿真文件

方法和新建主程序一样，进入图 10-7 所示界面后，选择 Verilog Test Bench，File name 输入 test，然后点击【Next】，直至点击【Finish】。

2. 键入仿真文件

ISE 会帮助自动建立测试文件和主程序的映射，并把输入信号初始化，只需要根据主程序添加测试时序即可。添加的仿真时序如下：

```
    rst_n=1'b1;                    //表明复位信号无效，即不复位
led_dir=1'b1;                      //循环右移
forever #1 clk=~clk ;              //虚拟一个时钟信号
```

仿真文件编辑完成后，切换主界面左上方工程栏 Implementation 到 Simulation，然后双击【test】文件，左下方工程栏会出现 Simulate Behavioral Model 选项，如图 10-9 所示，双击进入仿真，仿真波形会自动出现在界面右侧，如图 10-10 所示。通过调节窗口就可以观察波形，从而检验项目设计的正确性。

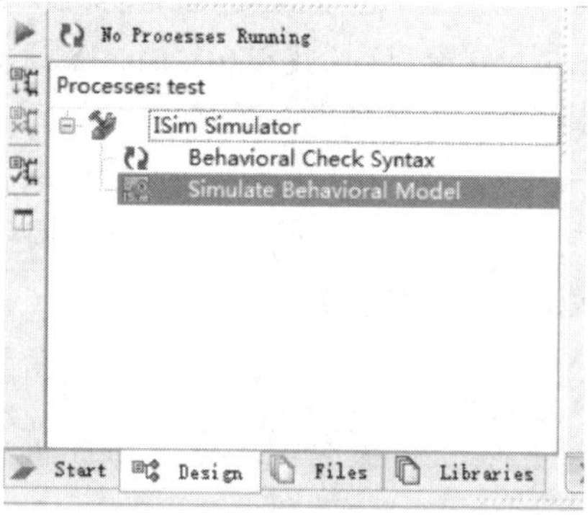

图 10-9 仿真软件入口

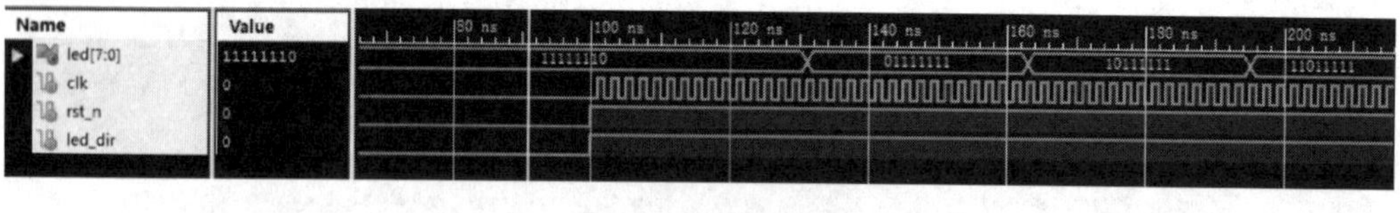

图 10-10 仿真波形

注意：仿真时为了更快看到仿真时序的变化，主程序中的延时部分要尽量缩短，可将主程序中的 cnt==24'hffffff 修改为 cnt==24'h00000f。当然，仿真结束后要记得再修改回去，否则 LED 灯变化太快，会看不出灯的闪烁。

▶10.4.5 下载和实验

1. 添加引脚

设计好的电路需要下载到开发板上的 FPGA 中，将 FPGA 内部按设计布局布线成逻辑电路。如果未指定输入、输出引脚，计算机将自动分配引脚。但为了在开发板上能

够验证电路的功能(这种验证称为物理验证),引脚的分配必须与开发板相符,如 LED 输出要接到与 FPGA 和 LED 相连的引脚上。图 10-11 是 BASYS 开发板及其引脚图。

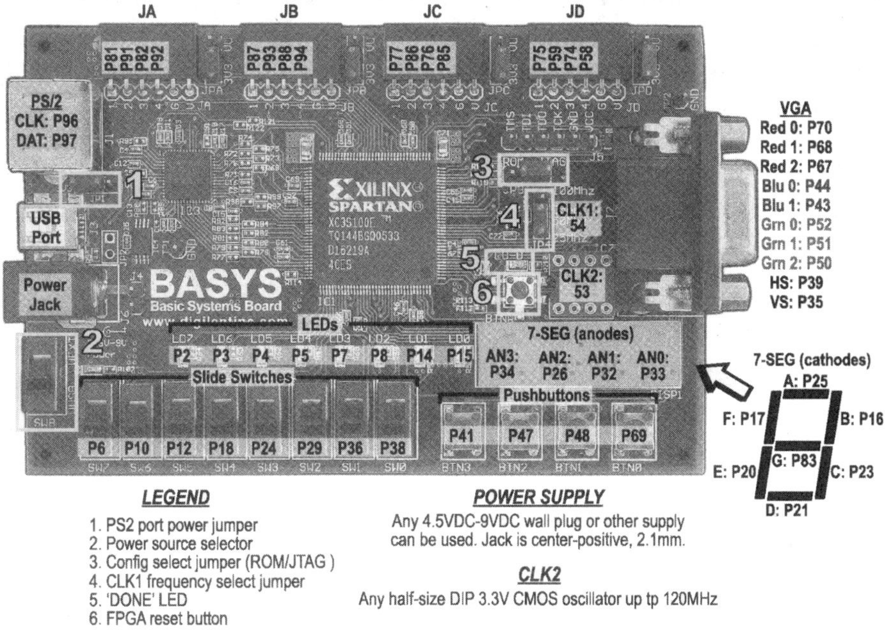

图 10-11　BASYS 开发板及引脚图

引脚文件,建立的方式和主程序的建立方法相同,进入图 10-7 所示界面,选择 Implementation Constraints File 类型,File name 输入 main_ucf,然后点击【Next】,最后点击【Finish】。根据定义的输入和输出,找到它们相应的端口,使程序可以在开发板上呈现出来。引脚文件如下:

```
NET "clk" LOC="p54"; # Bank=2, Signal name=CLK1
NET "rst_n" LOC="p38"; # Bank=2, Signal name=SW0
NET "led_dir" LOC="p36"; # Bank=3, Signal name=SW1
NET "led<7>" LOC="p2" ; # Bank=3, Signal name=LD7
NET "led<6>" LOC="p3" ; # Bank=3, Signal name=LD6
NET "led<5>" LOC="p4" ; # Bank=3, Signal name=LD5
NET "led<4>" LOC="p5" ; # Bank=3, Signal name=LD4
NET "led<3>" LOC="p7" ; # Bank=3, Signal name=LD3
NET "led<2>" LOC="p8" ; # Bank=3, Signal name=LD2
NET "led<1>" LOC="p14" ; # Bank=3, Signal name=LD1
NET "led<0>" LOC="p15" ; # Bank=3, Signal name=LD0
```

2. 下载

通过下载电缆将开发板下载接口与计算机连好,接通开发板电源。

主界面左上方工程栏从 Simulation 切换到 Implementation,双击 main 文件,然后双击左下方【Configure Target Device】。这时,程序会整体重新编译和检查引脚配置,同样会查错,有错误时要尽快查出并修改。编译结束后进入如图 10-12 所示的下载窗口。在左上方窗口双击选择【Boundary Scan】，然后在右侧界面上点击右键，单击【Initialize Chain】，弹出确认窗口后点击【Yes】，接下来会弹出一个窗口，用来将程序烧入 PROM，这里点击【Canlel】，先不烧入。然后会跳入下载目录，如图 10-13 所示，找到主程序目录里的 main.bit 文件，选择该文件并点击【Open】。弹出的下一个窗口点击【No】，再下一个窗口点【OK】，完成文件加载，回到主界面。单击右键，选择【Program】，开始下载，下载完成后，界面中出现 Program Succeeded，表明下载成功，这时就可以在开发板上进行观察了。

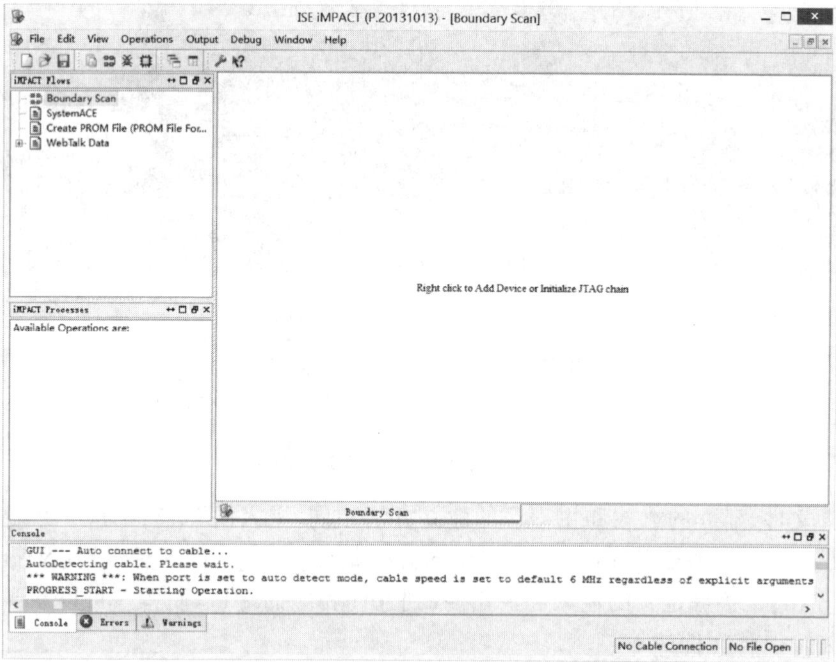

图 10-12　下载窗口

图 10-13　下载目录

3. 实验

程序成功下载到开发板之后，就可以开始实验验证了。根据程序和引脚配置，将SW0开关上拨，流水灯开始工作。改变开关SW1的状态，观察流水灯流动方向的变化，判断设计是否正确。实验结果如图10-14所示。

图10-14 BASYS板与实验结果

练习与思考

1. 如何在ISE中创建一个项目？

2. 功能仿真与时序仿真有何不同？为什么要进行时序仿真？时序仿真后为什么还要进行实验验证？

小 结

1. EDA技术是电子设计的发展趋势，其特点：(1) 硬件设计"软件化"；(2) 开发过程自动化；(3) 可进行各种仿真；(4) 系统可现场编程，在线升级；(5) 设计效率高、速度快；(6) 实现的系统体积小、功耗低、可靠性高。

2. 可编程逻辑器件的设计开发包括设计准备、设计输入、设计处理、器件编程等4个步骤和功能仿真、时序仿真、器件测试3个设计验证环节。

3. Verilog HDL支持层次化、模块化、并行设计，可以在多个层次上对数字系统建模。

4. Verilog HDL的模块主要包括模块名及端口定义、数据类型说明和逻辑功能描述3部分，以module开始、endmodule结束。

5. 数字电路的Verilog HDL描述方式有：数据流描述、行为描述、结构描述和混合描述。

6. 使用ISE设计电路，一般分为建立项目、选择器件、程序输入、编译、综合、仿真、引脚配置、下载和实验几个步骤，需要由简单到复杂，反复实践，从而不断提高。

第10章 习题

10-1 设计一个二-十进制编码器。使能端$\overline{EN}$低电平有效。输入信号$D9 \sim D0$，输出为$B3 \sim B0$，其中$B3$为最高位，$B0$为最低位。

10-2 设计一个7人选举电路。输入为$D0 \sim D6$，输出为$Y0$、$Y1$和a、b、c、d、e、f、g。$Y0$接指示灯，$Y1$接扬声器，高电平有效。$a \sim g$接7段显示器，显示同意的人数，显示器共阴极接法。使能端为$\overline{EN}$。要求画出电路框图。

10-3 A、B、C、D共4台电动机，要求：(1) 开机时A机必开；(2) 其余3台电动机至少有两台开机；否则报警信号$F=1$。试设计报警电路。

10-4 试设计一个键盘字符编码器。要求：没有键按下时，显示器不亮。字符为0～9，A～F共16个。行线为$A3 \sim A0$，列线为$B3 \sim B0$，输出为a、b、c、d、e、f、g，与7段显示器连接。画出字符键的排列并列出真值表后再设计。

10-5 设计一个4位环形分配器，使能端为$\overline{EN}$，复位端为$\overline{CLR}$，同步复位。输出为$Q3 \sim Q0$。

10-6 设计一个4位二进制乘法器，输入为两个二进制数$A=A_3A_2A_1A_0$和$B=B_3B_2B_1B_0$，输出为8位乘积$P_7 \sim P_0$（不考虑符号）。

10-7 设计一个4位计数/多路分配器电路。该电路能够实现计数功能并通过输入选择线S1、S0将计数器的结果分别送到输出端$A3 \sim A0$，$B3 \sim B0$，$C3 \sim C0$，$D3 \sim D0$。计数器通过输入信号M改变计数方式，$M=0$，加法计数；$M=1$，减法计数。计数脉冲输入为CLK，上升沿触发，复位端为$\overline{CLR}$。

10-8 设计一个检测器，其输入为串行码X，输出为Z，当检测到巴克码为1110010时，输出$Z=1$。

10-9 设计一个4人抢答电路。

10-10 设计一个7位脉冲序列发生器电路。$\overline{EN}$为使能端，$\overline{CLR}$为复位端，同步复位，时钟信号为CLK，输出为$Q0 \sim Q6$。

附录 A

半导体器件型号命名方法

中华人民共和国国家标准《GB/T 249—1989 半导体分立器件型号命名方法》规定，半导体器件型号通常由 5 个部分组成，如表 A-1 所示。

表 A-1　中国半导体器件型号组成部分及其意义

第一部分		第二部分		第三部分				第四部分	第五部分
用数字表示器件的电极数目		用汉语拼音字母表示器件的材料和极性		用汉语拼音字母表示器件的类型				用数字表示器件序号	用汉语拼音字母表示规格号
符号	意义	符号	意义	符号	意义	符号	意义		
2	二极管	A B C D	N 型，锗材料 P 型，锗材料 N 型，硅材料 P 型，硅材料	P	普通管	X	低频小功率管 $f_{\alpha}<3$ MHz，$P_{c}\leqslant$ 1 W		
				V	微波管				
				W	稳压管	D	低频大功率管 $f_{\alpha}<3$ MHz，$P_{c}\leqslant$ 1 W		
				C	参量管				
				Z	整流管	A	高频大功率管		
3	三极管	A B C D E	PNP，锗材料 NPN，锗材料 PNP，硅材料 NPN，硅材料 化合物材料	L	整流堆				
				S	隧道管	G	高频小功率管		
				N	阻尼管	CS	场效应管		
				K	开关管	T	半导体闸流管 （可控整流器）		
				FH	复合管				
				B	雪崩管	Y	体效应器件		
				U	光电器件	J	阶跃恢复管		
				JG	激光器件	BT	半导体特殊器件		
				PIN	PIN 管				

附录B 常用半导体器件的主要参数

1. 二极管

表 B-1 二极管的主要参数

参数		最大整流电流	最大整流电流时的正向压降	最高反向工作电压
符号		I_{OM}	U_F	U_{RM}
单位		mA	V	V
型号	2AP1	16		20
	2AP2	16		30
	2AP3	25		30
	2AP4	16	≤1.2	50
	2AP5	16		75
	2AP6	12		100
	2AP7	12		100
	2CP10	100		25
	2CP11	100		50
	2CP12	100		100
	2CP13	100		150
	2CP14	100		200
	2CP15	100	≤1.5	250
	2CP16	100		300
	2CP17	100		350
	2CP18	100		400
	2CP19	100		500
	2CP20	100		600
	2CP21	300		100
	2CP21A	300		50
	2CP22	300		200

参数		最大整流电流	最大整流电流时的正向压降	最高反向工作电压
符号		I_{OM}	U_F	U_{RM}
单位		mA	V	V
型号	2CP31	250		25
	2CP31A	250		50
	2CP31B	250		100
	2CP31C	250		150
	2CP31D	250		250
	2CZ11A	1 000		100
	2CZ11B	1 000		200
	2CZ11C	1 000		300
	2CZ11D	1 000	≤1	400
	2CZ11E	1 000		500
	2CZ11F	1 000		600
	2CZ11G	1 000		700
	2CZ11H	1 000		800
	2CZ21A	3 000		50
	2CZ21B	3 000		100
	2CZ21C	3 000		200
	2CZ21D	3 000	≤0.8	300
	2CZ21E	3 000		400
	2CZ21F	3 000		500
	2CZ21G	3 000		600

表 B-2　部分硅半导体整流二极管最高反向工作电压 U_{RM} 规定

分档标志	A	B	C	D	E	F	G	H	J	K	L
U_{RM}/V	25	50	100	200	300	400	500	600	700	800	900
分档标志	M	N	P	Q	R	S	T	U	V	W	X
U_{RM}/V	1 000	1 200	1 400	1 600	1 800	2 000	2 200	2 400	2 600	2 800	3 000

2. 硅稳压管

表 B-3　硅稳压管的主要参数

部标型号	旧型号	最大耗散功率 P_{ZM}/mW	最大工作电流 I_{ZM}/mA	最高结温 T_{JM}/℃	稳定电压 U_Z/V	电压温度系数 C_{Tu}/（$\times10^{-4}$/℃）	动态参数 R_{Z1}/Ω	动态参数 I_{Z1}/mA	动态参数 R_{Z2}/Ω	动态参数 I_{Z2}/mA
2CW50	2CW9	250	82	150	1.0～2.8	≥－9	300	1	50	10
51	2CW7，2CW10		71		2.5～3.5		400		60	
52	2CW7A，2CW111		55		3.2～4.5	≥－8	550		70	
53	2CW7B，2CW12		41		4.0～5.8	－6＞－4			50	
54	2CW7C，2CW13		38		5.5～6.5	－3＞－5	500		30	
55	2CW7D，2CW14		33		6.2～7.5	≤6	400		15	
56	2CW7E，2CW15	250	27	150	7.0～8.8	≤7	400	1	15	5
	2CW6A		26		8.5～9.5					
57	2CW6B，2CW7F		23		9.2～10.5	≤8			20	
	2CW16		20		10～11.8					
58	2CW7G，2CW17		19		11.5～12.5	≤9			25	
	2CW6C									
59	2CW6B								30	
60	2CW6E，2CE19								40	
2CW72	2CW1	250	29	150	7.0～8.8	≤7	12	1	6	5
73	2CW2		25		8.5～9.5	≤8	18		10	
74	2CW3		23		9.2～10.5		25		12	
75	2CW4		21		10～11.8	≤9	30		15	
76	2CW5		20		11.5～12.5		35		18	
77	2CW5		18		12.2～14	≤9.5	45		18	
78	2CW6		14		13.5～17				21	
DW230	2DW7A	200	30	150	5.8～6.6	5			≤25	10
231	2DW7B								≤15	
232	2DW7C（红）									
233	2DW7C（黄）				6.0～6.5	5			≤10	
234	2DW7C（无色）									
235	2DW7C（绿）									
236	2DW7C（灰）									

3. 三极管

表 B-4 锗合金型低频小功率三极管主要参数

部标型号	旧型号	P_{CM}/mW	I_{CM}/mA	T_{JM}/C	$U_{(RM)CBO}$/V	$U_{(RM)CBO}$/V	I_{CBO}/μA	U_{CES}/V	$h_{fe}(\beta)$	$f_{hfe}(f\beta)$/kHZ	$f_{hfe}(\beta)$ 色标分档
3AX31M 3AX31A 3AX31B 3AX31C	 3AX31A 3AX31B 3AX31C	125	125	75	≥15 ≥20 ≥30 ≥40	≥6 ≥12 ≥18 ≥24	≤25 ≤20 ≤12 ≤6	≤0.65	80～400 40～80		30～40(橙) 40～50(黄) 55～80(绿) 80～120(蓝) 120～180(紫) 180～270(灰) 270～400(白)
3AX31D 3AX31E 3AX31F	3AX31D 3AX31E 3AX31F				≥20	≥12	≤12		40～80	≥8	
3BX31M B C D	 3BX3A 3BX3B	125	125	75	≥15 ≥20 ≥30 ≥40	≥6 ≥12 ≥18 ≥24	≤25 ≤20 ≤12 ≤6	≤0.65	80～400 40～180	≥8	同上
3AX52A B C D	3AX1～5	150	150	75	≥30	≥12 ≥18 ≥24	≤12		40～150 30～100 25～70	f_{bfb} ($f(\alpha)$) ≥500	25～60(红) 50～100(绿) 90～150(蓝)
3DBX8A B	3AX81A ～C 3AX81B	200	200	75	≥20 ≥30	≥10 ≥15	≤30 ≤15	≤0.65	40～270	≥6 ≥8	
3BX81A B		200	200	75	≥20 ≥30	≥10 ≥15	≤30 ≤15	≤0.65	40～270	≥6 ≥8	

表 B-5 锗合金扩散型高频小功率三极管主要参数

部标型号	旧型号	P_{CM}/mW	I_{CM}/mA	T_{JM}/C	$U_{(RM)CBO}$/V	$U_{(RM)CBO}$/V	I_{CBO}/μA	h_{fe}	f_T/MHz	$h_{fe}(\beta)$ 色标分档
3AG56A	3AG1	50	10	75	≥0.8	≥10	≤7	40～270	≥25	40～50(黄) 55～80(绿) 80～120(蓝) 120～180(紫) 180～270(灰)
3AG56B 3AG56C 3AG56D 3AG56E1 3AG56E2 3AG56F	3AG1B 3AG1C/D 3AG1E						≤5	40～180	≥50 ≥65 ≥80 ≥100 ≥120	

表 B-6 硅平面型高频小功率三极管主要参数

部标型号	旧型号	P_{CM}/mW	I_{CM}/mA	T_{JM}/C	U_{BREBO}/V	U_{BRCBO}/V	I_{CBO}/μA	$h_{fe}(\beta)$	f_T/MHz	$h_{fe}(\beta)$色标分档
3DG10A B C D	 3DG6B,D 3DG6C	100	20	150	≥4	20 30 20 30	≤0.01	≥30	≥150 ≥300	0～60(红) 50～110(绿) 90～160(蓝) ≥150(白)
3DG102A B C D	3DG6A	100	20	150	≥4	20 30 20 30	≤0.1	≥30	≥150 ≥300	
3DG110A B C D E F	3DG4B 3DG7C 3DG7D	500	100	175	≥4	30 45 30 45	≤0.1	≥30	≥150 ≥300	
3DG121A C C D	3DG7A,B 3DG7C 3DG7D	500	100	175	≥4	30 45 30 45	≤0.2	≥30	≥150 ≥300	
3DG130A B C D	3DG12A 3DG12B 3DG12C 3DG12D	700	300	175	≥4	≥30 ≥45 ≥30 ≥45	≤1	≥30	≥150 ≥300	
3DG141A B C	2G910A 2G910B	100	15		≥4	≥10	≤0.1	≥20	≥600	
3DG182A B C D E F G H J	3DG27A 3DG27B 3DG27C 3DG27D,E	700	300	175	≥5	≥60 ≥100 ≥140 ≥180 ≥220 ≥60 ≥100 ≥140 ≥180	≤2	≥20	≥50 ≥100	10～15(棕) 15～25(红) 25～40(橙) 40～55(黄) 55～80(绿) 80～120(蓝) 120～180(紫)
3CG100 3CG111 3CG130	3CG1 3CG4 3CG2,3 3CG4,9	 100 300 700	 30 50 300			 15～35 15～45 15～45		 ≥25 ≥25 ≥25	 ≥100 ≥200 ≥80	

表 B-7　锗合金低频大功率三极管主要参数

部标型号	旧型号	P_{CM}/W	I_{CM}/A	T_{JM}/℃	$U_{(BR)CBO}$/V	$U_{(BR)CEO}$/V	$U_{(BR)EBO}$/V	I_{CEO}/mA	$U_{CE(S)}$/V	h_{fe}(β)	f_{hfe}(f_β)/kHz	h_{fe}(β)色标分档
3AD50A	3AD6A	10①	3	90	50	18	20	2.5	0.6	20～140	4	20～30(棕) 30～40(红) 40～60(橙) 60～90(黄) 90～140(绿)
B	3AD6B				60	24			0.8			
C	3AD6C				70	30						
3AD51A	3AD1,2,3	10②	2	90	50	18	20	2.5	0.35	20～140	4	
B	3AD4				60	24			0.5			
C	3AD5				70	30						
3AD53A	3AD30A	20③	6	90	50	12	20	12	1.0	20～140	2	
B	3AD30B				60	18		10				
C	3AD30C				70	24						
3AD56A	3AD18B	50④	15	90	60	30	20	15	1.2	20～140	3	
B	3AD18A,C				80	45						
C	3AD18D,E				100	60						

① 加 120 mm×120 mm×4 mm 散热板。
② 加 120 mm×120 mm×3 mm 散热板。
③ 加 200 mm×200 mm×4 mm 散热板。
④ 加散装置。

表 B-8　硅低频大功率三极管主要参数

部标型号	旧型号	P_{CM}/W	I_{CM}/A	T_{JM}/℃	$U_{(BR)CBO}$/V	$U_{(BR)CEO}$/V	$U_{(BR)EBO}$/V	I_{CEO}/mA	$U_{CE(S)}$/V	h_{fe}(β)	f_T/MHz	h_{fe}(β)色标分档
3DD101A	3DD15B,12A	50	5	175	≥150	≥100	≥4		≤0.8	≥20	≥1	20～40(棕) 40～80(红) 80～120(橙) >120(黄)
B	3DD15C				≥200	≥150						
3DA101A	3DA1A	7.5	1	175	≥40	≥30	≥4	≤1	≤1	≥10	≥50	
B	3DA1B				≥55	≥45		≤0.5		≥15	≥70	
C	3DA1C				≥70	≥60		≤0.2		≥15	≥100	

4. 绝缘栅型场效应管

表 B-9　绝缘栅型场效应管的主要参数

参　数	符号单位	型　号			
		3DO4	3DO2(高频管)	3DO6(开关管)	3DO1(开关管)
饱和漏极电流	$I_{DSS}/\mu A$	5～15×10³		≤1	≥1
栅源夹断电压	U_{GSOFF}/V	≥−9			
开启电压	U_{GSON}/V			≥5	−2～−8
栅源绝缘电阻	R_{GS}/Ω	$\geq 10^9$	$\geq 10^9$	$\leq 10^9$	$\geq 10^9$
共源小信号低频跨导	$g_m/\mu A/V$	≥2 000	≥4 000	≥2 000	≥500
最高振荡频率	f_m/MHz	≥300	≥1000		
最高漏源电压	U_{DS}/V	20	12	20	
最高栅源电压	U_{GS}/V	≥20	≥20	≥20	≥20
最大耗散功率	P_{DM}/mW	1 000	1 000	1 000	1 000

5. 晶闸管

表 B-10　晶闸管的主要参数

参数 / 系列	正方向重复峰值电压 U_{FRM}、U_{BRM}/V	通态平均电压 U_F/V	额定电流 I_F（平均值）/A	维持电流 I_H/mA	控制极触发电压 U_G/V	控制极触电流 I_G/mA
KP_1	100～3 000	1.2	1	≤20	≤2.5	3～30
KP_5		1.2	5	≤40	≤3.5	5～70
KP_{10}		1.2	10	≤60	≤3.5	5～70
KP_{20}		1.2	20	≤60	≤3.5	5～100
KP_{50}		1.2	50	≤60	≤3.5	8～150
KP_{100}		1.2	100	≤100	≤4	8～150
KP_{200}		0.8	200	≤100	≤4	10～250
KP_{300}		0.8	300	≤100	≤5	10～300
KP_{500}		0.8	500	≤100	≤5	10～300
KP_{800}		0.8	800	≤100	≤5	30～250
KP_{1000}		0.8	1000	≤100	≤5	40～400

附录 C 半导体集成电路型号命名方法

中华人民共和国国家标准《GB 3430—1989 半导体集成电路型号命名方法》规定，半导体集成电路型号通常由 5 个部分组成，如表 C-1 所示。

表 C-1 中国半导体器件型号组成部分的意义

第 0 部分		第一部分		第二部分	第三部分		第四部分	
用字母表示器件符合国家标准		用字母表示器件的类型		用阿拉伯数字表示器件的系列和品种代号	用字母表示器件的工作温度范围		用字母表示器件的封装	
符号	意义	符号	意义		符号	意义	符号	意义
C	符合国家标准	T	TTL 电路		C	0～70℃	W	陶瓷扁平
		H	HTL 电路		E	−40～85℃	B	塑胶扁平
		E	ECL 电路		R	−55～100℃	F	多层陶瓷扁平
		C	CMOS 电路		M	−55～125℃	D	多层陶瓷双列直插
		F	线性放大器				P	塑胶双列直插
		D	音响、电视电路				J	黑陶瓷双列直插
		W	稳压器				K	金属菱形
		J	接口电路				T	金属圆形
		B	非线性电路					
		M	存储器					

附录 D

常用集成运算放大器的主要参数

表 D-1　常用集成运算放大器的主要参数

参数名称	符号	单位	通用型		高精度型	高阻型	高速型	低耗型
			CF741 (F007)	F324 (4 运放)	CF 7650	CF 3140	CF 715	CF 253
电源电压	U	V	≤±22	3～30 或 ±1.5～15	±5	≤±18	±15	±3～18
差模开环电压放大倍数	A_{uo}	dB	≥94	≥87	120	≥86	90	≥90
输入失调电压	U_{is}	mV	≤5	≤7	5×10^{-3}	≤15	2	≤5
输入失调电流	I_{is}	nA	≤200	≤50		≤0.01	70	≤50
输入偏置电流	I_{iB}	nA	≤500	≤250		<0.05	400	≤100
共模输入电压范围	U_{icM}	V	≤±15			±12.5 −14.5	±12	±15
差模输入电压范围	U_{idM}	V	≤±30			≤±8	±15	±30
共模抑制比	K_{CMR}	dB	≥70	≥65	120	≥70	92	≥80
差模输入电阻	r_{id}	MΩ	2		10^6	1.5×10^5	1	6
最大输出电压	U_{oM}	V	±13		±4.8	+13 −14.4	±13	
静态功耗	P_D	mW	50			120	165	
U_O 温漂	dU_{io}/dT	μV/C	20～30		0.01	8		

附录 E

常用集成稳压器的主要参数

表 E-1 常用集成稳压器的主要参数

型号	输出电压 U_o/V	最大输入电压 U_{imax}/V	最大输出电流 I_{omax}/A	最小输入、输出电压差 $(U_i-U_o)_{min}$/V	电压调整率 S_U	纹波抑制比 S_r/dB
W7805	5	35	2.2	2	0.1%～0.2%	63
W7809	9					58
W7812	12					55
W7815	15					53
W7818	18					52
W7824	24	40				49
W7905	−5	35	2.1	2	0.1%～1.2%	63
W7909	−9					58
W7912	−12					55
W7915	−15					53
W7918	−18					52
W7924	−24	−40				49

参考文献

[1] 杨建宁.电子技术[M].北京:科学出版社,2005.
[2] 周新云.电工学复习指导与习题全解[M].北京:学苑出版社, 2007.
[3] 秦曾煌.电工学:电子技术(第 7 版) [M].北京:高等教育出版社,2009.
[4] 龚淑秋,李忠波.电子技术[M].北京:机械工业出版社, 2010.
[5] 黄丽.电子技术基础[M].北京:化学工业出版社,2009.
[6] 唐介.电工学[M].北京:高等教育出版社, 2009.
[7] 罗会昌,周新云.电子技术(第 4 版)[M].北京:机械工业出版社, 2009.
[8] 王云亮.电力电子技术(第 2 版)[M].北京:电子工业出版社,2009.
[9] 张润和.电力电子技术及应用[M].北京:北京大学出版社,2008.
[10] 程汉湘.电力电子技术[M].北京:科学出版社, 2007.
[11] 余孟尝.数字电子技术基础简明教程(第 3 版)[M].北京:高等教育出版社,2006.
[12] 潘明,潘松.数字电子技术基础[M].北京:科学出版社,2008.
[13] 潘松,黄继业,陈龙.EDA 技术与 Verilog HDL[M].北京:科学出版社,2010.
[14] 夏路易.基于 EDA 的电子技术课程设计[M].北京:电子工业出版社,2009.
[15] 赵不贿,等.在系统可编程器件及其开发技术[M].北京:机械工业出版社,2001.
[16] 武丽.电子技术[M].北京:机械工业出版社,2014.
[17] 徐秀平.电工与电子技术基础[M].北京:机械工业出版社,2015.
[18] 陈佳新.电工电子技术[M].北京:电子工业出版社,2013.